修訂三版

MANAGEMENT

榮泰生 著

管理學

三民書局

修訂三版說明

　　榮泰生教授所著之《管理學》，針對管理學作有系統的介紹，內容完整詳盡，為學習管理學的最佳教材。

　　本書自初版以來，承蒙讀者喜愛，已多次再刷。此次修訂除設計新式版面，使其更美觀大方；同時梳理文句，使字詞行文更臻完善，期望讀者在閱讀時更加舒適與流暢。此外，隨著時代的更迭，此次修訂亦針對書中部分資料加以更新，使本書能符合社會脈動而更加完善。

三民書局編輯部謹識

修訂二版序

　　近年來，企業環境的急遽變化，著實令人震撼不已。政治的動盪、經濟的不振、科技發展的一日千里、社會文化的變遷，使得企業面臨前所未有的挑戰。在這種環境下，企業唯有透過有效的管理才能夠生存及成長。

　　本書的撰寫充分的體會到環境對企業的衝擊，以及有效管理對於因應環境的重要性。有效的管理涉及到規劃與決策、組織化、領導與控制。簡單的說，規劃是指設定組織目標以及決定如何以最佳的方式來達成組織目標。決策是規劃程序的一部分，它涉及到從各種可行方案中選擇一個方案（或行動方案）。管理者在決定目標、發展可行方案之後，下一個管理功能就是將人員及其他資源組織起來，以實現計畫。領導是管理活動中最重要的也是最具挑戰性的一項。領導是讓員工同心協力以提昇組織利益的一系列活動。管理程序的最後一步就是控制。控制包括設立標準（例如銷售額度及品質標準），比較實際績效與標準，然後採取必要的矯正行動。

　　社會上有許多成功的事情都是群策群力的結果。組織是發揮群策群力效果的舞臺，在這個舞臺上，管理者必須為達成目標的行動負責。管理是集合數人的力量以完成單獨個人所不能完成的活動，以有效的達成目標。要想成為成功的管理者，就必須要對影響企業有效運作的因素加以瞭解，並熟悉各種管理技術，有效的加以運用。

　　本書共分 6 篇，15 章。第 1 篇介紹基本觀念，包括管理概論、管理理論的演進；第 2 篇介紹管理的環境系絡，說明企業環境、管理倫理與社會責任；第 3 篇介紹規劃與決策程序，討論規劃、決策、策略規劃；第 4 篇介紹組織化程序，包括組織化、組織設計、組織變革與創新；第 5 篇介紹領導程序，包括組織中的個人行為、領導、員工激勵與報酬、溝通；第 6 篇介紹控制程序，包括控制與品管。

　　本書的目的在於提供未來的管理者各種必要的管理觀念與知識。不管是何種行業，任何有效的管理者都必須發揮規劃、組織、領導與控制功能。本書將以這些功能為主軸，說明有關課題。除此之外，本書亦融合了美國著名教科書的精華，最新

的研究發現以及作者多年擔任管理顧問的經驗。在撰寫的風格上，力求平易近人，使讀者能夠很快的掌握重要觀念；在內容的陳述上，做到觀念與實務兼具，使讀者能夠活學活用。

本書可作為大專院校「企業管理學」、「管理學」的教科書，以及各高級課程的參考書。從事實務工作的人（包括管理者以及非管理者）也將發現本書是充實管理的理論基礎、知識及技術的工具。此外，為了增加閱讀本書的效果，在每章後面均附有「複習題」與「討論題」，其中有些題目是歷年來各大學的管理所的入學試題。

本書得以完成，要感謝三民書局的支持與鼓勵。輔仁大學金融與國際企業學系、管理學研究所的良好教學及研究環境亦使筆者獲益良多。筆者在波士頓大學 (Boston University) 的恩師 Ronald Curhan、Kevin Clancy 、Philip Pyburn 教授及政治大學的師友，在觀念的啟發及知識的傳授方面使筆者銘感五內。更是由衷感謝父母的養育之恩以及家人的支持。

感謝您使用本書，願您能從本書中獲得知識的增進及思考的啟發。關於本書的任何意見及建議，敬請讀者不吝指正。

榮泰生 (Tyson Jung) 謹識
輔仁大學管理學院
2012 年 9 月

管理學

目　次

第 2 篇 管理的環境系絡

第 3 章 企業環境

第 4 章 管理倫理與社會責任

第 3 篇　規劃與決策程序

第 5 章　規　劃

第 6 章　決　策

第 7 章　策略規劃

第 4 篇　組織化程序

第 8 章　組織化

第 9 章　組織設計

第 10 章　組織變革與創新

第 5 篇　領導程序

第 11 章　組織行為

第 12 章　領　導

第 13 章　激勵與報酬

第 14 章 溝 通

第 6 篇 控制程序

第 15 章 控制與品管

第 1 篇

基本觀念

第 1 章
管理概論

本章重點

1.「管理」是什麼？
2.為什麼要學習管理？
3.管理程序
4.組織階層
5.管理者角色

6.你具有管理者的特質嗎？
7.管理者常犯的錯誤
8.權變管理
9. 21 世紀管理

組織 (organization) 是指二人（或以上）的集合體，組織成員會協同一致的達成一系列的目標。這些目標包括獲得利潤 （如星巴克 (Starbucks) 的目標）、發現新知 （如中研院的目標）、國防（如三軍的目標）、行善（如各宗教的目標）、社會滿足感 （如大學學會的目標）。由於各類的組織在我們的生活中扮演著不可或缺的角色，因此我們有必要深入瞭解其經營及管理的方式。

我們可以從技術面、行為面來對組織的定義做更深一層的瞭解。以技術面來看，組織是一個穩定的、正式的社會結構，它從環境中獲得資源，經過處理後產生輸出；以行為面來看，組織是權利、特權、責任及義務這些要素的集合體，在一段長時間內，這些要素會透過衝突解決的方式獲得巧妙的平衡。

1.1　「管理」是什麼？

「組織」的界定比較明確，但「管理」的觀念則比較含糊。也許從資源導向 (resource-based) 的觀點來瞭解「管理」會比較清楚。所有的組織會利用環境中的四種基本資源，也就是人力資源、財務資源、實體資源以及資訊資源。人力資源 (human resource) 包括管理才能及員工；財務資源 (financial resource) 是指組織在支援現行的、長期的作業所需要的資金；實體資源 (physical resource) 包括原料、辦公室及製造所需的設備；資訊資源 (information resource) 包括能夠協助做有效決策的

相關資料。四種類型的組織在使用資源的情形如表 1-1 所示。

▼ 表 1-1　四種類型的組織在使用資源的情形

組　　織	人力資源	財務資源	實體資源	資訊資源
台灣中油	探勘工程師 公司主管	利　潤 股東投資	煉油廠 辦公室大樓	銷售預測 石油輸出國家組織 (OPEC) 宣告
輔仁大學	師　資 行政人員	校友捐款 政府補助	校園設施 電腦、網路	研究報告 政府刊物
新北市政府	警　察 市政府員工	稅　收 政府補助	衛生設備 市政大樓	經濟預測 犯罪統計
零售店	僱　員 簿記員	利　潤 所有者投資	店　面 貨架陳列	供應商的價目表 競爭者的報紙廣告

來源：本書作者整理。

　　管理者 (manager) 就是對於人力、財務、實體及資訊資源進行規劃與決策、組織化、領導與控制的人，其主要責任就是整合及協調各種資源，以達成組織目標。以表 1-1 的台灣中油為例，其管理當局會讓高階主管及探勘工程師：(1)充分發揮其管理才能；(2)利用投資所產生的利潤；(3)利用現有的煉油設備及辦公室設施；(4)利用銷售預測來做有效的決策，如下季的煉油產銷量。

　　管理者如何整合及協調資源？他們是藉著發揮基本的管理功能或管理程序來做到的。基本管理功能 (managerial functions) 是規劃 (planning) 與決策 (decision-making)、組織化 (organizing)、領導 (leadership) 與控制 (control)。管理 (management) 可被界定為：利用組織資源（人力資源、財務資源、實體資源以及資訊資源）以有效率、有效能的方式達成組織目標的一系列活動（包括規劃與決策、組織化、領導與控制）。

　　效率 (efficiency) 是指以具有成本效應（cost-effective，即低成本）的方式善用資源。例如豐田汽車 (Toyota) 以低成本提供高品質的產品，就是「有效率的」(efficient)。效能 (effectiveness) 指的是做正確的決策並將這些決策付諸實現。例如豐田汽車製造出流線型的高級房車，以引起消費者的興趣及建立消費者的信心，就是「有效能的」(effective)。廠商可以很有效率的製造手提式黑白電視，但是不會成

功，因為黑白電視早已落伍了！所製造的產品無法滿足顧客的需要，是「無效能的」。一般而言，成功的組織既有效率，又有效能。

對「管理」有了基本的瞭解之後，那麼界定「管理者」就變得相當簡單。管理者就是以實現管理程序 (managerial process) 為主要責任的人。明確的說，管理者就是規劃與做決策、組織化、領導與控制人力資源、財務資源、實體資源以及資訊資源的人。今日的管理者所面臨的是令人振奮的、具有挑戰性的環境。一般的高階主管每週平均工作六十小時，處理紛至沓來的各種事件，同時還要應付來自於全球化、國內競爭、政府管制及股東的壓力，以及應付網際網路 (Internet) 有關的問題。由於環境的快速改變、層出不窮的意外干擾、大小危機等因素，管理者工作的複雜性數倍於往昔。

1.2 為什麼要學習管理？

你也許會懷疑，為什麼要學習管理？非企管科系的學生，也許不能瞭解學好管理對於日後事業有何幫助。我們可以從管理的普遍性、工作現實、管理者的報酬與挑戰這三方面，來解釋學習管理的價值❶。

一、管理的普遍性

組織對管理的需要有多普遍？我們可以斬釘截鐵的說，不論組織的類型（營利或非營利）、規模（大或小）、階層（策略階層、管理階層、知識階層、作業階層）、功能領域（生產、行銷、人力資源、研發、財務）、地理區域（國內或國外）為何，都需要管理。這可稱為管理的普遍性 (universality of management)。在上述各種情況下，管理者都必須規劃與決策、組織化、領導與控制。但要注意，並非在各種情況下，管理都要用同樣的方式。電腦軟體公司的資訊部門主管與總經理在管理功能執行的程度、強調的重點上有所不同，但其所執行的管理功能本身是相同的。換句話說，由於他們二人都是管理者，因此他們都需要規劃與決策、組織化、領導與控制。

由於所有的組織都需要管理，所以我們有必要瞭解如何透過有效的管理來增進

---

❶ Stephen P. Robbins and Mary Coulter, *Management*, 7th ed. (Upper Saddle River, N.J.: Prentice Hall, 2003), p. 20.

組織績效。本書將在以下各章討論這個主題。有效的管理可使組織增加忠誠的顧客、成長及茁壯，而無效的管理會使組織的顧客流失、萎縮及滅亡。學習管理之後，你便可以確認出無效的管理，並提出矯正之道。此外，你也可以確認有效的管理，並讓它發揚光大。

二、工作現實

學習管理的另外一個理由，就是大多數的學生在畢業之後都會投入職場，不論你是管理者或被管理的人。對計畫從事管理工作的人而言，瞭解管理程序、管理技術可幫助他們增加管理效能；對於那些還不是管理者的人而言，還是必須和管理者互動。即使不是管理者，他們也很可能負擔一些管理責任。經驗告訴我們，學習管理可幫助我們深入瞭解主管的管理方式（領導風格、激勵方式等）以及組織的內部環境（如工作設計、政治行為等）。你不必非得成為一位管理者，才能夠從管理課程中獲得一些有價值的東西。

三、管理者的報酬與挑戰

如果不談管理者的報酬與挑戰，似乎無法令人充分體認到學習管理的重要性。

1.管理者所獲得的報酬

⑴創造一個工作環境，使得組織成員能夠發揮所長。

⑵有機會做創意思考及發揮想像力。

⑶幫助他人找到工作意義及成就感。

⑷支持、輔導及培育他人。

⑸與各種不同的人共事。

⑹在組織及社區中得到肯定與地位。

⑺在影響組織績效上扮演重要角色。

⑻獲得優渥的或相當的報償（薪資、紅利、股票選擇權）。

⑼好的管理者在努力、能力及技術方面，都有被組織需要的成就感。

2.管理者所面臨的挑戰

⑴工作艱辛、工作時間長，有時必須犧牲家庭生活。

⑵須與不同的人共事。

⑶必須要有良好的情緒管理能力。

⑷必須要應付突如其來的問題。

⑸必須要在有限資源下完成事情。

⑹必須在不確定的、混亂的情況下激勵員工。

⑺在差異性極高的工作團隊中，須成功的結合成員的知識、技術、抱負與經驗（當然事先要瞭解成員的背景）。

⑻成功與否是由他人的工作績效來決定。

1.3 管理程序

如前所述，管理涉及到四個基本功能：規劃與決策、組織化、領導與控制。這四個功能是本書的主要架構。

規劃是指「設定組織目標以及決定如何以最佳的方式來達成組織目標」。例如成立大學的目的在於作育英才，故其管理者（或稱行政主管）必須決定達成這個目標的最佳方法，因此他必須考慮下述問題：要設立哪些學院、科系及學程？要蓋宿舍嗎？要招收何種學生？要聘請哪些教職員？需要哪些大樓或設備？

從前文可知，建立目標是規劃的一部分。依此類推，建立組織是組織化的一部分；管理員工是領導的一部分；監視績效是控制的一部分。

值得注意的是，管理功能並不是截然劃分的。換句話說，管理者並不是在星期一做規劃、星期二做決策、星期三進行組織化、星期四領導、星期五控制。在任何一個時點，管理者是同時執行這些功能。管理者之間在執行這些管理功能時，有相同的地方，也有不同的地方。相同的是，每位管理者都要履行這些功能；不同的是，每位管理者對每個功能的重視程度、次序排定及每個功能的涵義不盡相同。

一、規劃與決策

如前所述，規劃是指設定組織目標以及決定如何以最佳的方式來達成組織目標。決策是規劃程序的一部分，它涉及到從各種可行方案 (alternative) 中選擇一個方案（或行動方案）。規劃與決策可以提升管理效能，因為它們是未來行動的指導方針。

也就是說，組織的目標及計畫可以幫助管理者瞭解如何分配他們的時間和資源。

規劃與決策的課題包括規劃與決策的基本元素：策略管理及策略規劃、決策及問題解決。我們將在第 5、6、7 章詳細討論。

二、組織化

管理者在決定目標、發展可行方案之後，下一個管理功能就是將人員及其他資源組織起來，以實現計畫。明確的說，組織化涉及到決定如何集結各活動及資源。

組織化的課題涉及到工作設計、部門化、職權關係、管理幅度，以及直線／幕僚角色。我們將在第 8、9、10 章詳細討論。

三、領　導

領導是第三個管理功能，是管理活動中最重要的也是最具挑戰性的一項。領導是讓員工同心協力以提升組織利益的一系列活動。

領導的課題涉及到組織中的個人行為、激勵、領導及影響過程、人際關係與溝通、工作團隊。我們將在第 11、12、13、14 章詳細討論。

四、控　制

管理程序的最後一步就是控制。控制包括設立標準（例如銷售額度及品質標準）、比較實際績效與標準，然後採取必要的矯正行動。

控制的課題包括控制的基本元素、作業管理、品管及生產力、資訊管理與資訊科技。我們將在第 15 章詳細討論。

1.4　組織階層

組織可分為四個階層：⑴策略階層（strategy level，又稱策略規劃階層）；⑵管理階層（management level，又稱管理控制階層）；⑶知識階層 (knowledge level)；⑷作業階層（operational level，又稱作業控制階層），如圖 1–1 所示。

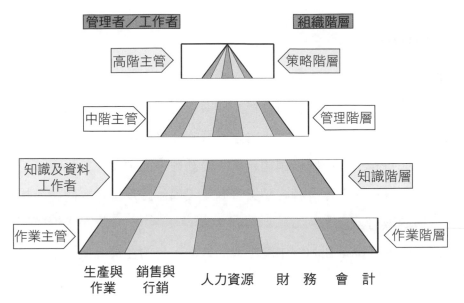

來源：Kenneth C. Laudon and Jane P. Laudon, *Essentials of Management Information Systems*, 5th ed. (Upper Saddle River, N.J.: Prentice Hall, 2003), p. 39.

▲ 圖 1–1 組織階層

一、策略階層

策略階層是由若干個高階主管所構成。高階主管的主要任務是：建立組織的長期目標、整體策略及營運政策，如併購、研發投資、進入或退出市場、財務投資的趨勢、工廠位址的決定、瞭解科技對人力資源的影響等，其職稱有：總經理、副總經理、執行長 (chief executive officer, CEO) 等。

高階主管也要代表公司與外界環境（例如政府官員、其他企業的高階主管）互動。他們的工作時間相當長，大部分的時間花在開會及處理公文上（表 1–2）。當然他們所獲得的報酬也相當高。

▼ 表 1–2 主管們在五種活動的時間分配比例

處理公文	22%
打電話	6%
臨時會議	10%
例行會議	59%
拜訪客戶	3%

來源：Henry Mintzberg, *The Nature of Managerial Work* (New York: Harper & Row, 1973), p. 47.

二、管理階層

　　管理階層是由許多中階主管所構成。中階主管的主要任務，是將高階主管所擬定的計畫及政策加以落實，並監督及協調作業主管（基層主管）的活動❷，其職稱有：廠長、作業經理、專案主任等。這些主管的任務重點都是在戰術 (tactical) 規劃及政策施行，如行銷經理必須做銷售分析；財務經理必須做預算分配；工廠廠長必須處理有關存貨管理、工作排程、品質管制、設備維護及工會等問題。其決策時間幅度多在數週到數月。

　　近年來，許多組織都在削減中階主管的人數，目的在於降低成本、剔除過多的官僚作業。我們可以預見，在企業內網路 (intranet) 愈來愈普及時，中階主管的人數會愈來愈少。

三、知識階層

　　知識階層是由創造知識及資訊的知識工作者 (knowledge worker) 所構成，例如研究人員、設計師、建築師、作家及法官等。知識工作者的教育程度通常比較高，而且也常隸屬於某一個專業協會。他們會利用獨立判斷的能力來創造知識。

　　知識管理 (knowledge management) 涉及到在創造、獲得、儲存、散布及應用知識方面的一系列程序。資訊科技在知識管理中扮演著一個關鍵性的角色。如何發展商業程序以使得知識在企業內的創造、流動、學習及保護達到最適化的程度，是管理者責無旁貸的責任。

　　在數位經濟時代，以知識為基礎的核心能力是組織的關鍵資產。企業為什麼會有能力提供獨特的產品及服務，或者比競爭者還低的成本？因為企業在設計及製造上有專有的知識，知道如何以最有效的（包括效能及效率）的方式來製造，並使得競爭者無法模仿是獲得利潤的主要原因。這些知識資產是企業生存的命脈、競爭優勢的來源，其重要性不亞於任何實體資產或財務資產（如果不是更重要的話）。

　　當知識可促進生產力及策略效能的提升時，知識就變成了重要的資產。組織的

---

❷　Jay W. Lorsch, *Handbook of Organizational Behavior* (Englewood Cliffs, N.J.: Prentice Hall, 1987), pp. 385–391.

成敗完全取決於其創造、獲得、儲存及散布知識的能力。若有知識，組織便能以最有效的方法來運用寶貴的資源；若無知識，組織不僅不能以最有效的方法來運用寶貴的資源，還會遭到淘汰的噩運。

四、作業階層

作業階層是由許多基層主管所構成。基層主管的主要任務是監督及協調各作業人員的活動，其職稱有：組長、協調組長、辦公室主任等。

五、綜合討論

我們也應瞭解，各組織階層所做的決策特性也不相同。決策的特性可分為結構化的 (structured)、半結構化的 (semi-structured) 以及非結構化的 (unstructured)。基層主管通常所做的是結構化的決策。如訂貨決策是結構化的決策。這類的決策是基於已明定的規則，通常被稱為程式化的或定型的 (programmable)。

高階主管並沒有結構化的政策或決策模式可資依循；這種決策的本質是判斷、非結構化的，如思考公司的願景必須結合經驗、眼光及判斷。這些決策並無固定公式或程序可資依循，故又可視為不可程式化的或不定型的 (non-programmable)。

我們也可瞭解，決策的時間幅度會隨著組織階層的升高而變得更長；而決策的不確定性會隨著組織階層的升高而變得更高。

組織階層與資訊的詳細程度亦有關。基層主管需要細密的作業資訊，以處理每日的結構化決策；高階主管是以長期導向為主要的考量，故需要來自不同來源的統合資訊，而資訊的統合程度會因組織階層的升高而逐漸增加。

1.5 管理者角色

不論管理者是屬於策略階層、管理階層或作業階層，都必須扮演一些特定的角色 (role)。角色是在一個社會環境內，個人被期待的行為模式。閔茲柏格 (Henry Mintzberg, 1973) 對於管理者的角色曾經做過深入的研究；他曾做過五位企業高階主管的跟班，在五週的時間內記錄下他們每日的活動。從他的觀察中，將管理者的角色分成十種，這十種角色又可歸類為三種：人際角色 (interpersonal roles)、資訊角色

(informational roles) 及決策角色 (decision roles)，如表 1–3 所示。

▼ 表 1–3　管理者角色

類　別	角　色	釋　例
人際角色	頭臉人物	參加新廠落成的剪綵活動
	領導者	鼓勵部屬提升生產力
	聯絡者	協調各不同專案的活動
資訊角色	監督者	監視產業發展近況；獲得最新知識及消息
	傳播者	將組織的最新動向訊息以備忘錄形式傳遞
	發言人	對成長計畫發表演講
決策角色	企業家	發展創新的新構想
	干擾處理者	解決部屬的衝突
	資源分配者	審查及修正預算書
	協商者	與主要供應商或工會達成協議

來源：Henry Mintzberg, "The Manager's Job, Folklore and Fact," *Harvard Business Review*, July-August 1975, pp. 49–61.

一、人際角色

在管理者的工作中必須扮演三種人際角色。

1.頭臉人物 (figurehead)

例如宴請訪客、參加新廠落成的剪綵活動、參加慶典、婚喪喜慶、主持退休人員的晚宴、參加社區活動、代表公司簽訂契約等。這些活動的象徵性及儀式性大於實質意義。

2.領導者 (leader)

這個角色要僱用、訓練及鼓勵員工。例如管理者以正式或非正式的方式告知部屬如何做好工作，或如何在壓力下達成任務等。

3.聯絡者 (liaison)

這個角色通常涉及到作為個人、群體或組織的協調者或橋梁。例如微軟公司 (Microsoft) 透過其聯絡者來宣布新一代視窗規格及介面，如此一來其他製造商（如惠普公司 (HP)）就可以製造與新視窗共容的印表機。

頭臉人物、領導者及聯絡者這三種角色來自於正式的職權，這個角色扮演得恰當，管理者便可扮演資訊角色，進而決策角色。

二、資訊角色

三種資訊角色是由人際角色自然延伸而來。在扮演資訊角色的過程中，管理者會站在蒐集及散布資訊的策略制高點上。

1.監督者 (monitor)

在扮演監督者角色時，管理者會監督部屬的行為；會檢視環境，以蒐集有關改變、機會及威脅的資訊；會盡可能的蒐集各種資料、掌握各種資訊。

2.傳播者 (disseminator)

這個角色會將相關的資訊傳遞給工作場所中的有關人員。當同時扮演監督者、傳播者角色時，管理者就等於是組織溝通鏈中的重要樞紐。

3.發言人 (spokesperson)

這個角色涉及到與外界溝通，會正式的將訊息發布給組織單位或外部人士。

三、決策角色

管理者的資訊角色通常會使他扮演決策角色。管理者扮演資訊角色時所獲得的資訊會幫助他做重要的決策。閔茲柏格的研究確認了四種角色。

1.企業家 (entrepreneur)

這個角色是策動組織創新的推手。扮演企業家角色的目的，就是使組織獲得更有效的變革。

2.干擾處理者 (disturbance handler)

這個角色並不是由管理者主動扮演的，而是由其他個人或群體所引發的。管理者在被動的扮演干擾處理者的角色時，大多是處理像罷工、侵權（侵害智慧財產權），或公共關係惡化、公司形象受損等問題。

3.資源分配者 (resource allocator)

這個角色會決定誰會得到什麼資源，包括金錢、人力、時間和設備資源。由於資源有限，管理者必須有效的（或是理性的、公平的）將這些有限的資源分配到各

種專案上。

4. 協商者 (negotiator)

這個角色會代表公司與其他團體或組織進行協商。例如管理者會與工會協商有關的條款、與顧問協商有關合約的問題，與供應商協商長期建立合夥關係的問題。協商也可能發生在組織內部，例如管理者可能會協調部屬間的爭端，或者與另一部門協商以獲得額外支持。

1.6　你具有管理者的特質嗎？

如果你想成為管理者，有許多豐富的研究發現可以幫助你瞭解是否適合。

一、個　性

事業生涯輔導專家何嵐 (John Holland, 1973) 認為，個性（personality，包括價值觀、動機及需求）在個人事業的選擇上，扮演著重要角色。明確的說，他認為六個基本的個性取向 (personality orientation) 決定了個人適合從事什麼職業。他以其所發展的職業偏好測驗 (Vocational Preference Test, VPT) 進行研究之後，發現成功的管理者至少具有以下的兩個個性取向。

1. 社會取向 (social orientation)

具有社會取向的個人喜歡從事「助人的」、「使事情簡化的」工作，例如管理者、臨床心理醫師、社會工作者等。一般而言，具有社會取向的人樂於與各類人士交流；善於幫助有煩惱、有麻煩的人；善於向人把事情說清楚、講明白；樂於做社會工作，如幫助有個人問題的人；樂於開導別人；樂於結交新朋友❸。如果你不喜歡與人交往，就很難成為一位管理者。

2. 企業家取向 (enterprising orientation)

具有企業家取向的人喜歡以開導式、說服式與人共事，以達成某特定目標。他們特別樂於以口頭溝通的方式來影響別人，例如律師、公關經理等是。具有企業家

---

❸　John Holland, *Making Vocational Choices: A Theory of Careers* (Upper Saddle River, NJ: Prentice Hall, 1973); John Holland, *Assessment Booklet: A Guide to Educational and Career and Career Planning* (Odessa, FL: Psychological Assessment Resources, Inc., 1990)

取向的人：是能言善道的演說家、能夠和極難相處的人交往、具有很強的組織力（尤其是組織他人工作的能力）、非常具有野心及果斷力。他們樂於影響別人、推銷新理念及思維、服務及督導別人。

二、自我觀念

賢恩 (Edgar Schein) 認為，個人的事業生涯規劃是一個不斷發掘的過程。在事業生涯的每個階段，每個人會考慮自己的能力、動機及價值觀，逐漸的釐出比較清晰的職業自我觀念 (occupational self-concept)。簡單的說，我們會不斷的自我檢討，看看自己適合做什麼事情。他以麻省理工學院的研究生為對象來進行研究，結果發現管理者具有非常強烈的「管理能力事業定錨」(managerial competence career anchor)，也就是說他們會展現出要成為日後管理者的強烈慾望。他們的工作經驗會使他們具有成為日後管理者所必備的技術。肩負高度責任的管理者，是他們追求的最終目標❹。除了要具有適當的個性及自我觀念以外，要成為一位有效的管理者，還必須具有管理者技術。

三、管理者技術

卡茲 (R. L. Katz, 1974) 認為，要成為有效的管理者，必須具備七個基本技術 (managerial skills)❺：

（一）技術性技術

技術性技術 (technical skills) 是指完成或瞭解組織內某特定工作的技術。技術性技術對於第一線管理者而言特別重要，因為他們要花很多時間在訓練員工、解決工作有關的問題上。要成為有效的管理者，他們必須有能力執行指派給部屬的工作。例如曾經擔任麗池飯店 (Ritz-Carlton) 最高執行長的舒茲 (Horst Schultz) 就是從基層

---

❹　Edgar Schein, *Career Dynamics: Matching Individual and Organizational Needs* (Reading, MA: Addison-Wesley, 1978), pp. 128–129.

❺　R. L. Katz, "Skills of an Effective Administrator," *Harvard Business Review*, September-October 1974, pp. 90–102.

做起的。他早年曾洗過碗盤、當過服務生，後來晉升到櫃檯服務員、服務部門經理，這些基層實務經驗使他能夠深切體認到如何才能做到高品質的旅館經營 ❻。

（二）人際技術

人際技術 (interpersonal skills) 是指與他人溝通、善解人意、激勵他人的能力。管理者必須花許多時間與組織內外人士做互動，因此他們必須具備良好的人際技術。當管理者從組織階梯逐步高升時，他也要與部屬、同儕、上級長官和睦相處。由於管理者必須扮演許多角色，他也要能夠與供應商、顧客、投資者以及組織內外的其他人士共同合作。當然，也有人際技術差卻成功的例子，但是這些例子畢竟不多，只是一些特殊個案。當寶鹼公司 (Procter & Gamble, P&G) 擢升拉夫雷 (A. G. Lafley) 為最高執行長時，觀察家都認為他是因為一流的人際關係技術使他得到董事會的賞識。有位員工說到：「拉夫雷的人際關係一流，是眾望所歸的不二人選，他的策略思考更是令人嘖嘖稱奇。」 ❼

人際技術也包括自我的情緒管理。試想，一個時常動不動就發脾氣的人，如何與人建立好關係？人的情緒有一個水平，在這個水平之上是喜悅、快樂、興奮；在這個水平之下是憂心、悲傷。好的情緒管理 (emotion management) 將自己的情緒維持在這個水平線上。具有高度情緒智商 (emotion quotient, EQ) 的人就是時常能夠做好情緒管理的人。很多事情端賴我們如何去看它。一個人在生氣時情緒激動，許多不該說、不該做的都會脫軌而出；不生氣，分寸拿捏，判斷力增強，職場自然圓滿。

（三）觀念化技術

觀念化技術 (conceptual skills) 是指管理者抽象思考的能力。管理者必須具備某種心智能力 (mental capacity) 才能夠：(1)瞭解組織內的整個工作及環境；(2)整合組織內的各部門；(3)以整體觀看組織（才不會見樹不見林或坐井觀天）。這些觀念化能力可使他們做策略性思考，掌控大局，並做宏觀決策。

---

❻ "Ritz-Carlton Opens with Training Tradition," *USA Today*, June 29, 2000, p. 3B.

❼ "New P&G Chief is Tough, Praised for People Skills," *The Wall Street Journal*, June 6, 2000, pp. B1, B4.

（四）診斷技術

診斷技術 (diagnostic skills) 是指對某種情況做最適當的判斷的能力。醫生在診斷病人時，會分析各種症狀，並判斷可能的原因。同樣的，管理者也可判斷組織內的症狀來診斷及分析問題，然後擬定解決方案。

（五）溝通技術

溝通技術 (communication skills) 涉及到管理者向他人傳達想法、意見及資訊，並從這些人接受想法、意見及資訊的能力。溝通技術可使管理者：(1)有效的將訊息傳遞給部屬，讓他們瞭解管理者期待他們要完成什麼事情；(2)與同儕及同事協調，以有效的共同完成事情；(3)讓高階主管瞭解現在正在進行什麼事情。

除此之外，溝通技術也可使管理者聆聽他人的想法及意見，以及瞭解信函、報告及其他文件在背後的真正意涵。

（六）決策技術

決策技術 (decision-making skills) 是指正確的確認機會、界定問題，並選擇一個最適當的行動方案，以解決問題、掌握機會的能力。沒有任何管理者會每次都做正確的決策（人非聖賢），但是有效的管理者會在大多數的時間做正確的決策（靠智慧及經驗）。當有效的管理者做錯決策時，他會馬上檢討，查出錯誤所在，並立即採取矯正之道，使組織所受到的傷害及衍生成本減到最低的程度。

（七）時間管理技術

時間管理技術 (time-management skills) 是指排定事情的優先次序、有效率的工作、授權的能力。管理者必須面對許多壓力及挑戰，如果他不懂得授權（也就是不懂得時間管理），必定會被大小瑣事弄得疲憊不堪。在這種情形之下，他如何應付優先次序高（也就是重要且迫在眉睫）的工作？以亞馬遜網路書店 (Amazon.com) 的負責人貝左斯 (Jeff Bezos) 為例，他在一週內只安排三天開會，其餘二天用來思考及與員工做非正式的互動❽。

1.7　管理者常犯的錯誤

　　什麼是有效的管理？我們可以做逆向思考，就是看看管理者常常犯下什麼錯誤。管理者常犯的錯誤如下❾：

　　⑴對他人漠不關心、威迫他人、倚強凌弱。

　　⑵耍酷、高高在上、傲氣逼人。

　　⑶不守信用。

　　⑷具有過度的侵略性、只想到下一個工作、玩弄政治遊戲。

　　⑸只重視某些特定的工作績效。

　　⑹大小事情一手包（過度管理）、不授權或建立團隊。

　　⑺無法有效的善用幕僚人員。

　　⑻無法做策略性思考。

　　⑼無法適應不同管理風格的主管。

　　⑽過度依賴部屬的掌聲、過度依賴主管的指示。

　　許多針對英美二國的管理者所進行的研究調查顯示，管理者可分為二類：平步青雲者 (arrivers) 及中途出軌者 (derailers)❿。平步青雲者是從組織基層一帆風順的晉升到組織高層職位的人；中途出軌者是在中階管理階層被迫退出競爭軌道的人（俗稱受到「冷凍」的人）。研究發現，平步青雲者與中途出軌者都是智慧過人的人，但是他們之間最大的差異，就是中途出軌者在其職業生涯中，會犯下幾個「致命的錯誤」（如上所述），而平步青雲者本身雖不完美，但不會犯下致命的錯誤，在犯下小錯誤時，他們會及時察覺並立刻改正，使這些錯誤對部屬的影響減到最低。

---

❽　"Taming the Out-of-Control in-Box," *The Wall Street Journal*, February 4, 2000, pp. B1, B4.

❾　M. W. McCall, Jr., and M. H. Lombardo, "What Makes a Top Executive?" *Psychology Today*, February 1983, pp. 26–31.

❿　E. van Velsor and J. B. Brittain, "Why Executives Derail: Perspectives Across Time and Cultures," *Academy of Management Executive*, November 1995, pp. 62–72.

1.8　權變管理

　　管理並不是基於一些僵固的、單純的原則而一成不變的。在不同的情境之下，管理者應利用不同的管理方法及技術。臺灣企業如果將美國的管理哲學及實務，不假思索的照單全收，這種東施效顰的結果會得不償失。管理一個新興的創投事業，在決策行動及管理技術上，自然不同於管理某大型組織內的某部門。

　　管理的權變觀點 (contingency approach)，又稱為情境觀點 (situational perspective) 或情境法 (situational approach)，認為不同的組織會面臨不同的情境（權變因素），因此需要不同的管理方式。所以，有效的管理者在執行其管理功能（規劃與決策、組織化、領導與控制）時，必須先瞭解其所處的情境。

　　管理的權變觀點在直覺上是合乎邏輯的，因為各組織、同一組織內的不同部門，在規模、目標、工作性質等方面都會有所不同。放諸四海皆準的管理實務並不多見。

　　管理的權變因素有哪些？被研究學者使用得最普遍的權變因素可分四類：

1.組織規模 (organization size)

　　組織內的人員數目對於管理有重要的影響。當組織規模變大時，先前的溝通協調方式可能就不適用，因此需要不同的溝通協調方式。適用於管理五萬人的組織結構，必然不能適用於管理五十人。

2.工作技術的例行性 (routineness of task technology)

　　組織必須利用各種技術才能達成其目標。技術分成兩種：⑴例行性技術 (routine technology)，如大量製造的裝配線技術；⑵非例行性技術 (nonroutine technology)，如訂單製造技術。由於組織結構、領導風格、控制制度的不同，所使用的技術自應不同。

3.環境不確定性 (environmental uncertainty)

　　政治環境、科技環境、社會文化環境所造成的不確定性程度 (degree of uncertainty) 會影響管理實務。適用於穩定的、可預測的環境下的管理實務，必然不適用於詭譎多變的企業環境。

4.個別差異 (individual difference)

　　人之不同，猶如其面。每個人在成長慾望、自主性、對模糊的容忍度、期望上均有所不同。管理者在激勵技術的運用、領導風格的塑造及工作設計方面，都要考

慮到個別差異，否則必會產生工作意態闌珊、抗拒及訴怨、工作生產力低落等後果。

　　以上說明的權變因素只是典型的代表，學者之間曾確認出一百個以上的權變因素。重點是要體認管理是要因人、因事、因地、因物制宜的。

1.9　21 世紀管理

　　如前所述，透過他人以獲得及組織各種資源，就是管理的意思。值得重視的是，管理是一個動態的，而不是靜態的過程。在動態環境下，企業要能生存甚至獲得競爭優勢並不是一件容易的事情。企業必須在人員、技術、結構甚至管理思維上隨著時間及情境的改變做適當的調整。當出現新的理論（如代替領導，見第 12 章）或新的管理實務 （如虛擬組織，見第 9 章） 時，組織應及時採取必要的重組 (restructuring)。在動態的環境中，唯一可以確定的就是「改變」。

　　21 世紀的企業環境不僅是動態的，而且也是複雜的（多元的）。在多元化時代，企業應注意到下列的問題：

(1)製造商及消費者都有更多的選擇。

(2)類似的產品在消費者心目中的認知差異變得愈來愈小。

(3)消費者對於產品的訴求重點各有不同。

(4)在印刷品、電視、電話、傳真、國際百科檢索、網際網路等資訊的泛濫之下，消費者對資訊的吸收會更有選擇性。

(5)彈性製造的標準化，使得針對目標市場的製造作業與大量生產一樣的具有經濟性。

(6)規模經濟 (economics of scale) 將被知識經濟 (economics of knowledge) 所取代。知識經濟是對顧客、技術發展趨勢、競爭環境、新產品發展及服務的知識。

(7)大企業應設法調整其組織結構，或可成立各種專案小組，以因應環境需求。

(8)企業只有小贏的機會，如要鯨吞市場，獲得超額利潤必須要有重大的技術突破以及超強的行銷能力（如微軟公司）。

　　在動態的、複雜的環境下，組織必須重新建構。英特爾 (Intel) 的前總裁葛洛夫 (Andy Grove) 在其《偏執狂》(*Only the Paranoid Will Survive*) 一書中提到：在未來十年，由於新技術的不斷突破、顧客需求的改變、新競爭者的風起雲湧，所有產業的

企業都將面臨前所未有的震盪。企業必須改變其組織化的方式（詳見第 8 章）。

一、組織的重新建構

雖然每個企業都需面臨其獨特的挑戰，但是合併 (merge) 及購併 (acquisition) 是 21 世紀業界常見的組織重組方式。另外一個普遍的重組織方式就是組織瘦身或縮減規模 (downsizing)。縮減規模會產生以下的好處：⑴降低成本；⑵透過分權化加速決策的訂定；⑶改善顧客關係。

組織的中階主管是受到縮減規模衝擊最大的一群人。許多企業的中階主管人數比五年前少得多。未來的管理趨勢是管理者必須監督更多的直屬員工，而第一線管理者（基層主管）必須肩負更多的責任。在諾基亞 (Nokia) 的 Fort Worth 工廠中，第一線管理者必須負責製造程序的規劃、專業人員的協調等工作。同時，基層員工也愈來愈不能忍受權威式、教條式的管理方式，他們希望從事有創造性的、有挑戰性的、有趣的、令人滿足的工作，而且也希望能夠參與和他們工作有關的決策。因此，結合了第一線管理者與員工的自我管理工作團隊 (self-managed work team) 會共同制定決策、解決問題。

外包 (outsourcing) 是指由其他的組織提供所需的服務，以及／或者製造所需的零件或產品。耐吉公司 (Nike) 將製鞋作業外包給南韓及中國大陸的工廠，然後在進口之後在北美地區進行配銷的活動。今日的管理者所面臨的新挑戰，就是在至少有部分製造功能是由別的公司來執行的情況下，如何做出有效的規劃與決策、組織化、領導與控制。外包最普遍的功能是製造。將製造加以外包的方式，會使得企業可在有必要時更換供應商，因而具有經營上的彈性。

縮減規模及外包之後，組織的規模就變小了，就變得比較扁平。圖 1–2 顯示了過去三十多年來，組織在規模及形狀上改變的情形。與過去大型組織不同的是，新型的、小規模的組織以及新興的達康公司（網路公司）比較像是複雜網路中的節點。在高科技行業，網路組織尤其普遍。網路這個行業，是由許多致力於新產品研發的新科技公司，以及使用這些新科技的既有公司所組成的網路關係。1996 年以來，思科公司 (Cisco Systems) 與許多小型公司建立複雜的網路關係，在高級應用軟體、光纖網路、無線通訊、網路安全上，這些小公司對思科的貢獻很大。

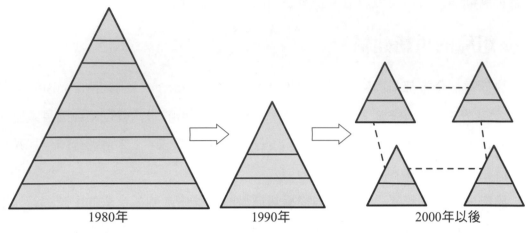

來源：本書作者整理。

▲ 圖 1-2　組織結構的變化

二、數位化企業

1990 年代中期，由於資訊科技的廣泛使用，再加上同樣重要的公司重組，使得數位化企業油然而生。這是工業社會的嶄新現象。數位化企業 (digital firm) 可以定義成：與顧客、供應商及員工之間幾乎所有的核心商業程序 (core business process) 都可以加以數位化的企業。商業程序是指將工作加以組織、協調及聚焦，以提供有價值的產品及服務的過程。發展新產品、訂貨、僱用員工都是商業程序的例子。企業如何完成這些程序就可以展現出它的競爭力。核心商業程序在企業內、企業間都是（都應該）透過數位化網路來完成。

（一）特　色

在數位化企業內，公司的主要資產，如智慧財產、核心競爭力、財務及人力資源，也都是由數位化的方式來管理。任何能夠支援企業決策的資訊，都可以隨時隨地獲得。數位化企業會比傳統企業，以更快的速度來偵察及因應環境的改變，使它在詭譎多變的企業環境中更具有彈性。數位化使全球公司獲得了無窮的機會。將工作流程加以數位化及合理化之後，數位化企業就可獲得前所未有的利潤及競爭力。

數位化企業與傳統企業最大的不同，在於數位化企業在組織及管理方面，是百

分之百的依賴資訊科技。對一個數位化企業的管理者而言，資訊科技不僅是幫手，而是經營的核心管理工具。

在今日，完全數位化的企業為數並不多，但是絕大多數的企業，尤其是傳統企業，也許是因為環境壓力或機會使然，已漸漸朝向數位化的方向前進。思科公司已是接近完全數位化的公司，它是用網際網路來驅動企業經營的每一個層面；寶鹼公司也離完全數位化不遠。

從傳統企業轉換到數位化企業需要洞察力、技術及耐心。管理者應認明數位化企業所面臨的挑戰，發掘可以協助他們克服挑戰的技術，重組他們的企業及商業程序以使得技術能充分發揮功效，同時也要建立管理程序及政策來進行必要的改變。

表 1–4 列舉了數位化企業與傳統企業（或稱「前數位化企業」）的比較。數位化企業在七個向度的特性顯示了電子商業、電子商務是促使組織在結構上、角色上做重大改變的動力。

▼ 表 1–4　傳統企業（或稱「前數位化企業」）與數位化企業的比較

	傳統企業（前數位化企業）	數位化企業
組織結構	科層式的	網絡式的
	強調指揮及控制的僵固結構	可隨時調整的彈性結構
領　導	老闆唯大	每個人都是老闆
	領導者控制環境	領導者創造成功的環境
	領導者是組織變革的原動力	領導者創造組織變革的能量
員工及文化	「替老闆工作」心態	「創造自己的事業」心態
	集　權	授　權
	報酬的對象是個人	報酬的對象是「合作群體」
一致性 （是否緊抱著傳統）	墨守成規	求新求變
	內部關係（只把企業內部的商業程序做好）	外部關係（內部的商業程序延伸到顧客及供應商）
知　識	著重於內部程序	著重於顧客
	個人性的	群體性的
聯　盟	截長補短	創造新價值、將自己做不好的外包出去
	與「遙遠的」夥伴結盟	與顧客、供應商、競爭者結盟
治　理	著重內部	著重內部及外部
	由上而下	自我管理

來源：修正自 Gary Nielson et al., "Up the E-Organization! A Seven-Dimensional Model of the Centerless Enterprise," *Strategy & Business*, First Quarter 2000, p. 53.

（二）e-CEO

在數位化企業內的高階主管常被稱為電子化高階主管 (electronic chief executive officer, e-CEO)。在他們的工作經驗中，他們都一致認為，「速度」是他們工作的最佳寫照。有位數位化企業的高階主管說道：「你不能左顧右盼，你必須以亡命的速度向前邁進。你要有堅定的意志和主張，不要隨風起舞。」電子化高階主管也必須實事求是、劍及履及、極度務實的。如果讓事情惡化一、二天，則競爭者必然會超越你[11]。

由於市場變化非常急遽，電子化高階主管必須時常將公司及員工的注意力聚焦在組織使命上。由於資訊膨脹、新構想層出不窮，所以員工很容易分心。電子化高階主管的主要任務就是讓他們隨時「聚焦」。

表 1-5 顯示了傳統企業高階主管與電子化高階主管的一些差別。大體而言，電子化高階主管對模糊性比較能夠怡然自得；對速度比較能夠泰然處之；比較關心市場趨勢及競爭者動向，因為他們極不希望被意想不到的事件所蒙蔽，而喪失了及時因應的機會。

▼ 表 1-5　傳統企業高階主管與電子化高階主管的一些差別

傳統企業高階主管	電子化高階主管
鼓勵員工	在職訓練
警覺性	執迷性
熱誠的	極度務實的
資訊科技半內行（充其量是這樣）	資訊科技全內行（至少是這樣）
清楚的聚焦	密切的聚焦
變動快	變動更快
討厭模糊性	喜歡模糊性
因必須面對資訊科技而感到憂慮	因頻寬不足而感到憂慮
平均年齡：57	平均年齡：38
富　有	非常富有

來源：本書作者整理。

---

[11]　Geoffrey Colvin, "How to be a Great E-CEO." *Fortune*, May 24, 1999, p. 107.

（三）虛擬整合

在今日的企業經營中，管理者必須善用網際網路來增加其經營效能及效率，進而改善其經營績效。明確的說，就是透過網際網路來連結供應商及顧客，以形成虛擬整合 (virtual integration)。

如何在短短的十三年期間，創造一個營業額超過 120 億美元的事業？對於戴爾電腦 (Dell) 而言，就是利用科技與資訊來「模糊在供應商、製造商與顧客之間的傳統障礙」⑫。傳統的價值鏈 (value chain) 是從供應商到製造商到配銷通路商到顧客，一個層級接著一個層級，如圖 1–3 上端所示。這種做法非常曠日費時，毫無經營效率可言。

改善的方法，就是剔除中間商，採取直銷的方式，如圖 1–3 的中端所示。但是這種方法，供應商、企業（製造商）與顧客是各自獨立的經營實體，無法有效的整合在一起。

最好的方式就是採取虛擬整合，如圖 1–3 下端所示。在虛擬整合之下，戴爾電腦與它的供應商和顧客渾然成為一個大的經營實體，供應商與顧客好像是企業的「內部單位」。例如戴爾電腦會透過網際網路，依照它當天的組件需要，更新「內部的」供應商的資料庫，供應商便可依據此資料做有效的供貨。同樣的，在供貨方面，戴爾電腦也不會儲藏監視器，而是要優比速快遞公司，每天到奧斯汀載運一萬臺電腦到位於墨西哥製造監視器的松下工廠，進行裝配工作。從這裡我們可以瞭解，透過網際網路所建立的虛擬整合，使戴爾電腦成為一個輕盈的、有效率的、靈敏的企業⑬。

---

⑫ Joan Magretta, "The Power of Virtual Integration: An Interview with Dell Computer's Michael Dell," *Harvard Business Review*, March-April 1998, pp. 73–84.

⑬ 朱博湧譯，〈探索虛擬整合威力〉，《遠見雜誌》，1999 年 7 月號第 157 期，頁 32。

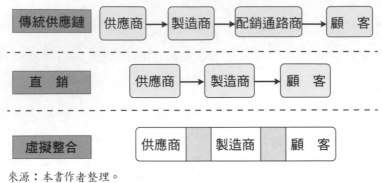

來源：本書作者整理。

▲ 圖 1-3　虛擬整合

三、全球化

　　近年來，由於運輸的通訊科技的突飛猛進，國際間的社會文化交流變得更為頻繁，而國際間的商業活動也成長得非常快速。在這種衝擊之下，許多地區性的企業也紛紛的踏上國際化的列車。從專注於國內市場需求轉移到在全球各地進行產銷的過程，稱為全球化過程 (globalization process)。

　　在全球化過程中，開始是單純的出口到國外一、二個國家，然後逐漸演變成在國外進行產銷活動。在國外進行產銷活動可以節省運輸成本、可以有效利用當地的資源（例如在中國大陸生產的人工成本比較低），而且更能瞭解當地顧客的需求。例如著名的芬蘭電子製造商及批發商 Nokia 就在德州的 Fort Worth 建造一個大型工廠，向全美的 Radio Shack（屬 Tandy 公司所有，其經營方式類似臺灣的全國電子）做更有效的服務[14]。

　　全球化的程度愈深，表示競爭愈激烈，競爭愈激烈，表示愈有進步的壓力，也就是說，企業被迫要降低成本、提升生產力，以物美價廉的產品供應市場。有位專家說道：「在全球經濟整合成一個單一的、大型的市場之後，製造業、服務業的競爭將日趨白熱化。」[15]許多企業對這個趨勢都紛紛採取適當的因應之道。例如李維牛

---

[14]　Tom Krazit, ZDNET, April 30, 2009, p. 20. (http://jeremy-nokia.blogspot.tw/2009_04_01_archive.html)

仔褲 (Levi Strauss) 將製造作業轉往國外以利用當地的廉價勞工。其他企業則採取先進的管理技術及實務，例如彈性製造、自我管理團隊，或利用先進的資訊及網路科技來增加企業經營的效能及效率。

　　在全球化的情況下，臺灣企業除了要與本地廠商競爭之外，還必須面對來自國外的激烈競爭，尤其是臺灣在加入世界貿易組織 (World Trade Organization, WTO) 之後，所承受的壓力更數倍於往昔（當然加入 WTO 也有很多好處）。加入 WTO 的國家必須遵守其設定的三個原則：(1)不得歧視 (nondiscrimination)，會員國之間須平等相待；(2)開放市場 (open market)，除了關稅以外，會員國的政府不得有任何保護措施；(3)公平交易 (fair trade)，會員國政府不得對製成品作出口補貼，只能有限度的對原產品作出口補貼。在這種要求之下，國內企業應有新的管理思維及經營實務。最基本的，管理者要蛻變成為全球管理者。

　　在全球化、自由化的 21 世紀經營環境下，企業必須培養全球管理者 (global manager)。全球管理者必須隨遇而安，而且是四海為家的 (cosmopolitan)。《韋氏字典》對「四海為家」所下的定義是：「屬於世界，不屬於某個國家；不拘泥於某個政治、社會、商業及智慧環境；不侷限於某一地區性、某一省或某一國家的理念；沒有偏見，也不過度依戀某件事情。」由南加大的行為科學家針對二十一國的八百三十八位各階層主管所做的研究發現，具有高潛力的國際主管具有以下的個人特質：對文化差異的體認及對不同文化的尊重、商業知識、勇於表明立場、成人之美、公正廉明、具有眼光（洞察力）、對成功有所承諾、勇於冒險、反省檢討、勇於體驗不同的文化、尋找學習機會、樂於接受批評、願意聽別人的意見或評論、適應力[16]。

四、範疇殺手

　　體重八百磅的猩猩坐在哪裡？坐在牠想要坐的地方。同樣的，顧客在哪裡？在

---

[15] "The Impact of Globalization in HR," *Workplace Visions, Society for Human Resource Management*, No. 5, 2000, pp. 1–8.

[16] Gretchen Spreitzer, Morgan McCall, Jr., and Joan Mahoney, "Early Identification of International Executive Potential," *Journal of Applied Psychology* 82, No. 1, February 1997, pp. 6–29.

能夠滿足他們所要的時間、空間（地點）、品質、數量這些條件的地方。範疇殺手 (category killer) 是指能夠在時間、空間、品質、數量這些條件上滿足顧客需求的企業，如歐迪辦公 (Office Depot)、沃爾瑪商場 (Wal-Mart) 等。在時間方面，範疇殺手的經營不受一天二十四小時、一年三百六十五天的限制；在空間方面，範疇殺手不受地理的限制。在這兩方面，網際網路、電子商務的出現，使廠商克服了時間障礙（全年無休）以及空間藩籬（無遠弗屆）；在品質方面，範疇殺手會利用電腦輔助設計、標竿學習、全面品管等管理觀念及實務來提升品質；在數量方面，範疇殺手可以依照顧客需要來訂做（一個人一個數量），真正的做到了一對一行銷的理想。

1.10　本書架構

　　本書以管理者在有效完成其工作時所應執行的功能，也就是規劃與決策、組織化、領導與控制，為重心建構而成。在每個重心或主軸之中，又有相關的重要課題，如圖 1–4 所示。值得瞭解的是，管理程序的各步驟做分類是為了授課及學習上的方便，在企業經營的實務中，管理者在思考問題時是整合式的，也就是說，每個步驟不是截然劃分的。

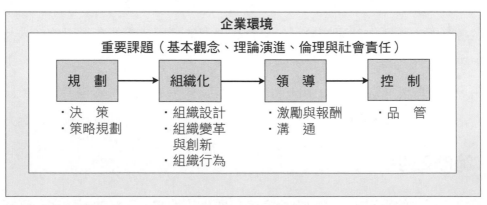

來源：本書作者整理。

▲ 圖 1–4　本書架構

本章習題

一、複習題

1. 「組織」是什麼？試依照此定義來說明微軟公司、輔仁大學（或貴校）、社團、家庭、人體。

2. 企業的主要輸入因素為何？

3. 為什麼需要組織？

4. 「管理」是什麼？管理者的主要任務是什麼？

5. 試說明並比較效率與效能。

6. 對「管理」有了基本的瞭解之後，那麼界定「管理者」就變得相當簡單。試界定何謂「管理者」？

7. 為什麼要學習管理？

8. 管理涉及到哪四個基本功能？試簡要的加以說明。

9. 組織有哪些階層？每個階層管理者的主要任務是什麼？

10. 何以說在數位經濟時代，以知識為基礎的核心能力是組織的關鍵資產？

11. 何謂角色？

12. 閔茲柏格曾花費了五週的時間，對五位企業高階主管作深度的觀察，結果發現，管理者扮演著十種不同但卻密切相關的角色。每一個角色的重要性及扮演每個角色的時間投入，會依工作性質的不同而異。請問這十種角色是什麼？

13. 在決定一個人是否適合做管理者時，我們會用哪些條件來做判斷？

14. 何謂「職業自我觀念」？試舉例說明。

15. 管理者有哪七個基本技術？

16. 技術與組織階層有何種關係？

17. 我們可以對有效管理做逆向思考，看看管理者常常犯下什麼錯誤。管理者常犯的錯誤有哪些？

18. 何謂權變管理？有關的權變因素有哪些？

19. 何以說組織的重新建構是 21 世紀管理的特色？

20. 何謂數位化企業？

21.數位化企業與傳統企業（或稱「前數位化企業」）有何不同？

22.電子化高階主管的主要任務是什麼？

23.何謂虛擬整合？試舉例說明。

24.傳統企業的高階主管與電子化高階主管有什麼差別？

25.如何成為一位全球化的管理者？

26.何謂「範疇殺手」？如何成為範疇殺手？

二、討論題

1.試說明學好管理對於經營家庭、管理社團的幫助。

2.試說明作為一位管理者的你，如何做好下列事情的管理程序：
  (1)畢業旅行。
  (2)籌辦本科系的英語實驗室。
  (3)海外建立分公司。
  (4)新產品促銷。

3.以下的管理者應扮演哪些角色？
  (1)公司董事長。
  (2)企劃課長。
  (3)生產線組長。
  (4)麥當勞的店長。

4.試以國內外企業的管理者為例，描述其所具有的以下管理技術：（提示：例如英業達已故總經理溫世仁先生的觀念化技術及時間管理技術；半導體之父台積電董事長張忠謀先生的觀念化技術，例如他說：「創新，是被逼出來的！」因為，如果不創新的話，就無法和周遭的人競爭！而創新，就必須先從「舊有框框」裡跳脫出來！）
  (1)技術性技術。
  (2)人際技術。
  (3)觀念化技術。
  (4)診斷技術。
  (5)溝通技術。
  (6)決策技術。
  (7)時間管理技術。

5.如何做好情緒管理？

6.試討論如何避免管理者常犯的錯誤。

7.數位化企業何以是未來企業經營型態的主流？

8. 何以說數位化企業的高階主管不能左顧右盼，必須以亡命的速度向前邁進。要有堅定的意志和主張，不能隨風起舞？

9. 試說明全球化的程度愈深，表示競爭愈激烈，競爭愈激烈，表示愈有進步的壓力。

10. 試討論臺灣廠商在因應國際企業的競爭壓力時所採取的因應之道。

第 2 章
管理理論的演進

本章重點

1. 管理理論及歷史的角色
2. 管理理論的先驅
3. 古典管理觀點
4. 行為管理觀點
5. 數量管理觀點
6. 整合管理觀點
7. 趨勢與議題

當環境改變時，企業的經營方式也應該跟著改變。所有的管理者固然都必須將注意力放在今日的競爭環境以及明日環境的動態改變上，但是我們不能忽略，瞭解過去的管理理論及實務有助於管理者鑑往知來。任何類型組織的管理者都可以從過去管理者的所作所為，來瞭解什麼是有效的、什麼是無效的管理實務與策略。誠然，歷史在今日的企業實務上扮演著一個重要的角色，而管理者如果能從過去的管理實務中，獲得寶貴的經驗，對於未來的管理有如虎添翼之效。

2.1　管理理論及歷史的角色

愈來愈多的管理者感受到理論及歷史對他們的工作所產生的價值。本節將解釋為什麼理論及歷史那麼重要，然後再介紹幾位管理理論的先驅者。

一、理論及歷史的重要

有些人對於理論及歷史的價值，抱持著相當懷疑的態度。他們認為：歷史和當代社會毫無關係，而理論是既抽象又缺乏實際用途的東西。事實上，理論及歷史對於當代管理者而言，是相當重要的。

二、為什麼要知道理論？

理論 (theory) 是將知識加以組織起來的觀念性架構 (conceptual framework)、是

行動的藍圖、是我們對於各變數及變數之間的關係加以一般化的結果。我們會利用這些通則來做決策、預測結果，因此理論具有解釋及預測的功能。一個理論會試圖解釋事情「為什麼會發生」及「如何發生的」。可以將理論化 (theorizing) 定義為：將研究主題（例如消費者的購買行為）與其他的變數（例如價格上升、競爭者的促銷、開放進口）加以連結的過程。通常（但不是總是這樣）我們建立的理論可以因果的形式加以敘述（例如開放進口會影響消費者的行為）。

理論有許多不同的意義。例如許多社會學古典名著（例如 19 世紀涂爾幹 (Emile Durkheim)、馬克思 (Karl Marx)、韋伯 (Max Weber) 的作品中不能被測試的一些陳述）通常被稱為理論。我們在日常生活中說到「理論」時通常表示二個基本的意義：(1)是指那些不能被測試的東西，例如「我不知道真正發生了什麼事情，但我有一套理論來解釋」；(2)是指那些「不切實際的觀念」，例如「在理論上有可能，但在實務上卻行不通」。

「理論」是解釋某特殊社會現象的陳述。任何不能解釋或預測任何東西的，不能稱為是理論。同時，理論必須是可以預測的。目前由於費用太昂貴的原因，而不能進行測試的陳述，只要它們在本質上是可以測試的 (inherently testable)，也可以稱得上是「理論」。凡是在定義上本來就是不言而喻的，在本質上是自我矛盾的，或者是太模糊以至於難以解釋的陳述，都稱不上是「理論」。

雖然有些理論似乎是抽象的、曲高和寡的，但是大多數的理論是具體的、實用的。建構一個組織並引導達成目標的有關理論，是相當實際的。在實務上，使用裝配線進行大量生產的組織（如愛默生電氣 (Emerson)、飛雅特汽車 (Fiat)）都會使用到科學管理 (scientific management) 的理論。許多組織（如蒙山多 (Monsanto)、德州儀器 (Texas Instrument)、精工錶 (Seiko)）都使用行為觀點 (behavioral perspective) 來增進員工的滿足感及工作動力。如果你要指出一個不用數量管理的大型公司，實在有點困難。例如沃爾瑪商場經常利用作業研究 (operation research) 來決定應該設置多少個結帳櫃檯。此外，也有許多管理者會獨創理論來經營企業、管理員工。

例如英特爾公司的前總裁葛洛夫獨創了一套作業理論。他的理論基礎是：組織必須輕快靈巧，才能夠因應環境的變化。為了落實這個理論，英特爾便重新調整組織結構及作業方式，變成了現在的這個樣子（能夠在四十八小時內製造出顧客所訂

做的電腦)。由於葛洛夫對他自己事業的深入瞭解,以及他本身具有將理論付諸實現的能力,英特爾現在已經成為全球最大的半導體製造商❶。

三、為什麼要知道歷史?

對當代的管理者而言,認識及瞭解重要的企業史發展是相當有意義的。瞭解歷史脈絡,管理者會有承先啟後的使命感,並讓好的管理哲學及實務發揚光大。許多企業作為及企業家的經營理念頗值得做為當代企業的借鏡,例如美國鐵路業的風雲人物凡得比爾 (Cornelius Vanderbilt)、石油業鉅子洛克菲勒 (John D. Rockefeller)、鋼鐵業巨擘卡內基 (Andrew Carnegie)。此外,詳讀歷史也可避免重蹈覆轍。

許多管理者都認為他們對一般歷史的瞭解使他們獲益匪淺。例如 AT&T 貝爾實驗室主任羅斯 (Ian M. Ross) 認為其領導風格受到邱吉爾 (Winston Churchill) 的著作《二次世戰》 (*The Second World War*) 的影響很大。前紐約市長朱利安尼 (Rudolph Giuliani) 也認為,在 911 恐怖攻擊之後,由於《二次世戰》這本名著的啟發,使他更為堅毅及勇敢,並沉著的帶領紐約市民度過恐懼的夢魘❷。

許多著名的企業,例如殼牌石油 (Shell)、李維牛仔褲、福特 (Ford)、迪士尼 (The Walt Disney)、豐田等,都會妥善的保存公司歷史檔案,並將其公司歷史典故作為新進同仁訓練、廣告戰及公關活動的主題。

---

❶ 蔡芳紜整理撰文,陳清稱編輯,〈高績效主管的 8 堂必修課〉,《經理人月刊》,2012 年 3 月號第 88 期,頁 56。

❷ 管理者常常引述或認為與解決當代管理問題息息相關的著作包括:⑴柏拉圖的《理想國》 (Plato: *Republic*);⑵荷馬的《史詩》 (Homer: *Iliad*);⑶馬基維利的《君王論》 (Niccolò Machiavelli: *The Prince*);⑷潘恩的《常識》(Thomas Paine: *Common Sense*);⑸史密斯的《國富論》 (Adam Smith: *The Nature and Cause of the Wealth of Nations*);⑹馬爾薩斯的《人口論》 (Thomas Malthus: *Essay on the Principle of Population*);⑺梭羅的《不服從論》 (Henry David Thoreau: *Civil Disobedience*);⑻史杜伊夫人的《黑奴籲天錄》(Harriet Beecher Stowe: *Uncle Tom's Cabin*);⑼馬克思的《資本論》(Karl Marx: *Das Kapital*);⑽馬漢的《海軍戰略論》(Alfred T. Mahon: *The Influence of Sea Power Upon History*);⑾麥金德的《地緣政治學》 (Sir Halford Mackinder: *The Geographical Pivot of History*);⑿希特勒的《我的奮鬥》 (Adolf Hitler: *Mein Kamph*)。

2.2 管理理論的先驅

亞歷山大大帝 (Alexander the Great) 曾在著名的戰役中建立幕僚組織來協調各種活動。羅馬帝國曾利用界定清楚的組織結構來加速溝通及控制。西元前 400 年，蘇格拉底 (Socrates) 曾向其信徒說明管理觀念與實務；西元前 350 年，柏拉圖 (Plato) 也曾描述過工作專業化的特點；西元 900 年，亞發拉比 (Alfarabi) 也列舉了管理者的特徵❸。組織 (organization) 及管理早已存在數千餘年。然而，在過去數百年，尤其是 19 世紀，管理才有系統的被加以研究，進而正式成為一門學科。

·早期的管理先驅者

撇開上述的歷史不談，管理本身受到重視還是幾個世紀以來的事。事實上，對管理做比較有系統的研究還是 19 世紀以後的事。

（一）歐　文

英國工業學家以及改革者歐文 (Robert Owen) 認為，在改善勞工方面所花的費用是企業的最佳投資，同時對員工關心亦會使管理者受惠❹。

（二）巴貝奇

歐文的管理著重在員工福利上，而英國數學家巴貝奇 (Charles Babbage) 卻著重於生產效率上。他的主要貢獻就是其專書《論機器及製造的經濟》(*On the Economy of Machinery and Manufactures*) 中所闡述的道理❺。巴貝奇對於分工 (division of labor) 的利益非常有信心，並極力提倡以數學來解決問題（如設備及物料的有效運

---

❸　Christopher Wren, *The Evolution of Management Thought* (Cambridge: Pembroke College, 1663).

❹　Robert Owen, *A New View of Society, Essays on the Formation of Human Character* (London, 1813).

❺　Charles Babbage, *On the Economy of Machinery and Manufactures* (London: Charles Knight, 1832).

用）。在某些方面，他的研究深深的影響了管理的古典觀點及數量觀點。但是，他也沒有忽略「人」這個因素的重要性。他認為，勞資雙方的和諧關係會使雙方同蒙其利，因此他特別推崇「利潤分享」的做法。在很多方面，巴貝奇是當代理論與實務的原創者。

2.3　古典管理觀點

20 世紀初期，由於企業（尤其是大型企業）的興起，許多管理論述及觀念均著重在如何經營企業上。首先出現的一個重要觀念就是現在所謂的「古典管理觀點」(classical management perspective)。事實上，古典管理觀點分為二個觀點：科學管理及行政管理。

一、科學管理

20 世紀初，生產力是許多企業所面臨的嚴重問題。企業逐漸擴充規模，資本也相當充裕，但是勞工卻相當短缺。因此，管理者便積極的尋求能夠增加既有勞工之生產力的方法。

為了因應這種需要，許多專家便把注意力放在如何改善個別勞工的工作績效上。他們的努力就促成了科學管理 (scientific management) 的發展。科學管理的早期擁護者有：泰勒 (Frederick W. Taylor)、法蘭克吉浦瑞斯 (Frank Gilbreth)、麗蓮吉浦瑞斯 (Lillian Gilbreth)、亨利・甘特 (Henry Gantt) 與愛默生 (Harrington Emerson)。其中以泰勒最具代表性。

（一）泰　勒

泰勒的第一個工作是在費城的密得維製鋼廠 (Midvale Steel Company) 擔任工頭一職。他在這個工廠內觀察到他所謂的「敷衍」(soldiering) 的現象──勞工會故意降低其應有的（能力所能發揮的）工作速率。然後，他就對每個工人的工作加以研究及設計；他首先決定每個工人應該生產多少量（生產量的合理水準），然後再設計出最有效率完成此工人的整個工作中的每一部分的方法。接著，他實施了論件計酬制。他不再對所有的員工支付相同的工資，而是對能達成或超過產量要求的勞工，

給予更高的工資。實施此種方法後，員工的速率大增。

泰勒在離開密得維製鋼廠之後，曾經擔任過幾家公司的顧問，包括西得蒙機械公司 (Sidmonds Rolling Machine Company) 及伯利恆製鋼廠 (Bethlehem Steel)。在西得蒙機械公司，他曾對「工作」做過研究及重新設計；他也推動了休息制度來減低勞工的疲勞，以及論件計酬制，結果是使得產量、品質提高了。在伯利恆製鋼廠，泰勒研究出在運貨列車上裝卸貨物最有效率的方法，也獲得了同樣的成效。基於這些工作經驗，他建立了他所謂的科學管理的一些概念。泰勒所提倡的科學管理，其主要步驟是：(1)替每一個工人的每一個工作元素發展出一套科學方法，以取代過去的經驗法則；(2)以科學方法遴選、訓練及教導工人（在這以前工人可自由選擇其工作，並盡量自我訓練）；(3)監督勞工以確信他們能遵循先前所設定的科學方法；(4)持續不斷的對「工作」做規劃，管理者要負責規劃，工人要實際的完成工作❻。

（二）法蘭克及麗蓮吉浦瑞斯

法蘭克及麗蓮吉浦瑞斯是與泰勒同時代的夫妻檔工業工程師。法蘭克吉浦瑞斯最重要的貢獻之一就是對砌磚的動作研究。在觀察砌磚工人的工作情況之後，他發現了許多增加工作效率的做法。他認為在砌磚匠的位置、砌磚的動作以及灰泥的調拌方面，都必須使用標準化動作❼。做了這些改變之後，砌磚的動作由原先的十八個動作減少到五個動作，而產出提升了二倍之多。麗蓮吉浦瑞斯對工作場所改善的貢獻也不遑多讓，她可以稱得上是工業心理學的先鋒，對於人事管理的貢獻尤其為後人所稱道❽。

（三）甘　特

甘特也是科學管理的重要貢獻者。他所提出的甘特圖 (Gantt chart) 是規劃及控

---

❻ Frederick Winslow Taylor, *Principles of Scientific Management* (New York: Harper and Brothers, 1911), p. 44.

❼ Frank B. Gilbreth, *Motion Study* (New York: D. Van Nostrand); Frank B. Gilbreth and Lillian M. Gilbreth, *Fatigue Study* (New York: Sturgis and Walton Co., 1916).

❽ F. B. Gilbreth, *Primer of Scientific Management* (New York: D. Van Nostrand, 1912).

制活動的有利工具，也是以科學方法來增加勞工生產效率的利器。在規劃階段，甘特圖可幫助專案管理者進行資源及時間的分析，例如第一次世界大戰時，美國軍方曾利用甘特圖來管理軍艦的製造❾。甘特提出的甘特圖如圖 2–1 所示。

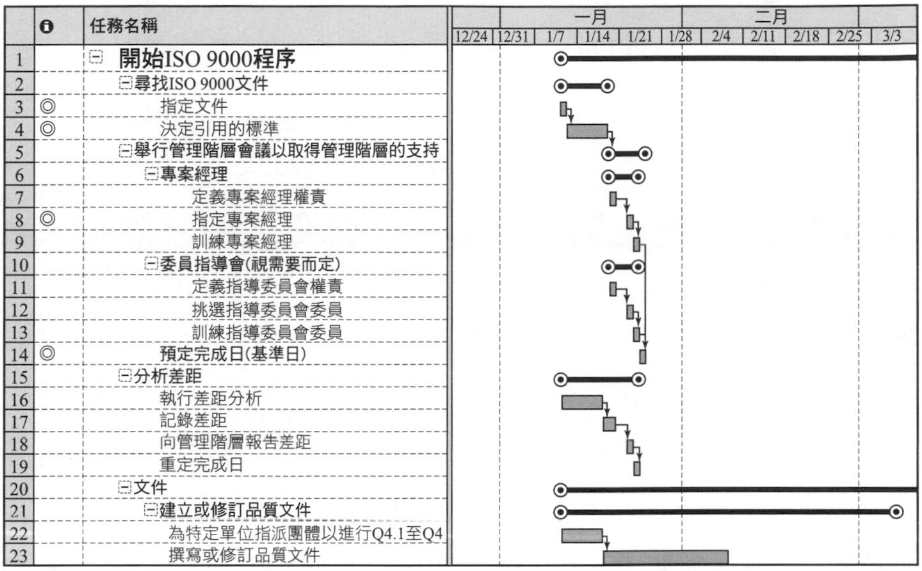

	❶	任務名稱	一月					二月				
			12/24 12/31	1/7	1/14	1/21	1/28	2/4	2/11	2/18	2/25	3/3
1		**開始ISO 9000程序**										
2		尋找ISO 9000文件										
3	◎	指定文件										
4	◎	決定引用的標準										
5		舉行管理階層會議以取得管理階層的支持										
6		專案經理										
7		定義專案經理權責										
8	◎	指定專案經理										
9		訓練專案經理										
10		委員指導會(視需要而定)										
11		定義指導委員會權責										
12		挑選指導委員會委員										
13		訓練指導委員會委員										
14	◎	預定完成日(基準日)										
15		分析差距										
16		執行差距分析										
17		記錄差距										
18		向管理階層報告差距										
19		重定完成日										
20		文件										
21		建立或修訂品質文件										
22		為特定單位指派團體以進行Q4.1至Q4										
23		撰寫或修訂品質文件										

來源：本書作者整理。

▲ 圖 2–1　甘特圖

（四）愛默生

　　就像泰勒、吉浦瑞斯、甘特一樣，愛默生也曾經擔任過顧問一職。1910 年他在聯邦商業委員會出庭作證鐵路員工提高工資一事，曾引起軒然大波。作為一個專業證人，他斷言道：「如果利用科學管理，鐵路公司每天可節省 1 百萬美元。」他是專業管理的擁護者，他認為管理是一個專業性的工作，就像作業性的工作一樣❿。

---

❾　項目管理工具與流程──Project management tools & processes (http://www.docin.com/p-25888171.html)。

❿　Harrington Emerson Papers, 1873 ～ 1931. 5166. Kheel Center for Labor-Management Documentation and Archives, Cornell University Library.

二、行政管理

科學管理所針對的是個別員工的工作；行政管理 (administrative management) 所著重的是整個組織的管理。行政管理的重要貢獻者有：費堯 (Henri Fayol)、韋伯 (Max Weber)、歐威克 (Lyndall Urwick)，及巴納德 (Chester Barnard)。

（一）費　堯

費堯是行政管理的鼻祖。他是法國的工業學家，在 1930 年其著作《一般及工業管理》(*General and Industrial Management*) 的英文版發行後，才在美國的商業界及學術界聲名大噪。他企圖將自己的管理實務經驗加以系統化，以便作為其他管理者的指引方針。費堯是第一位確認管理功能的人。管理功能 (management function) 包括：規劃與決策、組織化、領導與控制。他認為這些管理功能可以確切的反映管理程序的核心，適用於各類型的組織（如企業、非營利機構、家庭等）。本書將有系統的說明這些管理功能。事實上，現今絕大多數的管理者都同意，管理功能在其工作上扮演著相當關鍵性的角色。費堯提出的十四項管理原則 (principles of management) 如表 2–1 所示。

▼ 表 2–1　費堯所提議的十四項管理原則

1. 分工 (division of labor)	專業可使員工具有效率，進而增加產出
2. 職權 (authority)	管理者必須擁有職權，才能下達命令。職權與責任必須相當
3. 紀律 (discipline)	員工必須遵守組織的規定。有效的領導以及管理者與部屬對於組織的規定能達成共識，才會有好的紀律
4. 命令統一 (unity of command)	每個部屬只能聽命於一個主管
5. 指揮統一 (unity of direction)	目標明確的組織活動必須由一位管理者依照一個計畫來指揮
6. 個人利益依附於大眾利益 (subordination of individual interests to the general interest)	任何個人或員工群體的利益不得凌駕於組織利益
7. 報酬 (remuneration)	員工必須獲得公平的報酬
8. 集權 (centralization of authority)	集權表示部屬參與決策的程度（愈低，表示集權的程度愈高）。管理者應為每個決策找出最適當的集權程度

9.指揮鏈 (scalar chain)	表示最高主管當局一直到最低階層工作員工的層級關係。命令的下達及溝通必須遵循這個鏈
10.次序 (order)	人員及物料必須適時適地的被運用
11.公平 (equity)	管理者對待部屬必須仁慈、公平公正、不得偏袒
12.人員任職的穩定 (stability of tenure of personnel)	高的離職率會造成無效率。管理者必須做好人員規劃，以確保出缺的人員能馬上補上
13.主動性 (initiative)	允許員工具有主動性與創新性，會使他們更賣力
14.團隊精神 (esprit de corps)	鼓勵團隊精神會促使組織的團結與和諧

來源：Henri Fayol, *Industrial and General Administration* (Paris, Dunod, 1916).

在西方文明大肆強調工業化的時期，費堯的組織設計的確是相當普遍的。然而，社會學家、管理學家所關切的是，如何將資源加以有效的利用，以獲得最大的生產量。在這段時間裡，德國的著名社會學家韋柏提出了科層主義 (bureaucracy)。

（二）韋 伯

韋伯是研究組織活動的德國社會科學家。在其 1900 年的著作《社會及經濟組織理論》(*The Theory of Social and Economic Organizations*) 中，曾闡述職權結構及關係的理論。韋伯認為最理想的組織形式是科層 (hierarchy) 組織，此組織的特色是：分工、職權科層、正式遴選、正式的規則及規章、無人情性以及事業導向。韋伯承認這個「理想的科層組織」在真實世界是不存在的，但是他企圖將科層組織變成大型組織運作的理論基礎。事實上，他的理論已經成為今日大型組織中結構設計的典範。韋伯提出的科層組織如表 2–2 所示。

韋伯所提倡的科層組織與泰勒的科學管理在意識形態上頗有異曲同工之妙。他們都強調理性、可預測性、無人情性、技術能力及權威性。我們看到今日許多大型組織還在沿用科層主義，便不能否定韋柏的貢獻及重要性。

（三）歐威克

歐威克自英國陸軍退休之後，成為一個著名的管理理論學家及顧問。他將泰勒的科學管理與費堯的行政管理整合起來，並提倡規劃、組織及控制的功能。就像費堯一樣，他也發展了一系列改善管理效能的指導方針。雖然歐威克的整合能力不錯，

但是創意及貢獻稍差。

▼ 表 2-2　韋柏的科層組織

分工 (division of labor)	將工作細分成單純的、例行性的及明確的任務
職權科層 (authority hierarchy)	各職位應有相當明確的層級關係
正式遴選 (formal selection)	員工遴選應以技術能力為基礎
正式的規則及規章 (formal rules and regulations)	明文規定、標準化作業程序
無人情性 (impersonality)	統一落實規定、統一控制，不講人情、不套交情
事業導向 (career orientation)	管理者是專業人才，而不是所管理的單位的所有者；他們要在組織中發展其事業生涯

來源：Max Weber, *The Theory of Social and Economic Organizations*, trans., A. M. Henderson and Talcott Parsons (New York: Free Press, 1947).

（四）巴納德

曾任紐澤西貝爾電話公司的總經理、洛克菲勒基金會總經理，及美國科學基金會主席的巴納德，於 1938 年出版的 《經理人員的職能》 (*The Functions of the Executives*) 一書對管理思維有很大的貢獻[11]。在書中，他提出了所謂的「無關緊要區」的觀念，以解釋如何讓員工投注最大的努力。無關緊要區 (zone of indifference) 就是部屬心甘情願的（絲毫不會去質疑主管的命令是否具有合法性）接受命令的範圍。例如主管要部屬加班，以及時的完成專案，或者要部屬犧牲週末到工廠趕工。如果部屬接受了，就表示無關緊要區變大了。至於部屬為什麼要犧牲個人利益，在工作上投注更多的努力？因為他們可以獲得誘因。誘因 (incentive) 分為兩種：(1)財物誘因，指金錢報酬；(2)非財物誘因，指受到肯定、得到讚賞、受到尊敬。高階主管的主要功能就是藉著誘因的提供，來擴大部屬的無關緊要區。

三、以今日角度看古典管理觀點

古典管理觀點奠基了日後理論的基礎及架構，同時對今日的企業管理仍然適用。

---

[11]　Chester Barnard, *The Functions of the Executives* (Cambridge, Mass.: Harvard University Press, 1938).

例如工作專業化技術及泰勒所提倡的科學方法，是當代組織在工作設計上的圭臬。同時，許多現代的組織仍然使用韋柏的科層體制。這些早期的理論學家是將「管理」視為一個有意義的學術領域的先進。

但是，我們也不能忽略古典管理觀點的限制。古典管理觀點的限制是：(1)比較適合平穩的、單純的企業環境，對今日動態的、複雜的企業環境則比較不適合；(2)所提倡的是放諸四海皆準的規則，但是這些規則在某些情況下可能不太適合；(3)雖然有些人士（如麗蓮吉浦瑞斯、巴納德）關心「人」這個因素，但是大多數人士均將員工視為工具，而不是資源。

2.4　行為管理觀點

古典管理觀點的早期擁護者基本上是以機械觀點來看組織及工作，換句話說，他們在觀念上將組織視為機械，將工人視為零件。雖然有許多早期人士體認到員工個人的角色，但是他們的觀點還是著重於管理者如何控制及標準化員工的行為。相形之下，行為管理觀點 (behavioral management perspective) 所強調的是個人態度及行為、群體程序，並確認工作群體中行為過程的重要性。

一、代表人物

（一）孟斯特柏格

行為管理觀點是由一些學者及理論發展所激發出來的。其中一個理論發展就是工業心理學。工業心理學是將心理學的觀念應用到工業環境上的實務。

德國著名的心理學家孟斯特柏格 (Hugo Munsterberg) 被公認為工業心理學之父。他認為心理學家在員工遴選及激勵方面，對管理者的貢獻很大。他在 1913 年的著作《心理學與工業效率》(*Psychology and Industrial Efficiency*) 中，曾利用科學方法來研究人們在工作上的行為 [12]。

---

[12] Hugo Munsterberg, *Psychology and Industrial Efficiency* (Boston & New York: Houghton Mifflin Co., 1913).

（二）傅萊特

傅萊特 (Mary Parker Follett) 對管理的行為有非常重要的貢獻。她認為管理是一個動態的，而不是靜態的過程；如果解決了一個問題，那麼解決此問題的方法可能又產生新的問題（舊的問題解決了，新的問題又產生了，因為方法出了毛病）。她的重要觀點是：⑴讓工人參與解決問題；⑵動態管理。這個觀點與韋伯、泰勒及費堯大相逕庭。

傅萊特藉著觀察管理者的實際工作情形來研究管理者。基於她的觀察，她認為協調是有效管理的重要因素。她並發展出四個協調原則以利管理者應用：

⑴如果能直接接觸到實際負責做決策的人，則最能發揮協調的效果。

⑵在規劃及專案執行的早期階段，進行協調是非常重要的。

⑶協調要涵蓋情境中的所有因素 （在某一情況下所涉及到的所有事件都要協調）。

⑷要持續不斷的協調。

傅萊特認為，實際行動的人最能夠做有效的決策。例如第一線的管理者是協調製造活動的最佳人選。管理者之間的溝通、管理者與部屬之間的溝通，都會使得製造決策做得更好（比管理者高高在上自行做決策來得好）。她認為，管理者不僅應該規劃及協調工人的活動，也應該讓工人參與規劃及協調。為什麼？因為如果管理者單方面的指揮部屬該用什麼方法做事情，部屬未必言聽計從。她認為，各階層的管理者都要與部屬保持良好的工作關係。其中一個方法就是讓部屬參與，會影響他們本身的決策。基於心理學及社會學的觀點，傅萊特提醒管理者要瞭解：每一個人都有信念（自己的主張或看法）、情緒及感覺❸。

二、霍桑研究

強烈支持行為觀點的研究 ，是從 1924 到 1933 年間在芝加哥西方電氣公司 (Western Electric Company) 的霍桑工廠 (Hawthorne plant) 所進行的研究。1924 年 11

---

❸ M. P. Follett, *The New State: Group Organization: The Solution of Popular Government* (London: Longmans, Green and Co., 1918).

月針對工廠內六個部門所進行的霍桑照明實驗 (Hawthorne Illumination Tests)，最初是由霍桑工廠的工程師所規劃及進行的。這些工程師（實驗者）將工人分為二組：實驗組（實驗過程中，燈光照明隨意變化）以及控制組（實驗過程中，燈光照明始終保持不變）。當實驗組的照明度增加時，此組的生產力也會增加，這個結果和預期的一樣。但是當實驗組的照明減弱到曙光的亮度時（可以想見相當灰暗），此組的生產力也同樣增加。這些觀察結果使得實驗者（這些工程師）相當困惑。令他們感到更為困惑的是，控制組的生產力也持續增加，雖然燈光照明一直保持不變。為了解惑，西方電氣公司聘請了哈佛大學教授梅約 (Elton Mayo) 來進行研究。

梅約和他的哈佛同事羅斯李斯伯格 (Fritz Roethlisburger) 及迪克森 (William Dickson) 設計了一個新的實驗。他們將二組人員（每組六人）安置在不同的實驗室。他們對實驗組的一些條件做改變（這些條件稱為實驗變數，experiment variable），對控制組的這些條件則一直維持不變。這些條件包括：縮短實驗組的休息時間、讓實驗組的員工自己選擇休息時間、讓他們對其他的改變（條件）有發言權。結果和先前的結論一樣，實驗組和控制組的生產力也都增加。研究者（這些教授）認為，可以剔除財物誘因這個因素，因為對這兩組都沒有改變報酬制度。

研究者結論道：生產力的增加不是由實體事件所造成的，而是由複雜的情緒連鎖反應 (complex emotional chain reaction) 所造成的。由於研究者曾經分別對這二組人員特別表達關注過，所以他們心中所產生的團體榮譽感，促使他們不斷的改善績效。他們所受到的關懷式的管理使得內心充滿著向上心。這些實驗結果使得梅約得到了一個重要的發現：當員工得到特別的關注時，不論工作條件如何改變，生產力都可望增加。這個現象就是有名的霍桑效應 (Hawthorne Effect)。

但是，有一個重要的問題還是無解。為什麼一點點的關注團體凝聚力會產生如此大的效應？為了獲得答案，梅約就和這些工人做晤談。晤談結果發現：非正式工作團體、員工的社會環境對生產力有重大的影響。西方電氣公司的許多員工認為，不論上工或收工的生活都是索然無味、毫無意義的。他們會選擇哪些工作夥伴，部分原因是他們對於「老闆」都有共同的敵意，而就是這股敵意使得他們的工作生活變得有意義。因此，來自於同儕的壓力，而不是管理當局的要求，大大的影響了生產力。

梅約、羅斯李斯伯格及迪克森針對霍桑工廠所做的研究結果，勾勒出管理的行為觀點的基本架構。他們的研究結論是：工作上的行為是由許多複雜的因素所決定的。他們發現到，非正式的工作團體會發展出自己的規範來滿足團體中個人的需求，以及這個非正式工作團體的社會系統會透過尊嚴、權力的表徵來維持。基於他們的研究結論，他們建議管理者要考慮到員工的個人特性（如家庭情況、友誼、屬於哪一個團隊的成員），以便瞭解員工的獨特需求及滿足的來源。他們也建議：體會員工的感受、鼓勵員工參與做決策會減少對改變的抗拒❶❹。

三、人際關係學派

從霍桑研究所引發的人際關係學派 (Human Relations School) 認為員工基本上會受到工作上的社會系絡 （social context，或稱社會關係），例如社會制約 (social conditioning)、群體規範 (group norm)、人際動力 (interpersonal dynamics) 的影響。人際關係學派的基本假設是：管理者對於員工的關心就會造成員工的滿足，進而導致較高的績效。人際關係學派的兩位代表性人物是：馬斯洛 (Abraham Maslow) 及馬格瑞格 (Douglas McGregor)。

（一）馬斯洛

馬斯洛將人類的需要歸納出五種層級，依序為生理需求（physiological needs，對於食物、水、睡眠、性等的需求）、安全需求（safety needs，對於實體安全、穩定、熟悉環境等的需求）、社會需求（social needs，對於愛、友誼、隸屬及團體接受的需求）、尊重需求（esteem needs，對於地位、優越、自尊及聲望的需求）及自我實現需求（self-actualization needs，指成為自己想成為的人），由下（生理需求）而上（自我實現需求）依序滿足（圖 2–2）。在某種需要被滿足之前是激勵因子；但在需要被滿足之後，即不再成為有效的激勵因子。

---

❶❹ A. Carey, "The Hawthorne Studies: A Radical Criticism," *American Sociological Review* 33 (1967), pp. 403–416.

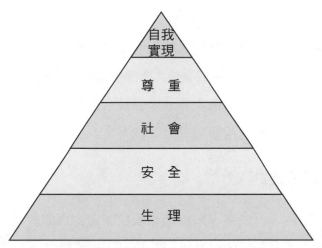

來源：A. Maslow, *Motivation and Personality* (New York: Harper and Row, 1954).

▲ 圖 2-2　馬斯洛需求層次論

當較低層次的需求獲得相當滿足後，下一個層次的需求便會呈現並主宰這個人的行為。一個人就是照著這層級逐漸往上邁進的。根據這個觀點，馬斯洛的理論主張：雖然沒有一種需求可以完全被滿足，但是得到相當程度滿足後，那需求便不再具有激勵作用。

馬斯洛的需求層次論廣泛的受到認同及接納並大受管理者的歡迎。這可歸功於該理論在直覺上合乎邏輯，而且容易理解。然而，也有許多研究並不支持此理論，因為馬斯洛的觀點並未得到實證的支持。

（二）馬格瑞格

如何管理一個企業的人力資源，流行著兩種理論：X 理論及 Y 理論，由馬格瑞格所提出❶⑤。

1. X 理論

X 理論的出發點是：人生來好逸惡勞，因此企業為了達成生產目標，必須用各種手段迫使工人認真幹活。一般人迴避責任，圖安求穩，甘願聽他人指揮。管理者要透過行政措施、獎懲制度，必要時用威脅手段施加壓力來達到嚴格控制員工的目的。

---

❶⑤　Douglas McGregor, *The Human Side of Enterprise* (New York: McGraw-Hill, 1960).

2. Y 理論

　　Y 理論不同意人天生好逸惡勞的說法，而認為不管是腦力勞動或是體力勞動，都是人的自然需要。工作是受罪還是享樂，取決於環境。一般人不僅願意接受責任，而且喜歡擔任重要的職務。人的最大需要是發揮自己的想像力、創造力，發揮主動性，滿足成就感、自我發展的需要。

四、組織行為的興起

　　孟斯特柏格、梅約、馬斯洛、馬格瑞格對於管理的貢獻厥功甚偉。但是當代的理論學家認為，人際關係學派的論點太過於單純，在描述工作行為上也不甚適當。例如假設「員工滿足會導致績效的改善」被證實是毫無效度的（如果有的話，也是一點點，亦即不足採信）。好的績效才會導致滿足，似乎是比較合理的說法。

　　當代的行為管理觀點，被稱為是組織行為 (organizational behavior, OB)，體認到組織中員工行為比人際關係學派所提倡的更為複雜。個人和群體為什麼不能依照我們的規劃正常運作？答案並不簡單。但是如果我們能以組織行為的觀點，就可以有系統的瞭解組織內個人及群體的行為。組織行為是研習組織內人員的行為、態度及績效的一門學科。它利用到社會學、臨床心理學、人類學、工業工程學及組織心理學的有關理論及觀念。

　　組織行為也可幫助管理者瞭解人際間行為 (interpersonal behavior)、小團體行為 (small group behavior) 以及團體間行為 (intergroup behavior)。組織行為所包含的內容有哪些？以下是其主要內容及簡要說明：

▼ 表 2-3　組織行為的內容及簡要說明

內　容	簡要說明
個人差異	即個人在需求、價值、激勵、態度、個性及認知上的差異
組織內權力及政治的來源及管理	－
組織內團體以及相關課題	例如如何建立團體凝聚力、減少團體間的衝突
領　導	特別是如何使得部屬心悅誠服的達成管理者所設定的目標
衝突解決	包括人際間、團體內、團體間衝突的來源，以及如何管理這些衝突
組織文化	特別是如何影響員工的價值觀
工作滿足	例如為什麼向員工提供更高的報酬會讓他們得到暫時性的滿足，但無法對他們的工作造成激勵作用？
工作壓力	特別是壓力來源，以及如何做好壓力管理，以至於使得壓力變成對組織成員有利，而不是有害的事情
工作設計	例如工作擴大化對員工所造成的正面、負面影響
人際間及組織溝通	包括溝通障礙及克服障礙的方法
組織改變及發展	包括為什麼員工會抗拒改變，以及如何營造一個氣氛使得改變的方案能夠落實

來源：Steven L. McShane and Mary Ann Von Glinow, *Organizational Behavior*, 5th ed. (New York: McGraw-Hill/Irwin, 2010).

五、以今日角度看行為管理觀點

行為管理觀點最大的貢獻在於它改變了管理者的思維。今日的管理者更能體認到工作中行為的重要性，並將員工視為有價值的資源，而不是工具。

然而，行為管理觀點的限制是：(1)個人的行為過於複雜，使得預測行為變得相當困難；(2)由於管理者不願採用行為觀點，所以有許多關於行為的觀點還不能實際運用；(3)今日行為科學家的研究成果，對從事實務的管理者而言，有些曲高和寡；同時他們所提出的理論也是艱澀難懂。

2.5 數量管理觀點

數量管理觀點 (quantitative management perspective) 啟蒙於二次世界大戰。彼時，英美兩國的政府官員及科學家，共同致力於研究如何才能幫助軍隊更有效率、

更有效能的布署其資源。這些人員利用數十年前由泰勒及甘特所發展的數量方法，並將它們應用在後勤補給作業上。他們認為有關軍隊、軍事設備及潛水艇的布署問題，都可以用數量分析來解決。戰後，像杜邦 (Du Pont)、奇異 (General Electric, GE) 這些公司開始利用同樣的技術來配置員工、選擇廠址、規劃倉庫。基本上，數量管理觀點就是利用數量方法及技術來解決管理問題。更明確的說，數量管理觀點著重於決策制定、經濟效益、數學模式及電腦的使用。數量方法有兩個重要的分支：管理科學 (management science) 及作業管理 (operations management)。

一、管理科學

管理科學與泰勒的科學管理不同，讀者切莫混淆。管理科學所著重的是數學模式的發展。數學模式 (mathematical models) 是以較單純的方式來代表（或描繪）某個系統、程序或關係。

在最基本的層次，管理科學著重於模式、方程式、實物的徵象。例如位於底特律的愛迪生電氣公司利用數學模式，來決定在停電時，修護人員進行維修的最佳路徑；銀行利用數學模式來決定在某一天的不同時點要有多少個櫃檯人員執勤。近年來，由於電腦功能的日益強大，管理科學技術已可用來解決非常複雜的問題。例如克萊斯勒 (Chrysler) 及福特汽車利用電腦來模擬汽車碰撞時對駕駛者及汽車所造成的傷害。這些模擬可提供確實的資料，而不必真正的去碰撞汽車。

二、作業管理

作業管理比管理科學更不數量化、更沒有複雜的統計技術，因此它可以直接用在管理的問題解決上。我們不妨把作業管理看成是應用性的管理科學。一般而言，作業管理的技術涉及到如何以更有效率的方式，來幫助組織製造其產品、提供服務，因此它可以應用到許多問題的解決上。

例如許多公司利用作業管理技術來做有效的存貨管理（inventory management，如何在倉儲成本與訂購成本中找到一個平衡點，並決定最適的訂購量）。線性規劃 (liner programming, LP) 是在設定的限制式條件下，找出可能的解答或最佳可行解。當一個公司的產品數目增加時，決定產品的組合是件相當複雜的事，管理者可利用

線性規劃來解決這個問題。自二次世界大戰以來，管理者普遍地運用線性規劃法以解決管理問題。拜電腦之賜，許多複雜的線性規劃模式均可依靠電腦來求得解答。

這個模式之所以為「線性」的原因，是因為建立的數學方程式的變數之間呈線性關係或成定比的關係。線性規劃模式的目的在獲得目標（如利潤）的極大化或目標（如成本）的極小化，當然必須考慮到某些變數的未來價值對結果的影響。這些變數應是管理者所能控制的。管理者可利用線性規劃法來解決的特定的管理問題有：生產規劃、肥料組合、運輸、廣告媒體組合。

其他作業管理技術還有等待線理論 (queuing theory)、損益兩平分析 (break-even analysis)、模擬 (simulation) 等。這些技術可以直接應用到作業問題的解決上，也可以應用到其他領域，如財務、行銷、人力資源管理。

三、以今日角度看數量管理觀點

就像其他的管理觀點一樣，數量管理觀點也有重要的貢獻及某些限制。數量管理觀點提供管理者相當豐富的決策工具及技術，並可幫助管理者掌握整體性的組織程序。在規劃及控制方面，數量管理觀點特別有用。但是，數量管理觀點的限制是：(1)並沒有考慮到員工個人的行為及態度，更遑論解釋及預測組織中的員工行為；(2)過分重視複雜的數學模式，以至於忽略了其他重要的管理技術（一切以數學掛帥，並不能解決什麼管理問題）；(3)模式的建立通常是基於不切實際的、毫無理論背景的東西。這樣的模式在學術界也許還有一些價值，但在實務界可以說是毫無用武之地。管理者認為激勵部屬及減低衝突的問題，遠比建立一個抽象的數學模式來得重要。

2.6　整合管理觀點

我們必須瞭解，古典、行為及數量管理觀點，不見得一定是水火不容 (contradictory)、有你就沒有我的 (exclusive)。雖然每一個觀點都有不同的假設及功用，每一個觀點應該是相輔相成的。事實上，要全盤瞭解管理，我們必須要將以上三個觀點整合在一起。系統觀點及情境觀點可以幫助我們整合，並擴展我們的視野。

一、系統觀點

系統 (system) 具有四個主要的特性：(1)由各元素所組成；(2)各元素會互相影響；(3)有一定的範圍；(4)達成特定的目標。企業、家庭、教會等都是系統。將組織看成是一個系統時，我們就可以確認四個主要的元素：輸入、轉換過程、輸出及回饋。

圖 2–3 顯示了系統的觀念。原料經過了處理之後，變成了輸出（產品或服務）。輸出的結果可能未能滿足個體 （顧客、使用者等） 的需求，所以會有一個回饋 (feedback) 的過程，來調整（或修正）輸入及處理的過程。

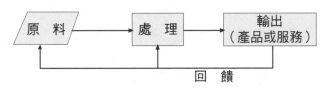

來源：本書作者整理。

▲ 圖 2–3　系統的觀念

將組織視為一個系統，可以使我們產生許多不同的重要觀點，例如開放系統的觀念、子系統、綜效及能趨疲。開放系統 (open systems) 是與環境互動的系統，而封閉系統 (closed systems) 是不與環境互動的系統。 如果組織不能與環境互動 ， 換言之，不理會環境的變化而一意孤行，則必定會被環境的潮流所淹沒。

系統觀點也強調子系統 (subsystems)，子系統顧名思義就是系統內的小系統。例如行銷、財務、生產本身就是系統，但也是整個組織的子系統。由於子系統之間會互相影響、互相依賴 (interdependence，或簡稱互賴)，所以某一個子系統的改變會影響其他的子系統。某玩具製造商的生產製造部門的玩具品質降低（例如採購較低品質的原料），則會影響到財務（由於低成本所以會增加公司的短期現金流量）以及行銷（由於顧客的不滿意度增加，使得長期銷售量降低）。管理者必須瞭解，雖然組織的子系統可以具有某種程度的自主性，但是絕不能忽略它們之間的互賴性。

綜效 (synergy) 的觀念是，組織單位（子系統）共同合作的成果會比分別獨自運作的成果來得好。例如迪士尼公司深受綜效之惠，公司的電影影片、主題公園、電視節目及授權產品都會相輔相成、同蒙其利。喜歡迪士尼電影《玩具總動員 3》的

小朋友會去迪士尼樂園參觀反斗奇兵大本營，並購買影片中動物明星的充氣玩具。影片中的主題曲（製作成原聲帶）、電動遊戲、授權產品（如餐盒、衣服等）都會給公司帶來豐厚的利潤。綜效也是 2000 年美國線上 (America Online) 與時代華納 (Time Warner) 合併的主要目標❿。對管理者而言，綜效是一個重要的觀念，因為它強調相輔相成、群策群力的重要性。

最後，能趨疲 (entropy) 是使系統導致衰亡的正常過程。這似乎是幾乎所有系統的宿命。當一個組織不能從環境中的回饋做適當的調整時，這就會注定失敗。例如 2003 年量販店萬客隆 (Makro) 的無預警停業，造成全臺共有七百三十名員工面臨失業問題。這是繼麥當勞 (McDonald's) 因產能擴充策略運用不當而導致縮編之後，臺灣另一件因策略運用失當而導致停業的大宗個案。萬客隆原本是臺灣量販店始祖，帶動臺灣倉儲、量販的購物趨勢，理應充分利用先佔 (pre-emption) 的優勢。但是，客戶定位錯誤、策略轉變不及，加上選點不佳，曾是兩岸量販店鼻祖的萬客隆，在經過幾年競爭後，在兩岸的量販市場都栽跟頭。從系統觀點來看，管理者的主要目標就是使企業不斷重生，避免「能趨疲」的發生。

二、情境觀點

另外一個對管理思維貢獻很大的就是情境觀點。古典、行為及數量管理觀點被視為是普遍觀點 (universal perspective)，因為它們在應用到管理時，試圖提供一個「單一最佳方法」(one best way)。相形之下，權變觀點 (contingency perspective) 認為由於每一個組織都是獨特的，所以普遍觀點並不適當。權變觀點認為，在某特定的情境下適當的管理行為取決於情境的獨特因素。

換句話說，在某一個情境下有效的管理行為不見得適用於其他情境。例如泰勒認為所有的工人都會投注最大的努力以獲得最大的個人經濟報酬。但是我們不難發現，在工作場所中對於有些人產生激勵作用的是：對休閒的渴望、地位、社會接受（被同儕接納及肯定）、社會壓力（來自於同儕的壓力），或是以上各因素的綜合（如梅約在霍桑實驗中發現的）。

---

❿　但是在 2003 年 9 月，「美國線上時代華納」公司決定拿掉「美國線上」，恢復舊名「時代華納」，這突顯新舊體制結合的不適應。這項行動無異宣告合併失敗。

　　從以上的說明，我們可以瞭解：不論規劃、組織、領導與控制，都必須基於情境觀點，尤其是在這個複雜的、動態的企業環境下。

三、整合性架構

　　如前所述，古典、行為、數量管理觀點可以相輔相成，同時系統觀點、情境觀點可以將它們整合在一起。圖 2–4 顯示了整合各種管理觀點的架構。此架構所要說明的是，從古典、行為、數量管理觀點中採用任何特定的概念或觀念時，管理者都必須先確認組織內各單位（子系統）間的互賴性、環境影響，以及對每一個特殊情境的因應之道。子系統的互賴性及環境影響是系統觀點，而對每一個特殊情境的因應是情境觀點。

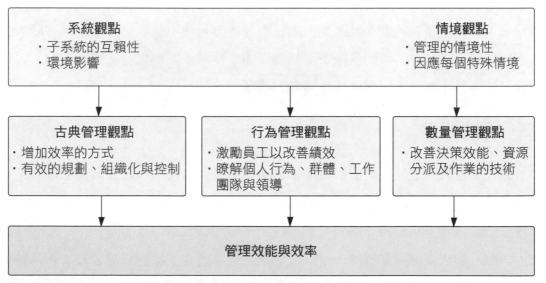

來源：本書作者整理。

▲ 圖 2–4　管理觀點的整合性架構

　　管理者可適當的使用古典、行為、數量管理觀點中的各種工具、技術、觀念及理論。例如管理者可沿用科學管理中的許多技術。在當代的企業組織內，利用科學方法來研究「工作」、生產技術等會提高生產力。值得注意的是，管理者不應只用這些技術，而忽略了「人」的因素。採用行為管理觀點的企業，會重視員工的需求和工作行為。激勵、領導、溝通及群體過程，在這些企業內扮演著極為重要的角色。

數量管理觀點會使管理者具有有用的工具及技術。管理科學模式的發展與使用、作業管理方法的應用，都會幫助管理者增加其效率及效能。

　　例如如果某個企業的離職率不斷升高，管理者應如何應用古典、行為、數量管理觀點來解決這個問題？管理者可考慮使用誘因制度（古典管理觀點）、採用激勵提振方案（行為管理觀點），也可以利用數量模式，瞭解離職所衍生的成本是否高於或低於企業進行變革所產生的成本（數量管理觀點）。

2.7　趨勢與議題

　　就如同過去的管理理論對今日的企業經營造成了莫大的影響，今日的管理觀念及實務也會塑造明日的管理。我們將說明一些會改變管理者工作的趨勢及議題：創業精神及工作心靈。

一、創業精神

　　創業精神 (entrepreneurship) 是指個人或群體努力的尋找機會來創造價值（不論這些人目前是否擁有資源），其事業的成長是來自於能夠滿足消費者慾望及需求的創新和獨特性。以上的說明突顯了三個特色或主題。

1. 尋找機會

　　創業家會追尋環境的趨勢及改變，而一般人並不會或不能察覺到環境動向。例如亞馬遜網路書店的創始人貝左斯在 1990 年代中期，還在華爾街某投資公司擔任程式設計員一職時，就察覺到網際網路及萬維網呈現爆炸性成長的現象（當時的成長率是 2,300%），遂毅然決然的放棄原來穩定的高薪工作，追求他認為是明日之星的網路零售。今日，亞馬遜已成功的在其著名網站銷售書籍、音樂、家庭改良用品、照相機、汽車、家具、珠寶等產品❶❼。

2. 創　新

　　創新涉及到變革、革命、轉換及推出新方法，簡單的說就是新產品、新服務或新方法。創新的來源有：意外、不相容性、作業及製造過程、產業或市場結構改變、

---

❶❼　Jane McGrath and Jacob Clifton, "Top 10 Influential Business Models" (http://money.how stuffworks.com/5-influential-business-models2.htm).

人口統計變數、認知的改變、新知識。

3.成　長

創業家會不遺餘力的追求成長，他們不會滿足現狀（目前的規模或業績）。創業家會敏銳的觀察環境的動向，並不斷的創造新產品、新服務或新方法。

創業精神對於各類型的組織都是非常重要的。不論營利或非營利組織都要有創業精神，也就是要不斷的尋求機會、創新及成長。

根據研究，創業者的個人屬性 (personal attribute) 是：成就動機強、獨立慾望強、自信及自我犧牲❸。創業家是天生的？還是後天培養的？雖然創業家與一般人有所不同，但是這個不同點不是與生俱來的。他們的個性是長年培養出來的，尤其是受到幼年時代的家庭薰陶。根據有關研究，家庭中的長子或長女（父母可能對他們特別關心，特別重視自信心的培養）、父母為自行創業者（父母可能特別鼓勵子女要獨立、要有成就動機、要有責任感等），日後成為創業家的機會愈大❹。

二、工作心靈

工作心靈 (work spirituality) 由於產生於工作場所，故又稱為工作場所心靈 (workplace spirituality)。乍看之下，工作場所與心靈似乎是兩個不相關的東西。畢竟，基於理性、邏輯及規章制度的組織系統（想想看韋伯、費堯、巴納德所主張的管理觀念），怎麼會和心靈扯上邊？但是我們看到許多組織愈來愈重視工作的心靈面，例如塔可鐘 (Taco Bell)、必勝客 (Pizza Hut)、沃爾瑪商場都會不時的邀請牧師來公司向員工講解有關人生的意義及挑戰的問題。有些公司的高階主管甚至鼓勵員工採取沉澱心靈的做法，如冥想、靜坐等。在工作場所中對於心靈的追求，對組織及管理者都會產生很大的影響。

何謂工作場所心靈？它不是指宗教的儀式，而是「對工作的生命體驗」，也就是說工作的真正意義是什麼？有意義的工作能夠使我們的生命變得更豐富嗎？人們工

---

❸　R. G. McGrath and I. Macmillan, *The Entrepreneurial Mindset* (Boston, MA: Harvard Business School Press, 2000).

❹　H. Page, "Like Father, Like Son? Entrepreneurial History Repeats Itself," *Entrepreneur*, 20, 1997, pp. 45–53.

作不再是僅為了養家活口而已，而是在工作中獲得成長、肯定、成就感，因此工作豐富了我們的生命。同時，由於工作場所中的改變及不確定性使我們產生的焦慮感，唯有透過心靈上的技術輔導才能夠真正的克服。

　　工作場所心靈對於管理者的涵義是什麼？工作場所心靈又是一個管理噱頭嗎？有關研究顯示，工作場所心靈與生產力息息相關。組織在培養員工的心靈之後，生產力提高了，離職率也大幅降低。被視為具有心靈的組織，其員工比較不會有焦慮感、比較不會妥協他的價值觀，同時對工作也比較投入[20]。

---

[20]　I. I. Mitroff and E. A. Denton, *A Spiritual Audit of Corporate America* (San Francisco: Jossey-Bass, 1999).

本章習題

一、複習題

1. 試說明當環境改變時，企業的經營方式為何也應該跟著改變？

2. 理論及歷史有何重要？

3. 為什麼要知道理論？

4. 為什麼要知道歷史？

5. 試介紹早期的管理先驅者及其主要貢獻。

6. 試說明提倡科學管理的主要人物及其貢獻。

7. 試說明提倡行政管理的主要人物及其貢獻。

8. 以今日角度看古典管理觀點，你的心得是什麼？

9. 何謂行為管理觀點？

10. 試說明行為管理觀點的代表人物及其貢獻。

11. 試說明霍桑研究的主要發現。

12. 試說明人際關係學派的主要代表人物及其理論重點。

13. 當代的行為管理觀點，被稱為是組織行為，試簡要說明組織行為。

14. 以今日角度看行為管理觀點，你有什麼心得？

15. 何謂數量管理觀點？

16. 管理科學與科學管理有何不同？

17. 試扼要說明作業管理及其功能。

18. 以今日角度看數量管理觀點，你有什麼心得？

19. 我們必須瞭解，古典、行為及數量管理觀點，不見得一定是水火不容、有你就沒有我的。雖然每一個觀點都有不同的假設及功用，每一個觀點應該是相輔相成的。事實上，要全盤瞭解管理，我們必須要將以上三個觀點整合在一起。何種觀點可以幫助我們整合，並擴展我們的視野？

20. 試提出管理觀點的整合性架構。

21. 何謂創業精神？創業家的個人屬性有哪些？

22. 何謂工作場所心靈？對管理者有何重要涵義？

二、討論題

1. 如果組織不能與環境互動，換言之，不理會環境的變化而一意孤行，則必定會被環境的潮流所淹沒。試舉企業實例加以說明。

2. 韋伯指出科層體制是袪除組織裡徇私、濫權、歧視、賄賂、回扣以及無法勝任等現象最有效的辦法，因此他認為科層主義是最完美的體制。你同意嗎？為什麼？

3. 巴納德提出的「無關緊要區」的觀念，能否解釋父母照顧子女的行為、義工的行為？為什麼？(如果是，那父母及義工的誘因是什麼？)

4. 創業家是天生的嗎？試詳加討論。

5. 試以本書所說明的整合性架構來描述你所選定的某大企業。

6. 如何提升員工的工作場所心靈？

7. 德國哲學家黑格爾 (Georg W. F. Hegel) 說：「人類從歷史中學到的最大教訓，就是人類沒有從歷史中學到教訓。」試以今日的企業 (經營失敗的企業) 印證這句話。

第 2 篇

管理的環境系絡

第 3 章
企業環境

　　組織是一個開放系統，它必須與其環境互動。任何自絕於環境的組織，必然會遭到淘汰的命運。社會對企業的產品及服務有所需求，企業才有生存的機會。在這個社會大環境中，企業要能扮演好角色，才能夠永續經營。首先，組織必須瞭解影響其運作的各種環境因素。

3.1 影響組織運作的環境因素

　　組織固然必須不斷的瞭解其環境中的主要因素，然而這些因素有哪些？首先，組織的運作會受到其內部環境 (internal environment) 的影響，此外，組織的運作也會受到外部環境 (external environment) 的影響。外部環境包括任務環境 (task environment) 或更大的總體環境 (macro environment)。從以上的說明，我們可以整理出影響組織運作的環境因素，如圖 3–1 所示。

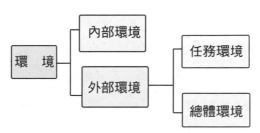

來源：本書作者整理。

▲ 圖 3–1　組織環境因素

3.2　內部環境

組織內部環境包括：所有者、員工、實體工作環境及文化。

一、所有者

顧名思義，組織的所有者 (owner) 就是在法律上擁有財產權的人。企業的所有者會隨著企業組織的形式不同而不同。企業組織可分為三種主要的形式：⑴獨資 (sole proprietorships)；⑵合夥 (partnerships)；⑶公司 (corporations)。除了這三種主要的形式之外，還有其他的混合形式 (hybrid forms)。

二、員　工

組織的員工也是內部環境的主要因素。當代管理者最感到關心的問題，就是工作群體及工作本質的改變。工作群體在性別、種族、年齡及其他向度上愈來愈有差異性，員工也愈來愈要求工作所有權 (job ownership)——不論是擁有部分工作所有權（如要求入股）或要求工作的自主性。

世界各國的人力變得愈來愈有差異性 (diversity)。這些差異性固然給管理者帶來了極大的挑戰（倫理及其他挑戰），但同時也帶來了極佳的機會，例如吸引及留任專業人才的機會，進而提升創造力及獲得創新的機會。差異管理 (managing diversity) 是指「規劃及落實人員管理的組織制度及實務，以使得潛在差異性的優點得到極大化，而缺點變成極小化」。

許多組織的專職員工會組織工會，這也是管理者必須面對的複雜問題。工會可代表員工的利益。由於管理者的權力比基層員工來得大，再加上組織有許多利益關係者，管理當局可能為了滿足某一群利益關係者（如股東）的利益，而犧牲另一群利益關係者（如員工）的利益。例如管理者可能決定要提高生產速度來降低成本、增加產量，進而提高股東報酬。但是，提高生產速度會增加員工受到工作傷害的危險。此外，員工又領不到加班費。在這種情況下，工會就可代表員工的利益。雖然我們常看到藍領工人組織工會，但現在愈來愈多白領員工（如政府官員、教師）都已成為工會會員。

三、實體工作環境

實體工作環境包括辦公室的坐落位置（在市中心辦公室大樓還是在郊區）、辦公室布置（傳統式還是現代式）。現代式的辦公室布置是以屏風隔開許多小的工作室。在有些辦公室中，工作者並沒有固定的座位，他可以自由的到任何辦公桌，就不同的專案與不同的人互動。擺設在各處的微電腦工作站可供任何需要的人使用。有幾個隔離的小房間，可供有關人員討論比較私密的問題。

四、文 化

一般而言，文化 (culture) 是指某一社群的價值觀、信念、行為、風俗（儀式）及態度。這個社群可以小到某個工作團體，大到整個國家。組織文化 (organization culture) 是某一組織的價值觀、信念、行為、風俗（儀式）及態度的集合。這些因素可讓組織成員瞭解組織所追求的是什麼、組織如何處理事情，以及組織認為重要的是什麼。我們可以從價值觀、信念、行為、風俗（儀式）及態度這些方面，來比較組織之間的不同。

以下是瞭解一個公司組織文化常用的方法：

▼ 表 3–1　瞭解公司組織文化的常用方法

方　法	簡單說明
觀察實體環境	看看員工的穿著、辦公室開放的程度、在牆壁上掛的圖像及照片、辦公室家具的款式及擺設，以及其他的「信號」（例如是否有很多「禁止這」、「禁止那」的張貼）
會議如何進行	員工（與會者）之間如何相互對待（是相敬如賓，還是相敬如「兵」）？階級不同，所受到的對待就不同嗎？是開放式的雙向溝通，還是一言堂？
留意語言	員工時常掛在嘴上的是「品質」、「精益求精」，還是「不要沒事找事」、「不要打草驚蛇」？
留意你被介紹給誰以及他們的行為舉止	你被介紹給部門單位內的少數幾個人，還是全部？他們的行為舉止是輕鬆的，還是嚴肅的？
聽聽組織以外人士（包括供應商、顧客及卸職員工）的意見	他們認為這家公司怎樣？他們的反應如何？是「那家公司官僚氣息很重」、「那家公司蠻開明的、蠻有彈性的」，還是「唉！別提了！」

來源：本書作者整理。

3.3　任務環境

任務環境中具有五種競爭力量 (competitive forces)：競爭者、顧客、供應商、管制單位及策略聯盟❶。

一、競爭者

組織的競爭者 (competitors) 就是和組織競爭資源的其他組織。競爭對手最垂涎的就是「消費者元」(消費者的荷包，consumer dollar)。

1.競爭在同質性產品之間

例如銳跑 (Reebok)、愛迪達 (Adidas)、耐吉彼此是競爭者。而麥當勞的競爭者有：漢堡王 (Burger King)、Subway、摩斯漢堡 (Mos Burger)。

2.競爭在代替品之間

例如福特會與山葉　(機車)、　捷安特　(腳踏車)　爭取消費者的　「交通元」(transportation dollar)；香格里拉、水上樂園、六福村等度假遊樂中心會爭取消費者的「度假元」(vacation dollar)。

3.競爭發生在營利與非營利事業之間

非營利事業如大學必須與職訓中心、軍事學校、其他大學、外部勞動市場（external labor market，即就業市場）競爭，以吸引更多資優學生。

除了「消費者元」之外，組織之間也會爭取其他不同的資源。例如兩個毫不相干的企業可能會爭取某家銀行有限的貸款；兩家零售店也會為了某塊不動產而爭得頭破血流；在大城市警察局與消防局會爭取市政府的預算；企業之間也會在獲得人才、技術突破、專利權及有限原料上做激烈的競爭。

二、顧　客

顧客 (customers) 就是以金錢獲得組織的產品或服務的任何人或組織。例如麥當勞的顧客是走進商店購買食物的人。顧客未必只是指個人，學校、醫院、政府機構、

---

❶　Michael E. Porter, *Competitive Strategy: Techniques for Analyzing Industries and Competitors* (New York: Free Press, 1980), Chap. 2.

批發商、零售商、製造商等都是其他組織的顧客。

近年來，應付顧客的問題變得愈來愈複雜。層出不窮的新產品及服務、創新的行銷策略及戰術，善變及挑剔的顧客，使得企業在滿足顧客的需求上充滿著挑戰及不確定性。

公司的海外市場顧客，其消費習性會與本國截然不同。例如在德國的麥當勞可提供啤酒；在法國的麥當勞會提供紅酒，因為在這些國家用餐飲酒已經成為一種習慣了。

三、供應商

供應商 (suppliers) 是向其他組織提供資源的組織。麥當勞會向可口可樂 (Coca-Cola) 購買軟性飲料；向漢茲 (Heinz) 採購番茄醬；向批發食品加工廠購買食品材料；向工廠購買餐盒、餐巾及包裝袋。企業應避免只依賴一家供應商供應其原料，因為一旦此供應商倒閉了或遭到罷工，則貨源就受到中斷，對企業經營會造成莫大的影響。而且不依賴一家供應商，也會使供應商之間產生競爭關係，結果會壓低購買價格。

但是，日本廠商的做法卻不一樣。日本廠商喜歡與一、二個供應商建立長期的夥伴關係。如此一來，日本廠商可以獲得源源不斷的供貨，而供應商也會因為有長期穩定的顧客，而願意充分配合顧客的需要。這種情況可以說是相得益彰、同蒙其利。

四、管制單位

管制單位是能夠控制、約束、影響組織政策及實務的一個任務環境因素。管制單位有二個主要類型：

1.管制機構 (regulatory agencies)

由政府所設立，目的是保護社會大眾及組織。臺灣的管制機構包括電力產業管制機構（如經濟部能源委員會）、感染管制（如衛生署疾病管制局）、傳播管制（如國家通訊傳播委員會 (NCC)）等。

2.利益團體 (interest groups)

利益團體可影響組織。所謂「利益團體」，或稱利益集團，是指具有相同利益並向社會或政府提出訴求，以爭取團體及其成員利益、影響公共政策的一群人。利益團體可以分為兩大類：

(1)經濟性利益團體。此類團體關心的乃是成員的經濟利益，且皆為功能性的組合。其成立的目的旨在團結該階級或組織的力量來保障自身利益，並且為該階級或組織提供討論和交流的平臺。其中最主要的類型，是商人、勞工、農民組成的各種團體，諸如商會或工會；其次是各種專業人員所組成的團體，如醫療學會、教育人士協會等。

(2)公共利益團體 (public interest group)。此類團體主要是爭取其成員非經濟性的共同理想，其成立的目的主要是爭取公共利益或透過成立利益團體來向大眾推廣其理想。英國學者稱這類團體為促創團體，以別於一般的經濟性利益團體。環保組織、爭取婦女權益及主張保障弱勢社群的組織均屬於公共利益團體。

臺灣的利益團體大致可分為兩類：

(1)職業性團體：例如教師會、醫師公會、藥師公會、護理師公會、護士公會、建築師公會等。

(2)社會性團體：例如消費者文教基金會、董氏基金會、婦女新知基金會、兒童福利聯盟、環境保護協會、關愛動物保護協會、伊甸園基金會、主婦聯盟等❷。

五、策略聯盟

策略聯盟 (strategic allies) 是「為獲得共同的策略利益，二個或以上潛在或實際競爭者之間的合作協議」，也就是二個或以上組織之間建立策略夥伴 (strategic partners) 關係或其他的合夥關係（如統一超商與化妝品公司所建立的製販同盟）。例如麥當勞與沃爾瑪商場達成協議，麥當勞可在沃爾瑪商場的賣場內設置商店；麥當勞也與迪士尼達成協議：麥當勞在店中播放迪士尼的影片，而迪士尼也讓麥當勞在

---

❷　維基百科。〈倡導團體〉。

其主題公園設立店面。

　　聯合投資 (joint venture) 是指二個或以上的企業共同投資於新事業的情形；每個企業（投資者）都要貢獻某種資源、分擔風險，並擁有一定程度的所有權。聯合投資是策略聯盟的一種形式，其目的在於獲得互補的效益。在商業實務上，聯合投資的例子有很多，例如台積電資助半導體設備廠艾司摩爾 (ASML) 進行研究發展，而 ASML 的發展成果能夠幫助台積電控制晶圓成本❸。

　　在聯合投資下，企業的外國參與程度增加，因為通常會涉及對於在國外的生產設備進行資本投資，以便在地主國提供產品或服務，但風險會顯著減低。網際網路與全球性視訊會議向商業夥伴提供全球合作所需的溝通與協調。例如可口可樂與雀巢 (Nestlé) 宣布聯合投資，並在全球五十餘國的茶葉、咖啡及健康飲料的行銷上建立合作關係❹。同樣地，英國石油艾莫科 (BP Amoco) 與義大利的 ENI 宣布將聯合投資，在埃及建造一間 25 億美元的氣體液化廠❺。

　　藉著與外國技術卓越、行銷一流的企業進行聯合投資，本國企業就可以獲得技術及資源，這對國外市場的開拓非常有利。事實上，在國際經營環境下，聯合投資是進入及擴展國外市場的普遍方式。

　　聯合投資也可以雙方企業共同分擔新事業的開辦成本及營運成本，但都必須防止對方以專有的商業機密圖利他人。在商業實務上，有些時候聯合投資還是唯一的方法。例如在中國大陸，任何企圖進入政府管制事業（如通訊業）的外國公司，都必須與當地企業合作。例如英商阿爾卡特公司 (Alcatel) 就與上海貝爾進行聯合投資，在當地生產電話交換機❻。

❸ 林孟汝，〈張忠謀：資助 ASML 義不容辭〉，中央社，2012 年 8 月 7 日。

❹ "Venture with Nestlé SA Is Slated for Expansion," *The Wall Street Journal*, April 15, 2001, B2.

❺ B. Bahree, "BP Amoco, Italy's ENI Plan \$2.5 Billion Gas Plant," *The Wall Street Journal*, March 6, 2001, A16.

❻ 百度百科。〈阿爾卡特〉。

3.4　總體環境

總體環境包括了：經濟環境 (economic environment)、技術環境 (technical environment)、政治法律環境 (political/legal environment) 以及社會文化環境 (sociocultural environment)。

一、經濟環境

我們可從經濟發展及經濟景況來瞭解一國的經濟環境。

（一）經濟發展

一個國家在經濟發展過程中會歷經五個階段❼：

1.傳統社會階段 (traditional society)

在此階段，經濟不外乎求生存的活動。產品係由生產者本身消費，而不是用於交易，如果有交易的話，也是以貨易貨 (barter)。農業是最重要的經濟活動，勞力密集 (labor intensive)，因此所需資本極為有限。

2.轉換階段 (transitional stage)

此階段亦是經濟起飛的先決條件 (preconditions of economics take off)。在此階段中，專業逐漸增加，產生剩餘，可資交易。同時，有運輸的基層建設來支持交易。由於收入、儲蓄及投資的增加，企業興起，對外貿易也因此而產生，但仍以農業為主。

3.起飛階段 (take off)

在此階段中，工業化增加，工人自農業部門轉換到製造部門。成長集中在一國的少數地區，以及一、二個製造工業。投資佔國民生產毛額 (GNP) 的 10%（或以上）。隨著這些經濟轉換而來的是新的政治及社會制度的演進，來支持工業化。由於投資引致收入的增加，進而產生更多的儲蓄，來資助進一步的投資，所以成長可以

---

❼　取材自 Walt Whitman Rostow, *The Stages of Economic Growth: A Non-Communist Manifesto*, 1960. 此巨著發表之後，亦有專研發展的經濟學家辯稱，此模型是基於西方文化，並不適用低度開發國家。

持續不斷。

4. 趨於成熟 (drive to maturity)

在此階段中，經濟因多元化而進入新的領域，科技的創新為投資機會提供了多元化。經濟生產了相當寬廣類別的產品及服務，而且較不依賴進口貨品。

5. 高度的大眾消費 (high mass consumption)

在此階段中，經濟驅動趨於大眾消費。製造消費品的企業相當興隆，服務業也日益重要。

（二）經濟景況

世界各國的經濟景況都會有波動的現象。整體經濟情況的改變會影響供給及需求、消費者的購買力及意願、消費者的支出水平及競爭密度等。因此，目前的經濟情況及經濟改變，對企業的行銷策略會有廣泛的影響。

經濟波動通常會有一個稱為商業循環 (business cycle) 的固定形式。商業循環包括四個階段：繁榮 (prosperity)、不景氣 (recession)、蕭條 (depression) 及復甦 (recovery)。以全球觀點來看，在同一時間世界各國所處的商業循環階段各不相同。例如在 1990 年代，美國經濟欣欣向榮，處於繁榮階段；而日本是處於不景氣階段。全球各國的經濟情況不同的現象，對於國際行銷者的全球策略規劃是一個大挑戰。

1. 繁　榮

在繁榮階段，失業率低，總所得相對提高。如果通貨膨脹低的話，消費者的購買力會高。如果消費者對經濟遠景抱持樂觀的看法，則他們的購買意願會高。在繁榮階段，行銷者會擴大其產品及服務，以充分掌握消費者的購買力。利用密集配銷及大量廣告，行銷者有時候可獲得較大的市場佔有率。

2. 不景氣

在不景氣階段，失業率高，總購買力下降。不景氣年代的悲觀氣氛會抑制消費者及商業的支出。當購買力下降時，許多消費者會變得更有價格敏感性 (price sensitivity) 及價值意識 (value consciousness)。他們所要的東西只要具有基本功能就好。在不景氣階段，許多行銷者會大幅降低行銷努力，這樣會對生存力造成莫大傷害。行銷者應考慮如何調整其行銷活動。由於消費者更關心產品的功能價值，公司

的行銷研究應能發現到消費者到底需要什麼功能，然後再在產品上加上這些功能。促銷應強調價值及效用。

3.蕭　條

持續的不景氣會造成蕭條，在蕭條階段，失業率非常高，工資非常低，總可支配所得低，消費者對經濟喪失了信心。蕭條會持續一段時間，通常是數年。例如近年來，俄羅斯、墨西哥及巴西都曾歷經蕭條。

4.復　甦

復甦就是從不景氣或蕭條恢復到繁榮的商業循環階段。在復甦階段，高失業率開始降低，總可支配所得會增加，消費者的購買力及意願會提高。行銷者在此階段的問題是：不容易判斷恢復到繁榮階段會要多久，以及恢復到什麼程度。在此階段，行銷策略要保持相當的彈性，才能夠因應環境變化做適度的調整。

二、技術環境

科技發展一日千里，電腦、通訊、生物及奈米科技的突破，徹底的改變了整個世界。電腦與通訊科技的進步，不僅提升了企業經營的效率，也改變了競爭的本質。

科技決定了我們滿足需求的方式。科技的發展提升了我們的生活水準，使我們有更多的休閒時間，也強化了資訊、娛樂、及教育。儘管如此，科技也帶來了許多不同的副作用，如失業率、空氣汙染、對健康的傷害等。許多人認為未來的科技可消除這種副作用，但也有人認為提升生活品質的方法是降低科技的使用。

透過科技評價的程序，管理者應瞭解及預測新產品及新製程對企業組織的影響、對其他企業組織的影響以及對社會的影響。透過這樣的程序所得的資訊，行銷者應預測使用新的科技的效益是否會大於成本（包括企業的成本及社會成本）。

技術受到保護的程度也影響了企業對科技的使用。如果一個新產品或製程不易被保護，則企業將缺乏使用的興趣。

科學知識、研究、發明及創新會產生許多產品及服務，這些新的產品及服務就構成了行銷的技術環境。技術的改良在改善顧客價值方面厥功甚偉。

企業如何使用科技對其長期生存而言是非常重要的。不良的科技決策要付出很大的代價，最後可能使企業被淘汰。如果組織跟不上技術變遷的腳步，那麼技術就

變成了威脅。如果組織雖然擁有技術，但是由於某些原因，不去滿足特定市場的需求，那麼也是枉然。例如 IBM 長期支配了大型電腦的市場，並認為個人電腦是雕蟲小技，不屑一顧。但當消費者發現他們利用個人電腦就可以獲得超強的運算能力時，IBM 便錯失了個人電腦市場的獲利契機。在詭譎多變的電腦行業中，「不創新，便滅亡」，技術上如此，行銷策略的運用上亦復如此。

三、政治法律環境

以下我們分別說明政治環境與法律環境。

（一）政治環境

一國國民的態度和反應、社會評論以及政府均會影響政治環境。消費者主義 (consumerism) 是一種社會運動，其所強調的是消費者的權利和權力。美國在過去幾十年來，消費者主義蔚為一個主要的政治力量。1962 年，美國總統甘迺迪 (John Kennedy) 所通過的《消費者權利法》(Consumer Bill of Rights)，其立意基礎及精神乃在於保護消費者在安全、被告知、選擇及表達意見方面的權利，自彼時以還，消費者主義的基本精神及目的仍然維持不變。

許多企業為了因應消費者運動的蓬勃發展，均紛紛採取了必要的措施。例如福特公司已設立「消費者專案部門」，專事處理消費者抱怨的事物。認為高階主管及行銷經理必須切實關切消費者，過去生產導向式思考方式及做事方式，早已不合時勢所需。

一國人民對該國的強烈情感，也會對企業的營運及利潤有所影響。有些公司的廣告文案就是以民族情感為訴求的，企圖藉著喚起消費群眾的愛國心，來刺激其產品的銷售量。在某些情況之下，組織對其採購的物品須受行政法規的約束，例如美國聯邦政府及地方政府必須購買美國貨。

政治環境不見得都在約束企業的行為，有些政府覺得鼓勵商業投資，促進商業活動的熱絡會對國民有利。政府的長期低利貸款會幫助陷於困境的企業有機會恢復企業生機（例如美國的洛克希德 (Lockheed Martin) 及克萊斯勒、1995 年政府對於建築業者的紓困）。

（二）法律環境

政治環境的改變會影響法律環境的改變，同時對法律執行的方式亦有所影響。立法的目的不外乎保護消費者、社會大眾利益以及保護本國企業。

在臺灣方面，過去消費者遭遇到不公平的交易行為時，唯一的選擇是向消費者文教基金會投訴，但至 1992 年 1 月 27 日公平交易委員會成立之後，消費者可以向該委員會檢舉違反公平交易的行為，由委員會調查屬實後，必要時逕行移送法院審理。

公平交易委員會在接獲事業、消費者所檢舉的違反公平交易的行為之後，將由公交會的行政人員做事實的調查與審理，接著召開委員會討論，決議適當的行政處分，若是涉及違反《公平交易法》的刑責，則逕行送交法院審理。

四、社會文化環境

文化環境 (cultural environment) 是指影響一個社會的基本價值觀、知覺、偏好及行為的機構及力量。在某一個特定社會上成長的人會有基本信念及價值觀。

（一）文化價值的持久性

在一個特定社會內的人會有許多信念及價值觀。核心信念及價值觀 (core beliefs and values) 具有相當的持久性。例如大多數的國人相信工作、結婚生子、濟助貧窮的人、正直誠懇的價值。這些價值會影響特定的態度以及每日的行為。核心信念及價值觀會代代相傳，並受到學校、教會、企業及政府的強化作用。

次要信念及價值觀 (secondary beliefs and values) 是比較會改變的。相信婚姻是核心信念，但相信晚婚是次要信念。

（二）次要價值的改變

雖然核心價值是具有持久性的，但我們不難發現近年來次要價值的改變。想一想樂團、影星、名人對青少年在髮型、衣著、性觀念方面的影響。多數企業無不在預測文化改變上投注許多努力，其目的不外乎企圖搶先掌握機會、避免環境威脅。

在這方面，Yankelovich Monitor、Market Facts、Brainwaves Group、Trends Research Institute，都是對未來做預測的有名企業。

Yankelovich Monitor 多年以來不斷的追蹤人們的價值觀。它確認了八種價值觀，詳如表 3–2。

▼ 表 3–2　Yankelovich Monitor 的八種價值觀

矛盾者 (paradox)	認為「這是一個優質生活的時代，也是一個劣質生活的時代」的人
懷疑者 (trust-not)	對醫生、公立學校、電視新聞、報紙、政府機構、企業的信心大幅下降的人
自信者 (go it alone)	相信自己的直覺，而不相信專家的人
智慧者 (smarts really count)	相信自己對於不熟悉的產品有選購的能力
務實者 (no sacrifices)	認為「外表很重要，但整型要花上一筆可觀的費用，所以還是放棄吧！」、「房子的舒適比外觀重要」、「為了營養價值而犧牲口腹之慾是不可思議」的人
悠閒者 (stress hard to beat)	重視充分休息的人
自我者 (reciprocity is the way to go)	覺得「每個人都有自由決定要做什麼事情」的人
自利者 (self-centered)	表達「世界以我為中心，而不是以你為中心」需求的人

來源：Jeffrey Steven Podoshen, "The African American Consumer Revisited: Brand Loyalty, Word-of-Mouth and the Effects of the Black Experience," *Journal of Consumer Marketing*, Vol. 25, Iss. 4, 2008, pp. 211–222.

3.5　組織與環境的關係

到目前為止，我們已經確認及描述了組織環境的各種向度（或元素）。由於組織是開放系統，因此它會以不同的方式與各種環境元素做互動。組織與環境互動的問題涉及到兩個主題：⑴環境如何影響組織；⑵組織如何因應環境。

一、環境如何影響組織？

湯姆生 (James D. Thompson) 是最早確認組織環境的重要性的學者之一❽。湯姆生認為，環境可以用兩個向度加以描述：改變的程度 (degree of change)、同質性的程度 (degree of homogeneity)。改變的程度是指環境是相對穩定的 (stable)，還是相對動態的 (dynamic)；同質性程度是指環境是相對單純的（simple，幾乎沒有任何環境元素或市場區隔化），還是相對複雜的（complex，有許多環境元素、市場區隔得非常細）。這兩個向度的交互作用就可以決定組織所面對的不確定性 (uncertainty)。不確定性是影響組織決策的驅動力量。圖 3–2 是以改變程度及同質性程度為兩個向度所產生的不確定性的情形。

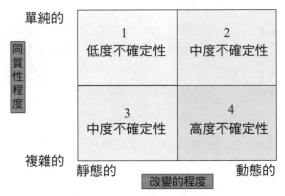

來源：James D. Thompson, *Organization in Action* (Latham, Maryland: The Rowman & Littlefield Publishing Group, 1976).

▲ 圖 3–2　環境的不確定性

組織所面臨的如果是穩定而單純的環境，則此組織會有低度的環境不確定性。雖然沒有任何環境是毫無不確定性的，但是我們發現盤踞在各地區的速食加盟店業者（如麥當勞、塔可鐘），或是大型的貨櫃製造商，所面臨的環境是低度不確定性的。例如塔可鐘鎖定消費者市場的某一市場區隔、製造有限的產品、供應商的供貨穩定、所面對的是一致性的競爭（競爭情況總是那樣，不會突然變得更為激烈或更不激烈）。

---

❽　James D. Thompson, *Organization in Action* (New York: McGraw-Hill, 1967).

　　組織所面臨的如果是動態但單純的環境，則此組織會有中度的環境不確定性。在這種環境下運作的組織包括：成衣製造商（鎖定一種服裝的消費者，但對式樣的改變保持高度的警覺性）、CD 製造商（鎖定某一種類的 CD 購買者，但對音樂風潮的改變保持高度的敏感性）。李維牛仔褲所面對的競爭者為數不多，它的供應商及管制機構也不多，配銷通路也極為有限，因此它所面臨的環境是極為單純的環境。但如果競爭者調降價格、推出新款式樣、消費者偏好改變、新種類的纖維出現，則它所面臨的環境就不再單純了。

　　組織所面臨的如果是穩定而複雜的環境，則此組織會有中度的不確定性。福特、戴姆勒克萊斯勒 (DaimlerChrysler)、通用汽車所面臨的就是這種環境。它們必須與無數的供應商、管制機構、消費者團體及競爭者「糾纏」。然而，在汽車業，改變是比較緩慢的。姑不論款式上的變化，現在的房車還是只有四個輪子、方向盤、內燃引擎、擋風玻璃及其他的基本性能，這和一百年前的車子並無不同。

　　最後，組織所面臨的如果是動態而複雜的環境，則此組織會有高度的不確定性。在這個環境之下，企業所要應付的環境因素有很多，而這些環境因素也不斷的在改變。英特爾、IBM、康柏 (Compaq)、松下 (Panasonic) 以及其他的電腦業者，所面臨的就是這種環境。由於技術不斷推陳出新、消費者的偏好也不斷的在改變、供應商的供貨不穩、競爭者的削價競爭等，會使在這種環境下的廠商疲於奔命。同樣的，網路公司如 eBay、亞馬遜網路書店也都面臨著高度不確定性的環境。

二、波特的競爭力模式

　　雖然湯姆生對於環境的一般性分類有助於我們瞭解組織與環境的互動，但是對於每天必須實際面對環境挑戰的管理者而言，他的分析在許多方面缺乏精確性及明確性。哈佛大學教授及策略管理專家波特 (Michael E. Porter) 提出了一個比較精緻的方法來評估環境，明確的說，產業結構 (industry structure) 可用五種競爭力量 (competitive forces) 來描述。這五種力量就是波特的五力分析模型 (five forces model)：潛在的進入者、代替品的威脅、購買者的議價能力、供應商的議價能力以及競爭者，如圖 3–3 所示。

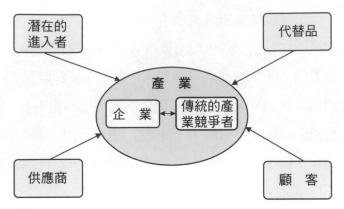

來源：Michael E. Porter, *Competitive Strategy: Techniques for Analyzing Industries and Competitors* (The Free Press, 1980).

▲ 圖 3–3　波特的競爭力模式

（一）潛在進入者的威脅

潛在進入者的威脅 (threat of potential entrants) 是指新競爭者能輕易的進入某一市場或市場區隔的程度。要開一個乾洗店或披薩店所需的資本相對的少，要進入汽車業則需要在工廠、設備及配銷通路上做重大的投資。因此對地區性的乾洗店或披薩店而言，潛在的進入者的威脅是相當大的；而對福特、豐田這些汽車製造業者而言，潛在的進入者威脅是相對小的。網際網路的出現及蓬勃發展，減低了進入某一市場區隔的成本，剔除了進入某一市場區隔的障礙，因此近年來許多企業所面臨的潛在進入者的威脅程度也愈來愈大。

（二）競爭者

競爭者或競爭對手 (competitive rivalry) 是指產業中支配性廠商之間的競爭。在軟性飲料市場，可口可樂與百事可樂 (Pepsi) 的競爭可以說是已經到了白熱化，它們在密集的價格戰上、比較性的廣告上、新產品的推出上，無所不用其極企圖擊潰頑劣的對手。其他發生過的激烈競爭包括：美國運通 (American Express) 與萬事達卡 (Mastercard)、富士 (Fujifilm) 與柯達 (Kodak) 等。臺灣的沙拉油業者、咖啡業者之間也分別有過激烈的市場爭奪戰。美國汽車業者也不斷的以更佳的保證及回扣來打擊同業。

（三）代替品的威脅

代替品的威脅 (threat of substitute products) 是備選產品或服務可能補充或取代既有產品或服務的程度。電子計算器取代了計算尺。個人電腦的出現降低了對計算器、打字機、大型電腦的需求。

（四）購買者的議價能力

購買者的議價能力 (bargaining power of buyers) 是指產業中某產品或服務的購買者能夠影響供應者（製造商）的程度。例如波音 747 的潛在購買者為數不多，只有像達美 (Delta)、西北 (Northwestern)、荷航 (KLM Royal Dutch Airlines) 等大型航空公司才會購買。因此這些購買者對於價格、交貨期限等便有很大的影響力。購買者的議價能力決定於產品或服務的供給和需要，也決定於供應者及購買者的數目。

（五）供應商的議價能力

供應商的議價能力 (bargaining power of suppliers) 是供應商能夠影響潛在購買者的程度。在一個社區中，如果某產品及服務只有一個供應商（而此產品或服務又是不可或缺的），那麼它可以隨意定價，任意提供各種服務（當然這是比較理論的說法，因為如果真是這樣，不多久就會有新的供應商出現）。

雖然波音 747 的潛在顧客（航空公司）不多，但是這些顧客只有二家供應商波音 (Boeing)、空中巴士 (Airbus)）能夠提供容納三百人的噴射客機，所以波音有一定的議價能力。波音公司曾和美國三大航空公司簽訂長期契約，作為它們唯一的供應商，這種做法可以說是平衡雙方各自擁有的影響力，而達到長期互惠的效果。相形之下，地區性的蔬果批發商在銷售給餐廳時就沒有什麼議價能力，因為如果餐廳不喜歡這家蔬果供應商，它可以很容易的找到第二家。

這些力量的整體力量或強度，決定了企業所獲得的投資報酬率是否會高於資本的成本。這些力量隨著產業的不同而異，也隨著產業的演進而改變。

從上述的分析來看，我們可以說競爭密度或強度 (competitive intensity) 最高的產業情況就是：任何企業可自由進入此產業，現有的企業對於購買者及供應商並無

議價能力，競爭者眾多，代替品的威脅層出不窮。在網際網路時代，競爭有超級的密度。

如果企業比競爭者更有能力應付顧客、供應商、代替品及潛在進入者，則企業就具有競爭優勢。在產業層級，企業如何發揮策略資訊系統的功能來獲得策略優勢呢？企業（及產業中的其他企業）可以利用資訊科技來共同建立產業標準，以便交換資訊、進行電子商務。企業如能與商業夥伴共同建立價值網，必能減少代替品的威脅、提高潛在進入者的進入障礙。產業內的企業可以共同建立一個跨產業的、資訊科技支援的「協會」(consortia)、「討論會」(symposia) 及通訊網路，來協調政府機構、國外競爭者及競爭產業的活動。

美國前三大汽車製造商雖然在設計、服務、品質及價格上競爭得非常激烈，但是它們還是共同建立了一個整合性的電子化市場 Covisint 來共同採購零件。Covisint 可使所有的汽車製造商及零件供應商在這個網站上進行交易，而每個廠商不必再費錢費力的自己設計網站，結果大大的增加了產業競爭力。

三、新的競爭力模式

在數位化企業時代，波特的競爭力模式必須要加以調整。傳統的波特模式適用在相對靜態的產業環境、可截然劃分的產業界限，以及相對穩定的供應商、代替品與顧客。然而，今日的企業不是在一個產業，而是在產業群 (industry set) 或產業集合中運作，如圖 3–4 所示。

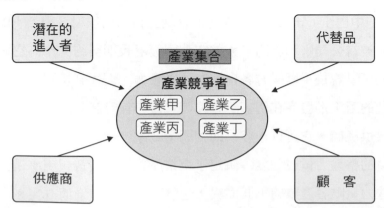

來源：Michael E. Porter, *Competitive Strategy: Techniques for Analyzing Industries and Competitors* (The Free Press, 1980).

▲ 圖 3–4　新的競爭力模式

　　以消費者觀點來看，產業群就是消費者可以從中選擇產品或服務的相關產業。例如汽車業者在「汽車業」必須和其他競爭者競爭，但是它們也和運輸業「群」內的其他企業競爭，例如和火車、飛機、巴士競爭。業者的成敗決定於其他產業的成敗。大學也許認為它們與傳統的大學競爭，但事實上，它們還必須與電子化遠距教學、創造線上大學的出版公司，以及授與技術執照的私立訓練所競爭——這些都是屬於較大「教育產業群」的成員。

　　值得注意的是，在數位企業化時代，企業的策略重心，不僅要放在如何競爭，而且也要放在如何合作上。

　　網際網路科技對產業結構產生了重大的影響。企業和供應商、顧客可用線上拍賣 (online auction) 的方式進行交易；顧客可以在極短的時間內用滑鼠點選幾下，就可以進行產品的比價，進而增加了其議價能力；潛在進入者要進入市場變得方便多了；代替品（尤其是數位產品）多如過江之鯽。

　　雖然網際網路可使企業獲得很多利益，例如建立新通路、增加作業效率，但是企業如果不能謹慎的將網際網路整合在整體策略及營運架構的話，還是無法獲得競爭優勢的。

四、組織如何因應環境？

　　環境中充滿著機會及威脅，組織應如何因應？很顯然的，每個組織都要評估其獨特的情境，然後再依據高階主管的智慧做最適當的因應。組織因應環境的五個基本機制是：資訊管理、策略反應、組織設計及彈性、直接影響環境、社會責任。社會責任的議題將在第 4 章討論。

（一）資訊管理

　　組織可透過資訊管理 (information management) 來因應環境。在對環境的初步瞭解及在操縱環境改變的跡象上，資訊管理扮演著極為重要的角色。掌管資訊的一種方法就是依靠第一線人員（英文稱為 boundary spanner）。第一線人員，如銷售代表、採購代理商，最能瞭解顧客想要什麼、競爭者在做什麼。

　　有效的管理者也會做環境偵察 (environmental scanning)。環境偵察就是透過觀察

周邊事件及閱讀有關文件及資料，積極的瞭解環境，進而操縱環境的過程。組織也可依靠電腦化資訊系統 (computer-based information systems) 來蒐集、整理、分析、預測相關資訊，以滿足管理者的資訊需求，進而對環境做最適當的因應。

（二）策略反應

組織因應環境的另外一種方法就是透過策略反應 (strategic response)。策略反應的方式有三種：(1)維持原狀。目前的策略已是最佳的策略，故無改變的必要，或者事態未明，再做觀察，一動不如一靜；(2)稍微修正原策略；(3)採取嶄新的策略。

如果公司的目標市場目前正在快速的成長，則可能要對這個市場投入更多的資源。同樣的，如果市場逐漸萎縮或沒有成長的空間，則公司就要決定撤資。例如在 1990 年代，星巴克的管理者發現到美國本土的業績成長逐漸趨於緩慢，因為咖啡店在美國已經太多了。因此，他們決定向海外擴展市場，結果開闢了另一個持續快速成長之路。「柳暗花明又一村」可以說是星巴克的最佳寫照❾。

（三）組織設計及彈性

組織可以利用在其結構設計中注入一些彈性的方式來因應環境。例如在低度不確定性的環境下運作的組織，可以採取 「具有許多規則、規章、標準作業程序 (standard operating procedures, SOP)」 的機械式組織設計 (mechanical organizational design)。同理，在高度不確定性的環境下運作的組織，可以選擇「很少標準作業程序、讓管理者有高度的決策自主性及彈性」 的有機式組織設計 (organic organizational design)。機械式組織設計的特性是：僵固的規則及關係。有機式組織設計的特性是：更具有彈性，可使組織對環境變化做快速的因應。

（四）直接影響環境

在因應環境時，組織未必永遠處於「被動挨打」的局面。事實上，組織可以用很多方式來直接影響環境。例如企業可以和供應商簽訂長期契約，以固定供應品的價格，並規避通貨膨脹。或者廠商可以變成自己的供應商。例如西爾斯 (Sears) 擁有

---

❾ 星巴克（香港）網站。網址：http://www.starbucks.com.hk/zh-hk/。

一些提供其產品的供應商；康寶濃湯 (Campbell Soup) 自己製造罐頭；大同公司擁有自己的映像管廠。這些做法就是向後整合 (backward integration)，也就是把供應商的經營權握為己有，或自己建立工廠來提供貨品。

企業所從事的任何活動都會影響競爭者。當三菱公司 (Mitsubishi) 的 DVD 放影機降價時，索尼 (Sony) 也不得不降價（或以其他的促銷方式吸引顧客）。企業也可以創造舊產品的新用途或新功能來影響現有的顧客。

組織可透過遊說及協商的方式來影響政府管制單位。在美國，許多企業會派遣公司代表或產業代表到首府華盛頓，去遊說相關的機構、團體及委員會。汽車製造業者也與美國環保署 (Environmental Protection Agency, EPA) 協商成功，獲得了延緩實施有關汙染及行車哩數的規定。大陸航空公司 (Continental Airlines) 不斷的抨擊美國政府，要政府用新科技、新系統來汰換現有的航空管制系統。

3.6 環境與組織效能

組織必須與環境互動，因此組織效能 (organization effectiveness) 可以從組織如何瞭解、因應及影響環境來衡量。

・組織效能模式

如何衡量組織效能？很不幸的，在學術界、產業界沒有一個共識。一個組織可以在短期內變得非常有效能，但是以長期觀點來看，未必有效能。例如一個組織在短期內不做研究發展投資、採購廉價的原料、對品管漫不經心、盡量壓低工資。雖然在短期內有些利潤，你能說它有效能嗎？另一方面，如果一個組織有長遠眼光，對研究發展做大量的投資，不惜犧牲短期利潤，這種做法對激怒短線投資者，你能說它沒有效能嗎？因此，衡量組織效能有很多觀點，似乎是不足為奇的。

在衡量組織效能方面，我們可以用以下四個觀點：

1. 系統資源觀點 (system resource perspective)

著重於組織能獲得所需資源的程度。在原料供應短缺時，組織還有能力獲得原料，則此組織是有效能的。

2. 內部過程觀點 (internal process perspective)

涉及到組織的內部機制，著重於如何減低緊張氣氛，如何擺平個人與組織之間的衝突，已使得作業順遂。如果一個組織能使員工獲得滿足感、提振高昂的士氣，而作業又有效率的話，則此組織是有效能的。

3. 目標觀點 (goal perspective)

著重於組織達成目標的程度。如果組織所訂定的目標是增加年度利潤 10%，而且又達成這個目標的話，則此組織是有效能的。

4. 策略利益關係者觀點 (strategic constituencies perspective)

著重於組織滿足其利益關係者需求的程度。組織的利益關係者有：政府、管制單位、社區、工會、債權人、投資者、員工等。如果組織能滿足利益關係者的需求的話，則此組織是有效能的。

以上四個觀點並不是互斥的，事實上，每一個觀點都有不同的著重點。系統資源觀點所著重的是輸入，內部過程觀點所著重的是轉換程序，目標觀點所著重的是輸出，策略利益關係者觀點所著重的是回饋。因此，管理者不應以單一觀點，而應以整合性模式來衡量組織績效，如圖 3-5 所示。在整合性模式的核心部分是組織系統，它具有輸入、轉換、輸出及回饋的功能。圍繞在核心部分周圍的是以上的四個觀點，加上合併以上四個觀點的綜合觀點。值得重視的是，組織必須以每個效能觀點來滿足個別的需求。

獲得組織效能並不是一件容易的事情。關鍵在於充分瞭解所處的環境。有了這個瞭解作為基礎之後，管理者就可以選擇「正確的」策略來獲得最適當的市場定位。如果管理者可以確認組織的願景、目標及策略，則獲得組織效能的機會就比較大。反之，如果目標選擇錯誤，或以錯誤的方法去實現目標，則獲得組織效能的機會是非常渺茫的。

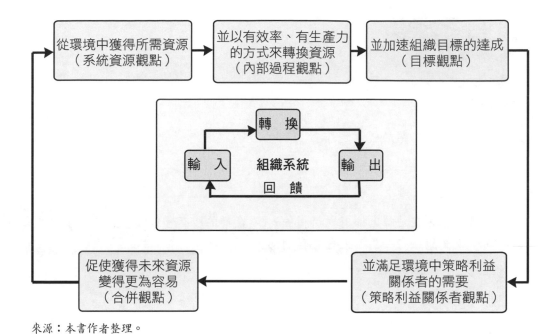

來源：本書作者整理。

▲ 圖 3–5　組織效能的整合性模式

本章習題

一、複習題

1. 何以說組織不能夠自絕於環境之外？

2. 影響組織運作的環境因素有哪些？

3. 組織內部環境包括哪些？

4. 組織的所有者就是在法律上擁有財產權的人。企業的所有者會隨著企業組織的形式不同而不同。企業組織可分為哪三種主要的形式？

5. 何謂差異管理？

6. 何謂組織文化？

7. 如何瞭解一個公司的組織文化，尤其是當你新進一家公司時？

8. 不論國內或國外，產業的競爭規則均蘊含於五種競爭力量之中，這五種力量是什麼？

9. 試替策略夥伴下一個定義。

10. 試說明聯合投資的若干個重大事例。

11. 企業的總體環境包括哪些因素？

12. 基本的經濟制度可分為哪二種？

13. 試說明臺灣近年來的經濟發展情況。

14. 西元 2000 年以後的技術突破有哪些現象？

15. 資訊革命影響競爭的三種方式是什麼？

16. 面對資訊革命的挑戰，管理者應瞭解並掌握哪些問題？

17. 何謂政治環境？

18. 近年來的立法已日益影響企業活動，立法的主要目的是什麼？

19. 在社會文化環境中，何謂核心信念及價值觀？何謂次要信念及價值觀？ Yankelovich Monitor 的研究發現有哪些價值？

20. 環境如何影響組織？

21. 試說明波特的競爭力模式。

22. 試說明新的競爭力模式。

23. 組織如何因應環境？

24.試說明組織效能模式。

二、討論題

1. 世界各國的人力變得愈來愈有差異性。這些差異性固然給管理者帶來了極大的挑戰（倫理及其他挑戰），但同時也帶來了極佳的機會。試申其意。

2. 經濟波動通常會有一個稱為商業循環的固定形式。商業循環包括四個階段：繁榮、不景氣、蕭條及復甦。試描述臺灣近幾年來的商業循環。

3. 試說明臺灣近年來的人口成長率、人口結構、人口的地理分布，並說明這些現象對產品需求的影響。

4. 試以組織效能模式評估以下的組織：

   ⑴ IBM（或你有興趣的企業）。

   ⑵ 地方政府。

   ⑶ 消基會（或任何非營利機構）。

   ⑷ 學校。

第 4 章
管理倫理與社會責任

本章重點

1. 倫理的四個觀點
2. 管理倫理
3. 國際企業經營的倫理問題
4. 資訊時代的倫理議題
5. 組織的社會責任
6. 有關社會責任的正反看法
7. 社會責任的連續帶
8. 政府與社會責任
9. 如何善盡社會責任？

一位銷售人員賄賂採購代理商作為採購的誘因，是合乎倫理的行為嗎？如果賄賂的金錢是來自於銷售人員的佣金呢？使用公司轎車於私人用途，是合乎倫理的行為嗎？利用公司的電子郵件作為私人通信之用呢？替同學代點名呢？

倫理 (ethics) 是指對於態度、行為、決策是對或錯的個人信念，也是支配個人及團體行為的原則或標準。在本章我們將檢視管理決策的倫理向度。管理者在做所有的決策時，要考慮到有哪些人會受到影響——在結果方面以及在程序方面。為了要瞭解管理倫理所涉及到的複雜課題，我們應先瞭解倫理的四個觀點、影響管理者倫理的因素，接著再討論應如何改善員工的倫理行為。

4.1 倫理的四個觀點

倫理有四個觀點，分別是：功利觀點、權利觀點、正義觀點以及整合式契約觀點。

一、功利觀點

功利觀點 (utilitarian view) 是指倫理決策 (ethical decision) 的制定完全是基於成果或結果。功利理論 (utilitarian theory) 會利用數量模型來做倫理決策，考慮到如何產生最大的數量效益。例如採取功利觀點的管理者，會認為裁減 20% 的員工是有道

理的，因為這樣會增加工廠的利潤、改善其他 80% 的員工的工作安全，也最能滿足利益關係者的利益。功利觀點所強調的是效率、生產力，並符合利潤極大化的目標。然而，它可能會導致資源分配的偏差，尤其是當受到決策所影響的人在決策制定時沒有發言權時。功利觀點也會忽略了利益關係者的權利。

二、權利觀點

權利觀點 (rights view) 是指尊重及保護個人的自由及特權，如隱私權、知的權利、自由言論權、生命及安全的權利。例如對遭到主管糾舉為違法的員工保護他的言論權。權利觀點的優點是它能保護個人的基本權利，但是它會是獲得生產力及效率的障礙，因為根據這個觀點所營造的工作環境，太過於保護個人的權利而忽略了工作必須完成的事情。

三、正義觀點

採取正義觀點 (justice view) 的管理者會公平的、大公無私的根據合法的規章制度來處理事情。例如管理者會對於相同的技術水平、績效的員工給予相同的報酬，不會因為性別、年齡、個性、種族上的差異或個人喜惡而有所偏袒。採取正義觀點有優點也有缺點。在優點方面，它可以保護利益關係者，尤其是代表性不足或缺乏權利的利益關係者；在缺點方面，它會減低員工的冒險精神，也會減低創新及生產力。

四、整合式契約觀點

倫理的最後一個觀點是整合式契約觀點 (integrative social contract view)。整合式契約觀點認為倫理決策應基於實證性的 （empirical，是什麼），而不是規範性的（normative，應該是什麼）因素。此倫理觀點整合了兩種「契約」：(1)一般的契約，此契約可讓企業界定什麼是可接受的行為或規則；(2)比較特定的契約，此契約可使社區的成員決定可接受的行為方式。例如在決定新廠工人的工資時，採取整合式契約觀點的管理者，會考慮到社區現行的工資水準。這個對企業倫理的觀點，不同於前三個觀點的地方 ， 在於採取此觀點的管理者會考慮到其他公司現有的倫理規範

(ethical norms)，來決定決策或行為的對或錯。

現今大多數的企業人士採取什麼觀點？功利觀點（這應該不會讓你驚奇）。為什麼？因為功利觀點最能符合企業所追求的效率、生產力及利潤目標。但是由於現今管理者所面對的環境已經改變了，所以管理者所採取的觀點也要適度調整。對個人權利的保護、對社會正義追求等因素的趨勢，使得管理者必須採取非功利觀點。這些現象對於管理者而言，不啻是一個嚴厲的挑戰，因為非功利觀點比較籠統含糊，不像功利觀點（如效率、利潤等）這麼明確。結果可能使得管理者陷入倫理兩難 (ethical dilemma) 的困境。

4.2 管理倫理

管理倫理 (managerial ethics) 是引導個別管理者在其工作上的行為的準繩。我們將以互動的觀點來討論倫理問題。在組織與其內部環境互動方面，我們要討論組織如何對待其員工、員工如何對待其組織；在組織與外部環境上的互動，我們要討論組織及員工如何對待其任務環境。

一、互動觀點

（一）組織如何對待其員工

管理倫理的一個重要領域就是組織對待其員工的方式。這個領域包括：員工的僱用與遣散、工資與工作環境、對員工隱私權的保護以及對員工的尊重。例如員工的僱用應完全根據其能力，才是合乎倫理的僱用政策。在員工僱用政策及實務上，歧視某特定族群，是不合乎倫理的。有時候，管理者在平常並不會做出不合倫理的事情，但是涉及到自己的利益時，便容易做出不合乎倫理的事情，例如優先錄用親友或長官「打過招呼」的申請者，雖然其他的申請者一樣符合資格。這種行為雖不違法，但是不合倫理的。

工資與工作環境，雖有一定的規定（如《勞基法》對於工資有明文規定），但卻常是爭辯的議題。如某主管刻意壓低丟不起飯碗的資深工人的工資，是不合乎倫理的。

最後，我們都知道，組織有義務保護員工的隱私權。如果管理者散播某員工的隱私，是不合乎倫理的。同樣的，組織對於性騷擾事件的處理方式，也會涉及到員工的隱私權及相關的權利問題。

（二）員工如何對待其組織

員工如何對待組織的方式也涉及到倫理問題，尤其在有關利益衝突、洩密及誠信方面。

1.利益衝突

員工的潛在利益會傷害到組織利益時，便會產生利益衝突。例如採購單位接受供應商的餽贈或回扣，而放寬對品質的要求。

2.洩　密

在競爭激烈的行業，如電子業、軟體業、流行服飾業，員工可能會禁不起利誘而出賣公司的機密。

3.誠　信

與誠信有關的問題包括：利用公司電話打私人長途電話、偷取公司的紙筆文具、虛報差旅費等。雖然大多數的員工都是誠信的，但是組織還是要對員工的誠信問題保持警覺。最理想的情況是，員工能自愛自治，但是基於人性弱點的考量，組織還是要從制度面著手。

（三）組織及員工如何對待其任務環境

管理倫理也涉及到組織及員工如何對待其任務環境的問題。任務環境又稱經濟代理人 (economic agents)，包括：顧客、競爭者、股東、供應商、經銷商及工會。組織與其任務環境的行為也涉及到倫理問題，例如廣告及促銷、財務揭露、訂貨及採購、運送、協商及談判等。

促銷曾受到許多在倫理方面的批評，其最常受到的攻擊是其欺騙、不實的行為。有些人指控企業利用促銷的工具來誤導大眾接受品質較差的產品；也有些人指出促銷經常在推廣一些社會原本不接受的東西──如菸、酒、開快車等；一些人更認為促銷強調物質需求的結果將會降低社會水平。而使用「性」作為主題的促銷更是經

常受到倫理捍衛者的攻擊。所幸近年來公益性質的促銷漸漸蔚為風氣。

二、影響管理倫理的因素

管理者的倫理行為或非倫理行為，會受到管理者本身道德發展的階段（管理者的道德程度）以及若干個調節變數（如個人特徵、組織的結構設計、組織文化、倫理議題的強度）交互作用之後的影響，如圖 4-1 所示。

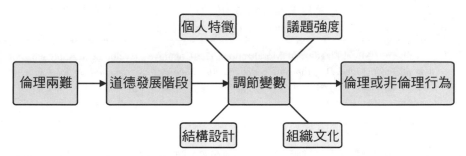

來源：Stephen P. Robbins and Mary Coulter, *Management*, 7th ed. (Upper Saddle River, N.J.: Prentice Hall, 2003), p. 126.

▲ 圖 4-1　影響倫理行為的因素

缺乏強烈道德觀的人，如果受到規則、政策、工作規格及文化規範的約束，比較不可能做壞事。相反的，具有高度道德意識的人，可能會因為受到組織文化及結構的影響（如果組織有一個貪汙的文化）而做出貪贓枉法的事。同時，道德強度高的管理者比較可能做出倫理決策。以下說明影響倫理或非倫理決策的因素。

（一）道德發展階段

道德發展 (moral development) 有三個層次，而每個層次都有二個階段，從第一層次到第三層次，個人的道德判斷受到外部環境的影響會愈來愈低。三層次及六階段如表 4-1 所示。

第一個層次是準常規 (preconventional)。在這個層次上，個人對於對或錯的選擇是基於個人實體的結果，例如處罰、報酬或互惠；第二個層次是常規 (conventional)。其倫理邏輯是：道德價值存在於達到他人（尤其是親近的人）的期望標準上；第三個層次是原則 (principle)。個人會界定其道德原則，不受群體或大眾

社會的影響。

▼ 表 4–1　道德發展階段

層　次	階　段
準常規	1.嚴守規章以避免受到實體的處罰 2.只在對自己有立即利益的情況下，遵守規定
常　規	3.達到親近的人的期望 4.遵守規定；答應別人的事情一定要做到
原　則	5.尊重別人的權利；維護絕對的價值及權利，不理會大眾的看法 6.遵守自己選擇的倫理原則（即使違反法律）

來源：L. Kolberg, "Moral Stages and Moralization: The Cognitive Development Approach," in T. Lickona (ed.), *Moral Development and Behavior: Theory, Research, and Social Issues* (New York: Holt, Rineholt & Winston, 1976), pp. 34–35.

　　我們可以從以上說明的道德發展階段上做出一些結論：⑴人們會依照道德發展的各階段一步一步的進行；⑵無法保證道德發展階段的持續性。個人可能在任何階段就會停止；⑶大多數的成人會停留在第四階段。他們會受到遵守規定的約束，因此傾向於展現道德行為。在第三階段的管理者會做出能受到同儕肯定的決策；第四階段的管理者會企圖成為「好的公司公民」，他們會做出合乎組織規定及程序的決策；第五階段的管理者只要認為組織做錯了，就會挑戰組織的做法。

（二）個人特徵

　　每個人在加入組織時，都帶來一些根深蒂固的價值觀。我們的價值觀是在兒提時代受到父母、老師、朋友等的影響所塑造而成，它代表著我們對於對或錯的基本信念。因此，在同一組織的管理者，其個人價值觀會有很大的不同。雖然價值觀和道德發展階段很類似，但是它們不盡相同。價值觀比較廣泛，涵蓋了許多議題，而道德發展階段只是衡量個人履行道德行為時的獨立性受到外界影響的程度。

　　影響個人對其行為做對錯判斷的另外兩個個性變數 (personality variables)，就是自制力（ego strength，或自我節制）及掌控力 (locus of control)。

1.自制力

　　是指對個人信念的堅持。自制力強的人會抵抗外界誘惑及刺激，不會做出不合

乎倫理的事情。因此，自制力強的人也比較會做他們認為對的事情。我們可以瞭解，自制力強的管理者比自制力弱的管理者，會有更好的道德判斷、展現出更合乎道德的行動。

2. 掌控力

是一個個性屬性，它能衡量個人相信他能對於命運的掌控程度。內控型 (internal locus of control) 個性的人認為，在生活中的各種事件基本上是（但不完全是）由於他們自己的行為及行動的結果；相反的，外控型 (external locus of control) 個性的人認為，生活中的事件決定於機會、命運及其他人。研究證據顯示，內控型的人比外控型的人，在組織內比較能控制自己的行為，在政治上、社交上比較活躍，在蒐集有關他們工作情況的資訊也比較積極。內控型的人比較容易影響及說服他人，但不太可能受到他人的影響；外控型的人比較喜歡有結構性、約束性的監督。研究顯示，在進行全球性職務調動方面，內控型的人比較容易適應❶。那麼，內外控個性對於倫理行為或非倫理行為有什麼關係？內控型個性的人比較依靠自己對於對或錯的標準；外控型個性的人比較依賴外界的力量來左右其對於對或錯的判斷。我們可以瞭解，內控型的管理者比外控型的管理者，會有更好的道德判斷、展現出更合乎道德的行動。

（三）結構變數

組織的結構設計會影響管理者的道德行為。有些組織的結構嚴謹，有關的規定及教條說明得一清二楚，有些組織則是鬆鬆散散、隨機行事，充滿著模糊性和不確定性。能使模糊性和不確定性減到最低的結構設計，會不斷的提醒管理者什麼是倫理行為，因此也就會鼓勵管理者展現出倫理行為。

正式的規章制度會減低模糊性和不確定性。工作說明書及倫理教條是員工行為正式的指導方針，因此也會約束員工的非倫理行為。主管的行為是否合乎倫理也會影響部屬。部屬會觀察主管的行為，然後以主管的行為作為標竿。所謂「見賢思齊」、「上樑不正下樑歪」就是這個意思。有些組織的績效考評完全是以成果為準，

---

❶　J. S. Black, "Locus of Control, Social Support, Stress and Adjustment in International Transfer," *Asia Pacific Journal of Management*, April 1990 (1989), pp. 1–30.

有些組織卻是同時重視過程與成果。當管理者的績效完全是以成果為考評基準時，他就會卯足全力拼成果，對於得到此結果的過程是否合乎道德則全不在意。與績效息息相關的是報酬的給予。對於成果獎懲愈是分明，則管理者對於獲得成功的壓力就愈大，也愈容易為達目的不擇手段（不管手段是否合乎倫理的規範）。在時間、成本、競爭方面員工所承受的壓力，也會表現出組織結構的不同。在時間、成本、競爭方面員工所承受的壓力愈大，愈容易鋌而走險。

（四）組織文化

組織文化的內涵及強度也會影響倫理行為。在內涵方面，愈能鼓勵高倫理標準的組織文化，愈有高的風險容忍度 (risk tolerance) 及衝突容忍度 (conflict tolerance)。風險容忍度是鼓勵組織成員進取、冒險及創新的程度；衝突容忍度是鼓勵組織成員公開衝突與批評的程度。在這種組織文化下，管理者會比較有野心及創造力，同時也會知道非倫理行為遲早會被發現，因為在和對方起衝突時，對方會將一些瘡疤（不合乎倫理的行為）揭發出來。

在強度方面，組織內有所謂的強勢文化和弱勢文化。強勢文化與倫理有什麼關係？如果強勢文化支持高的倫理標準，則會對管理者的倫理決策有重大及正面的影響。例如波音公司內的強勢文化長年以來一直強調與顧客、員工、社區及利益關係者打交道時要堅守倫理原則。為了強化倫理的重要性，波音公司設計了一系列嚴肅的、發人深省的海報，提醒員工他們個人的決策及行為會嚴重影響公司形象。在弱勢文化中，管理者會比較依賴工作團體或部門的規範作為其行為指導方針。

（五）議題強度

一個絕對不會闖入教授研究室偷取管理學期末考卷的學生，也比較不可能想到要向修過這位教授所開的這門課程的學長詢問有關的考古題。同樣的，連公司的紙筆文具都不會拿回家私用的管理者，也比較不可能挪用公款。

以上的例子說明了影響管理者倫理決策的最後一個因素 —— 議題強度 (intensity of issue)。影響議題強度的六個變數是❷：

---

❷ T. Barnett, "Dimensions of Moral Intensity and Ethical Decision-Making: An Empirical Study,"

⑴造成傷害的程度 (greatness of harm)：有多少人會受到傷害？

⑵對錯誤的共識 (consensus of wrong)：人們認為這項行動是錯的的共識。

⑶造成傷害的可能性 (probability of harm)：這項行動所造成的傷害有多大？

⑷後果的立即性 (immediacy of consequences)：人們會立即感受到傷害嗎？

⑸受害者的接近性 (proximity to victims)：對潛在受害者有多接近？

⑹效應的集中性 (concentration of effect)：對受害者造成傷害的行動，其效應的集中度如何？

以上六個變數決定了倫理議題對個人而言有多重要。受到傷害的人數愈多，人們認為這項行動是錯的的共識愈強，這項行動所造成的傷害愈大，人們會立即感受到傷害，潛在受害者愈接近，對受害者造成傷害的行動，其效應的集中程度高的議題，其議題的強度就愈強。當管理議題是重要的，也就是說議題強度愈強時，則管理者愈會展現合乎倫理的行為。

三、倫理分析

當你遇到一個涉及到倫理議題的情況時，你對於這個情況如何分析與推理？可參考以下五個步驟：

1.清楚的區別與描述事實

找出是誰對誰、在何處、在何時、用什麼方式做了什麼。

2.找出衝突所在，及區別出高階價值

倫理的、社會的及政治的議題常涉及到高階價值 (high-order value)。當二人有衝突時，每個人都會冠冕堂皇的搬出高階價值，如自由、隱私、財產的保護、自由企業制度等。

3.確認利益關係者 (stakeholders)

每一個倫理的、社會的及政治的議題常涉及到利益關係者。哪些人對行動的結果有興趣？哪些人常會對某個問題大放厥詞？

4.確認你所可能採取的合理行動方案

你會發現沒有一個行動方案會滿足所有的利益關係者。有時候，合乎倫理的抉

擇會「順了姑情失嫂意」。

　　5.確認你的抉擇所造成的潛在結果

　　　有些決策也許具有「倫理正確性」，但是很多人不予苟同。

四、倫理決策的指導方針

　　倫理行為 (ethical behavior) 與非倫理行為的分際何在？在學者及專家之間，可以說是眾說紛紜、莫衷一是。傳統上，學者及專家建議使用三階段模式來判斷商業活動是否合乎倫理。這個三階段模式 (three-step model) 包括：⑴蒐集實際資訊；⑵決定最適當的道德價值；⑶對商業活動或政策做「對或錯」的倫理判斷。

　　這個三階段模式看似簡單，但實施起來卻不容易。因為如果事實（實際發生的事情）不能清楚的界定的話呢？如果大家在道德價值上沒有達成共識的話呢？如果沒有能力作「對或錯」的倫理判斷呢？

　　因此，為了要更為周全的判斷商業活動是否合乎倫理，我們必須採用更為複雜的模式。在說明這個複雜的模式之前，我們先舉一個例子說明有關倫理的規範問題。

　　公司通常會提供經理們一個費用帳，以便於他們在拜訪客戶時支付各種費用，例如旅館住宿費、餐費、電話費、租車費、計程車費等。經理們可以合理的支付這些費用，然後再和公司結帳。例如如果經理花了 100 美元請客戶用餐，向公司報銷這筆費用是合理的。但如果請朋友吃飯的話呢？向公司報銷這筆費用是不合乎倫理的。有些經理認為這沒有什麼大不了，反正薪水也不多，這些花費正是公司提供的「福利」。

　　這個小個案涉及到其他有關的倫理規範 (ethical norm) 有很多，其中包括：效用 (utility)、權利 (rights)、正義 (justice) 及關懷 (caring)。效用是指特定的行為是否能使利益關係者獲得最大的利益；權利是指特定的行為是否能尊重有關人員的權利；正義是指特定的行為是否符合我們認為的公平；關懷是指特定的行為是否對雙方負責。圖 4–2 顯示了倫理決策的指導方針。

　　現在說明一下剛才說明的報帳問題。以效用規範的觀點而言，此經理會因為浮報而獲得小惠；但此舉對企業及其他員工而言，是一項損失。同樣的，這個浮報行為不尊重別人的權利、不公平、沒有對他人負責，所以我們認為這項行為是不合乎

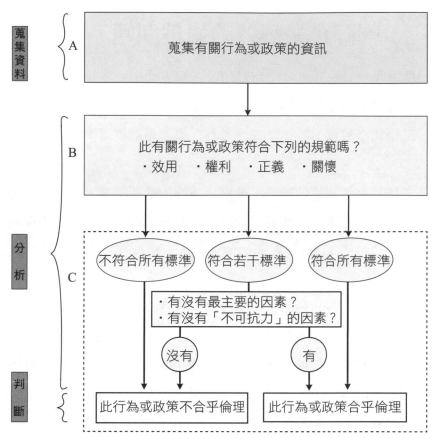

來源：R. M. Baron and D. A. Kenny, "The Moderator-Mediator Variable Distinction in Social Psychological Research: Conceptual, Strategic, and Statistical Considerations," *Journal of Personality and Social Psychology*, 51 (6): 1173–1182, 1986.

▲ 圖 4–2 倫理決策的指導方針

倫理的。

　　但是，倫理決策的指導方針也會考慮到一些特殊的情況。例如假如此經理遺失了和客戶用餐的發票，但保有和朋友吃飯的發票（假設餐費相同），那麼他可以用這個未遺失的發票報帳嗎？有些人認為可以，因為這本就是他應得的，只是換個方式而已，但有些人認為不可以，因為一是一、二是二，怎可混淆？

4.3 國際企業經營的倫理問題

倫理的標準是全球一致的嗎？很難說是。國家之間社會及文化差異是決定倫理行為或非倫理行為的重要環境因素。例如在墨西哥，廠商為了得到政府合約向政府官員賄賂，已是司空見慣的事情。這種行為在美國是被視為不合倫理的，當然是不合法的。

可口可樂在沙烏地阿拉伯的員工要遵守美國的倫理標準嗎？或者他們只要合乎當地可接受的倫理規範即可？如果空中巴士（歐洲公司）為了得到中東航空公司的合約而向仲介公司付了 1,000 萬美元的仲介費，那麼波音公司（美國公司）是否可以如法炮製？

在向國外政府官員行賄的做法上，在美國有法律明文規範企業的行為。依據美國所頒布的《外國貪汙防治法》(Foreign Corrupt Practices Act)，美國企業向外國官員行賄是違法的。然而，即使法律也不可能將「道德兩難」簡化成「非黑即白」的事。《外國貪汙防治法》並不禁止美國廠商向外國政府的行政人員或職員施點小惠，如果施小惠是在外國做生意的慣例。

重要的是，在外國文化環境下工作的管理者，必須瞭解不同的社會文化環境、政治法律環境，以便判斷什麼是適當的行為、什麼是可接受的行為。多國公司更應釐清倫理的準則，以便國外工作者的依循。

在 1999 年所舉辦的世界經濟論壇中，聯合國秘書長呼籲世界各國的商業領袖要遵守及落實「全球協定」(Global Compact)。全球協定在人權、勞工標準、環境這三方面列出了九項國際企業經營的原則，如表 4-2 所示。全球公司必須將這九項原則納入其經營活動中。畢竟，全球經濟社區在提升全球經濟及社會情況上，扮演著一個極為關鍵的角色。

▼ 表 4-2　全球協定

人　權	
原則 1	在有影響力的範圍內，支持及尊重對國際人權的保護
原則 2	確信企業實務不會侵害人權
勞工標準	
原則 3	自由集結，並維護集體協議的權利
原則 4	不得強迫勞工
原則 5	不得使用童工
原則 6	不得有就業歧視、職業歧視
環　境	
原則 7	對環境的挑戰要能未雨綢繆
原則 8	對自然環境應肩負更多的責任
原則 9	鼓勵對環境有利的技術的發展及普及運用

來源：The Global Impact Web Site (www.unglobalcompact.org), Aug. 14, 2000.

4.4　資訊時代的倫理議題

　　資訊倫理 (information ethics) 是界定資訊行為是對或錯的道德原則。資訊管理者由於職位使然，會做很多重要性的決定。他們可將資源用在好、壞、對、錯的方面。然而倫理所涉及的不僅是目的，而且也是手段。具有倫理的目的不能透過非倫理的手段而達成。賄賂政府以獲取政府的國防資訊系統合約，是被大多數的人認為不道德的行為。

一、主要技術趨勢所產生的倫理議題

　　早在資訊科技發展之前，就有了倫理議題 (ethical issues)。倫理議題是自由社會長期關注的問題，但是在資訊科技發達之後，倫理課題更受到人們的關注，因為現行的法律似乎無法規範資訊科技所衍生的問題 。 以下是造成倫理議題或倫理壓力 (ethical stresses) 的四個主要的科技趨勢[3]：

---

[3]　C. A. Dorantes, B. Hewitt and T. Goles, "Ethical Decision-Making in an IT Context: The Roles of Personal Moral Philosophies and Moral Intensity," *Proceedings of the 39th Annual Hawaii International Conference on System Sciences HICSS06*, 8 (C): 204–206c, 2006.

1.電腦能力

電腦能力及技術日新月異。組織可利用資訊系統於核心生產流程，結果造成我們對系統的依賴程度日深；我們更容易受到系統錯誤與資料品質貧乏的傷害。更嚴重的是，社會制度與法律來不及調整；確保系統精確與可靠的標準未能普遍的接受或推行。

2.資料儲存技術的進步

儲存技術進步可降低儲存成本，但卻會造成對個人隱私權的侵犯，以及資料盜拷行為的盛行。

3.資料採礦技術 (datamining) 的進步

公司可利用其大型資料庫透過你（顧客）與他的交易（傳統或線上）快速蒐集你的資料，包括信用資料、電話、地址、所訂購的雜誌、所租的 CD、銀行資料、偏好等，之後便可對這些資料進行分析，篩選出所要的資訊，或將資料銷售給其他公司以牟利。

4.網路的進步

網際網路的進步降低了移動與存取大型資料庫的成本，對於隱私權的侵犯在規模上、精準度上令人嘆為觀止。

二、資訊時代的五種道德構面

在資訊時代，涉及到道德的五個議題是❹：

1.資訊權 (information rights)

在涉及到個人及組織的資訊方面，個人及組織對資訊擁有什麼樣的權利？他們能獲得什麼保護？對於這些資訊，個人及組織有什麼義務？

2.財產權 (property rights)

在數位時代，傳統的智慧財產權如何受到保護？(在數位時代，所有權的記錄及追索是不容易的)

3.責任與義務 (accountability and obligations)

個人及集體的資訊財產權受到侵害時，誰能夠（或將會）對受害者負起責任？

---

❹　同❸。

4.系統品質 (system quality)

我們要求什麼樣的資料標準與系統品質，以保護個人權利及社會安全？

5.生活品質 (quality of life)

在資訊化與知識化的社會，什麼樣的價值應被保存？什麼樣的制度我們應該保護，以避免受侵害？什麼樣的文化價值與慣例，可利用新的資訊科技加以支持？

三、資訊科技與倫理

科技之於倫理好像是雙面刃。在一方面，網際網路的普及會使得員工在工作場合用於私事（如線上購物、發送私人信函等）的時間比例增加。優比速快遞公司 (UPS) 甚至逮到一名員工利用上班時間及公司的網路資源經營自己的事業。

另一方面，資訊科技是監視所有潛在違背倫理行為的有利工具。例如 CNN 發現到其倫敦分公司員工大量申請加班費的異常現象後，就設立了一個監視系統，記錄員工的上網行為，結果發現員工利用加班時間上網做私事。當然，公司對於這些違背倫理的行為給予適當的處罰。根據一項研究顯示，2010 年全美有 75% 的企業會監視及記錄員工的通訊行為，如電子郵遞、打電話、下載檔案及上網等。這個比例是 1997 年的兩倍❺。

4.5 組織的社會責任

倫理涉及到個人及其決策、行為的問題。組織本身並沒有所謂倫理的問題，但是當組織與環境互動時，就會涉及到倫理兩難 (ethics dilemma) 及倫理決策的問題。在這種情況下，就涉及到組織的社會責任問題。社會責任 (social responsibility) 就是組織保護及改善社會的義務。

·社會責任的範圍

組織必須向其利益關係者、自然環境及社會大眾這三方面盡社會責任。有些組織在這三方面善盡社會責任，有些組織則是在其中的一、二方面盡到社會責任，有

些組織卻是根本不盡社會責任。

（一）利益關係者

　　組織的任務環境 (task environment) 包含了影響組織運作的直接環境因素（詳細的討論已在第 3 章說明）。我們也可以用組織的利益關係者 (stakeholders) 觀點來描述任務環境。組織的利益關係者會受組織行為的直接影響，也會對組織績效有所影響。組織主要的利益關係者有：員工、顧客、地方社群、供應商、利益團體、工會、投資者、債權人、政府機構（包括地方政府、中央政府、外國政府）、大學、法院等。

　　大多數盡社會責任的企業會特別重視這三個利益關係者：顧客、員工及投資者。然後，企業會選擇對它特別有影響的或特別重要的利益關係者。接著，組織會盡力滿足這些利益關係者的需要，達成他們的期望。

1.顧　客

　　對顧客盡社會責任的組織會努力以公平、誠信的態度對待他們。這些組織會訂定合理的產品價格、提供實在的維修保證、準時交貨，以及承諾提供高品質的產品及服務。在這方面，里昂比恩 (L. L. Bean)、Land's End、戴爾電腦、嬌生 (Johnson & Johnson) 已經獲得了良好的聲譽。在產品方面，企業應該重視產品品質、產品安全、產品的可靠性。今天，汽車安全問題、兒童玩具、不需要醫生處方而可購得的藥品、電子產品、設備、食物這些產品的安全性都是消費大眾所關切的。

2.員　工

　　對員工盡社會責任的組織會滿足員工的基本需求、善待員工，讓員工成為組織的一份子，並且尊重員工。

3.投資者

　　對投資者盡社會責任的組織會遵循合法的會計實務，向股東提供正確的財務績效資訊，並保護大眾的投資權益。此外，組織對未來的成長或獲利率會做正確的、誠實的評估、不做內線交易、不操縱股價、不隱瞞財務狀況等。

（二）自然環境

社會責任的第二個重要範圍就是自然環境。管理者對於組織決策與行為對自然環境所造成的影響的體認，稱為「綠色管理」(greening of management)。不久以前，許多企業還是任意的傾倒廢水、廢棄物，其所造成的水汙染、空氣汙染、土地汙染實在令人髮指。1980 年代末期，殼牌石油公司在亞馬遜盆地探勘石油時，曾大肆砍伐樹林，對其所留下來的垃圾也不加以處理。現在，對廢棄物的任意拋棄已經受到法律的約束。

近年來，企業對於環境保護的責任感也已經大大提高。例如上述的殼牌石油公司在亞馬遜另外一處探勘石油時，曾聘請一位生物學家來勘查環保問題，以及一位人類學家來幫助此團隊與當地部落做有效的互動❻。

然而，在環境保護方面，還有一段漫長的路要走。企業應發展一些在經濟上可行的方法，來避免造成酸雨、全球溫室效應以及對臭氧層的破壞。企業也應發展一些可行方案來處理汙水、有毒廢棄物以及一般垃圾。例如寶鹼公司利用再生材料來製造容器；凱悅飯店 (Hyatt) 成立了一家新公司，專門處理旅館廢棄物的回收問題；福特汽車公司也宣布有意研發及行銷低汙染的電動車。網際網路在資源節省上扮演著相當重要的角色，因為電子商務的進行會大大降低能源的浪費及汙染的產生。

（三）社會大眾

組織除了對利益關係者、環境保護盡社會責任之外，還要改善一般社會大眾的福祉。例如資助慈善機構、公益團體、基金會、工會；支持博物館、交響樂團、公共電視臺的活動；改善大眾的健康、提升大眾的教育水平。有人甚至認為組織應為保障人權貢獻一己之力，例如拒絕與違反人權國家的廠商有生意上的往來、協助經濟制裁流氓國家等。

---

❻ "Oil Companies Strive to Turn a New Leaf to Save Rain Forest," *The Wall Street Journal*, July 17, 1997, pp. A1, A8.

4.6　有關社會責任的正反看法

在表面上，組織要盡社會責任似乎是沒有什麼爭議的。但在實際上，許多人士以具有說服力的論點，認為不必對社會責任做擴大解釋。對盡社會責任具有代表性的正反看法如表 4–3 所示。

▼ 表 4–3　對盡社會責任具有代表性的正反看法

贊成者	反對者
· 企業所造成的問題要由企業來解決	· 企業沒有能力來處理社會問題
· 企業是社會公民	· 牽涉到社會問題解決方案會讓企業獲得更多的權力
· 企業具有解決社會問題的資源	· 可能會造成利益上的衝突
· 可增加企業聲望及市場佔有率	· 企業的目的在於賺取利潤

來源：本書作者整理。

一、正面看法

持正面看法（企業應履行社會責任）的人士認為，由於企業替社會造成了許多必須正視的問題，如空氣汙染、水汙染、資源耗竭，因此它們必須在解決問題上，扮演著關鍵性角色。此外，由於企業是合法的實體，它和一般民眾享有同樣的特權，故企業不應該規避作為一個公民的責任。而且政府機關會盡量利用預算來落實各項計畫，企業沒有理由不用其盈餘來協助解決社會問題。例如 IBM 會將其過剩的電腦捐贈給學校、餐廳會將未賣出的食物送給遊民收容所等。

善盡社會責任的企業，不僅對社會有好處，對它自己也有好處，例如企業可因此而獲得好名聲，進而增加其市場佔有率。

二、反面看法

持反面看法（企業不應履行社會責任）的人士認為，企業本身沒有解決社會問題的能力及技術，因此對這些方案就沒有資格評估、做決策。況且企業怎麼知道哪些方案最值得支持?例如埃克森美孚 (Exxon Mobil) 花了 500 萬美元來拯救瀕臨絕種

的老虎。它的經費多用在動物園老虎的養育計畫上，以及教育人們如何善待老虎上。但是許多環保人士大肆抨擊這種做法的不當，認為經費應花在刀口上——例如金錢應該花在如何禁止人們偷獵濫殺、如何對非法走私虎皮者給予嚴懲、如何將破壞老虎生態者繩之以法等計畫及方案的落實上。

持反對意見的第二個理由是，企業的權力已經夠大了，如果再讓它們參與社會方案的話，那它的權力會變得更大。

持反對意見的第三個理由是，企業履行社會責任會造成利益上的衝突。假設企業內的一位經理要決定捐款支持哪個地方性的方案（如消滅貧窮計畫）或慈善團體（如慈濟），此時市立交響樂團（必須依賴捐款才能生存的非營利事業）願意以提供他一季的頭等座位來獲得捐款。如果交響樂是他的最愛，他可能決定將款項捐給交響樂團，雖然其他團體對於金錢有更迫切的需要。

有些人士，包括著名的經濟學家弗利得曼 (Milton Friedman) 認為，對社會責任做無限上綱的解釋會破壞一國的經濟，因為這樣會使企業忽略了它的基本使命，那就是賺取利潤。而且企業盡社會責任對於其他的利益關係者也不甚公平。例如奇異公司向慈善團體的捐款，本來應該是發放給股東的股息。

4.7 社會責任的連續帶

如前所述，不同人士認為在履行社會責任上企業所應扮演的角色各不相同，有些人認為太重了，有些人認為太輕。不足為奇的是，組織在履行社會責任時，所採取的態勢 (stance) 也是南轅北轍。圖 4–3 說明了在社會責任連續帶上，組織履行社會責任的態勢。

規避態勢　　防衛態勢　　適應態勢　　前瞻態勢

低　　　　　　　　　　　　　　　　　　高

來源：Linda S. Munilla & Morgan P. Miles, "The Corporate Social Responsibility Continuum as a Component of Stakeholder Theory," *Business and Society Review*, Vol. 110, Iss: 4, December 2005, pp. 371–387.

▲ 圖 4–3　社會責任連續帶

1. 規避態勢 (obstructionist stance)

採取規避態勢的組織會盡可能避免履行社會責任。當它們逾越了法律界限時，會盡可能抵賴企圖規避責任。

2. 防衛態勢 (defensive stance)

採取防衛態勢的企業只是配合法律上的要求（法律上沒有規定的就不做）。採取防衛態勢的企業堅信，企業的主要工作就是賺取利潤。例如這類企業會依照法律上的規定裝設汙染控制設備，但不會裝設更高品質、汙染控制效果更好的設備。萬寶路 (Marlboro) 在美國依法在香菸盒上面貼上警告標籤，在媒體上依規定登廣告，因此在美國本土它是遵守法律的，但是在其他法令管制不嚴的國家，它就大肆促銷、不貼警告標籤，同時每支香菸的焦油、尼古丁含量也遠超過在美國本土所販售的香菸。採取防衛態勢的企業也不會刻意推諉其「罪行」，在受到糾舉之後，會立刻改邪歸正、從善如流。

從以上說明我們可以瞭解，採取防衛態勢的企業，會在法律的約束之下追求利潤的同時，從事社會責任的行為。由於有社會存在，企業才能夠安身立命，因此企業必須努力獲得利潤來回饋社會。在這種理念之下，合法的追求利潤是履行社會責任的行為；相反的，任何違法或不追求利潤的企業行為就是沒有盡到社會責任。同時，在壓力團體、消費者杯葛、不利的公眾報導這些因素所產生的壓力之下，才會履行社會責任❼。

3. 適應態勢 (accommodative stance)

採取適應態勢的企業會比法律及倫理要求的做得更多，但是是有選擇性的、被動的。這些企業會同意參與社會方案，但是要求捐款或支援的團體必須要先說服它們才行。換句話說，這類企業有誠意盡社會責任，但是否採取行動要先被「點醒」才行。

4. 前瞻態勢 (proactive stance)

前瞻態勢是社會責任的最高層次。採取前瞻態勢的企業會將自己視為是社會公民。它們會積極的尋找能夠貢獻社會的機會。例如麥當勞公司在各醫療中心附近設

---

❼ K. Davis, "The Case for Against Business Assumption of Social Responsibility," *Academy of Management Journal*, June 1973, p. 313.

立了麥當勞叔叔之家 (Ronald McDonald House)，以方便探視病人的家屬過夜（只收象徵性的費用）。

值得注意的是，以上四類並不是截然劃分的，它是屬於連續帶的形式。一個組織不會永遠剛好被歸屬在某一類。例如麥當勞設立麥當勞叔叔之家的舉動雖然受到大眾的讚揚，但麥當勞也曾經因為誤導消費者大眾有關其食品的營養價值而受到詬病。

具有前瞻態勢的企業在履行其社會責任時，所採取的行為是預防性的、未雨綢繆的，而不是被動性的、亡羊補牢的。這類企業會對公眾問題事前採取明確而正義的立場，預期社會未來的需要，並設法滿足這些需要，同時會以自認為以後會對社會有利的事情和政府溝通等。

4.8　政府與社會責任

我們可以企業與政府的關係，來探討有關社會責任的問題。採取計畫經濟 (planned economy) 的國家，政府會嚴格管制企業的活動，勒令企業要實現某些社會目標。即使在市場經濟 (market economy) 的環境下，政府對企業也有相當程度的控制，不使為了本身利益而傷害了社會利益。在另外一方面，企業也會影響政府，例

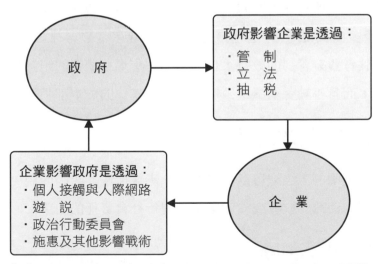

來源：Ricky W. Griffin, *Management*, 7th ed. (Boston: Houghton Mifflin Companies, 2002), p. 119.

▲ 圖 4–4　企業與政府互相影響的方式

如利用各種方法要求政府放寬、取消或加強某些管制（視企業的目的而定）。圖 4–4 顯示了企業與政府利用各種方法影響對方的情形。

一、政府如何影響企業？

政府可用直接、間接的方式來影響企業履行社會責任的行為。

（一）直接影響

政府通常可透過管制的方式來直接影響企業對社會責任的履行，或者政府也可以透過立法（如《環境基本法》、《消費者保護法》、《勞動基準法》等）、規章制度來支配企業的行為。在先進國家，管制通常是以社會大眾認為合理的方式來約束企業的行為，而不是政府的一意孤行。為了落實管制的成效，政府通常會設立一些機構來監督及控制企業活動。例如環保署、環保局會約束企業的環保問題，這些機構可對於違背管制的企業施以罰鍰或提起告訴。

（二）間接影響

政府可藉由抽稅等間接方式來影響企業對社會責任的履行。事實上，政府可依據企業在社會責任上所投注的努力（如設立遊民收容中心、對弱勢團體做就業輔導等）來決定給予多少減稅優惠。這種措施可鼓勵企業多從事與社會責任有關的活動。但是，有些批評者質疑管制的效益，他們認為在市場經濟下的組織也會達成同樣的社會責任目標，而且不論對組織或政府而言，所花費的成本都相對的少。

二、企業如何影響政府？

如第 3 章所說明的，組織可以許多方式來影響環境。明確的說，組織可以四種方式來影響政府，使政府放寬或放嚴對企業履行社會責任的約束。

（一）個人接觸與人際網路

企業的高階主管和政府官員同屬一個社交圈，因此利用個人接觸及人際網路就可以發揮影響力。例如某高階主管在宴會上（尤其在酒酣耳熱之後）可直接向官員

提出要求，影響他的立法。

（二）遊　說

　　遊說 (lobbying) 就是利用一群人、若干個團體來代表組織、組織團體來影響政治團體。遊說是影響政府相當有效的方式。例如美國的全國槍枝協會 (National Rifle Association, NRA) 在首府華盛頓有一個龐大的遊說團，利用充裕的預算經費向政府官員遊說，希望這些議員能支持對他們有利的法律❽。一旦通過立法，對軍火業者及槍枝擁有者的資格限制會有很大的影響。

（三）政治行動委員會

　　企業本身並不能捐款給政黨的選戰，這是違法的行為，但是它們可以透過「政治行動委員會」(Political Action Committee, PAC) 來影響選情。「政治行動委員會」可將所得的捐贈款項交與特定的政黨候選人。企業也鼓勵員工向某特定的「政治行動委員會」捐款，因為這個「政治行動委員會」會支持政治理念與企業相同的候選人，或者支持公司利益的候選人。例如聯邦快遞 (FedEx) 所支持的「政治行動委員會」（稱為 FePac）會捐款作為某政黨候選人的選戰經費，這位候選人一旦選上之後就會維護聯邦快遞的商業利益。

（四）施　惠

　　組織也常對政府官員施以「小惠」來影響他們的決策。雖然這種做法並不違法，但是頗受爭議。1997 年，因有某外國的利益團體介入美國的總統選舉，企圖以「小惠」影響總統選情，結果國會舉辦聽證會來調查這個事件❾。

---

❽　NRA 網站。網址：http://home.nra.org。

❾　C. Greenwald, *Group Power: Lobbying and Public Policy* (New York: Praeger, 1997).

4.9 如何善盡社會責任？

　　任何善盡社會責任的組織，都希望確信它們在社會責任上所投注的努力會帶來所期望的結果。基本上，企業要對履行社會責任的成效做評估的話，就要利用控制的觀念（有關控制的詳細討論，可見第 15 章）。現在的企業會要求員工簽署倫理協議書，並定期檢視他們是否確實遵守。組織也要評估它對於違反倫理行為的處理方式，是否立即處理？是否處罰違背倫理的行為？是否充耳不聞或企圖掩飾？這些問題可以幫助組織評估其履行社會責任這方面的情形。

　　我們可以從公司社會稽核、告密及社會責任網站來討論組織如何善盡社會責任。

一、公司社會稽核

　　組織可正式的評估它在盡社會責任上投注的努力所產生的成效。例如組織可以使用「公司社會稽核」(corporate social audit)。「公司社會稽核」可正式、徹底的分析組織在履行社會責任上的績效。「公司社會稽核」通常是由組織內高階主管所組成的專案小組來執行。「公司社會稽核」的步驟是：⑴界定組織的社會責任目標；⑵分析達成各社會責任目標所需的資源；⑶檢視達成目標的情形；⑷提出有關改善之道的建議。

　　「公司社會稽核」雖然具有有效控制的機能，但是實施起來不僅所費不貲，而且曠日費時。也許就是因為如此，許多組織寧可將其資源投入在履行社會責任的實際行動上，而不願意花費在評估上。

二、告　密

　　許多企業對於員工的告密行為極盡打擊之能事。所謂告密 (whistle-blowing) 就是員工檢舉公司的不當行為，例如安隆公司 (Enron) 的浮報財務數字、世界通訊公司 (WorldCom) 的會計弊案，以及聯邦調查局 (FBI) 對於 911 事件事先所獲得的密報所採取不理不睬的做法，都是由其內部工作人員所舉發的。但是，有許多論據支持員工的告密行為，至少告密對於組織的不良意圖具有嚇阻作用。學者甚至認為告密是獲得回饋最廉價、最有效率的方式，而組織一味的禁止、打擊告密行為將會得不償失 ⓾

三、社會責任網站

社會風險事業網站（Social Venture Network，如圖 4–5）或社會責任企業網站（Business for Social Responsibility, 如圖 4–6）可以幫助企業瞭解履行社會責任的行為，以及如何擬定及實施社會責任方案。

來源：Social Venture Network，網址：www.svn.org。

▲ 圖 4–5　社會風險事業網站

來源：Business for Social Responsibility ，網址：www.bsr.org。

▲ 圖 4–6　社會責任企業網站

❿　Janet Near, "Whistle-Blowing: Encouraging It!" *Business Horizon*, January-February 1989, p. 5.

本章習題

一、複習題

1. 倫理的本質是什麼？

2. 倫理決策永遠是涉及到規範性的評斷，也就是「好壞、對錯、更好更差」的判斷。因此，「輔仁大學（或您的學校）是高等教育學府」是不具規範性的，而「輔仁大學（或您的學校）是好大學」則是具有規範性的。你認為對嗎？為什麼？

3. 試說明以下的行為是否合乎倫理。為什麼？
   (1)一位銷售人員賄賂採購代理商作為採購的誘因。
   (2)承(1)，如果賄賂的金錢是來自於銷售人員的佣金呢？
   (3)使用公司車子作為私人用途，是合乎倫理的行為嗎？
   (4)利用公司的電子郵件作為私人通信之用呢？

4. 倫理的四個觀點，分別是：功利觀點、權利觀點、正義觀點以及整合式契約觀點。試分別舉例說明。

5. 何謂管理倫理？我們如何以互動的觀點來討論倫理問題？

6. 影響管理倫理的因素有哪些？試簡要說明。

7. 道德發展有三個層次，而每個層次都有二個階段，從第一層次到第三層次，個人的道德判斷受到外部環境的影響會愈來愈低。這三層次及六階段是什麼？

8. 試說明影響管理倫理行為的個人特徵。

9. 試說明影響管理倫理行為的結構變數。

10. 試說明影響管理倫理行為的組織文化。

11. 試說明影響管理倫理行為的議題強度。

12. 當你遇到一個涉及到倫理議題的情況時，你對於這個情況如何分析與推理？

13. 傳統上，學者及專家建議使用三階段模式來判斷商業活動是否合乎倫理。這個三階段模式包括哪些？

14. 試說明國際企業經營的倫理問題。

15. 何謂資訊倫理？

16. 早在資訊科技發展之前，就有了倫理議題。倫理議題是自由社會長期關注的問題。但是在資訊科技發達之後，倫理課題更受到人們的關注，因為現行的法律似乎無法規範資訊科技所衍生的問題。造成倫理議題或倫理壓力的四個主要的科技趨勢是什麼？

17. 在資訊時代,涉及到道德的五個議題是什麼?

18. 試說明資訊科技與倫理的關係。

19. 何謂企業的社會責任?

20. 試說明社會責任的範圍。

21. 何謂「綠色管理」(greening of management)?綠色行銷 (green marketing)?

22. 環保署將綠色行銷依其綠化的程度分為哪七個等級?

23. 對盡社會責任具有代表性的正反看法有哪些?

24. 不同人士認為在履行社會責任上企業所應扮演的角色各不相同,有些人認為太重了,有些人認為太輕。不足為奇的是,組織在履行社會責任時,所採取的態勢也是南轅北轍。試說明在社會責任連續帶上,組織履行社會責任的態勢。

25. 在有關政府與社會責任的議題上,試說明:
    (1)政府如何影響企業。
    (2)企業如何影響政府。

26. 在社會責任的評估方面,企業如何使用「公司社會稽核」?

27. 何謂告密?告密行為是值得推崇的嗎?試加以說明。

二、討論題

1. 試以三家臺灣企業為例,說明其履行社會責任的行為。

2. 對於關懷社會的範圍,分類得最為明確的是 Sandra Holmes,她將企業所涉及的活動分成以下十四項。試利用她的觀點,替國內外企業所盡的社會責任打分數。每項最低零分,最高五分。
    (1)對慈善機構、福利及健康基金提供協助。
    (2)對公眾及私人教育提供協助。
    (3)僱用少數民族(人種上及種族上),並提供發展、訓練。
    (4)參與社區活動。
    (5)防止汙染。
    (6)僱用女性員工,並提供發展、訓練。
    (7)改善員工的工作生活品質。
    (8)資源的節省(包括能源)。
    (9)對失業者的僱用及訓練。
    (10)協助小企業。
    (11)都市化的更新及發展。
    (12)協助藝術的發展。

(13)保護消費者。

(14)提升政治及政府制度。

3. 組織必須向其利益關係者、自然環境及社會大眾這三方面盡社會責任。有哪些組織在這三方面善盡社會責任？有哪些組織則是在其中的一、二方面盡到社會責任？有哪些組織卻是根本不盡社會責任？

4. 資訊科技及資訊系統所帶來的負面社會成本，隨著資訊能力的提升而有漸增的趨勢。這些對社會所造成的負面結果，並不會妨礙到個人的權利，也沒有侵奪智慧財產權的問題，但是卻對於個人、社會及政治機構帶來了很大的傷害。電腦及資訊科技可以無情的摧毀文化及社會的價值。資訊系統對生活品質所產生的影響有哪些？

5. 組織本身並沒有所謂倫理的問題，但是當它與環境互動時，就會涉及到倫理兩難及倫理決策的問題。為什麼？

6. 何以許多組織寧可將其資源投入在履行社會責任的實際行動上，而不願意花費在評估上？

7. 試介紹幾個與企業履行社會責任有關的網站，並說明這些網站對企業的履行社會責任有何幫助。

第3篇

規劃與決策程序

第 5 章
規　劃

本章重點

1.決策與規劃程序　　　　5.作業規劃
2.組織目標　　　　　　　6.目標設定與規劃程序的管理
3.組織規劃　　　　　　　7.規劃工具及技術
4.戰術規劃　　　　　　　8.規劃的當代議題

　　如第 1 章所述，規劃與決策是第一個管理功能。本章將對規劃與決策做一簡要
說明之後，再詳細說明有關規劃的課題。

5.1　決策與規劃程序

　　決策（做選擇）是規劃的基礎。例如寶鹼公司可能以利潤增加四分之一、利潤
增加二倍、利潤增加四倍作為其目標。在時間幅度上，寶鹼公司可能設定為八年、
十年、十二年。另外，寶鹼公司的成長策略也可能包括多角化、合併、購併。最後，
寶鹼公司必須從目標組合、時間幅度、成長策略中分別做選擇。

　　顯然，決策是驅動規劃程序的催化劑。組織的最終目標設定是從許多目標中做
選擇的結果。同樣的，達成目標的策略也是從各種可能策略中做選擇的結果。當我
們在討論目標設定及規劃時，要記住，目標設定及規劃都是做決策的結果。

　　圖 5–1 顯示了規劃程序。所有的規劃程序均發生在環境系絡 (environmental
context) 之內。如果管理者不瞭解環境系絡，則不可能做有效的規劃。因此，瞭解環
境是規劃的第一步驟。

　　在充分的瞭解環境之後，管理者就必須建立組織願景或使命 (mission)。組織願
景包括目的、前提、價值及方向。在建立願景之後，就要訂定一系列的目標、擬定
一系列的策略。緊跟著願景之後的是策略目標 (strategic goals)，這些目標及願景可
以協助策略計畫 (strategic plans) 的擬定。策略目標及策略計畫是設定戰術目標

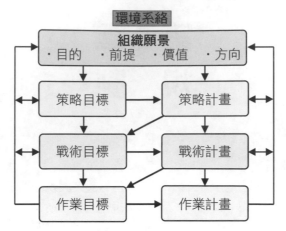

來源：Ricky W. Griffin, *Management*, 7th ed. (Boston: Houghton Mifflin Companies, 2002), p. 197.

▲ 圖 5–1　規劃程序

(tactical goals) 的輸入因素 。 戰術目標及先前的策略計畫可協助戰術計畫 (tactical plans) 的擬定。接著，戰術目標及戰術計畫可協助作業目標 (operational goals) 的擬定。作業目標及戰術計畫決定了作業計畫 (operational plans)。最後，每一個層次的目標及計畫可以被用來作為各階層在未來規劃時的輸入因素。本章將討論目標、戰術及作業計畫。策略計畫則留待第 7 章討論。

5.2　組織目標

　　目標是組織效能的關鍵因素。目標有幾個主要的目的。組織可以有許多不同的目標，而每個目標都必須有效管理。

一、何以要建立目標？

　　目標具有以下重要的目的：

1. 目標可引導組織、提供方向

　　目標可幫助組織內的每位員工瞭解組織要往哪裡走，以及為什麼要走到那裡。數年前，奇異公司的前執行長威爾許 (Jack Welch) 設定了「每個事業單位要在該行業達到前二名」的目標。這個目標是奇異公司各階層的管理者在與競爭對手惠而浦 (Whirlpool)、伊萊克斯 (Electrolux) 競爭時的決策引導方針❶。同樣的，寶鹼公司在

2006 年使利潤倍增的目標也會指引公司往成長擴張之路邁進。

2. 目標的訂定與計畫的實施是一體兩面的

有效的目標設定會促成有效的規劃，而有效的規劃會促成未來目標設定的有效性。目標設定與達成目標的計畫這二者是相輔相成的。例如積極的成長目標會鼓勵管理者尋找新市場機會，以實現擴充計畫，同時他們也會對競爭威脅保持高度的警覺，並掌握可以協助其市場擴張的任何構想。

3. 目標是激勵組織員工的來源

明確的、中度困難的目標最能激勵員工更賣力的工作，尤其是在達成目標之後或獲得報酬的情況下。

4. 目標是評估及控制的有效機制

未來的績效可以和今日設定的目標做比較，以瞭解目標達成的程度。如果有所差異，就要檢討改進、提出矯正之道，以策勵未來。

5. 有效的協調工具

管理者的主要工作之一，就是協調企業中的個人或群體的工作，而規劃正是達成協調的重要工具。有效的規劃應明白指出組織和各部門的目標，並藉著部門目標的達成來達成組織目標。在決定部門的目標時，顯然必須經過充分的協調。

6. 為改變做準備

有效的規劃必須能夠未雨綢繆，考慮到未來的可能變化，但是未來環境詭譎多變，未必都在管理者的意料之中，因此規劃必須有調整的彈性。如果目標達成的時間愈長，則此彈性應愈高，以因應偶發事件。值得注意的是，企業因思考不周、準備不當而失敗的例子已是屢見不鮮，此種現象更證明了對改變做準備的必要性。

7. 促進管理者的發展

規劃必須有系統的考慮現在和未來的狀況，並考慮抽象的、不確定的問題。由此可知，規劃可迫使管理者思考，進而成長、發展。

---

❶ "GE, No. 2 in Appliances, Is Agitating to Grab Share From Whirlpool," *The Wall Street Journal*, July 2, 1997, pp. A1, A6.

二、目標的種類

組織會建立許多目標。一般而言，這些目標會隨著階層、範圍及時間幅度的不同而異。

（一）階　層

組織內不同的階層都要設定目標。如前所述，組織有四個基本的目標：願景、策略目標、戰術目標及作業目標。

1.願　景

組織的願景是指公司在中期或長期企圖達到的狀態的正式聲明。在實務上，願景與使命常互相套用。波音公司描述其願景是「在品質、獲利及成長方面，成為世界航空界的佼佼者」。執世界半導體牛耳的英特爾公司宣稱其願景是「成為全球硬體架構的主宰者」。AT&T 在 1980 年的年報中，對其使命的界定在策略管理上具有重大的涵義：「我們不再將自己侷限在電話及通訊事業上；我們是資訊處理的事業，是提供知識的事業；我們要放眼全球。」台積電的願景是「要做全球最有聲譽、服務導向、對客戶提供最高價值晶圓的代工廠」。

我們不難發現，在使命陳述中，每個公司都是野心勃勃的。「佼佼者」、「主宰者」、「領航者」、「先驅者」、「最具顧客導向、效率、競爭性及環保意識」這樣的字眼常出現在使命陳述中。這些公司的願景是與策略意圖 (strategic intent) 息息相關的。

IBM 的使命陳述是這樣的：我們創造、發展並製造產業中最先進的資訊科技。這些科技涵蓋電腦系統、軟體、網路系統、儲存裝置與微電腦。我們具有下列兩項重要的使命：(1)致力於創造、發展並製造最先進的科技；(2)將最先進的科技轉換為顧客的價值。

在公司的使命陳述 (mission statement) 中會清晰的表露出公司的策略意圖。因此，波音公司的策略意圖是「在品質、獲利及成長方面，成為世界航空界的佼佼者」。描述策略意圖的目的是：(1)向公司內的同仁傳遞方向感及目標的訊息；(2)驅動各有關決策及做最適的資源分配；(3)迫使管理者思考如何更進一步。

　　值得注意的是，使命陳述不應好高騖遠，不切實際而流於空洞的言詞。如果公司有辱使命，則其信譽會在同業、員工之間喪失殆盡。

2. 策略目標

　　策略目標是組織的高階主管所設立的目標。這些目標專注於廣泛的、一般性的議題。例如寶鹼公司的「利潤倍增」就是策略目標。

3. 戰術目標

　　戰術目標是由中階管理者所設定的。這些目標著重於如何使行動加以作業化以達成策略目標。例如寶鹼公司的戰術目標是推出何種新產品、調整哪些既有產品等。

4. 作業目標

　　作業目標是由基層管理者所設定的。他們所關心的是如何達成戰術目標的短期行動。例如寶鹼公司的作業目標是「今後五年內每年推出某些新產品」。

（二）範　圍

　　組織會設定各種範圍的目標。速食連鎖店的目標範圍包括作業、行銷、財務。惠普科技 (Hewlett Packard) 會設定品質、生產力等目標，以有效的實際行動促使這些目標的達成，使惠普公司已成為全世界的領導性廠商。人力資源的目標可以用離職率、曠職率來訂定。3M 公司的主要目標是產品創新。

（三）時間幅度

　　組織也會設定不同時間幅度的目標：長期目標、中期目標與短期目標。有些目標具有「外顯性」的時間幅度，例如今後十年內增設一百五十家餐廳；有些目標有「開放性」的時間幅度，例如維持 10% 的年成長率。

　　時間幅度會隨著組織階層的不同而異。在策略階層，長期通常指十年或以上、中期通常指五到十年、短期是指一年左右；但是對作業階層而言，二、三年可能已算長期，而短期可能是指幾週、甚至幾天。

三、利益關係者的影響

利益關係者 (stakeholders) 是指對組織決策（例如目標的選擇及行動）具有實質及潛在影響力的團體。一般而言，利益關係者包括顧客或客戶、員工、供應商、股東、政府機構、工會、大眾利益團體以及債權人。

表 5–1 顯示了五個利益關係者所特別關切的組織目標。值得注意的是，每個利益關係者所追求的目標可能會有牴觸的現象。

組織為了要滿足各類利益關係者的需求，在設定「統一的」目標上必然會是困難重重的。在下列的情況發生時，組織在設定目標上尤其困難：

⑴每個利益關係者都有相當大的影響力。

⑵每個利益關係者均只想到如何使自己的利益達到最大化的情況，並認為其他的利益關係者的利益與本團體的利益是相衝突的。

⑶利益關係者對組織的期望時東時西（使組織不易掌握他們到底要什麼）。

⑷組織內的管理者各立山頭，彼此之間水火不容❷。

▼ 表 5–1　典型的利益關係者目標（希望組織達到什麼理想狀態）

銀　行	1.組織的財務能力 2.擁有抵押貸款的資產 3.改善生產力，使成本具有競爭性 4.遵守償還貸款的時程
顧　客	1.良好的服務 2.有競爭力的價格 3.產品品質 4.產品的多樣性 5.產品滿意保證
員　工	1.良好的報酬制度及工作保障 2.提供學習的機會 3.提供在工作中獲得樂趣的機會 4.提供成長的機會 5.提供個人發展的機會 6.對於分歧事件的妥善處理

❷　C. W. Hills, and G. R. Jones, *Strategic Management: An Integrated Approach*, 2nd ed. (Boston: Houghton Mifflin, 1992).

股 東	1.股息分配的增加 2.股票價格的上升 3.市場佔有率的成長 4.員工的道德行為
供應商	1.及時償還貸款 2.長期的供應關係 3.立即的服務 4.組織的成長

來源：本書作者整理。

5.3 組織規劃

在瞭解了組織目標及計畫的關聯性之後，現在我們來說明與規劃有關的許多觀念。

一、組織計畫的種類

組織會擬定不同種類的計畫。一般而言，這些計畫包括：策略計畫 (strategic plans)、戰術計畫 (tactical plans) 及作業計畫 (operational plans)。

（一）策略計畫

策略計畫的擬定是要達成策略目標。更明確的說，策略計畫是勾勒有關資源分派、優先次序及行動步驟以達成策略目標的一般性計畫。策略計畫是由董事會及高階主管所擬定的，其時間幅度較長，所涉及到的問題包括營運範圍、資源布署、競爭優勢及綜效。我們將在第 6 章詳細討論。

（二）戰術計畫

戰術計畫的擬定主要是達成戰術目標。戰術計畫是要落實策略計畫的某些特定部分。戰術計畫通常是由高階、中階主管所擬定。與策略計畫相較，戰術計畫的時間幅度比較短，其著重點也比較明確而具體。戰術計畫所涉及的是如何實際完成任務，而不是決定要做什麼。

（三）作業計畫

作業計畫著重於如何實現戰術計畫以達成作業目標。作業計畫是由中階、基層主管所擬定。作業計畫的時間幅度很短，其範圍也相對狹窄。每一個作業計畫都是在處理某一個特定的活動。

二、規劃的時間幅度

我們也可以用時間幅度來將規劃加以分類。在時間幅度上我們可以將之分為長期計畫 (long-term plans)、中期計畫 (middle-term plans) 與短期計畫 (short-term plans)。策略計畫著重於長期；戰術計畫著重於中期；作業計畫著重於短期。值得注意的是，長期、中期與短期的時間會隨著產業的不同而異。

（一）長期計畫

長期計畫的時間幅度涵蓋若干年，甚至數十年。例如松下公司創辦人松下 (Konosuke Matsushita) 曾經替公司擬定了廿年計畫。然而，在今日詭譎多變的企業環境下，針對過長的期間作規劃好像有點不切實際。通用公司及埃克森石油仍然因循舊例擬定十至二十年的計畫。通用汽車的高階主管信心滿滿的認為，他們能夠掌握十年後的車款式樣。長期計畫的時間幅度到底指多長？隨著組織的不同而異。為了便於說明，我們認為任何超過五年的計畫都可稱為長期計畫。處在複雜的、動態的環境之下的企業管理者會遭遇到兩難的窘境。一方面，這些企業的計畫的時間幅度都要比較長（比處在單純的、穩定的環境下的企業計畫），但是這些環境特性使得擬定長期計畫變得非常困難。在這種情況下，管理者固然必須擬定長期計畫，但是要時常偵察環境以便及時的做適當的調整。

明確的說，長期計畫列出了五年後組織必須執行的行動。它通常包括了：(1)各種專案或方案的優先次序；(2)當預算緊縮或市場機會湧現時的應變方案；(3)明確的、可衡量的目標；(4)各方案的成本／效益的一般性評估；(5)資本支出；(6)達成目標的責任。對長期計畫的控制是比較明確的，通常會對各專案做成本／效益分析。在實務上，許多企業將策略計畫與長期計畫並列在同一計畫書中；有些公司則不分別擬定。

（二）中期計畫

　　與長期計畫相較，中期計畫比較不具有「試探性」、比較不需要做調整。中期計畫的時間幅度通常是五年。對於中階管理者而言，中期計畫非常重要。對許多組織而言，中期計畫已經成為規劃活動的主流。例如日產汽車 (Nissan) 在發現在本國市場其獲利率、生產力遠遠落後其競爭對手豐田及本田 (Honda) 之後，便擬定了若干個二到四年的計畫，企圖扭轉頹勢。每個計畫都是專門針對每一特定的作業活動來擬定。例如某一計畫（期間三年）涉及到如何更新製造技術；另一個計畫（期間四年）涉及到將生產作業移往海外以減低成本。

（三）短期計畫

　　管理者也會擬定時間幅度低於一年的短期計畫。短期計畫大大的影響了管理者的每日活動。短期計畫說明了要在下一季或一年內完成的專案細節。它包括了：人員的條件、設備利用、需求及使用上的預測，以及詳細的費用預算。短期計畫一經付諸實施之後，會比長期計畫、中期計畫更無彈性。對短期計畫的控制要靠營運預算 (operating budget)。

　　短期計畫有二種類型：

1. 行動計畫 (action plans)

　　行動計畫可以落實其他計畫。當日產汽車準備進行技術更新時，其管理者會專注於如何以最快速、最有效的方式將新設備取代舊設備以減低生產擱置的成本。行動計畫就是針對上述情形而擬定。

2. 因應計畫 (reaction plans)

　　因應計畫是公司因應意外情況的計畫。例如假設日產汽車的新設備比預期早到了幾天，管理者對這個始料未及的事件所擬定的因應計畫及處理方式。

三、權變規劃

　　規劃的另外一個重要類型就是權變規劃 (contingency planning)。 權變規劃是指在先前的計畫行動受到干擾或被證實為不適當時，將採取的因應之道（要採取的替

代方案)。

我們可以用企業如何應付千禧年危機 (Y2K crisis) 來說明權變規劃。許多銀行及醫院曾調派額外的人力來應付；有些組織建立了備份系統，甚至有些預儲存貨以備不時之需。

權變規劃的機制如圖 5–2 所示。除了現在進行的計畫之外，權變規劃有四個行動點。

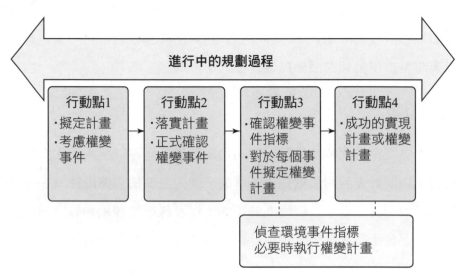

來源：D. J. Power, M. Gannon, M. McGinnis, and D. Schweiger, *Strategic Management Skills*, Reading, MA: Addison-Wesley, 1986.

▲ 圖 5–2　權變規劃

（一）行動點 1

管理者要擬定組織的基本計畫，這包括策略、戰術及作業計畫。在擬定這些計畫時，管理者要考慮到各種可能的權變事件。有些企業甚至會指派某些人扮演「魔鬼代言人」(devil's advocate) 的角色，對每個行動方案採取懷疑的、負面的態度，盡可能的「找碴」。這時候，各種權變事件 (contingency events) 都應該被考慮到。

（二）行動點 2

管理者所擬定的計畫已經開始實施，最重要的權變事件也已經被確認。極有可

能發生的權變事件或者對組織會產生重大影響的權變事件，都會被納入在權變規劃程序內。

（三）行動點 3

企業應確認某些特定的指標或跡象作為權變事件即將發生的預警。例如銀行可設定「利率降低二個百分點」是權變事件的指標。在確認權變事件的指標之後，權變計畫就呼之欲出了。在企業實務中，企業通常會替建廠進度、新製造程序、降價等擬定權變計畫。

（四）行動點 4

不論是原先的計畫或者是權變計畫皆已實施。對大多數的組織而言，權變計畫的重要性變得愈來愈高，尤其是處在複雜的、動態的環境下的企業更是如此。沒有任何管理者能夠百分之百的先知先覺，對於未來發生的事情能夠料事如神，因此擬定權變計畫是絕對有必要的。權變計畫是增加管理者的應變能力的有利工具，企業在進行改變時尤其不能缺少權變計畫。

在這個階段之後，管理者應不斷的監視在行動點 3 所確認的指標。如果有必要，就要實施權變計畫，否則就依照原計畫進行。

5.4 戰術規劃

如前所述，擬定戰術計畫的目的是要落實策略計畫的某些部分。我們也常聽說：「贏了戰役卻輸了戰爭」(winning the battle but losing the war) 這句話。戰術計畫可

▼ 表 5–2　擬定及執行戰術計畫的主要元素

擬定戰術計畫	執行戰術計畫
·確認及瞭解策略計畫及戰術目標 ·認明相關的資源及時間幅度 ·確認人力資源、資訊	·以目標為標準來評估每個行動方案 ·獲得資源、傳遞資訊 ·進行水平及垂直溝通、整合各種活動 ·偵察及操縱進行中的活動以達成目標

來源：Strategic and Tactical Planning: Understanding the Difference (http://smallbizlink.monster.com/training/articles/855-strategic-and-tactical-planning-understanding-the-difference).

類比為戰役，而策略計畫可比擬成戰爭。策略著重於願景、環境及資源，而戰術著重於人員和行動。表 5–2 說明了擬定及執行戰術計畫的主要元素。

一、擬定戰術計畫

雖然有效的戰術計畫會隨著情境的不同而異，但是我們還是可以提出一些基本的指導方針。

（一）確認戰術計畫

管理者必須確認戰術計畫能夠實現戰術目標（戰術目標是從更廣泛的策略目標衍生而來）。在少數場合，組織可擬定因應特殊情境的「單一使用」計畫 (single-use plan)，但是在大多數的場合，戰術計畫必須配合策略計畫。

例如可口可樂的高階主管擬定了一套策略計畫，企圖在軟性飲料市場獨佔鰲頭。所擬定的計畫的一部分，就是要確認環境的威脅──許多自營的裝罐廠及配銷商想要自立門戶與可口可樂競爭。為了要剔除這種威脅，可口可樂購併了這些大型的裝罐廠及配銷商，並將它們整合在一個新的稱為「可口可樂企業」(Coca-Cola Enterprise) 的事業單位內。可口可樂賣掉此新公司的半數股票，獲得了百萬美元的利潤，同時對這個新事業單位還擁有充分的掌控權。新事業單位的創立是戰術計畫，其目的在於協助策略計畫的達成❸。

（二）明確描述

策略通常會以比較廣泛的角度來描述，但戰術卻要非常明確的描述資源及時間幅度。一個策略計畫可以像「成為某特定市場或某行業的佼佼者」這麼籠統，但是戰術計畫卻要確實的說明要實現這個策略計畫要採取什麼行動。我們再回到可口可樂的例子。假設可口可樂的策略計畫中還有一項是增加全球的市場佔有率。為了要增加在歐洲的銷售量，戰術計畫包括在法國南部建立一個新工廠，以及在鄧克爾克建立一個新的製罐廠。在戰術計畫中也要說明所需的資源（如建廠經費）及時間幅

---

❸ "Coca-Cola May Need to Slash Its Growth Targets," *The Wall Street Journal*, January 28, 2000, p. B2.

度（例如建廠完成目標日期）。

（三）人力資源

戰術規劃需要人力資源。擬定戰術計畫的管理者會花大量的時間與他人共同合作。他們會從組織內外的有關人士那裡獲得資訊，在將資訊加以處理之後，再以最有效的方式將資訊傳遞給有需要的人。例如可口可樂的管理者在執行擬定建廠計畫時，必須獲得足夠的人力資源及資訊。

二、執行戰術計畫

戰術計畫不論計畫得多麼周詳，如果無法徹底落實，也是英雄無用武之地。戰術計畫執行的成功與否決定於是否能夠善用資源、是否有做有效的決策，以及是否能以正確的方式在正確的時間做正確的事情。

欲有效的執行戰術計畫，管理者必須注意以下事項：

⑴管理者必須以目標為標準，來評估每個可能的行動方案。

⑵管理者必須確信每位決策者都有完成工作所需的資訊及資源。

⑶要進行有效的水平及垂直溝通，並對各種活動加以整合，以減少衝突及相互掣肘的情況發生。

⑷管理者必須偵察及操縱進行中的活動（從計畫中衍生而來的活動），以確信這些活動能夠達成目標。偵察及操縱是組織的控制機制。

5.5　作業規劃

組織規劃中另外一個關鍵就是作業計畫 (operational plans) 的擬定及執行。作業計畫是從戰術計畫衍生而來，目的是實現作業目標。作業計畫所著重的是比較「枝微末節」的問題；其時間幅度比較短；是由基層管理者所擬定的。作業計畫的兩個基本形式及其相關的類型如表 5–3 所示。

▼ 表 5–3　作業計畫的兩個基本形式及其相關的類型

「單一使用」計畫 (single-use plan)	定義	只為一次特殊事件而擬定的計畫，此特殊事件在未來不可能重複發生	
	相關類型	方案 (program)	針對一群活動的「單一使用」計畫
		專案 (project)	「單一使用」計畫，其範圍及複雜度均不如方案
持久性計畫 (standing plan)	定義	為在一段時間持續發生的事件而擬定的計畫	
	相關類型	政策 (policy)	組織對某特定問題及情境的一般性反應的持久性計畫
		標準作業程序 (standard operating procedures, SOP)	在某一特定情境所須遵循的步驟的持久性計畫
		規則及規章 (rules and regulations)	應確實的執行某一特定活動的持久性計畫

來源：What Are Types of Operational Plans? (http://wiki.answers.com/Q/What_are_Types_of_operational_plans).

一、「單一使用」計畫

擬定「單一使用」計畫的目的在於實現一些活動，而這些活動在未來不可能重複出現。迪士尼在建立香港的主題公園時，擬定了許多「單一使用」計畫，包括吸引人潮的活動及旅館。「單一使用」計畫有二種形式：方案 (program) 及專案 (project)。

（一）方　案

方案是針對一群活動的「單一使用」計畫。例如推出新產品方案、新設施開放方案、組織使命改變方案等。例如美國百工 (Black & Decker) 的成長策略之一就是買下奇異公司的小家電事業單位，這個舉動涉及到有史以來最複雜的品牌轉換問題。試想要將一百五十種奇異的標籤轉換成美國百工標籤是多麼複雜的事！美國百工在對每一種產品都做過仔細的研究，經過重新設計後再推出新產品（此新產品的保障期間更長）。每項產品都必須歷經一百四十個轉換步驟，總共花了三年的時間才將一百五十種產品轉換完成。將產品線做整體性的轉變就是一個方案❹。

---

❹　Black & Decker 網站。網址：http://www.blackanddeckerappliances.com。

（二）專　案

專案與方案類似，但在範圍及複雜度方面不如方案。專案可以是方案的一部分，也可以是獨立的「單一使用」計畫。以上述美國百工的例子而言，一百五十種產品中每一項產品的轉換都可以說是一個專案。每項產品都有負責人，也都有特定的轉換程序。在既有的產品線中推出新產品是一個專案，在既有的薪資結構中加上新的福利選擇也是一個專案。

二、持久性計畫

「單一使用」計畫是針對不會重複出現的情況（或活動）而擬定的，而持久性計畫 (standing plan) 是針對在某一段期間內會經常發生的活動而擬定的。由於持久性計畫可以將決策加以例行化，所以它可以大幅增加效率。政策、標準作業程序、規則及規章都是持久性計畫。

（一）政　策

政策 (policy) 是行動的一般指導方針。政策是持久性計畫中最為普遍的一種形式。政策是組織對某特定問題或情況的一般性反應。例如麥當勞有一個政策：絕對不將特許權授與擁有速食餐廳者。同樣的，星巴克也有一個政策：絕對不出售特許權，自己握有星巴克的所有權。同樣的，大學也許有這樣的政策：入學測驗未達 1,000 分，班上成績未在前 25% 者，不予錄取。註冊組可以例行的對每位申請者做審核，對於條件不符者發函通知不予錄取。政策也可以描述如何處理例外事件。例如大學的政策說明書可以說明：若某申請者未達最低錄取標準，但如有傑出的課外表現，可由入學申覆委員會來處理。計畫如要在組織中維持其長久性，管理者就必須發展政策將計畫加以落實。

（二）標準作業程序

持久性計畫的另外一個類型就是標準作業程序 (standard operating procedures, SOP)。標準作業程序比政策更為明確，因此標準作業程序可勾勒出在某一特定情況

所要遵循的步驟。例如大學的註冊組職員被規定當收到申請資料時，要：⑴建立該申請者的基本檔案；⑵在收到申請者的測驗成績、在校成績、推薦信後，要將這些資料加在該申請者的檔案內；⑶當資料收齊時，將此資料傳送給相關的入學申請委員會主任。

（三）規則及規章

規則及規章 (rules and regulations) 是最狹窄的持久性計畫。規則及規章描述了某些特定活動要如何確實完成。規則及規章並不是要引導政策，在許多場合，規則及規章甚至取代了政策。例如麥當勞的規則及規章是禁止顧客使用公司電話。大學的註冊組也可能訂定這樣的規則：在開學前二個月，如果申請者的資料尚不齊全，則喪失在該學期入學的機會。當然，在許多組織內總不免有仗著職權而破壞規則及規章的例子。同時，我們也可以瞭解，規則及規章如果執行得太過嚴格，反而會得到反效果。

規則及規章和標準作業程序在許多方面非常類似。它們二者的範圍都是相對的狹窄，而且也都可以取代決策。標準作業程序通常是描述一系列的活動，但規則及規章則著重於某一活動。在入學的例子中，註冊組的標準作業程序有三個活動，而「二個月的限制」只有一個規則。

5.6　目標設定與規劃程序的管理

本節將討論目標設定與規劃程序管理的障礙，以及如何克服這些障礙。

一、目標設定與規劃程序的障礙

目標設定與規劃程序的障礙因素有：不適當的目標、不適當的報酬制度、動態及複雜的環境、不願設立目標、抗拒改變及限制因素。

（一）不適當的目標

不適當的目標有許多形式。如果將原本用於研發的費用挪用到股息的發放，是不適當的。如果是無法達成的目標，則此目標是不適當的。如果凱馬特 (Kmart) 所

設定的目標是「下年度利潤超越沃爾瑪商場」，則會使得凱馬特的員工羞愧異常，因為這是無法達成的 「天方夜譚」。如果所設定的目標太過於強調定性的、定量的因素，也是不適當的。有些目標，尤其是與財務有關的目標，是數量化的、客觀的、以及可以驗證的。其他的目標，如員工滿足與發展，是難以衡量的（如果不是不可能的話）。組織如果太過重視某一目標而放棄其他目標，也會遭到麻煩。

有效的目標要 SMART ， 也就是 specific （具體）、 measurable （可衡量）、attainable（可達成）、realistic（實際）、time frame（時間幅度）。

（二）不適當的報酬制度

不適當的報酬制度是目標設定與規劃程序的障礙。人們會因為不良的目標設定而受到報酬，或因為有效的目標設定而受到懲罰。例如甲經理將目標設定為「下年度降低離職率」，因此即使離職率降低了一點點，他會因為達成目標而受到獎賞。反之，乙經理將目標設定為「下年度降低 5% 的離職率」，但實際上只有降低 4%，他可能因此受到懲罰，因為他沒有達成所設定的目標。同時，如果組織太過於重視短期目標，則管理者就會忽略長期的問題（如研究發展），而將精力放在短期目標的設定、短期計畫的擬定以獲得高額的短期利潤上。

（三）動態及複雜的環境

組織所面臨的環境特性也是目標設定與規劃程序的障礙。科技進步一日千里，加上競爭的白熱化，使得組織在評估未來環境的機會及威脅上益形困難。例如 IBM 在擬定長期策略時，必須考慮到這段期間的技術創新。但是要做這種預測是相當困難的。因此，在這種環境之下，設定目標及擬定計畫是相當艱鉅的任務。

（四）不願設立目標

不願設立目標是目標設定與規劃程序的障礙。管理者為什麼不願意設定其部門目標？可能是因為他們缺乏信心，對未來滿懷恐懼。如果管理者所設定的目標是具體的、實際的、具有時間幅度的，則他們是否達成目標是一目了然的事 （無法狡賴）。管理者在有意、無意之間會企圖規避設定目標的責任，這對於組織規劃無疑是

一大傷害。輝瑞藥廠的管理者不願設定目標，結果使得公司遠遠落後於同業，因為無法瞭解研發成效。

（五）抗拒改變

另外一個目標設定與規劃程序的障礙是抗拒改變。規劃基本上涉及到對組織做若干改變。人們傾向於因循舊習，不喜歡改變。企業像個人一樣，對於各種改變都會有抗拒的心理及行為。或許因為心理舒適（psychological comfort，例如念舊、惰性）、懼怕不確定性的未來、不願負擔「除舊布新」的成本，因此會產生所謂的「一動不如一靜」的想法，而抗拒任何可能的改變。

（六）限制因素

限制組織行動的因素也會阻礙目標設定與規劃程序。這些因素包括：缺乏資源（人力、時間、金錢）、政府管制、激烈的競爭等。

二、克服障礙

所幸我們可以利用一些指導方針來克服目標設定與規劃程序的障礙。這些方法有：(1)瞭解目標及計畫的目的；(2)溝通與參與；(3)一致性、調整與更新；(4)有效的報酬制度。

（一）瞭解目標及計畫的目的

要使得目標設定與規劃程序更為有效的方法之一，就是要先確認它們的基本目的。管理者也須瞭解：目標設定與規劃程序的有效性是有所限制的。規劃不是萬靈丹，也不是不計任何代價非得執行不可。同時，有效的目標及規劃也不見得一定百分之百的成功。修正在所難免，例外事件的發生也是家常便飯。

例如數年前，可口可樂公司在推出一個新配方的可樂，企圖奪回被百事可樂侵蝕的市場之前，曾經做過邏輯的、理性的目標設定及規劃。但在推出之後，消費者相當排斥這個新配方可樂，因此所有的計畫可以說是徹底的失敗了！可口可樂的管理者迅速的改弦易轍，重新推出稱為「古典可樂」的舊配方可樂，結果銷售業績大

增。雖然先前做過仔細的規劃，也曾栽過跟斗，但現在的可口可樂可說是全球性的
領導性廠商。

（二）溝通與參與

　　雖然設定目標及擬定計畫是由組織高層所發起的，但是必須要透過溝通讓組織
全體人員瞭解目標及計畫。涉及到規劃的每位人員，都應瞭解組織的主要策略是什
麼，各企業功能的策略是什麼，以及它們整合及協調的方式為何。負責達成目標、
落實計畫的人，對於目標的設定、計畫的擬定在一開始時就要有發言權。這些人員
總是能夠提供有價值的資訊。由於他們是實際的執行者，所以他們的參與是相當重
要的。人們對於曾經分享、參與過的計畫，總會對計畫的落實有更高的承諾。即使
是集權的組織或者計畫是由規劃幕僚所擬定，各階層管理者的參與還是有必要的。
當康柏電腦擬定策略計畫，企圖從產業中的第五名進步到第三名時，它曾將此計畫
列印成冊，發放給每位員工，手冊清楚的說明了目標是什麼，如何達成這個目標等。

（三）一致性、調整與更新

　　目標必須在水平方面、垂直方面具有一致性。水平一致性 (horizontal
consistency) 是指目標在部門與部門之間的一致性；垂直一致性 (vertical consistency)
是指目標在組織上下階層之間的一致性，也就是說，策略目標、戰術目標、作業目
標會相輔相成、符合一致。由於設定目標、擬定計畫是一個動態的過程，管理者必
須不斷的對目標及計畫加以修正及更新。

（四）有效的報酬制度

　　一般而言，人們應該會因為設定有效的目標、擬定有效的計畫、成功落實計畫
而受到獎賞。但由於不可抗力的外在因素，管理者未必能夠心想事成，但是他們應
該獲得上級的保證：在這種情況下，未能達成目標是不會受到處罰的。聯邦快遞的
創始人兼執行長史密斯 (Frederick Smith) 曾公開支持「勇於冒險」的企業文化。公
司曾經有過因為推出一個稱為 Zapmail 的新服務失敗而損失 2.3 億美元的記錄，但
是沒有任何人受到處罰。他認為，原始構想不錯，事與願違非任何人所能控制❺。

三、利用目標來落實計畫

目標常被用來落實計畫。正式目標設定方案 (formal goal-setting program) 就是確信目標設定及規劃程序此二者都可以獲得效能的方法。有些企業將此方法稱為目標管理 (management by objectives, MBO)，有些企業在落實正式的目標設定方案時，雖然保留了正式的目標設定方案的基本精神，但是會依照其特殊情況而做調整，並且套上一個新的名詞或術語，例如有些公司將正式的目標設定方案稱為「績效協議制度」(performance appraisal systems, PAS)。

（一）正式目標設定的特色

一般而言，正式目標設定的特色，在於在正式的設定目標、擬定計畫時有發言的機會，並且充分的瞭解在規劃落實期間，他們被期望要完成什麼事情。因此，正式目標設定涉及到目標的設定，以及個別的管理者或其團隊的規劃。

（二）正式目標設定的過程

正式目標設定分為幾個重要的過程。對於某些特定的組織而言，這些過程中的步驟也許不盡相同，次序也不見得一樣。正式目標設定必須從高階管理者開始，然後由上而下，形成一個相當完整的目標鏈。高階管理者必須要告訴員工為什麼要採取正式目標設定方案、會有什麼成效；也要告訴員工這個正式目標設定方案已經被當局批准，而且會致力於正式目標設定方案的落實。

員工也要被教育瞭解正式目標設定是什麼、他們的角色將是什麼。在對正式目標設定做了承諾之後，管理者就要實現這個目標。此目標必須與組織目標及計畫符合一致。

共同式目標設定 (collaborative goal-setting) 及規劃是正式目標設定的本質。共同式目標設定涉及到以下步驟：

⑴管理者告訴部屬由高階主管所設定的組織目標是什麼、部門的目標是什麼。

⑵管理者以一對一的方式與部屬晤談，共同替每一位部屬設定目標。

---

❺ "Frederick W. Smith: No Overnight Success," *Bloomberg Businessweek*, September 20, 2004.

⑶將目標盡可能的轉換成可驗證的（數量化的）標準，並建立達成目標的時間幅度。

⑷在目標設定及規劃的會議中，管理者要扮演諮詢者的角色。他們必須確信部屬的目標及計畫是可達成的、切合實際的，而且部屬的目標會促成部門目標及組織目標的達成。

⑸會議中必須決定部屬在執行計畫、達成目標時所需要的資源。

部屬在朝向目標之路邁進時，定期的檢討是必要的。如果目標及計畫的期限是一年，則每一季舉辦一次檢討會是很適當的做法。在每一季結束時，管理者要和部屬晤談，來檢討目標達成的程度。他們可以原來的計畫為基礎，檢討有哪些目標已經達成、有哪些目標尚未達成、達成及未達成的原因是什麼。對達成目標的員工要給予獎勵。檢討會議也是為下一個正式目標設定程序鋪路。

（三）正式目標設定的有效性

許多組織包括杜邦、奇異、波音、西屋電氣 (Westinghouse Electric) 等，都使用了某種形式的正式目標設定。正式目標設定的基本效益就是員工激勵的改善。藉著澄清員工被期待的是什麼、藉著讓員工對於被期待的事情表達自己的看法，以及依照達成被期待的事情的程度給予報酬，組織就等於替員工創造了一個非常有效的激勵制度。

在討論及合作的過程中也提升了溝通的效果。績效評估不再是專斷的、主觀的評估，而是參與式的、客觀的評估。由於正式目標設定將注意力放在目標設定及計畫的適當性與否，因此對於發掘未來的管理人才是非常有幫助的。同時，目標設定的一致性對於整體組織績效會有正面的影響。正式目標設定也會使得控制的實施更為有效。對個別目標的正式設定以及定期的檢討，會使組織導入正軌，並朝長期目標邁進。

在另一方面，由於執行不力，正式目標設定方案也常失敗。也許使得正式目標設定方案不如預期的主要原因，就是缺乏高階主管的支持。有些組織在使用正式目標設定方案時，將執行這部分完全交由部屬去做。同時，主管與部屬在共同設定目標時，常企圖將所有的活動加以量化。我們必須瞭解，並非所有的活動都可以很容

易的加以數量化及衡量，譬如說，對「合作性」及「主動性」來設定衡量的標準就不是一件容易的事情。因此，管理者比較會重視那些比較容易衡量的行為。問題是，比較容易衡量的行為不見得與好的績效有關。同時，一般員工會從事那些比較容易被認定及獎賞的行為，而不管這些行為對於目標達成的貢獻如何。

最後，在設定目標時，應由主管與部屬共同設定，但是有許多企業卻是由主管專斷的決定。這種做法使得員工不會有參與感，因此也就缺乏達成目標的激勵作用。

5.7 規劃工具及技術

在策略規劃中（詳見第 7 章），對於環境的瞭解是非常重要的。本節將說明在規劃上使用得相當普遍的重要工具：環境偵察及預測，接著我們要說明資源分配技術，最後我們會討論當代規劃技術。

一、環境偵察及預測

（一）環境偵察

企業的技術能力不論有多強，如果它不能因應環境的話，必然會慘遭淘汰的噩運，因此管理者開始擬定其特定的策略之前，必須偵察環境以認明可能的機會與威脅。偵察環境 (environmental scanning) 是指監視、評估外界環境，並將從外界環境得來的情報提供給企業內的關鍵人士。它是企業用來防止意外事件，以確保其長期安全性的有利工具。

卓越的企業之所以能夠持續不斷的「重生」，是因為它們能瞭解、掌握環境，並將資訊視為獲得競爭優勢的主要來源❻。企業應監視任務及總體環境，以便偵察出能影響企業經營成敗的策略因素。

策略管理者必須透過 「策略問題管理制度」 (strategic issues management systems) 來偵察環境❼。這個制度能夠持續的偵察環境中微弱的及強烈的訊號，以

❻　R. H. Waterman, "The Renewal Factor," *Business Week*, September 14, 1987, p. 101.

❼　J. E. Dutton and E. Ottensmeyer, "Strategic Issue Management Systems: Forms, Functions, and Contexts," *Academy of Management Review*, April 1987, pp. 355–365.

勾勒出未來的趨勢及發展。

（二）預　測

　　所謂預測是對未來的假設。企業在蒐集有關目前環境的資料之後，就必須分析目前的情勢，並判斷這種趨勢是否會延伸至未來。許多大企業的策略規劃幅度通常是五年到十年，因此對未來的策略規劃非依賴有效的預測不為功。

　　預測未來並不是一件簡單的事。美國政府、一些資深的經濟學者、統計專家均曾利用一些嶄新的技術，來做市場預測，但是對他們而言，市場預測仍然不是一件容易的事。由於對市場需求估計錯誤，而坐失數十億美元損失的商業實例已是履見不鮮，其損失數字比它們在景氣時所獲得的利潤總數還要高。

　　然而，市場預測的困難並不能減低其重要性。策略管理者可用一些技術來預測未來的市場。有些技術是屬於質性的 (qualitative)，其預測的基礎是主觀的意見，而不是客觀的事實，也就是說這些技術假設，意見乃根據累積的經驗而來，故可視為某種形式的事實；有些技術是屬於量化的 (quantitative)，也就是說以客觀的事實或觀察所獲得的數據，進行統計運算。這些數據可自政府單位、商業機構、行銷研究公司、供應商、顧客、銷售人員等來源獲得。茲將有關技術說明如下：

　　統計分析技術。預測者先確定影響依變數（例如銷售量）的各種自變數或因素，然後再去蒐集這些變數的歷史資料，並建立一個數學模式。使用最普遍的方法就是迴歸分析 (regression analysis)，經過統計套裝軟體（例如 SPSS）分析之後，就可建立迴歸方程式 (regression equation)，從這個方程式中我們可以看出自變數對依變數的影響。

二、資源分配技術

　　當組織設定目標之後，就要將焦點放在「手段」上面，也就是決定如何實現這些目標。在管理者進行組織化，並透過有效的領導來達成目標時，必須要有資源才行。資源 (resources) 是組織的資產，包括：

　　⑴財務資源：如應收帳款、權益、保留盈餘等。

　　⑵實體資源：包括設備、廠房、辦公室、原料及其他有形資產。

　　⑶人力資源：包括人員的經驗、技術、知識及能力。

⑷無形資產：包括品牌資產、專利權、商譽、商標、著作權、註冊的設計、資料庫等。

⑸結構／文化資源：包括歷史、組織文化、管理制度、工作關係、信任、政策及組織結構等。

適當的資源分配技術，如排程、線性規劃，可有效的協助管理者分配這些資源以達成組織目標。由於這些技術超出本書範圍，故從略。

三、當代規劃技術

今日的管理者所面臨的重大挑戰之一，就是如何在動態的、複雜的環境下進行規劃。在這種類型的環境下，最有效的三個規劃技術是景象分析 (scenario analysis)、指標分析法 (barometric technique) 以及資料採礦 (datamining)。

（一）景象分析

在利用景象分析時，研究人員會對未來可能的發展，勾勒出某些主觀的景象。一般而言，景象分析的目的，是為了在策略管理中擬定權宜之計 (contingency plans) 而做的。權宜計畫就是在某種特殊情況發生時，所採取因應之道的說明。

利用預估資產負債表 (pro forma balance sheet) 與損益表 (income statement)，管理者就可以建立詳細的景象，以預測每個可行方案對總公司及事業單位的投資報酬率的可能影響。例如產業景象 (industry scenario) 顯示了對每一個產品或服務的強烈需求，企業就可以發展出一系列的可行策略景象 (strategy scenario)，准此，購併策略就可以與內部發展策略作比較。利用三個評估尺度（樂觀的 (optimistic, O)、悲觀的 (pessimistic, P) 以及最可能的 (most likely, ML)）來評估產品未來五年的情形，策略規劃者就可以用未來的財務報表，評估這二個策略對企業未來績效的影響。在個人電腦上，利用試算表軟體，我們就能很方便的產生預估資產負債表及損益表。

建立景象的步驟如下：

⑴建立產業景象，並發展出對任務環境的假設，並對主要的經濟因素（如GNP、個人所得、利率）以及其他的主要外部策略因素（如政府管制、產業趨勢），列出樂觀的、悲觀的、最可能的假設。對於其他備選的景象亦應做出

如上的假設。

(2)對於每一個可行策略的主要變數對企業未來財務報表的影響，建立一組樂觀的、悲觀的及最可能的假設。對未來的五年，預估出三組銷售及銷售成本的資料。以過去的財務報表的歷史資料作基礎，並以第一階段對環境的假設作調整，估計出預期的存貨水準、應收帳款、研究發展支出、廣告及促銷支出、資本支出及負債支出（假設企業是以舉債的方式來對策略的實施進行融資）。策略規劃者也應考慮執行策略時的方案 (programs)，例如建立一個新的製造設備或擴編銷售人員等。

(3)對每一個可行策略建立一個預估財務報表。利用試算表軟體，在第一行列出今年財務報表中的實際數字，在其右邊的各行，分別列出今後五年的樂觀的數字。然後以同樣的方式，對這個數字列出今後五年的悲觀的數字。然後是最可能的數字。再針對第二個策略，做出樂觀的、悲觀的以及最可能的數字。這個過程結束之後，我們就可得到反映出二個策略的三種情況 (O, P, ML) 的六種不同的預估景象 (pro forma scenario)。然後計算其財務比率。為了要決定各景象的可行性，要對各個景象的財務報表及比率加以比較。

(4)詳細的景象建立之後，會產生六個景象的預期淨利、現金流量及營運資金。這種分析的結果可獲得豐富的資訊，以便對可行策略的可能獲利率作預測。

（二）指標分析法

指標分析法乃根據以往的趨勢分析來預測未來，並指出某些事件在未來出現的頻率。例如美國的奈士比公司 (Naisbitt Group) 每個月從所訂購的六千份報紙中，將相關的事件加以分類，並分析某些事件在未來出現的頻率。奈士比利用此種方法，分析出十大趨勢 (10 megatrend)❽。

（三）資料採礦

管理者（尤其是行銷管理者）可依資訊系統所產生的資訊，來調整其行銷及銷

---

❽　John Naisbitt, Corinne Kuypers-Denlinger, Naisbitt Group Staff, *Ten Powerful Trends Shaping Your Future*, Futura Publications.

售策略。這類的資訊系統（例如 The Easy Reasoner、SPSS Diamond 等）會利用既有的、豐富的資料，並將這些資料加以「採礦」(mined)，以使企業瞭解顧客在購買習慣、口味、偏好上的蛛絲馬跡，進而更有效的擬定廣告及行銷策略來滿足更小的目標市場的需求。

高級的資料採礦軟體工具可從許多資料中找出軌跡（形式），並做推論。這些軌跡及推論可被用來引導決策及預測決策的效應。例如有關在超級市場購買的採礦資料可顯示，在正常銷售期間當顧客購買馬鈴薯片時，有 65% 的機率會購買可樂；在促銷期間，當顧客購買馬鈴薯片時，有 85% 的機率會購買可樂。這樣的資訊可使企業做更好的促銷規劃或商品布置。資料採礦技術在行銷上的應用包括：(1)確認最可能對直接郵件做回應的個人及組織；(2)決定哪些產品最常被同時購買，例如啤酒與香菸；(3)預測哪些顧客最可能轉向競爭者；(4)確認什麼交易最可能發生詐欺行為；(5)確認購買相同產品的顧客的共同特性；(6)預測網站遨遊者最有興趣看什麼東西。

資料採礦技術也可以被用來盯住有特殊興趣的顧客，或者確認某些特定顧客的偏好，例如美國運通公司持續不斷的從大量的電腦化顧客資料做採礦工作，並進行高度個人化的行銷戰。如果顧客在 Saks Fifth Avenue 百貨公司購買了一件洋裝，美國運通公司就會在寄帳單時附上一封廣告信：「在 Saks Fifth Avenue 百貨公司用美國運通信用卡購買鞋子，享有折價優待。」這個目的就是在鼓勵顧客多用美國運通信用卡，並在 Saks Fifth Avenue 百貨公司增加美國運通信用卡的曝光率❾。

這種依照顧客個人的興趣提供個人化訊息的方式，稱為一對一行銷 (one-to-one marketing)，與大量行銷 (mass marketing) 大相逕庭。大量行銷的做法是，向所有的人提供同樣的訊息。美國運通公司的一對一行銷系統使它能夠提供成千上萬種不同的促銷方式。

資料採礦是實現一對一行銷的有力工具，但是它對個人隱私權的保護卻是讓人質疑的。資料採礦技術可以合併不同來源的資料，以建立一個詳細的個人資料影像 (data image)，在這種情況下，我們的所得、購買紀錄、駕駛習慣、嗜好、家庭，及政治立場都會被蒐錄。有人質疑，公司是否有權蒐集涉及到個人隱私的資料。

---

❾　Ron Lieber, "American Express Kept a (Very) Watchful Eye on Charges," *The New York Times*, January 30, 2009.

5.8　規劃的當代議題

在本節我們先說明規劃所受到的批評，然後再討論在動態環境中如何做有效的規劃。

一、對規劃的批評

1960 年代正式的組織規劃開始非常風行，這個現象至今還是方興未艾。規劃能使組織具有方向感，因此它是非常有意義的。然而批評者對於規劃背後的基本假設提出了挑戰，他們對於正式規劃所提出的批評如下：

1.規劃會造成僵化

對於正式規劃的努力會將組織鎖在達成特定時間內的特定目標上。當組織目標設定之後，組織便會假設在實現目標的這段時間內，環境並不會改變。如果這個假設是錯誤的話，冥頑不靈的管理者便會遇到很大的麻煩。如果對於不再適當的計畫不加以捨棄而仍舊依樣畫葫蘆的話，會使組織的競爭力喪失殆盡。

2.在動態的環境中不可能擬定計畫

今日的許多組織所面對的是動態的環境。如果行銷計畫的基本假設是「環境不會改變」是錯誤的話，那麼要如何擬定計畫？今日的企業環境可以用混亂不堪來形容。所謂混亂不堪的意思是隨機的、不可預測的。在這種環境下，所需要的是彈性，因此不可能擬定正式計畫。

3.規劃使管理者的注意力放在今日的競爭，而不是明日的生存上

正式規劃傾向於將焦點放在如何善用產業中既有的機會上，而不是考慮如何創新（如創造一個新的事業，或者發明一些新的東西）。因此當競爭者創造一個新的事業或是推出新的科技應用時，企業會一時傻了眼，結果不是窮追猛趕，就是望塵莫及——這些都是僵固的正式規劃所帶來的後果。英特爾、微軟、松下等企業就是因為不依賴正式規劃、不斷的創新，才有今日輝煌的成就。

4.正式規劃固然會帶來成功，但最後終將失敗

成功會導致成功，這是合理的推論，但是這是對於在穩定環境中的企業而言。在不確定的環境下，成功反而會導致失敗。要改變或拋棄曾經是成功的計畫是相當

困難的一件事情，試想誰願意放棄目前成功的計畫所帶來的安逸，而去承受未知的未來所可能帶來的焦慮？成功的正式計畫會讓管理者誤信有這麼多的安全保障，會對於既有的成就驕矜自滿，而不會去未雨綢繆、求新求變。許多管理者由於緬懷過去的成就、沾沾自喜現在的成果，失去了應變的警覺性，等到環境改變時便發現措手不及，這時候已經是太遲了！

以上的批評可採信嗎？管理者就可以放棄規劃了嗎？不！管理者不應放棄。對於僵固的、無彈性的正式規劃，以上的批評是有道理的。重要的是，有效的管理者要瞭解在動態的、不確定的環境下如何規劃。

二、在動態環境下的有效規劃

一個可將資訊裝置（如手機、筆記型電腦、平板電腦）連結在一起的無線技術藍牙科技 (Bluetooth)，對於整個產業掀起了重大的革命。漢威公司 (Honeywell) 利用網際網路技術來提供客製化的產品，從電扇扇葉到高爾夫球桿都有。聯邦快遞利用網際網路化的運輸派遣系統來加速貨物的運送，向客戶提供即時的運送資訊。

以上所描述的是幾年前所意想不到的事情。當環境不斷的在改變時，管理者應如何有效的規劃？對於今日的管理者而言，動態的環境是常態，而不是例外。因此，管理者應瞭解在動態的環境下如何進行有效的規劃。

在動態的環境之下，管理者的規劃既是特定的，又是彈性的。這個說法聽起來有些矛盾，其實不然。計畫要特定才會有意義，但計畫並不是一成不變的。管理者必須瞭解，規劃是一個持續不斷的過程。由於動態市場環境的改變，目標可能會不時的做調整，但是計畫總是重要的藍圖。在落實計畫時，彈性尤其重要。管理者必須警覺到環境改變對計畫執行所造成的可能影響，並做適度的調整。值得注意的是，即使環境是高度不確定的，正式規劃的努力仍然不可鬆懈。唯有持續不斷的在規劃方面下工夫，才有改善組織績效的可能；唯有在規劃上投入心血，才能從做中學上面改善規劃的品質。

本章習題

一、複習題

1. 試說明決策與規劃程序。

2. 目標有哪些重要的目的？

3. 在設立目標時，管理者所應重視的關鍵問題是什麼？

4. 組織會建立許多目標。一般而言，這些目標會隨著階層、範圍及時間幅度的不同而異。試分別加以說明。

5. 利益關係者是指對組織決策（例如目標的選擇及行動）具有實質及潛在影響力的團體。試加以說明。

6. 在何種情況發生時，組織在設定目標上尤其困難？

7. 典型的利益關係者目標（希望組織達到什麼理想狀態）是什麼？

8. 如何對目標做評估？

9. 組織會擬定不同種類的計畫。一般而言，這些計畫包括哪些？

10. 我們也可以用時間幅度來將規劃加以分類。在時間幅度上我們可以將之分為長期計畫、中期計畫與短期計畫。試分別說明。

11. 何謂權變規劃？試繪圖說明權變規劃的機制。

12. 擬定及實施戰術計畫的主要元素是什麼？

13. 組織規劃中另外一個關鍵就是作業計畫的擬定及執行。作業計畫是什麼？其目的是什麼？

14. 試說明作業計畫的兩個基本形式及其相關的類型。

15. 有效的政策應具有哪些特性？

16. 目標設定與規劃的障礙有哪些？

17. 如何利用目標來落實計畫？

18. 正式目標設定計畫的理由及過程如何？

19. 共同的目標設定有哪些步驟？

20. 試說明正式目標設定的有效性。

21. 試說明規劃技術。

22.對於規劃的批評有哪些？你同意這些看法嗎？為什麼？

二、討論題

1. 試分別列出你在求學期間及畢業後五年內的重要計畫，並說明你在做規劃時所考慮的各要素。

2. 有人說，凡事只依照標準化作業來處理會扼殺創意，你同意這個看法嗎？為什麼？

3. 試評論「目標管理的缺點就是它評估的範圍及標準不能反映工作的實際績效。它的目標設定的範圍通常都是在那些比較容易衡量的部分，如投資報酬率、銷售的增加或成本的節省。在專業的、服務性的、幕僚的工作方面，這個缺點就會特別顯著」。

4. 有人認為，規劃不重要，行動才重要。所謂「坐而言不如起而行」，你認為對嗎？

5. 你同意「正式計畫不能取代直覺與創意」這個說法嗎？

第 6 章
決　策

本章重點

1. 決策的本質
2. 決策情況
3. 理性決策步驟

4. 如何做好決策？
5. 決策——行為觀點
6. 團體決策

「魚，我所欲也；熊掌，亦我所欲也；二者不可得兼，舍魚而取熊掌者也。生，亦我所欲也；義，亦我所欲也；二者不可得兼，舍生而取義者也。」（《孟子·告子上》）孟子的這段話顯然點出了決策的本質，也就是在魚與熊掌之間、生與義之間做抉擇。

6.1　決策的本質

組織中各階層的管理者都必須對許多事情做最佳的決定。例如高階主管要決定是否要與某公司合併？是否要購併某公司？是否要在中國大陸市場進行多角化？何時是進行網路行銷的最佳時機？事業單位的主管（如大同公司電視廠廠長、奇異公司電器事業部主管）要決定如何增加競爭優勢？是以低成本低價、薄利多銷的方式來競爭呢？還是在產品功能上增加一些特色，針對某一群特定的顧客以高價來競爭？功能部門主管（如行銷部經理）要考慮應強調什麼廣告訴求？是否應以降價競爭？是不是要改變既有的通路？

我們在做決策時，當然會以最高的智慧、最充分的資訊來做決策，但是智者千慮，難免有所閃失，在一發現決策失誤時，要懸崖勒馬，迅速改弦易轍，使得決策錯誤的影響減到最低。管理者在做有效決策前，要先瞭解決策是什麼，以及做什麼類型的決策。

一、決策是什麼？

我們常對特定的行動（或一般性的程序）做決定。例如畢業後要在國內還是出國唸研究所？我要不要申請移民？我要不要移民紐西蘭？我要不要嫁給阿雄（虛構名）？我要不要娶愛麗絲？我要不要在新莊買房子？在總統大選之前，候選人的小道消息及家庭私事充斥於各報章雜誌，民眾對於這些消息是在「相信」與「不相信」之間做選擇。

決策 (decision making) 本身是在各種可行的方案 (alternatives) 中做選擇，而決策過程 (decision-making process) 包括確認及界定決策情境的本質、發展及分析各可行方案，並選擇「最佳」方案，然後將此方案加以落實的過程。

上述的「最佳」是指有效性 (effectiveness)。有效決策的最基本因素是管理者瞭解引發決策的情況。有效決策不僅包括對正面因素（如利潤、銷售量、員工福利、市場佔有率）的極大化，也包括對負面因素（如損失、費用、員工曠職率及離職率）的極小化的決策。有時候，有效決策是對於宣告破產、辭退員工或解約的最佳方法。

管理者也會對「問題」及「機會」做決策。大多數的決策是由「問題」(problem) 所引發的。例如決定如何降低員工離職率、如何降低產品不良率、如何降低或剔除顧客的抱怨、如何處理捉襟見肘的財務困境、如何解決資訊人才不足的問題、如何解決供應原料價格日漸上漲的問題等。依據定義，一個「問題」是在「是」（實際結果）及「應該是」（目標）之間的差異，那麼如果實際結果超出目標時，是不是一個「問題」呢？我們傾向於認定這還是一個「問題」，因為界定它是一個問題，才會去進行檢討，進而能夠做到「精益求精」的地步。例如我們去檢討（或回顧）為什麼實際結果會超出目標？是因為方法的改良、人員素質的提高、科技的引進、報酬制度的改善還是純屬機運？

機會之所以產生，乃是因為環境變化造成了未被滿足的慾望及需求。例如網路消費者渴望獲得更多的資訊，希望能方便的比價、快速的訂購產品，如此一來，電子商務的機會便產生了。在掌握機會的決策方面，管理者應決定掌握什麼機會、如何掌握機會，以及何時掌握機會。例如根據 IDC 的研究報告指出，全球上網人口有 60% 住在美國以外的地區，但 78% 的網站都是英文，網路上的語言障礙非常大 ❶。

因此英業達公司認明這個事實，決定立即掌握這個機會，推出多國語言翻譯系統
Dr. Eye，協助解決這種資訊溝通的鴻溝。

（一）管理功能決策❷

規劃、組織、領導與控制這些基本管理功能 (management functions)，都涉及到
做決策的事情。

1.在規劃方面

管理者所面對的典型決策包括：組織的長期目標是什麼？欲達到這些目標，最
佳的策略是什麼？組織的短期目標應該是什麼？個人目標的困難度應如何？

2.在組織化方面

管理者所面對的典型決策包括：有多少部屬必須直接向我報告？組織的集權程
度應如何？工作應如何指派？組織應何時採用新的結構？

3.在領導方面

管理者所面對的典型決策包括：對工作動機不高的員工，應如何處理？在某些
特定的情況下，最有效的領導風格是什麼？應採取什麼特定的改變，以提升生產力？
何時是引發衝突的最佳時機？

4.在控制方面

管理者所面對的典型決策包括：組織中有哪些活動必須加以控制？應如何控制
這些活動？績效差距到何種程度才必須重視？組織中應採取什麼類型的管理資訊系
統？

（二）企業功能決策

企業功能 (business functions) 是指在生產與作業、行銷、資訊、人力資源、研
發、財務方面所發揮的功能。

---

❶ Uniscape Secures $10 Million Third Round of Funding From Sequoia Capital. CBS Interactive.

❷ Stephen P. Robbins and Mary Coulter, *Management*, 7th ed. (Upper Saddle River, N.J.: Prentice
Hall, 2003), p. 155.

1.生產與作業部門

管理者所做的典型決策包括：要向哪個供應商購買原料？要蓋新工廠嗎？要買新機器嗎？

2.行銷部門

管理者所做的典型決策包括：要進行產品的重新設計、包裝改良、重新定位嗎？是否以降價來因應競爭者的策略？要發動廣告戰嗎？在這個地區要指派哪位銷售代表？

3.資訊部門

管理者所做的典型決策包括：如何有效的獲得資訊資源？如何做好資訊資源管理、專案管理、資訊系統安全問題？如何瞭解資訊科技的衝擊，進而思考如何做到有效的商業程序整合？如何利用資訊科技來增加企業經營效能及競爭優勢？

4.人力資源

管理者所做的典型決策包括：在哪裡招募員工？要舉辦測驗嗎？對處理公平就業的抱怨，是否要提出意見？詳言之，如何選才（進行各項選才活動的規劃及追蹤，並協助招募、面談與測試等工作）、用才（協助建立企業內分層負責及溝通協調的規則與制度）、育才（負責職外訓練活動及與其他活動的配套設計）、晉才（建立各種與員工晉升及考績有關的制度與協調）、留才（研議薪資福利及紀律管理的體制及檢視修正）？

5.研發部門

管理者所做的典型決策包括：本公司是否較以前投入更多的（或更少的）資源？如果要做大幅度的改變的話，應在何時進行？只要公司不撤資的話，過去的競爭策略（及資源分配的方式）要加以調整嗎？如果要，應如何調整？本公司是否應利用新科技來開發及行銷產品？如果要，應在何時進行？如果公司採用了新技術，應採取何種資源分配形式，以建立及維持競爭優勢？

6.財務部門

管理者所做的典型決策包括：要和哪家銀行往來？是否要出售債券或股票？要買回公司的部分股票嗎？

7. 會計部門

　　管理者所做的典型決策包括：要和哪一家會計師事務所簽約？誰應負責處理薪資作業？是否要給某客戶信用額度？

二、決策的類型

（一）定型與非定型決策

　　管理者必須做許多類型的決策。一般而言，決策可分二種類型：定型決策 (programmed decision) 以及非定型決策 (unprogrammed decision)。

1. 定型決策

　　定型決策是相當具有結構性的，而且也經常重複發生。例如星巴克在購買咖啡豆、馬克杯、餐巾時，所做的就是定型決策，而員工在調製咖啡時，也是依循一定的作業程序。又如為了加速退款程序，百貨公司可利用這樣的規則：「當顧客要退還夾克時，如果標籤沒有撕掉、如果夾克沒有損壞、如果在購買後二星期內，則可退款。」管理者在做定型決策時，可以不必花太多時間及精力在上面，只要「依樣畫葫蘆」即可。大多數的組織的管理者，在他們每天工作中都必須面臨許多定型決策。定型決策可借助電腦及管理科學的輔助來增加決策的效能及效率。

2. 非定型決策

　　非定型決策是相當非結構性的（沒有機械性的規則可以運用），而且也不常重複發生。例如星巴克當初想要以生活風格來做網路行銷的定位，後來又放棄此計畫，都是非定型決策的例子。又如處理墜機事件的危機決策。

　　在做非定型決策時，每個決策都是獨特的，所以必須投入大量的時間、精力及資源。直覺及經驗在做非定型決策中扮演著相當重要的角色。我們可以說，非定型決策是經由傳統一般解決問題的過程，再加上管理者的判斷、直覺及創造性來制定。高階主管所做的決策，如合併、購併、聯合投資、製販同盟以及組織設計等，都是屬於非定型決策。對新廠、新產品、勞工合約、法律問題等所做的決策也是屬於非定型決策。

　　一般而言，非定型決策涉及到企業的長期策略發展及生存。在過去數年來重大

而意外的改變，如解除管制、全球競爭及縮減規模，使得非定型決策將會愈來愈普遍。

（二）結構化與非結構化決策

決策的類型除了以定型、非定型來區分之外，也可以用結構化、非結構化這個角度來看。結構化決策 (structured decision) 就是定型決策；非結構化決策 (non-structured decision) 就是非定型決策。除了上述二者之外，還有代表部分情況的居中類型，稱做半結構化決策 (semi-structured decision)❸。

6.2 決策情況

一般而言，決策者所面對的情況有：確定性 (certainty)、風險 (risk) 及不確定性 (uncertainty)，如圖 6–1 所示。這三種情況顯示了決策者對於其決策情況的瞭解情況。

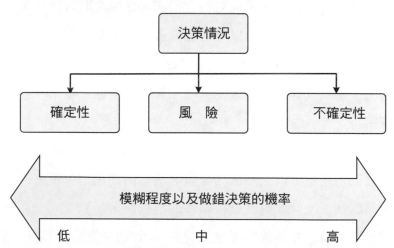

來源：Ricky W. Griffin, *Management*, 7th ed. (Boston: Houghton Mifflin Companies, 2002), p. 262.

▲ 圖 6–1 決策情況

---

❸ G. Gorry, and M. Morton, "A Framework for Management Information Systems," *Sloan Management Review* 13, No. 1, Fall, 1971, pp. 55–70.

一、確定情況下做決策

　　當決策者相當確定的瞭解可行方案是什麼，以及每個可行方案的情況時，這種情形稱為確定狀態 (state of certainty)。例如新加坡航空公司（Singapore Airlines，新航）決定添購五架巨無霸波音客機，它的下一個決策是要向誰購買。由於全世界只有兩家巨無霸波音客機的製造商：波音及空中巴士，所以新航有兩個明確的選項。波音及空中巴士都提供了明確的品質、價格及交期資料，所以新航做錯決策的機率是微乎其微的。

　　在實務上，有機會在確定情況下做決策的企業可以說是如鳳毛麟角。現代企業所面臨的是複雜的、動態的環境，在確定情況下做決策是極不可能的。剛才說明的新航在實際做決策時也不如想像中那麼確定，因此它會在條約上加上「成本增加及通貨膨脹」條款。因此，我們只能說新航只是部分確定 (partially certain) 每個選項的情況。

二、風險情況下做決策

　　比較普遍的決策情況是「風險狀態」(state of risk)。在風險情況下做決策時，決策者知道可行方案是什麼，以及每個可行方案的潛在報償及成本都是以機率來估計的。例如某公司的談判代表在勞方（工會）發動罷工之前收到工會提供的最後條件。此時，這位代表有兩項選擇：接受或不接受工會條件。在這個例子中，風險的問題圍繞在「工會是否在嚇唬人」上面。如果公司的談判代表接受了工會的條件，就可能避免罷工的發生，但是會負擔昂貴的勞工成本（例如工會要求加薪）；如果公司的談判代表拒絕了工會的條件，他就可能佔上風（如果工會是嚇唬人的），或引起罷工（如果工會是玩真的）。

　　基於過去的經驗、相關的資訊、別人的意見以及自己的判斷，公司談判代表可能做這樣的結論：75% 的機率工會是嚇唬人的，25% 的機率工會會真的罷工。因此他就可以根據這二個可行方案（接受或不接受工會條件），以及每個可行方案的可能結果來做決策。在風險情況下做決策，管理者必須真正的確定每個可行方案發生的機率。例如如果工會所提出的條件沒有被滿足的話就會發動罷工，而公司代表拒絕

工會的要求，因為他猜測工會不會玩真的，但是如果他猜錯的話，公司就會負擔很大的成本。在風險情況下做決策，模糊程度及做錯決策的機率都是中等。

三、不確定情況下做決策

現在大多數企業的決策情況是在不確定狀態 (state of uncertainty) 下做決策。在不確定情況下做決策，決策者不知道所有可能的可行方案是什麼，也不知道每個可行方案發生的機率及結果。這種決策情況是現代企業環境的複雜性、動態性所造成的。

在不確定情況下做決策，管理者必須盡可能的蒐集資訊，並以邏輯的、理性的方式來瞭解情況。直覺、判斷、經驗扮演著相當關鍵的角色。即使如此，在不確定情況下做決策是模糊不清的，所做的決策也是錯誤連連的。

6.3　理性決策步驟

許多管理者認為自己是理性的決策者。事實上，許多專家也認為管理者在做決策時要愈理性愈好。

如果你經營一個零售店，你要決定購買多少輛車子來運貨。在各種可行方案（五輛、八輛、十輛……）中，你要用何種標準來做選擇？如果你要出國唸企管碩士，你要用何種標準決定？這要看你認為你自己有多「理性化」(rational) 而定。在經濟學及管理理論中，長久以來都認為管理者是「完全理性的」(completely rational)。究其原因，早期的經濟學家需要單純的方法來解釋複雜的經濟現象，如供需關係，他們的解決方法就是「假設其他條件不變」以及假設管理者（決策者）是完全理性的。

理性 (rationality) 就是精打細算 (calculative) 的意思。理性決策 (rational decision-making) 就是「決策制定涉及到有意識的在各種可行方案中做選擇，以達到利益的最大化」。

1.理性決策的特性

(1)對於情況有充分及「完美的」資訊。

(2)能明確的界定問題，不為情況及其他資訊所困。

(3)能確認所有的標準，正確的依其偏好對於每個標準給予權數。

⑷知道所有的可行方案，並用標準一一加以正確的計算及評估。

⑸依據個人最高的認知價值，能正確的選擇可行方案。

2.**理性決策的步驟**

⑴界定問題。

⑵澄清目標。

⑶確認可行方案。

⑷分析結果。

⑸做選擇。

茲將以上各項說明如下。

一、第一步：界定問題

如前所述，大多數的決策是由問題所引發的。確認或界定問題看起來簡單，其實不然。通常犯的錯誤是過分強調不言而喻的部分，以及被症狀所誤導。有一則笑話：辦公室大樓內的辦公人員嫌等待電梯的時間太長而抱怨連連，大樓負責人於是找了一個顧問來研究改善之道，結果他發現了問題所在：電梯太慢了！

如果你把問題界定成「電梯太慢了」，那麼潛在的解決方案是相當昂貴的。電梯的速度本來就是那樣，所以要使它加速是不可能的。你可以要求辦公人員打混一點，不要那麼急著工作，但這所造成的反感恐怕比電梯慢所造成的抱怨還多。再增加一座電梯，恐怕是一筆相當可觀的金錢花費。

這裡要說的重點是，你所確認的可行方案（如上述）以及你所做的決定會反映出你如何界定問題。在上述的例子中，如果你將問題定義成「辦公人員抱怨連連，因為他們等待的時間很長」，那麼你就會這樣解決問題：在等待電梯地方的牆壁上掛上一面大鏡子，讓等待的辦公人員可以藉機「孤芳自賞」一下。這種解決方案既不必花太多的金錢，又有意想不到的後果──抱怨的人數及次數減少了。以上的說明，給我們的啟示是什麼？在界定問題時，不要自以為是！

（一）如何界定問題

你明智的解決方法說明了在界定問題時最重要的第一步，也就是永遠要問：「引

發問題的原因是什麼？」這樣的話，你就比較能夠正確的界定問題。以上述的例子來看，引發問題的原因是「辦公人員的抱怨」，而引發抱怨的原因是「等候的焦慮」，然後你要解決的問題便是：如何減少或剔除等候的焦慮？

（二）「問題」的特性

「問題」有許多特性：有些問題必須立即解決，否則後患無窮，而有些問題則可以緩一緩；有些問題必須要解決，有些問題則沒有必要性；有些問題有特定的解決之道，有些問題永遠無解。因此管理者必須瞭解問題的特性，然後再決定是否要處理，以及如果要處理的話應該如何處理。

（三）症狀與問題

值得注意的是，管理者必須分辨問題與症狀（表徵）的差別。如果錯將症狀視為問題，則只是治標不治本。例如「上月份（5月份）曠職超過三天的員工比 4 月份還多」是一個症狀，如果將此症狀視為問題處理，只要降低認定曠職的標準就可以了。例如將「上月份（5月份）曠職超過五天的員工數」作為標準，就可能不會突顯「上月份（5月份）曠職超過三天的員工比 4 月份還多」這個現象。事實上，隱藏在這個症狀背後的才是真正的問題，例如員工對最近實施的輪班制度不滿，或對於新主管的領導風格不能適應，而以曠職作為消極抵制。認清真正問題所在，才能對症下藥，例如調整輪班制度、改善領導風格，否則只是清除了在表面上的症狀而已。一個專業的管理者必須要能夠分辨什麼是症狀、什麼是問題，然後針對問題提出解決之道。

（四）應用個案

小明任職於環球電玩公司行銷經理已有五年，工作勝任愉快。然而，由於最近經濟不景氣，公司的業績受到了很大的衝擊，不得不裁員 10%。小明的直屬上司對小明說：「我很希望你留任工作，但是我們要關閉紐約廠，所以只得把你調到匹茲堡廠，職位不變。」小明聽了吃了一驚，然後打電話向他的父親報告這件事，他說：「我被公司調到匹茲堡廠，但所幸還不至於失業。問題是『我要住在哪裡？』」然後

他就託人在匹茲堡廠附近找房子。他父親認為他操之過急。對此，你的看法為何？如果你是小明，你要怎麼做？

　　小明的父親是對的。小明遽下結論，認為在匹茲堡廠附近找房子是當務之急。這真的是他要做的主要決策嗎？為什麼小明認為必須要解決這個問題？引發這個問題的因素是什麼？引發因素是小明的上司說，環球電玩公司不再需要小明在紐約工作，因此把小明調到匹茲堡。小明必須面對的真正問題是什麼？事實上，小明真正要決定的是：我要接受這個調派嗎？或者我要去找待遇更好的其他公司的行銷經理職務？如果是這樣，去哪裡找？

二、第二步：澄清目標

　　大多數的人在做決策時總希望達到多重目標。例如在選擇一個新廠址時，管理者會特別關心幾件事情，包括：離公司的市場有多遠、原料的地點、交通運輸的便捷、人力資源的素質及供應，以及個人偏好（如管理者想住在哪裡）。

（一）多重目標

　　很少管理者在做決策時只想達成一個目標。但是，偉大的足球教練倫巴第 (Vince Lombardi) 是個例外，他說：「贏球並不代表一切，它只是一件事情。」對大多數的決策而言，我們並不會像雷射光一樣只專注於一個目標上。例如你在購買筆記型電腦時，會在某個價格水準上，選擇記憶體容量最大、處理速度最快、解析度最高、周邊設備最齊全、穩定度最高、保固期最長、維修服務最好的廠商。

（二）如何澄清目標？

　　你的目標應能明確的表達你真正想要的。如果你沒有明確的目標，那你如何評估可行方案？例如小明不知道是否想待在紐約、是否想加薪 10%、是否想待在電玩業，那麼他怎麼可能決定是否要待在環球電玩公司還是辭職，或是決定哪一家公司的條件最好？當然，他不知道。

　　改善目標設定的步驟並不難，以下的五個步驟可幫助我們設定目標：

1. 列出關心事項

在決策過程中，將你所關心的事情全部寫下來，即使重複也沒有關係。以各種不同的角度來看你所關心的事情，可以讓你看清楚你真正關心的事情。這樣做的目的，就是要讓你毫不遺漏的列出你在決策時所要完成的任何事情。例如在前例中，小明所關心的事情是這個決定對他事業生涯的影響、是否能讓他對現在所做的工作樂在其中、是否能住在大都市、是否能比現在賺更多的錢。

2. 確立目標

將所關心的事情轉換成明確的、具體的目標，且此目標應是可衡量的。將小明所關心的事情，轉換成這樣的目標：找到一個有機會在兩年內晉升為行銷副總經理的職位；在一個消費性產品公司任職（最好是電玩業）；工作地點鄰近具有一百萬人口的大都市，車程離居住地不超過一小時；每月至少賺 12 萬元。

3. 將目標與手段分開

這個步驟可讓你專注於你真正想要的事情。最好的方法就是不斷的問「為什麼？」例如小明自問：「為什麼我的工作地點要鄰近具有一百萬人口的大都市，車程離居住地不超過一小時？」因為小明希望能和同齡的城市人交往，也希望享受到大都市的文化設施，如博物館、美術館、歌劇院。這樣做可以幫助他澄清他真正要的是什麼。例如如果小城市有同齡的人，以及文化設施，那麼小城市也不錯啊！

4. 澄清每一個目標

不要模糊籠統、要具體的描述每一個目標。例如「加薪」就比較不夠具體。在這個例子中，小明的目標是夠具體的，因為他想要「每月至少賺 12 萬元」。

5. 檢查是否有遺漏

這是一個穩健的做法。小明要仔細的再檢查一下他的每一個最終目標，以確信他的決策能夠掌握他希望實現的所有目標。

三、第三步：確認可行方案

你必須要選擇才能夠做有效的決策。如果沒有什麼好選擇的，那你也無所謂做什麼決策（當然選擇做或不做，也是做決策）。有智慧的管理者通常會問：「我的選項有哪些？我的可行方案有哪些？」決策理論學者將「可行方案」稱為「決策的原

料」(raw materials of decision-making)，因為可行方案是在追求目標時，你所擁有的選擇範圍。

（一）如何確認可行方案？

要產生可行方案，你要有創意才行。在開始時，你應該盡可能的產生各種方案，愈多愈好。你在擴展可行方案的項目時，可以請教他人，例如專家、有經驗的人等。另一個方法，就是檢視你的每一個目標，並且問：「如何？」例如小明問：「我怎麼找到一個有機會在兩年內晉升為行銷副總經理的職位？」是先找到一個行銷資深經理的工作，然後再努力晉升上去呢？還是馬上直接找行銷副總經理的工作？值得注意的是，這種分析應適可而止，只要達到滿意的程度就可以了。花太多的時間及精力，企圖達到最適化 (optimization) 是不切實際的（詳細的說明，見「6.5 決策——行為觀點」一節）。

（二）應用個案

透過以上的過程，小明產生了幾個可行方案。他可以接受匹茲堡廠的工作或者辭職。如果辭職，他的可行方案包括：在紐約某達康公司（網路公司）的資深行銷經理職位、在底特律的福特汽車公司的行銷經理職位、在波士頓某寵物食品公司的行銷經理職位、在華盛頓諾基亞公司的行銷經理職位。

四、第四步：分析結果

在做決策時，有一個極為弔詭的現象：你今天做決策，但在日後才會感受到這個決策。例如你今天買了一臺電腦，但是在日後發現到它不能滿足你的需求，因為你對記憶體的要求提高了。如果小明決定繼續待在環球電玩公司，但是日後發現他的升遷機會非常渺茫；在匹茲堡廠已經有兩位行銷副總經理，而且他們也沒有離職的打算。小明怨嘆道：「早知今日，何必當初？」

因此，在決策過程中的下一步驟，就是在所設定的目標為前提之下，看一看每個可行方案會產生什麼後果？小明要待在環球電玩公司，還是辭職？他要另謀他就嗎？如果是，應選擇哪一家公司？每個決定的結果會是怎樣？

　　這個步驟就是決策過程中最困難的部分，因為它涉及到對未來結果的預測。古典經濟學家認為，決策者會面臨完全理性的情況，因此可以準確的預估每個可行方案的結果，但在真實世界上，這種情形如鳳毛麟角（很少存在）。小明必須很務實的去比較每一個可行方案，因此他必須預估每個可行方案所產生的結果。

・如何分析結果？

　　你要仔細的想在每一個目標下，每一個可行方案所可能產生的結果。你要做的就是不要讓你在日後說：「怎麼當初沒有想到？唉！」以下是在分析結果方面，可以採行的基本程序：

1.想像未來的情況

　　例如你買了一臺新電腦，想像一下六個月後你使用的情形。你還會覺得這臺電腦不錯嗎？還是嫌這不好，那不好？換句話說，你現在想一想，六個月後你會有悔不當初之感嗎？（當然，有些人特別喜歡抱怨，總覺得世界永遠對不起他）。想像未來的情況是一個很重要的分析技術。另外一個很有用的分析技術，就是程序分析。

　　程序分析 (process analysis) 就是指在解決問題的時候，從頭到尾的每一個步驟，都必須想像實際會發生什麼結果。練習一下這個小個案。小華非常窮、非常節儉。他每撿到五個菸蒂，就可以做出一支完整的香菸，如果他撿到二十五個菸蒂，那麼他可以做多少支香菸？在你回答「五支」之前，不妨先一步一步的想像小華的香菸製作程序。小華坐在公園的長椅上，每五支、五支的製作香菸。每五支菸蒂可製作一支香菸，然後這五支香菸抽完之後，所產生的五個菸蒂，又可以製作一支香菸。在這個小個案中，你要把自己想像成是小華，並實際實驗（在腦中想像）每一個程序及結果，你就會發現可能忽略的事情。

2.剔除明顯是不利的可行方案

　　如果小明有做功課，曾仔細的想過每一個可行方案所產生的結果，他應該很清楚的知道：如果繼續待在環球電玩公司，他升遷到行銷副總經理的機會幾近於零。因此，為什麼還要考慮「待在原公司」這個方案？把它從可行方案的清單中刪掉！

3.將剩下來的可能方案做成結果表

　　結果表 (consequences table) 又稱結果矩陣 (consequences matrix)，左欄寫出你的

可行方案，第一列（上面）寫出你的目標，如表 6–1 所示。在每一個方格內，扼要的寫出結果。這樣的話，你可以一目了然。

▼ 表 6–1　結果表

目　標 可行方案	二年內做到 行銷副總經理	消費性產品公司	離大城市只有 一小時車程	每月至少 賺 12 萬元
行銷副總經理， 位於匹茲堡的環球電玩公司	幾乎沒有或根本沒有機會→刪掉	不適用→刪掉	不適用→刪掉	不適用→刪掉
資深行銷經理， 位於紐約的達康公司	機率大→如果到那時候公司還在	顧客導向，但是銷售業績不好	通過，很好	每月 12 萬元外加股票選擇權
行銷經理， 位於底特律的福特汽車公司	機率中等→大型公司，升遷慢	好，但是工作不如銷售電子產品有趣，我可能會感到厭煩	通過	每月 11 萬元外加福利（買新款車可以打折）
行銷經理， 位於波士頓的寵物食品公司	機會中等→小型公司、成長快、缺乏行銷人員	好，但是工作不如銷售電子產品有趣	通過	每月 12 萬元
行銷經理， 位於華盛頓的諾基亞公司	機率相當大→成長快	好，令人興奮的行業	通過，文化設施及同齡人口很多	每月 12 萬元

來源：本書作者整理。

　　一般而言，對於可行方案做數量化評估，並考慮到各目標的相對重要性（權數），對於決策的選擇是非常有幫助的。為什麼要考慮到相對重要性？簡單的說，就是每一個目標在決策者心目中的重要性會有不同。例如在購買房車時，價格的重要性也許高於款式，而款式的重要性又高於經銷商品質。以數量化的方式來評估各可行方案，可使我們更能看清楚事實現象。在以數量化的方式來評估各可行方案時，你可以建立一個決策矩陣 (decision matrix)，如表 6–2 所示。在表 6–2 中，每個向度以五點尺度來評估，1 代表最低，5 代表最高。

▼ 表 6–2　決策矩陣

目　標	權　數	行銷副總經理，位於匹茲堡的環球電玩公司	資深行銷經理，位於紐約的達康公司	行銷經理，位於底特律的福特汽車公司	行銷經理，位於波士頓的寵物食品公司	行銷經理，位於華盛頓的諾基亞公司
二年內做到行銷副總經理	0.50	1	2	2	5	4
消費性產品公司	0.20	5	2	3	3	5
離大城市只有一小時車程	0.15	5	5	5	5	5
每月至少賺 12 萬元	0.15	3	4	3	4	4
總　和	1.00	2.70*	2.55	2.80	4.10	4.35

* $1 \times 0.50 + 5 \times 0.20 + 5 \times 0.15 + 3 \times 0.15 = 2.70$

來源：本書作者整理。

五、第五步：做選擇

除非做了正確的選擇，否則再多的分析也無用武之地。在確定情況之下，做選擇是直截了當的。你只要看一看每一個可行方案，然後再選擇能夠使你獲得最大效益的方案就可以了。但在真實世界中，我們通常不能很正確的、很理性的做一個決策，即使是相對單純的決策，如選擇一臺電腦。但是，我們可以利用一些技術來做更好的決策。

根據小明所建立的決策矩陣，他會選擇在華盛頓的諾基亞公司擔任行銷經理一職。

6.4　如何做好決策？

現在我們來說明能夠改善決策品質的技術，這些技術包括：增加知識、利用直覺、知所進退、掌握情緒、激發創意、利用資訊科技。首先說明最重要的技術：增加知識。

一、增加知識

「知識即力量」(knowledge is power) 這句耳熟能詳的話，用在決策的制定上再貼切不過。即使再單純不過的決策（例如開車上班要走哪一條路好），若無資訊（例如交通阻塞狀況、事故狀況）的話，也變得相當困難。而愈是複雜的決策，愈需要資訊。在增加知識方面，我們可以做到以下幾點：

（一）問問題

要記得，永遠要問這六個關鍵詞：「誰？什麼？何處？何時？為何？如何？」以深入探討問題的本質、提升我們的知識水平。例如在買一輛二手車時，你要問：「誰要賣？先前的車主是誰？」「有什麼類似的車子在賣？」「這車子有什麼問題？」「車主在哪裡？」「車主是什麼時候買的？」「車主為什麼想賣車？」「要如何買？」（付現？信用卡？多少錢？）我們在做決策前，要先澄清這些疑問，就可以盡量避免日後的懊惱。

（二）獲得經驗

經驗是我們的良師，有時候用錢也買不到。例如如果你在想要終身投入的行業中有些打工經驗，在正式投入職場時，就比較能夠做正確的判斷。

（三）善用顧問

許多管理者會善用顧問的專業（如策略規劃、資訊系統的建制、網路商店的設立等）來彌補他們在專業知識上的不足。當然，也不是非得聘請顧問不可，有時候找「德高望重」的前輩、知識豐富的益友（尤其是過來人）談一談，也許會使你茅塞頓開，恍然大悟。

（四）自己做功課

不論要做什麼決策，你總是可以找到所需的資訊，尤其是在這個網際網路普及的時代。例如 104 人力銀行 (www.104.com.tw) 網站上提供了豐富的人求事、事求人

的資訊，並且以職業別、地區別、行業別來提供人力需求資訊。

值得瞭解的是，以數位方式來儲存資料的成本是相當低的，因此在數位環境之下，儲存大量的資料是相對便宜而容易的事情（我們可以說數位科技是博學多聞的）。例如在 2014 年 4 月，網際網路上提供的電影超過七十多萬部，與電影有關的超連結超過三億個。亞馬遜公司提供了二千多萬種的書籍❹。

（五）要客觀認清事實

當你想要做某件事情時，你會不經意的扭曲事實資訊。例如你非常想要去度假，對於度假的費用就不會覺得那麼貴（先前你覺得蠻貴的）。你要盡可能的保持客觀性，在做決策時，不要因為知覺、偏好，或特殊情況，扭曲了事實資料。

二、利用直覺

心理學家佛洛依德 (Sigmund Freud) 對於做重要決策的看法是這樣的：「對於無足輕重的決策，我認為比較各可行方案的利弊得失是很有幫助的。但對於重大決策，如選擇終身伴侶和職業，我們內心深處的潛意識卻主宰了我們的決策。我們生命中的重大決策，應由我們天性中的深層需要來支配。」❺ 我們怎麼知道用直覺所做的決策對不對？根據某位專家的看法，如果我們有如釋重負的感覺，便是做對了決策；如果感到焦慮不安，便是做錯了決策❻。

這些專家所說的就是直覺。直覺（intuition，或稱第六感）可以定義為：「基於我們累積的經驗及知識，利用潛意識做決策的認知過程。」

在做決策時，個人不同的特質（例如風險傾向高）也會和是否利用直覺有關。風險傾向 (risk propensity) 這個行為因素是指決策者在做決策時勇於打賭的程度。風險傾向低的管理者對所做的決策總是斟酌再三、小心翼翼的。他們企圖依循理性的

---

❹ Amazon 網站。網址：http://www.amazon.com。

❺ 摘自 Robert L. Heilbroner, "How to Make Intelligent Decision," *Think*, December 1990, pp. 2–4.

❻ Theodore Rubin, *Overcoming Indecisiveness: The Eight Steps of Effective Decisions Making* (New York: Avon Books, 1985).

方式，對於可行方案的選擇極盡保守的能事。這些管理者很可能會避免一些錯誤，但是卻可能因為無法及時掌握商機，而造成損失。風險傾向高的管理者會勇於承擔風險，非常積極大膽的做決策（尤其是輸了又想要扳回一城時，特別會孤注一擲）。這些屬於「大起大落」型的人物，從不優柔寡斷，總是根據直覺來做決策。

有些人似乎天生就比較有直覺能力，這些人是典型的直覺式決策者。直覺式決策者 (intuitive decision-maker) 在做決策時，會比較利用嘗試錯誤的方式。他們不太利用資訊，即使利用資訊時，也是有一搭、沒一搭的。他們會從一個可行方案跳到另一個來感覺哪一個方案會行得通。反之，系統式決策者 (systematic decision-maker) 會仔細的蒐集資訊，利用標準來評估每一個可行方案。他們的決策程序是邏輯的、循序式的（一步接著一步的）。一項針對直覺式與系統式決策者的決策效能所進行的比較性研究顯示，直覺式的決策效能較高❼。這項研究給我們的啟示是：不要忽略在做決策時，直覺的重要；不要被瑣碎的決策程序給困住了；有時候根據本能做決策反而比較好，就像 Nike 的廣告詞一樣："Just do it!"

三、知所進退

在做決策時，要記住沒有一個決策是永遠完美的。決策的改變或轉向有時候是好的，甚至是必須的。例如福特汽車公司在 2002 年毅然決然的停產 Taurus，並推出新穎的 Cross-Trainer 休旅車，結果深獲市場好評。反過來說，即使決策做錯了也不是世界末日，趕快痛定思痛、重新出發。

知道何時下臺是管理者的最高智慧表現。倫敦市政府在進行倫敦證交所的自動化工程時，虧損了數百萬英鎊，專家在檢討之後，發現這是一錯再錯所造成的結果。換言之，在進行的過程中發現錯誤時，要立刻懸崖勒馬，不要硬拗。心理學家將「決策過程中知道錯了，還不停止，硬撐下去」或「既然走到這一步，就再堅持下去」的現象稱為加溫 (escalation)。為什麼有些人會執迷不悟？除了自己的敏銳度不夠之外，還有保住面子的問題。我們在說了一個謊話之後，會傾向於說更大的謊話來圓謊，這就是「加溫」的意思。

---

❼ Dorothy Leonard and Susan Straus, "Putting Your Company's Whole Brain to Work," *Harvard Business Review*, July-August 1997, pp. 111–121.

四、掌握情緒

　　情緒會左右決策。你在高速公路上行駛時，突然一個莽漢切入你的車道，你被這個突如其來的舉動嚇了一身冷汗，即使平常再溫文儒雅、笑口常開的你，也會火冒三丈，想給他點顏色看看（當然這是不好的，讀者諸君切莫如此）。當人們感到沮喪、情緒低落時，會變得比較有侵略性、破壞性、對人的態度也會比較嚴格；反之，當人們感到愉快、情緒高昂時，會變得比較有包容性，對人的態度也會比較寬厚。

五、激發創意

　　做決策並不是一個機械化的過程。要做有效的決策，管理者必須要有創造力。創造力 (creativity) 是對問題做原創性的、新穎的反應的能力。管理者不僅要培養自己的創造力，而且也要使部屬具有創造力。我們將在第 11 章對創造力做深入討論，在這裡我們說明如何建立一個具有創造力的組織文化。

　　有些組織在培養員工創造力這方面投注了許多努力，例如舉辦講習、設立工作坊等，但是受訓員工一旦回到原工作崗位之後，所面對的又是原來的官僚文化。這種訓練的成果幾近於零，這是因為組織大環境沒有創新文化，而訓練只是「治標不治本」的活動。

　　因此，要真正的培養員工的創造力，要先從塑造組織文化中著手。管理者要創造一個環境，讓在此環境內員工的創意可以充分發揮。管理者要在言行上鼓勵員工的創造力。管理者必須要確認（最好能獎勵）部屬的創新性構想。管理者在言行上要不歡迎唯唯諾諾的人。如果部屬言聽計從，怎可能產生創意？同時，管理者要能容忍因創新所造成的失敗，如果對員工因創新所造成的錯誤做處罰，那麼就會沒有人願意（或勇於）創新，因為因循舊習永遠不會有差錯。

六、利用資訊科技

　　近年來，由於電腦科技的突飛猛進，使得管理者在做決策時借助決策支援系統的話，有如虎添翼之效。決策支援系統 (decision support systems, DSS) 可以整合資料、複雜的分析模型及具有親和力的軟體，來協助管理者做半結構化或非結構化的

決策。

　　決策支援系統可將某些決策過程加以自動化，例如在維持現有的市場佔有率前提下，產品的價格最高可設定在哪裡？或者為了達到對顧客做反應的效率及產品利潤的極大化，最適的備料量是多少？決策支援系統也可以提供有關決策情況及決策過程的資訊，例如啟動決策過程的機會及問題是什麼？解決問題的可行方案有哪些？以及決策是如何做成的？

　　決策支援系統支援決策的方式有很多。表 6–3 列出了著名企業運用決策支援系統之例。決策支援系統的功能愈來愈強大、系統愈來愈複雜、支援策略的擬定愈來愈細緻，以及協調組織內外活動愈來愈有效。最重要的，決策支援系統能夠幫助組織改善其顧客關係管理 (customer relationship management, CRM) 及供應鏈管理 (supply chain management, SCM)。

▼ 表 6–3　著名企業運用 DSS 之例

組　織	DSS 應用之例
General Accident Insurance	顧客購買形式及詐欺偵察
Bank of America（美國銀行）	顧客輪廓 (customer profiles)
Frito-Lay Inc.	價格、廣告及促銷的選擇
Burlington Coat Factory	商店位置及存貨組合
Key Corp.	對直接郵件顧客目標市場的選擇
National Gypsum	總公司規劃及預測
Southern Railway（南方鐵路）	火車調派及路線規劃
Texas Oil and Gas Corporation	鑽井地點的評估
United Airlines（聯合航空公司）	航次排程、顧客需要的預測
U.S. Department of Defense（美國國防部）	國防契約的分析

來源：Gregory Kersten and Gordon Lo, "DSS Applications," *Decision Support Systems for Sustainable Development*, Vol. TV, 2002, pp. 391–407, DOI: 10.1007/030647542121.

　　在支援顧客關係管理方面，決策支援系統可利用資料採礦技術❽，來引導有關最適定價、留住顧客、提高市場佔有率及獲得源源不斷的新利潤的有關決策。例如

❽　資料採礦 (datamining) 是一個相當高級的統計應用。詳細資料可參考宏德國際軟體諮詢顧問股份有限公司的網站：www.sinter.com/SPSS。

皇家銀行 (Royal Bank) 自從設計及使用決策支援系統之後，就可以分別向極小群的顧客提供最能吸引他們的訊息（包括產品、價格、服務的訊息）。決策者在查詢資料庫時，就可以確認客戶最可能購買的產品以及解約的可能性。將這些資料與人口統計變數及外部事件（如失業率、經濟狀況）結合之後，就可以確認這些客戶中有哪些是貴賓（最能使銀行獲得利潤的客戶），以及哪些貴賓有可能解約。為了更進一步的瞭解這些貴賓，皇家銀行的決策支援系統會查看他們的存款餘額（是不是最近特別少）、信用卡支付（是不是付款金額比過去少或者補款的時間比過去慢）、存款習慣（是不是呈現不規則的情況），這些跡象可以表示這些貴賓最近失業了，或者表示即將解約。DSS 也可以從客戶過去的存款餘額、信用額度、汽車貸款及抵押貸款的資料中，發掘哪些客戶是不是邁入到人生中最需要貸款及銀行服務的階段。

在確認這些貴賓之後，銀行的行銷部門就可以推出吸引他們的成套服務，例如網際網路銀行、電子化帳單支付、自動櫃員機提款無上限——每月只要付 9.95 美元。皇家銀行瞭解提供這些成套服務比不提供會讓銀行與客戶多維持三年的往來關係。

貴賓如果對這些服務還不滿意，皇家銀行的行銷部門也可以為客戶量身訂做一套特定的服務方案。皇家銀行將客戶資料庫及資訊系統連結網際網路，使得客戶很方便的檢索其帳戶，並立刻享受到線上服務。皇家銀行對客戶的有效區隔，使得客戶對其促銷方案的反應率高達 30%，而銀行業的平均只有 3% ❾。

在支援供應鏈管理方面，供應鏈決策涉及到從原料採購及運送、製造產品、配銷產品到顧客手中這些過程的「誰？什麼？何時？何處？」的決定。決策支援系統可以幫助管理者鉅細靡遺的檢視這個複雜的鏈，以便在上述的每個過程中的眾多可行方案中，找出最佳的可行方案組合（例如在原料採購方面，在 X 時間 Y 地點向 A 採購 B 產品），以達到高效率及成本效應（cost-effective，就是低成本的意思）的目標。管理者最基本的目標就是在快速的、正確的完成交貨的過程中使總成本減到最低。

1994 年 IBM 研究中心發展了一個高級的供應鏈最適化模擬工具，稱為資產管理工具 (assets management tool, ATM)。ATM 可協助 IBM 減低存貨量，但又不會低

---

❾　Alan Radding, "Analyze Your Customers," *Datamation* (September 25, 2000).

到無法滿足不時之需。ATM 可處理供應鏈中的各種變數，包括存貨目標、顧客服務水準、產品複雜度、通路整合、供應商契約與條件及前置時間等。

IBM 的個人系統群 (personal systems group, PSG) 曾藉著 ATM 的協助，打入了龐大的、低價的、微利的個人電腦市場。在 1997–1998 年，PSG 減低了 50% 的存貨成本，週期時間（從採購零件到交貨的時間）減少到四到六週，總成本減少了 5～7%。

IBM 的 AS/400 電腦事業部利用 ATM 來分析及量化產品複雜度對利潤所造成的影響。ATM 所提供的資訊可協助 IBM 剔除若干個產品功能，並用其他的功能來取代。在 IBM 推出的快速交貨方案 (quickship program) 中，ATM 也可以分析服務性與存貨之間的取捨關係，結果使 IBM 減少了 50% 的作業成本。

IBM 也利用 ATM 來改善其商業夥伴的供應鏈管理，例如協助 Piancor 公司（IBM 的主要中間商）改善其物流，使得物流達到最適化的程度（例如何時、何處、配銷多少的最佳答案）❿。

6.5　決策——行為觀點

管理者在做決策時，真的能夠做到理性嗎？換句話說，他能夠明確的：界定問題、確認標準、決定標準的權數、發展可行方案、分析可行方案、做選擇並執行與評估決策嗎？果真如此，管理者所做的每個決策都是成功的才對呀！從這裡我們可以知道，有些決策很少考慮到邏輯與理性。

一、行政模型

諾貝爾獎得主賽門 (H. A. Simon, 1957) 認為，決策者在做決策時，在實質上絕對不是完全理性的，這個觀點稱為行政模型 (administrative model)⓫。

你能料事如神嗎？你能明察秋毫之末嗎？如果真是這樣，臺灣將是股市大亨滿街走，而也絕對不會有「後悔」這種事情。賽門認為，一個人在做決策時，會受限於許多因素，例如他的知識、推理能力、資訊等，因此要做到完全理性 (complete

❿　Brenda Dietrich, et al., "Big Benefits for Big Blue," *OR/MS Today* (June 2000).

⓫　如欲進一步瞭解，可參考 Simon, H., *Administrative Behavior*（臺北：巨浪書局，1957）。

rationality) 是不可能的，充其量也只能做到局部理性 (bounded rationality)。我們有時候在做決策之後會後悔，這就是局部理性所造成的結果。俗語說：「千金難買早知道」 就是說明了人類理性的限制。 既然如此， 一個人就不可能達到最適決策 (optimum solution)，而只要達到自己滿意的 (satisficing) 決策就可以了。

二、決策模型

在以行為觀點來看決策時，政治力 (political power) 是一個重要的影響因素。我們現在說明政治力中的 「聯盟」 對於決策的影響。聯盟 (coalition) 是個人或群體所形成的非正式結盟 (informal alliance)，結盟的目的是要達成共同的目標。這個共同的目標當然是對這個聯盟內每位成員有利的目標。例如受迫害的人會組成聯盟，向有關單位據理力爭，尋求平反或賠償；遭到丈夫遺棄的人會組成聯盟，互相支援打氣。

組織之內，具有某種共同利益的人自然會集結成一個聯盟，而具有另外一種共同利益的人也會集結成另外一個聯盟，所以組織內有許多聯盟實在不足為奇。在機關內或地方上的派別，如王派、劉派，都是聯盟的結果。

但是聯盟與組織決策有什麼關係？每一個聯盟的主使者及成員都會卯足全力，爭取更多的支持者、資源及影響力，以擊敗其他的聯盟。相互鬥爭的結果，最後總有一方得勢，得勢這方所主張的就會成為組織決策。

聯盟對於組織的影響可以說是好壞參半。如果好的聯盟佔了上風，就會使組織踏上成長茁壯的坦途；如果壞的聯盟得勢，則會掏空組織，終使組織走向衰亡一途。管理者必須瞭解如何善用聯盟的影響力、如何評鑑聯盟的行為符合組織的最大利益，以及如何遏止聯盟所造成的失能效應 ❷。

---

❷　Kimberley D. Elsbach and Greg Elofson, "How the Packaging of Decision Explanations Affect Perceptions of Trustworthiness," *Academy of Management Journal*, Vol. 43, 2000, pp. 80–89.

6.6　團體決策

今日在愈來愈多的組織內，重要的決策是由團體 (group) 或團隊 (team)，而不是由個人來做。例如通用汽車公司的高階主管委員會 (executive committee)、德州儀器公司的產品設計小組，以及康柏電腦的行銷企劃團等。一般而言，管理者對於某特定的決策可選擇由個人、團體或團隊來做。因此，瞭解團體或團隊決策及其優缺點是相當重要的事情。

一、團體或團隊決策技術

在團體或團隊決策中，使用得最為普遍的技術包括：互動式團體技術 (interactive groups technique)、德爾菲團體技術 (Delphi groups technique) 以及名義團體技術 (nominal groups technique)。由於電腦科技的進步及普及，這些技術都有線上輔助。

（一）互動式團體技術

互動式團體技術是在團體決策中使用得最為普遍的一種。這類決策的形成是相當簡單的。做決策的團體可能是既有的團體，也可能是新成立（新指派）的團體。既有的團體可能是功能部門、正規的工作團隊、常設委員會 (standing committee)。所指派的團體可能是即興委員會 （ad hoc committee，或稱特別委員會）、專案小組 (task force) 等。

團體或團隊成員會歷經交談、爭辯、讓步、同意、再爭辯、形成內部聯盟、達成最後共識（或不歡而散）等過程。互動式團體技術的優點是，透過成員之間的互動可激發創意，但其主要的缺點是，多少會滲入政治色彩。

（二）德爾菲團體技術

由蘭德公司 (Rand Corporation) 所發展的德爾菲團體技術，通常被用來在專家意見方面達成共識。我們現在用一個例子來解釋德爾菲團體技術的運用。假設某組織要估計臺灣五年後的經濟成長率，首先此組織要建立專家名單，這些專家可能包括

政府官員、產業公會的專業人員、企業的高階主管、大學或研究所專職教授等。開始時，這些專家們會被要求以匿名的方式來估計臺灣五年後的經濟成長率。主持人在彙總了每位專家的估計值之後，加以平均，然後再請每位專家做第二次估計。在這一回合，做出非比尋常的、極端的估計的專家會被要求做合理的說明。如此反覆幾次，當估計的平均值之變化愈來愈小時，表示每位專家不會再改變他的估計，因此這個最後的估計值就代表專家群的意見。

由於德爾菲團體技術在使用上相當費時費力，所以不常用在每日的例行性決策上。波音公司在預測技術突破的時間方面、通用汽車在預估新產品的市場潛力方面、禮來藥廠 (Lilly) 在預估研發形式方面，以及美國政府在經濟景況方面，都曾因使用德爾菲團體技術而獲得很精準的結果。

（三）名義團體技術

另一個偶爾被使用的團體決策技術是名義團體技術。名義團體技術常被用來產生創新性的可行方案或構想。在利用上述的德爾菲團體技術時，專家們是互不見面的，然而名義團體技術卻是將所有的群體成員聚集一堂，但彼此並不交換意見。名義團體技術的運用方式是這樣的：在開始時，管理者（或會議主持人）將各成員聚集一堂，並勾勒出要解決的問題所在，然後要求每位參與者盡量寫下可能的解決方案。接著每位成員分別發表他們的看法，並將這些看法記錄在黑板上。當所有的看法（可行方案）都列出來之後，就開始展開熱烈的討論。然後，以舉手表決的方式來排定各可行方案的優先次序。得到第一順位的可行方案就是群體決策。當然主持人（管理者）有權利採用或否決群體所做的決策。

二、群體決策的優點

群體決策的優點是在群體或團隊做決策的情形下，成員可以集思廣益、貢獻所長，進而獲得更為豐富的知識及資訊，所謂「三個臭皮匠勝過一個諸葛亮」(Two heads are better than one.)。這些成員會有不同的教育背景、經驗及觀點。就因為如此，許多組織普遍成立像常備團體（例如常設執行委員會）、解決特殊問題的專案小組，以及像品管圈等這樣的團體。

在資訊更為豐富的情況下，自然會產生更多的可行方案（相較於個人決策而言）。參與決策的成員，由於瞭解決策背後的邏輯與推理，故接受此決策的可能性會很高。同時這些成員也會比較積極主動的向其他成員「推銷」這個決策。最後，有關研究顯示，群體決策比個人決策更為有效❸。

三、群體決策的缺點

群體決策的最大缺點就是曠日費時、所費不貲。為什麼會耗費這麼多時間？因為要透過互動及溝通之故。群體雖能比個人做更好的決策，但是所耗費的時間成本卻是必須要特別考慮的因素。

群體決策也可能是妥協及讓步的結果。假設在進行群體決策時，某個人（或某些人）支配著整個決策過程的進行，而其他的人絲毫沒有表達意見的機會，這些具有支配性的個人可能是個性使然（具有強烈的支配慾），也可能是過分追求權力的結果。當然也有可能是其他的人縱容的結果。最後的決策美其名是群體共同做成的，但其實是由少數幾個人做成的。

最後，群體或團隊成員可能屈從於「群體盲思」的現象。群體盲思 (group think) 就是由於成員過於希望達成共識、產生凝聚力，而犧牲了可能是最佳的決策。在群體盲思的影響下，群體決策並不是能夠滿足群體或組織最大利益的決策，而是最能避免群體成員產生衝突的決策。

挑戰者號太空梭的不幸事件就是由於群體盲思所造成的。美國太空總署 (NASA) 在準備發射挑戰者號太空梭前，曾發現到許多問題。但是決策單位成員認為沒有問題（因為即使認為有問題的決策成員，怕被認為是「異議分子」、「找麻煩者」而未提出意見，或者為了避免引起衝突而作罷），結果在 1986 年 1 月發射之後不久引起爆炸，造成七名太空人全數罹難❹。

---

❸ Tony Simons, Lisa Hope Pelled, and Ken A. Smith, "Making Use of Difference: Diversity, Debate, and Decision Comprehensiveness in Top Management Teams," *Academy of Management Journal*, Vol. 42, 1999, pp. 662–673.

❹ S. R. Fuller & R. J. Aldag, "Organizational Tonypandy: Lessons from a quarter century of the groupthink phenomenon," (1998).

四、團體決策的管理

在提高團體決策的效能方面，管理者在一開始時，就要瞭解團體決策的優缺點。在減少時間成本及花費方面，管理者可明確的設定最終決策的截止時間。在避免決策受到某些個人的支配方面，管理者可先瞭解是誰在每次會議中都扮演支配者的角色，然後設法把他調開，或者找一群跟他具有一樣支配性的人員，來參與這項會議（這樣的話可以削弱一人獨大的支配性現象）。

在避免群體盲思方面，團體成員必須被要求嚴格的評估各種可行方案。當成員提出不同的看法時，會議主持人不應過早提出他自己的看法。成員中至少有一人要扮演黑臉的角色。扮演黑臉的人又稱為魔鬼代言人 (devil's advocate)，也就是「專門找碴」的人。有些人天生喜歡找碴，因此扮演這個角色再適合不過，但是這個角色還是輪流擔任為宜。

同時，在獲得最初的決定之後，要再舉辦幾次後續會議，讓持有不同意見的人，能夠暢所欲言，充分的表達他們的看法。有些公司甚至舉辦正式的辯論會，讓正反兩方都有闡述觀點、挑戰對方的機會。例如昇陽公司 (Sun Microsystems) 對於許多重大決策都採取這個做法。

本章習題

一、複習題

1. 決策是什麼？

2. 決策與管理程序的關係如何？

3. 試說明管理功能的決策。

4. 試說明功能經理的決策。

5. 試比較定型與非定型決策，並舉企業實例加以說明。

6. 試比較結構化與非結構化決策，並舉企業實例加以說明。

7. 正如同決策有不同的種類，決策情況也有所不同。管理者有時候對於某些決策情況是瞭若指掌，但有時候他們對於這些決策情況的瞭解有限。一般而言，決策者所面對的情況有哪些？

8. 試說明在確定情況下做決策的情形。

9. 試說明在風險情況下做決策的情形。

10. 試說明在不確定情況下做決策的情形。

11. 理性決策的特性是什麼？

12. 試扼要說明理性決策制定的步驟。

13. 試說明決策矩陣的應用。

14. 如何增加知識？

15. 直覺是什麼？為什麼直覺式決策者的效能會比系統式的決策者高？

16. 何謂「加溫」？為什麼會有這個現象？

17. 試舉例說明情緒對決策的影響。

18. 如何塑造一個具有創造力的組織文化？

19. 試說明決策支援系統，以及它對顧客關係管理、供應鏈管理的協助。

20. 如何做有效決策？試扼要說明。

21. 管理者在做決策時，真的能夠做到理性嗎？為什麼？

22. 諾貝爾獎得主賽門認為，決策者在做決策時，在實質上絕對不是完全理性的，這個觀點稱為什麼？試加以說明。

23. 試說明決策的政治模型。

24. 試比較團體決策與個人決策的優缺點。

25. 團體盲思的症狀有哪些？

26. 團體做決策時所用的技術有哪些？

27. 試評估團體決策技術的效果。

28. 試說明在團體決策的管理中，如何避免支配性的情況，又如何避免群體盲思。

二、討論題

1. 試評論「由於經營環境、管理者的目標、競爭者的動向等因素改變的結果，使得目前的績效不能夠達到原先既定的標準，這樣的話，問題就產生了。雖然決策常由『問題』所引發，但並不是非要有『問題』的產生，才會做決策」。

2. 試以實例說明並且比較決策的理性觀點及行為觀點。

3. 試以下列例子說明理性決策制定的情形（步驟）：
   (1) 某軟體公司的顧客對其產品品質抱怨連連。
   (2) 某基金會的募款績效愈來愈差。
   (3) 某教會的教友人數愈來愈少。
   (4) 公路局的乘客愈來愈少。

4. 試仿照本章小明的決策制定過程，說明以下的決策（可做適當的假設）：
   (1) 在學期間，要不要打工？
   (2) 畢業後要唸研究所還是就業？
   (3) 畢業後要在國內還是出國唸研究所？
   (4) 要不要申請移民？
   (5) 要不要移民紐西蘭？
   (6) 要不要結婚？
   (7) 我要不要嫁給阿雄（虛構名）？
   (8) 我要不要娶愛麗絲？
   (9) 我要不要買房子？
   (10) 我要不要在新莊買房子？

5. 為什麼說「知道何時下臺是管理者的最高智慧表現」？

6. 試說明決策支援系統如何做好顧客關係管理及供應鏈管理。

7. 試以實例分別說明互動式團體技術、名義團體技術、德爾菲團體技術的做法。

8. 試以構想的數量、構想的品質、社會壓力、時間／金錢成本、工作責任導向、人際衝

突、成就感、對解決的承諾、建立團體凝聚力這些向度來比較互動式團體技術、得爾非團體技術以及名義團體技術。

技術類型 評估標準	互動式團體技術	得爾非團體技術	名義團體技術
構想的數量			
構想的品質			
社會壓力			
時間／金錢成本			
工作責任導向			
人際衝突			
成就感			
對解決的承諾			
建立團體凝聚力			

9. 在避免群體盲思方面，團體成員必須被要求嚴格的評估各種可行方案。當成員提出不同的看法時，會議主持人不應過早提出他自己的看法。成員中至少有一人要扮演黑臉的角色。為什麼扮演黑臉的角色以輪流擔任為宜？

第 7 章
策略規劃

本章重點

1. 策略管理的本質
2. SWOT 分析
3. 總公司策略的形成

4. 總公司策略的實現
5. 事業單位策略的形成
6. 事業單位策略的實現

7.1　策略管理的本質

策略 (strategy) 是實現組織目標的整體性 （周延性） 計畫。 策略管理 (strategic management) 是克服環境挑戰、掌握環境機會的方法，它是專注於形成及執行有效策略的周延的、持續的管理過程。有效策略 (effective strategy) 是指能夠促成組織與環境的最佳配合，以達成策略目標的策略。

一、策略的組成因素

一般而言，一個深思熟慮的策略能夠掌握三個主要的特色： 獨特能力 (distinctive competence)、範圍 (scope) 以及資源布署 (resource deployment)。

1.獨特能力

獨特能力是組織做得特別好的東西。成立於 1995 年 7 月的亞馬遜網路書店其願景 (vision) 是「在網路上設立一家以客為尊 (customer-friendly) 的書店，方便顧客在線上漫遊，並盡可能提供最多元化的選擇」，而其獨特能力就是「藉由網路服務，提供具有教育、告知，以及啟發意義的產品販售」。

2.範　圍

策略的範圍是指企業要競爭的市場範圍。 所謂市場是指 「具有同質的 (homogeneous) 顧客的集合」。市場範圍的界定可使公司瞭解所提供的服務 （及未提供服務） 的顧客群。人口統計變數 (demographic variables) 是定義顧客群的基礎。例

如施麗茲啤酒公司 (Schlitz) 以地理區域、嘉寶嬰兒食品公司 (Gerber) 以年齡來定義市場即是。我們亦可以消費者所追求的利益（產品屬性）來定義市場，易言之，以「利益」為區隔顧客群的變數。准此，企業可認明哪些是追求高品質、多樣化的顧客，哪些是追求低價格、便利性的顧客。

3. 資源布署

策略也要勾勒組織對資源布署的預估，也就是它要如何在各競爭的市場中調派、布署其資源。例如奇異公司將其在本國所賺取的豐厚利潤，轉投資於歐洲及亞洲。

二、策略層級

今日許多企業會在二個層級上發展策略。這二個層級的策略是：

1. 總公司策略 (corporate strategy) 或公司策略

是企業同時針對若干個產業或若干個市場所擬定的策略。

2. 事業單位策略 (business strategy) 或事業策略

是企業針對某一個特定產業或某一特定市場所採取的策略，該策略可使企業將其競爭力量集中於某一特定產業、市場，以獲得競爭優勢 (competitive advantages)。要實現事業策略，必須依靠企業功能活動，如行銷與銷售、會計與財務、製造等。

績效卓越的企業不僅會擬定涉及到公司整體的總公司策略，也會擬定有效的事業策略，並確信總公司策略與事業策略能夠相輔相成、相互呼應，也就是說總公司策略引導著事業策略；事業策略追隨總公司策略。

三、策略形成與執行

策略的形成是指長期計畫的擬定，以便在瞭解本身的長處及弱點之後，能掌握環境中的機會，避免環境的威脅。策略形成包括了界定企業的使命、明定合理的目標、發展策略及建立政策原則❶。

策略執行係指透過方案、預算及準則，將策略及政策加以落實的過程。這個過程可能會涉及到整個企業文化、結構，及（或）管理制度的改變。除非涉及到重大

---

❶　G. G. Dess, "Consensus on Strategy Formulation and Organizational Performance: Competitors in a Fragmented Industry," *Strategic Management Journal*, May-June 1987, pp. 259–260.

的變革，否則策略的執行皆由中階及基層主管來負責，但是高階管理者仍必須加以評估及檢討。

准此，在高階主管的指導之下，事業單位及功能部門的經理必須擬定方案、預算及程序（行事準則），以達成總公司的目標。同時，這些經理也必須負責事業單位及功能部門的策略形成。

例如某一個汽車製造商，其總公司的成長策略是透過聯合投資來進行國際性的擴張，而其某一個事業單位的競爭策略可能是與巴西的汽車製造商進行聯合投資，以製造成本低廉的汽車行銷於南美洲。由事業單位所擬定的策略，是執行總公司成長策略的一個方案。

7.2　SWOT 分析

在形成策略之前，通常要做 SWOT 分析，該分析是對組織內部的長處 (Strengths) 與弱點 (Weaknesses)，以及組織環境的機會 (Opportunities) 與威脅 (Threats) 所做的評估。在 SWOT 分析之後，組織必須：⑴發揮長處，掌握機會；⑵避免或淡化威脅；⑶避免或矯正缺點。如此才能夠擬定出達成組織使命的最佳策略，如圖 7–1 所示。

一、評估組織長處

組織長處 (organizational strengths) 是使組織能夠擬定及實現策略的技術和能力。例如西爾斯具有全國性的維修網路，其訓練有素的維修人員可提供迅速有效的維修服務，這就是希爾斯的長處。松下電器公司的長處是製造技術及其享譽國際的品牌資產 (brand equity)❷。SWOT 分析之後，可將組織的長處分為二類：一般長處 (common strengths) 及獨特能力 (distinctive competence)。

---

❷ 品牌資產這個術語是由財務專業人員所發展出來的，所指的是品牌拿到資金市場銷售的價格。品牌資產是一種超越製造、商品及所有有形資產以外的價值，因此它可被視為是產品冠上品牌之後，所產生的額外效益（例如顧客忠誠度的增加、顧客人數的增加等）。品牌資產已經成為企業的無形資產，是股權增值的一種型態。

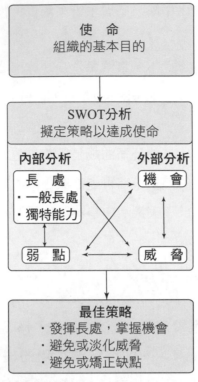

來源：M. E. Porter, *Competitive Strategy*
(New York: Free Press, 1980).

▲ 圖 7-1　SWOT 分析

（一）一般長處

是指每個企業都有的長處。例如好萊塢的大製片廠都有燈光、錄音、服裝設計及化妝的專屬部門或人員，因此這些大製片廠只能說是有「競爭對等」(competitive parity)。競爭對等就是說許多競爭者都有同樣的技術和能力，所以都擬定同樣的策略，發揮同樣的影響力。在這種情況之下，公司只是平庸之輩，並無法獲得顯赫的績效。

（二）獨特能力

獨特能力固然是企業所具有的能力，但是這種能力不是每個企業都有。例如喬治魯卡斯 (George Lucas) 的工業照明及魔術公司 (Industrial Light and Magic, ILM) 的影片特效技術已達登峰造極的地步，其所製作的影片特效是其他公司望塵莫及的。

因此特效技術是 ILM 的獨特能力。 能夠發揮獨特能力的組織才會獲得競爭優勢 (competitive advantage) 以及獲得高於平均水準的績效。SWOT 分析的主要目的，就是要發掘組織的獨特能力，進而選擇及執行能夠發揮其所長的策略。

（三）策略模仿

組織的獨特能力常會引起競爭者的垂涎，進而競相模仿，這個現象稱為策略模仿 (strategic imitation)。有些獨特能力可以被模仿，但有些卻不行。如果一個獨特能力不能被模仿，則依此獨特能力所發展的策略稱為持續性競爭策略 (sustained competitive strategy)。

獨特能力之所以不能被模仿有三個原因：

1.此獨特能力的獲得或發展是基於獨特的歷史情境

例如卡特彼勒公司 (Caterpillar) 早年由於其製造能力享譽國際，因此被美國陸軍看中，委託它製造在二次世戰時所需的軍事裝備。美國軍方和它簽訂的長期契約，奠定了它獲得競爭優勢的基礎。而卡特彼勒的競爭者，包括小松挖堀機 (Komatsu)、強鹿公司 (Deere & Company)，都沒有這樣的歷史情境。

2.此獨特能力的本質及特定不被競爭者掌握

例如寶鹼公司的獨門配方及獨特的製造技術從不外洩。

3.獨特能力是基於複雜的社會現象而來

例如組織的團隊合作、文化等。競爭者即使知道獨特能力是因為團隊合作這種精神所產生的，但是還是很難模仿這種獨特能力，因為合作精神不是那麼容易培養的。

二、評估組織弱點

組織弱點 (organizational weaknesses) 就是不能使組織擬定及實現策略的技術和能力。組織如何找出其弱點？(1)弱點存在於必須要做投資才能夠獲得優勢的地方 (此優勢是達成使命所必須的)；(2)弱點存在於組織必須調整使命，才能夠以現有的技術及能力來達成使命的地方。

在實務上，組織在認明弱點時常遭遇到許多困難。組織成員不願意承認他們沒

有具備應有的技術和能力。而且，認明弱點是對管理者判斷力及管理能力的嚴重挑戰——當初設定使命時曾經全程參與，但是為什麼沒有培養完成使命所需的技術和能力？

無法認明並克服缺點的組織會有競爭劣勢 (competitive disadvantage)。有競爭劣勢的組織必然對競爭者所能執行的策略「望洋興嘆」，具有競爭劣勢的組織其績效必然低於平均水準。

三、評估組織的機會及威脅

評估長處及弱點是專注於組織的內部環境；評估機會及威脅是著重於組織的外部環境。組織機會 (organizational opportunities) 是使組織能夠產生績效的地方；組織威脅 (organizational threats) 是增加組織獲得高績效困難度的地方。波特對競爭環境分析所建立的五力分析模型（詳見第 3 章）可以用來分析環境的機會及威脅。

在波特的五力分析模型中，五種競爭力量是：潛在的進入者、代替品的威脅、購買者的議價能力、供應商的議價能力以及競爭者。一般而言，當這五種競爭力量都高的時候，則此產業沒有什麼機會，但威脅非常大，且在此產業環境之下的企業只能獲得普通的經濟績效；當這五種競爭力量都低的時候，則此產業沒有什麼威脅，但機會非常大，且在此產業環境之下的企業能獲得高於平均的經濟績效。

7.3 總公司策略的形成

許多大型企業都會在若干個事業、產業及市場上營運。在組織內，每一個事業單位或事業群通常稱為策略事業單位 (strategic business unit, SBU)。高階主管常將策略事業單位視為一個半自主性的單位 (semi-autonomous unit)，並在總公司的目標及策略的規範之下，允許其有相當的自由度去發展他們自己的策略。事業單位的策略所強調的是如何增加產品及服務的利潤邊際，並且也涉及到各種企業功能活動（如行銷、財務、生產及作業等）的整合。像奇異公司在數百個不同的事業上營運，它所製造及行銷的產品項目非常分歧，從噴射引擎、核子設備到照明設備，可以說是應有盡有。奇異公司把這些事業集結成大約二十個策略事業單位。我們也要瞭解：即使是製造及行銷一種產品的組織，也會在若干個獨特的市場上營運。

要經營哪些事業、進入哪些產業及市場，以及如何掌管這些不同的事業，都是屬於總公司的策略範疇。在總公司層級，最重要的策略議題是多角化的本質及程度。多角化 (diversification) 涉及到組織所從事的不同事業單位的數目，以及這些事業單位之間相關的程度。多角化策略 (diversification strategy) 共有三種類型：單一產品策略、相關多角化策略以及不相關多角化策略。

一、單一產品策略

單一產品策略 (single-product strategy) 又稱為集中策略 (concentration strategy)。採取單一產品策略的廠商會僅僅製造一個產品或提供一種服務，並行銷於單一的地理市場。單一產品策略有一個主要的優點和缺點。

1.優　點

單一產品策略的實施可使公司將更多的資源、時間及精力，集中於創新產品及服務的發展，以便在有吸引力的市場奮力一搏。由於廠商將全力放在一個產品或市場，因此廠商很可能會在產品的製造及行銷上有很好的表現，因為在心態上，它會有「做不好則全軍覆沒」的破釜沉舟、背水一戰的精神。像麥當勞（速食）、開拓農機（Caterpillar，建築設備）及微軟公司（視窗系統軟體及應用軟體），皆是將資源投入在單一產業的例子。他們比將資源分散於若干個產業的競爭者，擁有更多的優勢。

2.缺　點

單一產品策略下，如果產品及服務不被市場所接受，或是被新的產品或服務所取代，則必然全盤盡輸。就好像「把所有的雞蛋都放在一個籃子裡」，而籃子打翻之後的結果。在各行各業，新產品或服務取代舊產品及服務的例子可以說是屢見不鮮。例如工程用的計算尺被電子計算器所取代；錄影帶被 VCD、DVD 所取代等。以製造及行銷嬰兒食品有名的嘉寶公司在多角化到成人食品、郵購保險、家具及家服中心之後，搞得灰頭土臉，從此業績一蹶不振。

二、相關多角化策略

相關多角化策略 (related diversification strategy) 又稱為中心式多角化 (concentric diversification strategy)。為了避免單一產品策略的缺點,今日許多大型企業會在若干個事業、產業或市場上營運。如果這些產業多少有些關連性,則此企業所採取的是相關多角化策略。事實上,在美國幾乎所有的大型企業都是採取相關多角化策略。例如思科公司在 1995～2001 年間購併了五十一家公司,這些公司的產品及服務都與網路有關❸。

1. 何謂相關 (relatedness)?

   (1)使用類似的技術,例如飛利浦（Philips,歐洲著名的消費者電子產品製造商）的所有事業單位都使用類似的電子科技;波音的商用機及軍機所使用的設計技術也很類似;共同的電腦設計技術將康柏的各種不同的電腦產品及周邊設備連結在一起。

   (2)擁有共同的配銷 （如零售出口） 及行銷技術 （如廣告）, 例如納貝思克（Nabisco,食品公司）、菲利普莫里斯（Philip Morris,菸草公司）及寶鹼公司。

   (3)擁有共同的品牌名稱及聲譽 , 例如迪士尼與環球影城 (Universal Parks and Resorts)。

   (4)擁有共同的顧客,例如 BENQ 與 IBM。

2. 採取相關多角化策略的優點

   (1)減少組織對於任何一個事業單位的依賴,因此可減少經濟風險。即使其中有一、二個事業單位發生虧損的現象,以整個組織的觀點來看還是可以撐得住,因為其他獲利的事業單位會提供支援。

   (2)同時經營若干個事業會降低固定成本,如法律諮詢服務、會計制度、機器設備等。由於這些成本可以分攤到每個事業單位,因此自然比經營一個事業單位還來得低。

   (3)相關多角化策略可以善用每一個事業單位的強處及能力,以產生相輔相成的

---

❸ 百度百科,〈思科公司兼併之道〉。

效果，這就是所謂的綜效 (synergy)。簡單的說，綜效就是「一加一大於二」的效果。當事業單位之間相輔相成的經濟效果大於各自營運的經濟效果時，便產生了綜效。

三、不相關多角化策略

不相關多角化策略 (unrelated diversification strategy) 又稱複合式多角化策略 (conglomerate diversification)，是將不相關的產品或事業單位納入到總公司的營運項目中。所謂的「不相關」是指在邏輯上沒有什麼關連性，例如桂格燕麥 (Quaker Oats) 擁有成衣連鎖、玩具公司及餐飲事業就是典型實例。臺灣的東帝士集團下設化纖、建設、零售、旅遊、石化、工程、高科技及綜合專業總部，主要關係企業除了上市的東雲公司（含建設事業本部及化學纖維事業本部）、建台水泥、晶華酒店外，還包括東榮國際電信公司、東華開發公司、東盟開發實業、東展興業公司及東豐纖維等。在 1970 年代，不相關多角化策略是相當風行的。

（一）優　點

在理論上，採取不相關多角化策略有兩個優點：

1.長期而言會有比較穩定的績效

在某一時點，組織內的某些事業處於經濟循環的衰退階段時，其他的事業也許處於經濟循環的成長階段。

2.有資源分配上的優勢

總公司在每年分派資本、人員及其他資源到各事業單位時，必然先會蒐集有關資訊，評估每個事業單位的前途，以便將資源分配給前途最為看好的事業單位。如此，組織必能從嚴謹的資源分配計畫中，提升組織整體的績效。

（二）缺　點

在實務上，採取不相關多角化策略的組織通常沒有高的績效，其原因為：

1.高階主管（或總公司層級的管理者）對於不相關行業的瞭解有限

高階主管無從提供策略的指引，也無法做有效的資源分配。要做有效的策略決

策，高階主管必須要對事業及環境有整體而深入的瞭解。由於高階主管無法對其事業單位的未來投資報酬率做評估，因此只得退而求其次的把評估重點放在事業單位目前的績效上。這種「近視」而缺乏宏觀的做法會侵蝕整個組織的經濟績效。

2.競爭優勢不足

由於採取不相關多角化策略的組織無法獲得綜效的好處，它們的競爭優勢必低於採取相關多角化策略的組織。例如環球影城的競爭優勢遠不如迪士尼的原因之一，就是它無法將其主題樂園、影片製造及授權單位整合在一起，以獲得相輔相成之效。

由於這些缺點，在美國幾乎所有的組織都不再以不相關多角化策略作為其總公司策略。在臺灣，許多「企業家」以擴展其經營版圖為職志，以跨足各行各業為傲，遲早會嚐到失敗的苦果。美國的許多企業近年來紛紛出售其不相關的事業，而將經營重心放在相關的核心事業上。這些做法似乎值得國內業者參考。

7.4　總公司策略的實現

在實施多角化策略時，組織會面臨兩個基本的問題。⑴組織要如何從集中策略（單一產品策略）轉移到某種形式的多角化？⑵組織一旦多角化後，應如何有效的管理多角化？

一、成為多角化企業

許多組織不是一開始就是完全多角化的。它們在開始時，是在單一事業發展，採取某一特定的事業單位策略。在這個策略成功之後，組織就可以利用所獲得的長處、所產生的資源向有關的行業發展。

（一）新產品內部發展

有些企業的多角化是利用傳統技術發展新產品及服務而實現的，這種做法稱為新產品內部發展 (internal development of new products)。本田公司的多角化之路就是這個樣子。長久以來，本田在機車的產銷上佔有一席之地。本田在製造具有燃料效率、高度可靠性的引擎方面，可以說已到達了「爐火純青」的地步。本田將這個優勢發揮到新事業上——在日本國內市場產銷具有燃料效率的小型房車。在 1960 年代

末期，本田汽車首度外銷美國，市場反應相當好。這個成功鼓舞了本田再製造性能更佳的大型房車。數年來，本田陸續的推出了一系列的高品質車種，其中以豪華車種 Acura 最為叫好。除了多角化到房車市場之外，本田還將其製造引擎的獨特能力應用到越野車、手提式發電機、除草機的製造上。本田藉著其早年在製造引擎上的卓越技術，多角化到許多新事業上。

（二）整 合

整合策略可以分為向後垂直整合與向前垂直整合兩種。企業可以改變既有的供應商及顧客的方式來進行多角化。

1.向後垂直整合

企業如果不再向既有的供應商採購（不論是原料、半成品或成品），並建立屬於自己的供應商，就是以向後垂直整合 (backward vertical integration) 的方式進行多角化。例如大同公司不再向東芝 (Toshiba) 購買映像管，反而在桃園的大園區建立自己的映像管工廠，以供應其電視製造所需。廠商以向後垂直整合的方式進行多角化，可以擺脫對原供應商的依賴。又如康寶濃湯公司過去是向獨立的製罐工廠購買空罐，但是現在已成立自己的製罐廠。事實上，康寶公司現在已經是世界上製造空罐的佼佼者，但是它的空罐以提供本身的需要為主。

2.向前垂直整合

如果一個企業不再向其顧客銷售產品，而向其顧客的顧客銷售產品，這就表示該企業是透過向前垂直整合 (forward vertical integration) 來進行多角化。例如一向以傳統零售店為配銷通路出口的製鞋商，可設立工廠直營店，直接銷售給顧客。近年來，由於網際網路的興起及普及，使得企業可以透過網際網路來進行多角化，這個現象將愈來愈普遍。透過網際網路，企業（或網路行銷公司）可以直接向最終消費者提供產品與服務。

我們可以用內部利益及競爭利益來看整合策略的優點；用內部成本及競爭風險來看整合策略的缺點。

1.優 點

⑴在內部利益方面，整合策略可以：減低固定成本、透過活動的協調可降低存

貨及其他成本、避免了曠日費時的活動（例如討價還價、細部設計的溝通、契約的協商等）。

⑵在競爭利益方面，整合策略可以：掌握原料、服務及市場；掌握行銷及技術情報；有機會創造產品的差異化，以增加附加價值；掌握經濟環境的機會；創造新產品的可信度；從有效地協調各垂直活動中獲得績效。

2.缺　點

⑴在內部成本方面，整合策略會有以下的現象：在協調垂直整合活動時，會增加固定成本；有產能過度擴充之虞；垂直整合廠商之間的協調不良，無法獲得綜效。

⑵在競爭風險方面，整合策略會有以下的現象：繼續延用過去的做事方法，不求新求變；產生移動及退出障礙；無法從供應商及配銷商中獲得情報；從協調垂直活動中獲得綜效的情形可能被高估❹。

（三）合併與購併

實施多角化策略的另外一個方式就是透過合併與購併，也就是透過購買其他組織的方式。當兩個規模約略相等的公司合在一起時稱為合併 (merge)。如德國的戴姆勒公司 (Daimler) 與美國的克萊斯勒公司合併成戴姆勒克萊斯勒公司；當兩個組織之中其中有一個的規模遠大於另外一個而合在一起時稱為購併 (acquisition)。組織可以合併或購併的方式，透過垂直整合來進行多角化。

許多組織利用購併的方式來獲得輔助性產品 (complementary products) 或輔助性服務。例如微軟公司曾購併以資料庫處理軟體而名噪一時的 Fox Holding 公司，以彌補它在資料庫處理軟體的不足（微軟公司本身也不遺餘力的發展其資料庫處理軟體，如 Visual Basic, Visual Basic .Net 等）。

合併與購併的主要原因，在於創造及善用綜效。對合併與購併的企業而言，綜效可降低營運成本、提高利潤，並且也開啟了新事業的大門。例如許多組織利用合併與購併的方式進入風險性資本投資事業、創投業或高科技行業。

近年來，美國企業間的合併現象也是屢見不鮮。如微軟公司與美國全國廣播公

---

❹ K. R. Harrigan, "Formulating Vertical Integration Strategies," *Academy of Management Review*, October 1984, p. 639.

司 (NBC) 合併。但是美國政府已經採取多項措施 （如立法） 來禁止企業之間的合併，因為合併會打擊其他的競爭者、削弱企業之間的競爭，不利於消費者。

二、多角化的管理

組織不論用何種方式來進行多角化，透過內部發展也好，利用垂直整合或合併與購併也罷，都必須對多角化策略加以有效的管理及監督。在多角化的管理方面，有兩個主要的工具：組織結構及組合管理技術。組織如何利用組織結構來進行多角化的管理，將在第 9 章加以說明。組合管理技術 (portfolio management technique) 是實施多角化的企業如何決定要進入何種事業，以及如何管理這些事業以使得總公司的利潤達到最大化的方法。二個重要的組合管理技術是波士頓顧問群矩陣以及奇異公司事業銀幕。

（一）波士頓顧問群矩陣

對於一個多角化的組織而言，波士頓顧問群矩陣 （Boston Consulting Group matrix，BCG 矩陣）不僅提供了一個評估各事業單位相對績效的架構，也提供了如何在各事業單位之間分配現金及其他資源的思考方式。BCG 矩陣利用兩個因素來評估組織內的各事業單位：⑴某特定市場的成長率；⑵組織的市場佔有率。BCG 矩陣認為，在成長快速的行業內，市場佔有率很高的事業單位，會比在成長緩慢的行業內，市場佔有率很低的事業單位，具有更高的吸引力 （也就是事業發展機會或遠

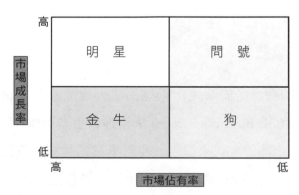

來源：Perspective, No. 66, "The Product Portfolio," Boston Consulting Group, Inc., 1970.

▲ 圖 7-2　BCG 矩陣

景）。以市場成長率的高低，以及市場佔有率的高低，可建立一個四方格的矩陣，如圖 7–2 所示。

BCG 矩陣將多角化組織所能從事的事業單位分為四種類型：狗、金牛、問號及明星。

1. 狗 (dog)

又稱苟延事業單位，其市場佔有率低，而且此行業的遠景不佳（成長機會極為渺茫），所以波士頓顧問群建議，組織不應在它上面進行投資，並且愈早出售愈好。

2. 金牛 (cash cow)

其市場佔有率高，而且此行業的遠景不佳（成長機會極為渺茫），這些事業單位在本質上可獲得豐厚的利潤，而組織必須利用這些利潤來支援問號及明星事業。

3. 問號 (question mark)

又稱為野貓 (wild cat) 或問題兒童 (problem child)，是在成長極為快速的行業的事業單位。這些事業單位的未來績效是不確定的。如果能掌握住市場成長的機會，必可獲得豐厚的利潤；但如果不能掌握住市場成長的機會，則所獲得的利潤必然相當有限（請注意：此種情況下還是可以獲得利潤，只是利潤比較低）。波士頓顧問群建議，組織對於問號的投資要特別謹慎。如果問號的績效不如預期，就應將它們重新歸類為狗，並採取撤資的動作。

4. 明星 (star)

是在快速成長的行業中表現得最為亮麗的事業（具有高的市場佔有率）。由現金牛所產生的現金應投資在明星上，以支援這個（這些）明日之星。

（二）奇異公司事業銀幕

由於 BCG 矩陣的觀念過於單純，而運用起來稍嫌狹隘，奇異公司就自行發展出一套奇異事業銀幕 (GE Business Screen) 來管理其事業單位。奇異事業銀幕這個組合管理技術也可以用矩陣的方式來呈現。奇異事業銀幕並不將焦點放在市場成長率與市場佔有率，而是將重心放在產業吸引力及競爭地位上。以產業吸引力（高、中、低）以及競爭地位（強、中、弱）來建立一個九方格 (3 × 3) 的銀幕。這些方格將各事業單位分類成：贏家 (winner)、輸家 (loser)、問號 (question mark)、平庸事業

(average business) 及利潤產生者 (profit producer)。

　　圖 7-3 顯示了奇異事業銀幕。縱座標的產業吸引力 (industry attractiveness) 包括市場成長、市場規模、資本需求、競爭密度。一般而言，市場成長愈快、市場規模愈大、資本需求愈低、競爭密度愈低，則產業吸引力愈高。

　　橫座標的競爭地位 (competitive position) 包括市場佔有率、技術知識、產品品質、服務網路、價格競爭性、作業成本。一般而言，事業單位如具有高的市場佔有率、高的技術知識、高的產品品質、良好的服務網路、高的價格競爭性（也就是較同業為低的價格）、低的作業成本，則處於有利的競爭地位。

來源：C. W. Hofer and D. Schendel, *Strategy Formulation: Analytical Concepts* (St. Paul, Minn.: West Publishing Company, 1978), p. 29.

▲ 圖 7-3 奇異事業銀幕

　　我們可將奇異事業銀幕看成是利用 SWOT 分析來實現及管理多角化策略。決定產業吸引力的因素類似於 SWOT 分析中的機會與威脅分析項目；決定競爭地位的因素類似於 SWOT 分析中的長處及弱點分析項目。在針對各事業單位進行這樣的 SWOT 分析之後，多角化組織就可以決定如何對資源做最佳的投資以使總公司的績效達到最大化的結果。

　　一般而言，組織要：(1)投資在贏家及問號身上，因為這類事業單位的產業吸引力是有利的；(2)維持平庸事業單位及利潤產生者的市場地位，因為這類事業單位的產業吸引力是平平的；(3)將輸家加以撤資、清算或出售。組織可出售利潤不高的事業單位（相對於其他事業單位而言），然後再利用這些現金購買一些與原事業單位相關的事業。

7.5　事業單位策略的形成

一、波特的基本競爭策略

　　依據波特的看法，在事業單位層級，企業可追求基本競爭策略 (generic competitive strategy)。之所以稱為「基本」的原因，是因為所有類型的組織都可以善用它們，不論這些組織是在製造業、流通業還是服務業。基本的競爭策略如圖 7–4 所示。「策略目標」(strategic target) 向度（縱軸）是指產品或服務要競爭的範圍有多大？是整個產業，還是產業之中的某一特定區隔？「優勢來源」(advantage source) 向度（橫軸）是指產品或服務要競爭的基礎是什麼？是顧客所認知的獨特性，還是向顧客提供低成本（低價格）？策略目標（寬、狹）與優勢來源（獨特性、低成本）這二個變數加以組合之後，就會產生四種不同的策略——差異化、成本領導或集中（差異化集中、成本領導集中）。表 7–1 說明了這些策略的定義及範例。

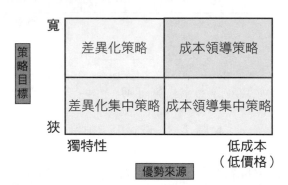

來源：M. E. Porter, *Competitive Strategy* (New York: Free Press, 1980).

▲ 圖 7–4　基本的競爭策略

▼ 表 7–1　波特的基本競爭策略

策略類型	定　義	企業實例
差異化策略	獨特的產品或服務	Rolex（手錶） Mercedes-Benz（汽車） Nikon（照相機） Cross（原子筆） Hewlett-Packard（手掌型電子計算器）
成本領導策略	減低製造成本及其他成本	Timex（手錶） Hyundai（汽車） Eastman Kodak（照相機） Bic（原子筆） Texas Instrument（手掌型電子計算器）
集中策略	集中於某特定的地區性市場、產品市場或顧客群	Tag Heuser（手錶） Alfa Romeo（汽車） Polaroid（照相機） Waterman Pens（原子筆） Fisher-Price（手掌型電子計算器）

來源：Ricky W. Griffin, *Management*, 7th ed. (Boston: Houghton Mifflin Companies, 2002), p. 235.

（一）差異化策略

採取差異化策略 (differentiation strategy) 的企業會以有別於競爭者的獨特產品或服務來行銷。採取差異化策略的企業可以比競爭者設定更高的產品價格，因為消費者願意為其所認知的差異多付一點代價。勞力士手錶 (Rolex) 就是採取差異化策略的典型實例。它是以金子、不鏽鋼經精密手工製作而成，並通過嚴格的品質及可靠度檢驗。消費者所購買的不僅是手錶本身而已，而是購買「身分地位」。採取差異化策略的其他廠商還包括：賓士 (Mercedes-Benz)、尼康 (Nikon)、高仕 (Cross) 等。

（二）成本領導策略

採取成本領導策略 (cost leadership strategy) 的企業是以較競爭者更低的成本來獲得競爭優勢。由於成本較低，所以較低的價格還是可以使企業獲得利潤。天美時 (Timex) 手錶就是採取成本領導策略的典型實例。數十年來，天美時就以相對便宜、相對簡化的手錶針對大量市場進行行銷而著稱。採取成本領導策略的廠商還有：現代汽車 (Hyundai)、Bic 等。

（三）集中策略

採取集中策略 (focus strategy) 的廠商會專注於某一特定的地區性市場、產品線或顧客群。集中策略又可細分為二種：⑴差異化集中 (differentiation focus)，也就是在某一特定市場進行產品的差異化；⑵成本領導集中 (cost leadership focus)，也就是針對某一特定市場，以低成本進行製造及銷售。在手錶業，泰格豪雅 (Tag Heuser) 採取的是差異化集中策略；它只針對某些特定的消費者銷售其粗線條的防水錶。飛雅特 (Fiat) 所採取的是成本領導集中策略；它只在義大利及歐洲某些選定的區域進行銷售。愛快羅密歐 (Alfa Romeo) 也在同樣的市場採取差異化集中策略，銷售其高性能的汽車。Fisher-Price（手掌型電子計算器）採取差異化集中策略，它的產品上有大型的、色彩鮮豔的按鈕，並針對學齡前的幼童做行銷。

（四）綜合討論

基於以上的說明，我們可以對成本領導策略、差異化策略做以下的補充說明：

⑴成本領導策略與差異化策略最大的差別在於所針對的市場、產品價格及標準化。如果市場不夠大，則採取成本領導策略會得不償失。產品的價格多少反映了產品的品質及功能；差異化產品自然價格比較高。製造商要壓低成本必須實施標準化作業，例如裝配線製造。

⑵差異化是針對產品項目 (product item) 而言。將一隻原子筆的售價定在新臺幣 40 元的廠商，所採取的是差異化策略；將一個微波便當的售價定在新臺幣 40 元的廠商，可以說是採取成本領導策略。

⑶廠商可擴展其產品線，對每個產品項目採取不同的策略。例如針對某一種微波便當可採取成本領導策略（售價新臺幣 39 元），針對另外一種微波便當採取差異化策略（售價新臺幣 69 元）。

雖然波特認為，企業在一開始時，就要決定是採取成本領導策略還是差異化策略，因為這和策略定位有關，同時企業不應該三心二意。但是成本領導策略與差異化策略不是那麼水火不容的。所謂物美價廉不是兼得成本低、品質高的雙重特色嗎？但是如何做到？ 非要靠資訊科技不為功。 電腦輔助設計 (computer aided design,

CAD)、電腦輔助製造 (computer-aided manufacturing, CAM)、供應鏈管理、顧客關係管理等都是有利的工具。近年來，網際網路的興起及普及對於兼得低成本與差異化的優勢，可以說是厥功甚偉。

二、邁爾斯與斯諾架構

邁爾斯與斯諾 (Raymond E. Miles and Charles C. Snow) 認為，在分析產業中的競爭密度時，企業有必要瞭解競爭特性，以達到知己知彼的目的。在某一產業的企業可依其策略導向分為四類：探勘者 (prospectors)、防衛者 (defenders)、分析者 (analysts) 與反應者 (reactors)，如表 7-2 所示❺。

▼ 表 7-2　邁爾斯與斯諾架構

策略類型	定　義	企業實例
探勘者策略	創造力、成長導向 尋找新市場及新成長機會 鼓勵冒險	Amazon.com 3M Rubbermaid
防衛者策略	保護目前的市場 維持穩定的成長 服務目前的顧客	Bic eBay.com Mrs. Fields
分析者策略	維持目前市場及目前顧客的滿足 中度強調創新	Du Pont IBM Yahoo!
反應者策略	沒有清楚的策略 被動的因應環境 隨波逐流	International Harvester Joseph Schlitz Brewing Co. W. T. Grantt

來源：Ricky W. Griffin, *Management*, 7th ed. (Boston: Houghton Mifflin Companies, 2002), p. 236.

在因應環境的刺激時，每一個類型的企業均有其偏好的策略，並且也有配合該策略運用的組織結構、文化及程序。這些差異足以解釋何以面臨類似環境的企業所採取的行為會不同，以及為什麼它們會採取該行為。同時，將競爭特性加以分成這四類，可使管理者不僅能評估某個策略導向的有效性，而且也能勾勒出未來發展的遠景。這四種類型具有以下的特性：

---

❺　Raymond E. Miles and Charles C. Snow, *Organizational Strategy, Structure, and Process* (New York: McGraw-Hill Book Co., 1978).

（一）探勘者

採取探勘者策略 (prospector strategy) 的廠商是具有高度創新力的廠商，這些以成長及冒險為導向的廠商會不斷的尋找新市場及新機會。過去數年來，3M 公司自詡為全球最具創新力的領導性廠商，因為它不斷的鼓勵要以創新思維、創業家思維（把公司想成是你自己的公司）來發展新產品及服務。這個強調創新的做法使 3M 公司創造出一系列的新產品，包括透明膠帶及防垢纖維。亞馬遜網路書店也可稱為是探勘者，因為它不斷的尋找新市場機會，並透過網路行銷來銷售各式各樣的產品。

（二）防衛者

採取防衛者策略 (defendant strategy) 的廠商不會去尋找新的成長機會和創新，但是它會將注意力放在保護現有市場上、維持穩定成長上，以及服務現有的顧客上。文筆工具市場日趨成熟之後，Bic 文筆公司所採取的就是防衛者策略；它採取比較不積極的、比較沒有創業家精神的經營方式，並努力保衛自己既有的廣大市場的佔有率。它強調製造效率及顧客滿足。雖然 eBay 非常有野心的拓展海外市場，但是這位線上拍賣者充其量只不過是在實施防衛者策略，因為它還是專注在拍賣業務上。

（三）分析者

採取分析者策略 (analyzer strategy) 的企業兼具探勘者及防衛者的特色。這也是受到許多企業歡迎的原因，因為它既可以穩紮穩打（保護基本的營運），又可以創新突破。IBM 就是採取分析者策略的典型實例。杜邦目前也是採取分析者策略，其非常依賴現有的化纖事業，並企圖以這些事業所累積的資金，來支援日後想拓展的生科食品及藥品事業。雅虎 (Yahoo!) 也是採取分析者策略的公司，它的主力事業是經營網際網路的入口網站，但同時它也拓展到其他的網路應用。

（四）反應者

採取反應者策略 (reactor strategy) 的企業並沒有一致性的策略方法，而是隨波逐流。我們知道，當企業的策略改變時，組織結構必須跟著做調整，同時也應培養出

新的文化。但是反應者的策略、結構及文化這三者之間的關係卻是非常的不一致。這些企業沒有預測環境事件的能力，也沒有影響環境的能力，只能被動的因應環境的變化。

在 1970 年代，國際收割公司 (International Harvester, IH) 就是典型的反應者。在彼時，國際收割公司是卡車、建築設備、農業設備的領導性製造商，也是市場的佼佼者。但是後來因為跟不上競爭者的腳步，而漸漸失去龍頭寶座的地位。在經濟蕭條時，卡車的需求量劇減，但由於國際收割公司的反應太慢，而損失了數百萬美元。該公司被迫出售大部分的事業，但所幸保住了卡車事業。現在國際收割公司已改名為 Navistar。曾經在卡車業、建築及農業設備業叱吒風雲的公司，何以淪為一個中型的卡車製造公司？究其原因不外乎沒有預測環境的變化，對環境變化所採取的因應之道通常是後知後覺、亡羊補牢的 ❻。

三、產品生命週期策略

產品生命週期 (product life cycle, PLC) 即是產品自導入市場至消失於此市場所歷經的過程，也就是銷售量與利潤變化的過程，如圖 7–5 所示。由於消費者對特定產品的消費會影響到產品生命週期的變化，同時產品生命週期不同，企業所面臨的競爭特性也不同，故企業應隨著不同的階段做適當的策略調整。產品生命週期可分為導入期 (introduction)、快速成長期 (rapid growth)、慢速成長期 (slow growth)、成熟期 (mature) 以及衰退期 (decline)。

茲將上述各階段簡述如下：

1.導入期

當產品導入市場時，銷售呈緩慢成長的時期。由於產品導入的高額費用，所以在此階段利潤是不存在的。產品在導入市場時，由於缺乏市場的接受度 (market acceptance)，故其銷售量的增加非常緩慢。在此階段，幾乎沒有任何競爭者，因此其競爭結構是獨佔的型態。此階段的銷售量來自於高所得的市場區隔，或是先鋒消費者 (pioneer) 或者創新者 (innovator)。此階段的銷售與利潤均呈緩慢的成長，因為

❻ J. B. Barney & R. G. Griffin, *The Management of Organizations: Strategy, Structure, Behavior*, Houghton Mifflin (1992).

製造成本高、知名度低、且缺乏市場接受力、再加上行銷費用非常高,所以會呈現虧損的現象。

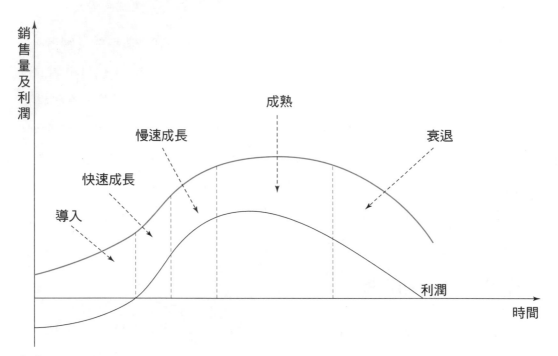

來源:Steven Klepper, "Entry, Exit, Growth, and Innovation over the Product Life Cycle," *The American Economic Review*, American Economic Association (1996), p. 562.

▲ 圖 7–5　產品生命週期階段

2. 成長期

　　市場接受度及利潤大幅增加的時期。隨著增加率的遞增或遞減,分為快速成長期及慢速成長期。在快速成長期,由於消費者對產品的需求增加,使得銷售量以遞增率增加 (increase at increasing rate)。競爭者在察覺此種需求情況及新產品的潛在利潤後,便紛紛以仿製品進入此市場。此時的競爭特性為獨佔性競爭 (monopolistic competition)。在慢速成長期,產品的銷售量持續上升,但是增加率呈現遞減狀況 (increase at decreasing rate)。此時幾乎想擁有此產品的人都擁有此產品。當價格持續下降時,有些製造商或中間商會無利可圖,因此會紛紛退出市場。

3. 成熟期

　　由於產品已被大多數的潛在顧客所接受,故銷售呈平坦現象的時期。利潤呈穩定或下降現象。在此階段,消費者已接受了這個產品,而且新的需求並未產生,因

此銷售成長持平而利潤呈遞減的現象。在這一階段，銷售量受經濟起伏的影響頗大，而成本節省是獲得利潤的關鍵。競爭者的數目趨於穩定。競爭型態可能是寡佔 (oligopoly)，亦可能是獨佔性競爭，需視留在此產業的競爭者數目而定。此時市場變得高度區隔化，因此企業應為每個不同的市場區隔設計出不同的促銷計畫。

4.衰退期

銷售下降、利潤下降的時期。在此階段銷售量加速下降，產品利潤下降。由於銷售量的減少，有些廠商會提早退出市場。是否堅持到最後關頭，乃衰退期每一個廠商所面臨的主要問題。

7.6 事業單位策略的實現

事業單位策略一經擬定之後，就要付諸實現。「貴在實踐」這個觀念是相當重要的，因為不論策略訂定得多麼好，但是如果無法落實，也是枉然的。要有效的實現事業單位策略，管理者必須整合企業功能的各活動。如前所述，企業功能包括：行銷與銷售、會計與財務，以及製造。當然組織文化對於事業單位策略的執行也有莫大的影響。行銷與銷售 (marketing and sales) 功能包括：產品及服務的促銷、公司形象的提升、產品及服務的定價、顧客的直接接觸及成交。會計與財務 (accounting and finance) 的功能是組織內外金錢流向的控制。製造 (manufacturing) 則涉及到組織的產品及服務的創造。

一、波特的基本競爭策略

成本領導策略及差異化策略可以透過企業功能活動的實施而加以實現。集中策略可以用同樣的方式來落實，要視是採取成本領導集中還是差異化集中策略而定。

（一）差異化策略

一般而言，為了支援差異化策略的實現，行銷與銷售必須強調產品及服務的高品質、高價值形象。

1.在會計與財務方面

在控制成本之餘，不要打擊創新，因為創新才是造成產品及服務差異化的源頭

活水。如果對於資金的流向做過度的追蹤及控制，而忽略了如何將資金善用到產品及服務的創新活動上，任何組織，不論是高科技公司還是服飾公司，都不可能有效的落實差異化策略。

2. 在製造方面

採取差異化策略的廠商必須強調品質，以及如何滿足特定消費者的需求，而不是一味的降低成本；必須保有足夠的存貨，以免顧客向隅；必須做到顧客化 (customization) 與客製化 (customerization)，以滿足不同顧客的需要。茲比較兩者的不同：

(1)顧客化是讓顧客表明或挑選他所需要的產品規格，然後再為他製作。例如李維牛仔褲的銷售人員在幫顧客量尺寸（腰圍、腿長等）之後，在工廠製作顧客所訂做的牛仔褲。餐廳侍者在接受顧客點沙拉（花椰菜多一點、不要乳酪、用千島調味醬）之後，就由師傅準備顧客所訂做的沙拉。

(2)客製化是讓顧客設計自己的產品。例如李維牛仔褲的顧客自己量尺寸，自己決定要加上什麼（例如花式圖案的補布）。餐廳顧客自己到沙拉吧挑選自己所要的東西。在這種情況之下，企業變成了「服務商」(facilitator)，而顧客從消費者 (consumer) 變成了產銷者 (prosumer)。從以上的說明，我們可以知道，客製化可使顧客更能精挑細選、更具有自主性。

3. 在組織文化方面

組織要強調創造力、創新以及滿足顧客需要。Land's End 是以顧客為尊的最佳實例。透過型錄銷售男女休閒服的這個公司，對其產品提供了百分之百的保證。顧客如果對所購買的休閒服不滿，可以無條件的退貨。此公司二話不說全額退款或換一件等值的衣服。全年無休的營業，收到訂單之後二十四小時之內送貨到府。如果鈕釦掉了、拉鍊鬆了，可以隨時要求處理。像這種凡事以顧客為第一優先的經營理念及實務，正是將差異化策略發揮得淋漓盡致的例子。

（二）成本領導策略

要支援成本領導策略，行銷與銷售要著重在單一的產品屬性（功能或特徵），以及考慮到如何以低成本的有效方式，使得此產品屬性能夠滿足顧客的需求。企業可

利用廣告來促銷。廣告訴求要著重在「以此價格水準所提供的價值」，而不是產品或服務的特性。例如屈臣氏的廣告詞「沒到過屈臣氏，別說你最便宜」就是運用成本領導策略中廣告策略的最佳實例。

1. 在會計與財務方面

應對會計與財務做適度的控制。這裡所謂的「適度」是因為過於嚴苛的控制有時反而會適得其反，會因小失大、得不償失。由於組織的利潤取決於較低的成本，管理者必須盡可能的降低成本。例如做到嚴密的成本控制、經常提出詳細的成本報告、明確的責任歸屬、 獎勵的提供依據是「是否達到嚴格的數量標準」。

2. 在製造方面

應著重於大規模的生產標準化產品。產品的設計應同時考慮到如何滿足消費者的需求，以及如何可以用較為簡單的方式來製造。製造要以連續性的大量生產方式來降低單位成本。豐田、德州儀器等公司都是使用這種生產方式，因此在行業中可以稱是成本領導的佼佼者。

3. 在組織文化方面

組織要重視如何改善製造、銷售及其他企業功能活動的效率。管理者要不遺餘力的塑造「效率至上」的組織文化，並身體力行，以作為員工的表率。

二、邁爾斯與斯諾架構

在實現邁爾斯與斯諾策略時，同樣也必須考慮各種條件以及議題。當然沒有任何企業會選擇採取反應者策略。

（一）探勘者策略

採取探勘者策略 (prospector strategy) 的企業是具有創新性的，它會不斷的尋找新的市場機會，並承擔很大的風險。探勘者策略的有效實施，組織必須鼓勵創造力及彈性。創造力可幫助組織察覺到，或甚至創造出新的機會；彈性可使組織作迅速的改變以掌握機會。分權式組織結構 (decentralized organizational structure) 可使組織獲得創造力及彈性。在分權的組織內，決策權可以下授到中階、基層的主管身上。嬌生就是以分權式組織結構來實現探勘者策略的最佳企業實例。公司將不同的事業

單位集結成若干個獨立的事業單位，每個事業單位的負責人都擁有做決策的權責（職權與責任）。通常這些事業單位都會發展新產品、拓展新市場。當產品發展完成、業績持續成長時，嬌生公司就會進行重組，將這個新產品獨立成為一個新的事業單位。

（二）防衛者策略

實施防衛者策略 (defender strategy) 的企業會企圖保有其市場不被競爭者所侵蝕。這些企業對創造力及創新保持一定程度的低調，因此就不可能提供新產品及服務。它們將注意力放在降低成本、改善既有的產品績效上。有時候，一個曾經採取探勘者策略的企業會轉而採取防衛者策略。例如某公司在成功的創造了新市場或新事業之後，其所獲得的高額利潤會引起競爭者的垂涎而紛紛加入此市場，為了守成起見，該公司不再拓展新市場，而努力保護這個既得的市場不被競爭者所侵蝕。

（三）分析者策略

實施分析者策略 (analyzer strategy) 的企業會企圖維持目前的事業，並在新事業方面發揮一些創造力。由於分析者策略兼具探勘者策略（著重於創新）以及防衛者策略（著重於維持及改善目前的事業）的特色，所以採取分析者策略的組織也會兼具採取探勘者策略、防衛者策略的組織的特色。採取分析者策略的組織特色是：具有很嚴謹的財務及會計控制、高度彈性、有效率的製造、客製化的產品、低成本。從這裡我們可以瞭解，採取分析者策略並不是一件容易的事情。

採取分析者策略的組織會在二個不同的產品／市場上營運（一個穩定、一個變化快）。在穩定的行業，它強調效率；在變化快的行業，它強調創新。例如安海斯—布希公司 (Anheuser-Bush) 在啤酒業是防衛者，以保護其極高的市場佔有率；在休閒食品業，則是探勘者，以提高其銷售量。

星巴克也是實施分析者策略的典型企業實例。雖然星巴克的成長非常快速，但是它還是堅守它的咖啡本行。它曾謹慎的將事業擴展到音樂、冰淇淋及其他食品，並企圖打入餐廳作為菜單上的食物選項。這種策略使得星巴克專注於其核心的咖啡事業的同時，開拓新的事業機會。

三、產品生命週期策略

（一）導入期

在導入期，企業可運用的策略如下：

1. 在策略性目標方面

需要藉著大眾傳播媒體，加強消費者的認知，並產生對此產品的基本需求。生產策略以實驗性質為主，在確信市場能夠接受此產品之前，不要貿然進行大量生產。

2. 在產品方面

產品式樣應保持單純，以免混淆消費者。品質管制尤其重要，任何瑕疵均應立即矯正。企業應不斷的深入瞭解消費者的需求，並依其需求進行產品的修正。

3. 在定價方面

以低價獲得高的銷售量，並避免競爭者的垂涎，或以高價來回收開發成本。

4. 在配銷方面

建立配銷通路，獲得中間商的忠誠。透過對最終使用者的廣告來促使他們向零售商洽購（此謂之吸引策略，pull strategy）。

5. 在促銷方面

透過人員推銷，促使經銷商合作。透過大量的廣告及公眾報導來增加潛在消費者的認知、興趣及試用。免費樣品的贈與。

（二）快速成長期

在快速成長期，企業可運用的策略如下：

1. 在策略性目標方面

要建立品牌的忠誠度。建立市場佔有率及配銷通路。進行策略性定位。

2. 在產品方面

要保持相當的獨特性，使競爭者難以模仿。針對不同的市場區隔推出不同形式的產品，不斷的進行產品的修正。

3. 在定價方面

要針對不同的市場區隔訂定不同的價格。

4. 在配銷方面

要維持及強化配銷通路，並擴展到不同的銷售出口。

5. 在促銷方面

要建立消費者對產品的忠誠。某些促銷活動必須針對配銷商。創造選擇性的需求 (selective demand)。

（三）慢速成長期

在慢速成長期，企業可運用的策略如下：

1. 在策略性目標方面

要維持及加強品牌的忠誠度，建立鞏固的市場佔有率及配銷通路的利基。

2. 在產品方面

要改變產品的形式，藉著產品形式的改良鞏固產品地位。

3. 在定價方面

要使價格變成主要的促銷工具，因為消費者對於廣告及其他促銷活動已較缺乏敏感度（相對於導入期而言）。

4. 在配銷方面

要維持及強化中間商的忠誠度。促銷活動應針對零售商，以使產品能陳列在有利的貨架上。

5. 在促銷方面

促銷活動主要是針對零售商，以建立品牌忠誠度，針對消費者所做的廣告已漸失去影響力。

（四）成熟期

在成熟期，企業可運用的策略如下：

1. 在策略性目標方面

要發展防禦性策略 (defensive strategy)，以維持市場佔有率，避免被替代性產品

侵蝕。減少生產成本，剔除產品瑕疵，調整行銷組合策略（例如包裝的改良或促銷主題的改善）；發展攻擊性策略 (offensive strategy)，以發現新的市場及未開發的市場區隔。介紹產品的新用途。

2. 在產品方面

要在產品形式及功能上力求突破 （例如耐吉慢跑鞋增加了登山鞋 、 有氧舞蹈鞋）。

3. 在定價方面

要以競爭性定價並維持銷售量。在配銷方面，要維持中間商的忠誠度。通路成員必須有新型產品及維修零件的供應。

4. 在配銷方面

要利用人員推銷及促銷的方式。

5. 在促銷方面

促銷活動主要是針對經銷商，而不是消費者，例如可口可樂在面對青少年市場的需要減縮時，便將用於全國廣告的資金，轉移到定點的銷售展示，以增加五百家經銷商對此產品的忠誠度。

（五）衰退期

在衰退期，企業可運用的策略如下：

1. 在策略性目標方面

要在產品退出市場前，能撈多少就撈多少。

2. 在產品方面

要對產品的形式、式樣或其他特徵較少做改變。

3. 在定價方面

由於價格趨向穩定，可以高價銷售產品（基於「能撈多少就撈多少」的心態），或以低價銷售產品（基於出清存貨的考慮）。

4. 在配銷方面

要維持既有的銷售網。

5.在促銷方面

促銷費用維持在最小的數額。

▼ 表 7–3　產品生命週期策略

	策略性目標	產 品	定 價	配 銷	促 銷
導入期	1.藉著大眾傳播媒體，加強消費者的認知 2.生產策略以實驗性質為主	1.產品式樣單純 2.品質管制	1.以低價獲得高的銷售量 2.以高價來回收開發成本	1.建立配銷通路 2.廣告	1.人員推銷 2.大量的廣告及公眾報導 3.免費樣品的贈與
快速成長期	1.建立品牌忠誠度 2.建立市場佔有率及配銷通路 3.進行策略性定位	1.保持獨特性 2.針對不同的市場區隔推出不同形式的產品 3.不斷修正產品	針對不同的市場區隔訂定不同的價格	1.維持及強化配銷通路 2.擴展不同的銷售出口	1.建立品牌忠誠度 2.促銷活動應針對配銷商 3.創造選擇性的需求
慢速成長期	1.維持及加強品牌的忠誠度 2.建立鞏固的市場佔有率及配銷通路的利基	改變產品形式	價格變成主要的促銷工具	1.維持及強化中間商的忠誠度 2.促銷活動應針對零售商	1.促銷活動主要是針對零售商 2.建立品牌忠誠度
成熟期	1.發展防禦性策略 2.發展攻擊性策略	在產品形式及功能上力求突破	1.採競爭性定價 2.維持銷售量	1.維持中間商的忠誠度 2.通路成員必須有新型產品及維修零件的供應	1.促銷活動主要是針對經銷商 2.建立品牌忠誠度
衰退期	在產品退出市場前，賺盡好處	對產品的形式、式樣或其他特徵較少做改變	1.高價銷售產品 2.低價銷售產品	維持既有的銷售網	促銷費用維持在最小的數額

來源：Steven Klepper, "Entry, Exit, Growth, and Innovation over the Product Life Cycle," *The American Economic Review*, American Economic Association, 1996, p. 562.

本章習題

一、複習題

1. 何謂策略？何謂有效策略？何謂策略管理？試分別加以說明。

2. 一般而言，一個深思熟慮的策略能夠掌握三個主要的特色：獨特能力、範圍以及資源布署。試分別加以舉例說明。

3. 今日許多企業會在哪二個層級上發展策略？並簡要說明運用到這二個層級的適當策略。

4. 試說明策略的形成與執行。

5. 在形成策略之前，通常要做 SWOT 分析。SWOT 分別代表什麼？

6. 在 SWOT 分析之後，組織應如何？

7. SWOT 分析之後，可將組織的長處分為二類：一般長處及獨特能力。試比較這二個長處。

8. 何謂策略模仿？何謂持續性競爭策略？

9. 獨特能力之所以不能被模仿的原因是什麼？

10. 何謂組織弱點？組織如何找出其弱點？

11. 何以說在實務上，組織在認明弱點時常遭遇到許多困難？

12. 何謂競爭劣勢？

13. 何謂組織機會？何謂組織威脅？

14. 試描述競爭密度高的產業。

15. 試說明策略事業單位。

16. 總公司的策略範疇包括什麼？

17. 何謂單一產品策略？單一產品策略有何優缺點？

18. 試說明相關多角化策略，並舉例說明何謂相關。

19. 採取相關多角化策略有什麼明顯的優點？

20. 何謂不相關多角化策略？在理論上，採取不相關多角化策略有什麼優點？

21. 在實務上，採取不相關多角化策略的組織通常沒有高的績效。為什麼？

22. 在實施多角化策略時，組織會面臨哪些基本的問題？

23. 許多組織不是一開始就是完全多角化的。它們在開始時，是在單一事業發展，採取某

一特定的事業單位策略。在這個策略成功之後，組織就可以利用所獲得的長處、所產生的資源向有關的行業發展。試簡要說明多角化策略。

24.試舉例說明新產品內部發展。

25.整合策略可以分為哪兩種？試加以說明並比較。

26.試說明並比較合併與購併。

27.組織不論用何種方式來進行多角化，都必須對多角化策略加以有效的管理及監督。在多角化的管理方面，主要的工具有哪些？

28.試簡要說明組合管理技術的意義。

29.二個重要的組合管理技術是什麼？試加以說明並比較。

30.何謂基本競爭策略？之所以稱為「基本」的原因是什麼？

31.我們可以對成本領導策略、差異化策略做哪些延伸性的說明？

32.邁爾斯與斯諾認為，在分析產業中的競爭密度時，企業有必要瞭解競爭特性，以達到知己知彼的目的。在某一產業的企業可依其策略導向分為哪四類？

33.試說明產品生命週期策略。

34.如何實現波特的基本競爭策略？

35.如何實現邁爾斯與斯諾架構？

36.如何實現產品生命週期策略？

二、討論題

1.試對您現在就讀的學校或科系進行 SWOT 分析。

2.試以國內或國外的某大企業（如微軟公司、奇異公司、大同公司）為例，說明其：
(1)總公司策略。
(2)事業單位策略。
(3)支援其事業單位策略的企業功能活動。

3.試說明並評論以下實施基本競爭策略的條件：

競爭策略	所需的技術及資源	對組織的需求
成本領導	・持續的資本投資、獲得資金的近便性 ・製造工程技術 ・對人員做嚴密的監督 ・簡化產品設計 ・廉價的配銷系統	・嚴密的成本控制 ・經常提出詳細的成本報告 ・明確的責任歸屬 ・獎勵的提供依據是「是否達到嚴格的數量標準」
差異化	・行銷能力強 ・產品具有創新力 ・基礎研究的能力強 ・品質及技術卓越 ・配銷系統的密切合作	・研究發展、產品發展及行銷的協調 ・利用主觀的衡量標準（不用數量）來評估績效 ・吸引具有高度技術者、科學家及具有創意者
集　中	兼具上述各項，但針對某一市場區隔	兼具上述各項，但針對某一市場區隔

4. 日本企業外銷到美國的產品（如汽車、照相機等）都有價廉物美的優勢。試問除了本書說明的理由之外，還有什麼其他的理由？

5. 試說明一個貿易商、製造商在進貨、財務、倉儲管理、製造及市場（所針對的目標顧客）上如何獲得成本領導的優勢。

第 4 篇

組織化程序

第 8 章
組織化

本章重點

1. 工作設計
2. 部門化──工作的集結
3. 報告關係的建立
4. 權力的分配
5. 協　調
6. 單　位

如果你要一個小孩用木塊堆砌一座城堡，他就會選用各種大小不同、形狀各異的木塊來堆砌。當他完成之後，他就建立了一個屬於他自己的城堡，和其他小孩所堆砌的不見得一樣。這些小孩都是用各種獨特的方式，堆砌屬於自己的城堡，這種情形和不同企業的管理者「組織」其企業是一樣的。

組織化 (organizing) 就是決定如何以最佳的方式來集結組織內的活動。就好像不同的小孩會用不同的木塊，管理者也會選擇不同的結構。這些結構的形式及建構的方式，在組織競爭優勢的提升上，扮演著一個極為關鍵性的角色。

在建構一個組織方面，管理者可使用的六個基本木塊（基本建構因素）是：工作設計、部門化──工作的集結、報告關係的建立、權力的分配、協調、單位（直線與幕僚）。本章將依序說明以上各元素。

8.1　工作設計

組織化的第一個元素就是工作設計 (job design)。工作設計就是替每個人決定「與工作有關的責任」(job-related responsibilities)。對工廠機械工的工作設計就是明定他要用何種工具、如何使用這些工具，以及期待他有什麼工作績效。對企業管理者的工作設計就是明定他的職責範圍、目標、績效指標等。在進行工作設計前，應先決定專業化程度 (level of desired specialization)。

一、工作專業化

工作專業化 (job specialization) 是指組織的整體工作被區分成各小單位的程度。工作專業化是源自於二百餘年前史密 (Adam Smith) 斯所提出的分工 (division of labor) 的觀念。

1776 年，史密斯在其《國富論》(*The Nature and Causes of the Wealth of Nations*) 一書中，曾提及分工對組織及社會所帶來的經濟利益。分工可造成生產力增加的原因是：⑴可增加每個工人的技巧及技術；⑵可節省因為必須更換工作所耗費的時間；⑶可創造節省勞工的機具。他在書中，曾描述一個製造扣針的工廠如何利用分工來提升生產力❶。該工廠在分工前，每人每天只能生產二十個扣針，然而在分工之後，十人每天可製造四萬八千個扣針。

專業化是組織成長後的必然結果。例如當迪士尼 (Walt Disney) 剛成立公司時，他幾乎是大小事情一手包——撰寫卡通劇本、畫卡通、搞行銷。當他的事業蒸蒸日上、業務愈來愈繁雜時，他就必須僱用許多專業人員來幫他做這些事情。因此，組織愈成長，專業分工也會愈精細，例如在迪士尼工作的專業動畫設計師也許只專精於一個人物的描繪。今天，迪士尼有數千種專業工作，絕不是任何個人所能單獨完成。

專業化會給組織帶來四個好處：⑴從事小而單純的工作的員工會有很高的熟練度；⑵降低工作轉換時間。如果一個人從事若干個工作，在結束第一個工作要進行第二個工作時，必然會浪費一些時間；⑶工作分得愈細緻，愈容易設計專屬的設備或工具來執行這項工作；⑷當從事專業工作的員工請假或離職時，要訓練一個新手來取代他的成本會相對低。

然而，工作專業化也有負面結果。專業化最常受人詬病的地方，就是它會使得從事專業工作的人感到沉悶、無聊、單調和不滿足。過於專業化的工作會毫無挑戰性和激勵性。因此我們可以瞭解，某種程度的專業化是必要的，但不應走極端，以免產生不良後果。

---

❶ Adam Smith, *The Nature and Causes of the Wealth of Nations* (New York: Modern Library, 1937; Originally published in 1776).

二、工作設計的其他方法

當管理者想要克服專業化所產生的問題，必須重新設計或改變部屬的工作內容，以便在「組織對工作效率與生產力的要求」以及「工作者的創造力及自主性」之間取得適當的平衡。管理者可以利用以下的方法：(1)工作輪調 (job rotation)；(2)工作擴大化 (job enlargement)；(3)工作豐富化 (job enrichment)；(4)工作特性模式 (job characteristic model)；(5)工作團隊 (work team) 或者以工作團隊為基礎的工作設計 (team-based design)。

（一）工作輪調

工作輪調是指有系統的將員工從一個工作換到另一個工作。例如倉庫工人星期一做卸貨的工作；星期二做搬運的工作（從卸貨處搬運到倉庫）；星期三做查核發票的工作；星期四做搬運的工作（從倉庫搬運到裝貨處）；星期五做裝貨的工作。工作本身並沒有改變，只是工人每天所做的工作不一樣而已。在提升員工的激勵及滿足感方面，工作輪調並沒有很好的效果（雖然工人對於工作比較不會感到單調無聊）。適合做輪調的工作是比較標準化的、例行性的工作。輪調到從事新工作的員工，在開始時可能會有滿足感，但是這個滿足感不久就消失了。今日許多公司如福特、TRW 等，都有實施工作輪調，但主要是用來作為改善員工技能、增加員工工作彈性的訓練工具。

（二）工作擴大化

由於不斷的重複做同樣的工作會使人感到厭煩，工作擴大化的目的就是用來增加員工工作數目；本來做一件事的秘書，現在做二、三件事。工作擴大化被許多組織所採用，例如 IBM、AT&T 及麥泰 (Maytag)。在麥泰公司的洗衣機幫浦的製造作業上，原來是由六個人來做，每人只做一小部分，最後再組合起來。但在實施工作擴大化之後，由原先的六人改為四人，這四人中每一個人都裝配出一個完整的幫浦。雖然工作擴大化具有提高員工滿足感的優點，但是它卻免不了有一些缺點：(1)會增加訓練成本；(2)工會會要求更高的工資，因為工人的工作比以前增加了；(3)在許多

情況之下，即使工作擴大了之後，員工還是會覺得單調無味（因為沒有新鮮感了）。

（三）工作豐富化

實施工作豐富化的背後假設是，增加工作的變化（工作輪調）及工作的範圍（工作擴大化）並不能提升員工的激勵作用，因此工作豐富化企圖一方面增加員工的工作數目，另一方面增加員工對工作的控制。在實施工作豐富化時，管理者要將一部分的控制權交予部屬，對部屬授與更多的職權，並且把工作單位變得更完整、更自然（讓員工所從事的工作是具體而有意義的整體性工作）。這種做法可增加員工的責任感。工作豐富化的另外一種做法，就是不斷的指派員工從事新的、具有挑戰性的工作，以增加員工成長及進步的機會。

實施工作豐富化的第一家公司是 AT&T。AT&T 的服務部門原先有八位打字員，分別處理顧客訂單的工作。打字員對顧客不必負責，也沒有任何回饋的措施（做得好不好沒人知道）。這種做法造成了生產力低落、離職率高的現象。管理當局在觀察到這個現象之後，就決定採取以下的做法：⑴將打字員分成若干個打字組，組內每一位打字員搭配一個業務代表；⑵原先的十個處理步驟簡化成三個一般性的步驟；⑶提高打字員的職位；⑷每個打字組要向客戶及成果負責。結果，訂單處理的效率從原來的 27% 提升到 90%，正確性增加了，離職率幾近於零❷。

但是，在實務上工作豐富化還是有些缺點。我們知道，在實施工作豐富化之前，要對工作進行仔細的分析，但是企業很少確實做到這點。大多數的企業在實施工作豐富化時，只是去詢問部屬的意見，以部屬所喜歡的工作來進行豐富化。

（四）工作特性模式

由海克曼及歐頓 (J. Richard Hackman and Greg R. Oldham) 所提出的工作特性模式是工作豐富化的另外一種做法❸。工作特性模式同時考慮到工作本身及員工偏好。

---

❷ Robert Ford, "Job Enrichment Lessons from AT&T," *Harvard Business Review*, January-February 1973, pp. 96–106.

❸ J. R. Hackman and G. R. Oldham, "Motivation through the Design of Work: Test of a Theory," *Organizational Behavior and Human Performance*, August 1976, pp. 25–79.

如圖 8–1 所示，工作特性模式認為，工作必須以五個向度（基本工作特性）來加以診斷及改善。這五個向度是：

1. **技術多樣性 (task variety)**

   個人所完成一件工作中所包含的任務數目。任務愈多，所需要的技術愈多。

2. **工作完整性 (task identity)**

   對一個整體工作而言，個人所能夠完整的從事這個工作（或完成此工作中可確認的部分）的程度。

3. **工作重要性 (task significance)**

   個人對任務所認知的重要性。

4. **自主性 (autonomy)**

   對如何完成工作，個人所能控制的程度。

5. **回饋 (feedback)**

   個人知道工作成果的程度。

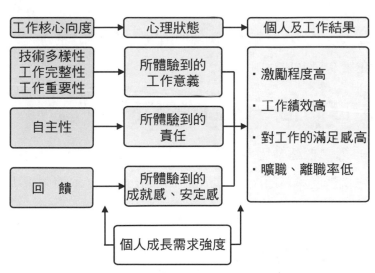

來源：修正自 J. R. Hackman and G. R. Oldham, "Motivation through the Design of Work: Test of a Theory," *Organizational Behavior and Human Performance*, August 1976, pp. 78–80.

▲ 圖 8–1 工作特性模式的圖示說明

工作的基本特性會使員工產生一些心理狀態，如所體驗到的工作意義、責任，以及成就感與安定感。所產生的正面心理狀態會導致高的激勵程度、高的工作績效、

高的工作滿足感，以及低的曠職率、離職率。

工作特性模式的成長需求強度 (growth-need strength) 說明了此模式對不同的個人的作用。有些人具有強烈的成長慾望，希望自己不斷的進步，不斷的超越自我，這些成長需求強度高的人，會對工作基本特性的有無做出激烈的反應。例如一個成長需求強度高的人，覺得自己所從事的工作是無足輕重的（工作重要性低），他必然會要求主管換工作，或要求主管讓他參與他認為可使自己感覺到重要的專案。相反的，成長需求強度低的人，對工作基本特性的有無所做的反應不會激烈，也不會持久。例如他對於所從事的工作是否完整、是否多樣，不會太在意。

（五）工作團隊

工作專業化的另外一種做法就是成立工作團隊 (work team)。在以工作團隊為主的安排下，團隊會被賦予相當的責任來設計其本身的工作。在典型的裝配線生產方式下，工作是由一個工人流向次一個工人，而每一個工人都在做他特定的工作。然而在工作團隊的設計下，此團隊會決定工作分配的方式。此工作團隊會將某些特定的工作指派給某人，監督及控制工作團隊的績效，並對工作的排程具有自主權。有關工作團隊將在第 9 章詳加說明。

8.2 部門化──工作的集結

組織結構的第二個建構因素就是以邏輯的方式將工作加以集結成群或部門 (department)。這個過程稱為部門化 (departmentalization)。本節將說明採用部門化的理由及部門化的基礎。

一、為什麼要分部門？

路邊的小麵攤，老闆兼伙計，大小事情（從招呼顧客上門、依顧客所吩咐的煮麵條、端麵、收錢找錢、清理桌面、洗碗等）一手包辦。但當其口碑建立，顧客近悅遠來，門庭若市，營業規模逐漸擴大之後，老闆不可能像以前一樣事必躬親，他會請專門人員（如煮麵師傅、收銀員、清理人員等）來從事不同的工作。將具有不同專長的人分別集結到不同的單位（部門），各司其職，以發揮所長，這就是為什麼

要分部門的基本原因。

二、部門化的基礎

圖 8-2 顯示了一個虛構的 Apex 電腦公司（電腦硬體與軟體製造商）的組織結構。圖中顯示 Apex 電腦公司可以使用四個常見的部門化基礎：功能部門化（或稱功能別的組織結構）、產品部門化（或稱產品別的組織結構）、顧客部門化（或稱顧客別的組織結構）以及地理部門化（或稱地區別的組織結構）。

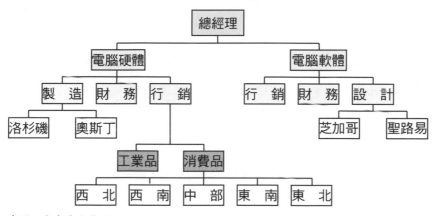

來源：本書作者整理。

▲ 圖 8-2　Apex 電腦公司的組織結構

（一）功能部門化

功能部門化 (functional departmentalization) 是將相同或類似活動的工作集結在一起。這是最普遍的部門化形式。值得注意的是，這裡所謂的「功能」是指像財務、製造這樣的企業功能，而不是像規劃及控制這樣的管理功能。

在 Apex 電腦公司，所有與生產有關的活動，如製程選擇、產能規劃、布置、工作設計、地點決策等均集結在製造部門；所有與財務有關的活動，如資本預算決策、長短期融資決策、股利政策、營運資金政策都集結在財務部門；所有與行銷有關的活動，如產品定價、配銷及促銷等都由行銷部門處理。

1.優　點

功能部門化有三個優點：⑴每個部門所僱用的都是該功能領域的專業人員，例

如具有行銷專長的人會集結在行銷部門；⑵每位管理者只需專精於所掌管的業務即可；⑶在部門內的協調變得比較容易。

2.缺　點

當組織規模逐漸變大時，功能部門化會顯露一些缺點：⑴決策過程變得非常遲緩，而官僚式主義會盛行；⑵員工會有本位主義，失去了組織整體觀；⑶責任歸屬困難，例如如何決定新產品的失敗究竟是生產效率的問題還是行銷不力？

（二）產品部門化

產品部門化 (product departmentalization) 是以「產品或產品群」為集結部門的基礎。Apex 電腦公司在最高層級有二個產品部門：電腦硬體部門、電腦軟體部門。大型組織常在總公司層次、事業單位層次採用產品部門化。

1.優　點

產品部門化有三個優點：⑴所有與產品或產品群有關的活動均能夠整合在一起；⑵能提高決策效能及效率；⑶可用更客觀的方式來衡量某特定產品或產品群的績效。

2.缺　點

產品部門化有二個缺點：⑴部門主管只關心其本身的產品或產品群，不關心組織內的其他產品；⑵由於每個產品部門都擁有屬於自己的功能專家（如行銷研究專員、財務分析專員），所以會使行政成本增加。

（三）顧客部門化

顧客部門化 (customer departmentalization) 是以被服務的顧客或顧客群為基礎，來集結各個活動。大多數銀行的主要活動就是向不同類型的顧客，例如商業客戶、消費者顧客、需要抵押的消費者、需要農業貸款的消費者等，提供服務，滿足他們的需要。圖 8-2 顯示了 Apex 電腦公司中，負責電腦硬體的行銷部門之下有兩個部門：工業品行銷部門與消費品行銷部門。工業品行銷部門所針對的是企業客戶，而消費品行銷部門所負責的是批發電腦給零售商以滿足個別消費者的購買需要。

1.優　點

顧客部門化的優點是組織可利用其技術專員，來應付獨特的顧客或顧客群。例

如汽車公司需要專業人員來評估商業客戶的資產負債表，以決定是否可以提供 50,000 美元的融資作為其營運資金；也需要另外一群專業人員來審核消費者的信用，以決定是否可以提供 10,000 美元的購車貸款。

2. 缺　點

顧客部門化的缺點是在整合各部門的活動方面，組織需要大批的行政幕僚人員。例如這些為數不少的幕僚人員必須確信組織不會太偏袒某一部門的業務，或是必須確信消費者部門對於購車者的貸款不會有不正常的現象發生。

（四）地理部門化

地理部門化 (location departmentalization) 是以地理位置或範圍來集結各個活動。地理位置或範圍可以小到只包括幾條街道，或大到包括半個地球。Apex 電腦公司的硬體製造有兩個工廠，其中一個在洛杉磯，另外一個在奧斯丁。其軟體設計也有兩個實驗室，其中一個在芝加哥，另外一個在聖路易。運輸公司、警察局，以及美國的聯邦儲蓄銀行，都是採用地理部門化，也就是以地區別來建立組織結構。

1. 優　點

地理部門化的優點是它可使組織很容易的因應各不同地區的獨特消費者及環境特性。

2. 缺　點

地理部門化的缺點是若組織要追蹤這些散布在各處單位的作業績效，必須要有很多行政幕僚，因此要負擔相當龐大的行政費用。

（五）其他的部門化形式

雖然上述四種分類是大多數組織分部門的方式，但是有些組織，因其經營特性使然，會採取不同的部門化基礎。例如：

1. 時間部門化

時間部門化是以「時間」來集結某些活動，也就是以「時間」來分工。例如某製造機具的工廠採取三班制，每一個班制都設有組長一職，也設有屬於該班制的功能部門。其他以「時間」為基礎來集結活動的組織還有醫院、航空公司等。

2.程序部門化

程序部門化是隨著事件發生、製造程序的先後來分部門。例如大學以不同的單位（部門）來處理學生的註冊程序（選課、繳款等）。

8.3 報告關係的建立

組織化的第三個重要元素是建立報告關係。建立報告關係涉及到：指揮鏈及管理幅度。

一、指揮鏈

指揮鏈是一個歷史悠久的觀念，在 20 世紀初期即已萌芽。我們瞭解，在企業組織中，上從高階主管開始，下至技術性員工，這中間都有一定的從屬關係，職權及工作層級 (hierarchy of jobs)。指揮鏈 (chain of command) 是在組織內表明職權、責任與溝通的正式管道。它表明了一系列的「主管—部屬」關係。

指揮鏈的建立具有二個原則：

1.命令統一原則 (unity of command principle)

任何部屬都只能有一個上司。部屬應該知道誰是指揮他的人，以及他應該向誰報告。依據命令統一原則，組織必須釐清「誰是決策者」、「誰是執行者」，因為在這方面的不確定會造成管理失能及士氣低落。值得注意的是，新式的組織設計明顯的違背了這個要件（可見第 9 章組織設計中有關「數位化組織設計」的討論）。

2.「一條鞭」原則 (scalar principle)

部屬與主管之間應有明確的、不可破壞的指揮鏈將他們連結在一起，這個連結的情形要一直到最高主管。工作的指派必須清楚，不得有重疊或斷層的現象。如果嚴格執行的話，在同一層級各部門經理之間的溝通（例如星巴克的西南地區經理與西北地區經理），必須先得到其上司的批准才可以。顯然一味的嚴守一條鞭原則，會造成時間及金錢上的浪費，而且令人感到厭煩。在實務上，成立跨越部門的工作團隊及委員會，可加速問題的解決及溝通。

二、管理幅度

建立報告關係的另外一項考慮因素就是決定多少部屬要向每位管理者報告，這就是管理幅度 (management span) 或控制幅度 (span of control) 的問題。多年以來，管理者及研究人員不斷的尋找最適的管理幅度。例如管理幅度應相對窄（每位經理所管理的人數較少），還是應相對寬（每位經理所管理的人數較多）？

1. 格瑞庫那斯

早期的學者格瑞庫那斯 (A. V. Graicunas) 曾以數量化的方法來探討管理幅度的問題❹。格瑞庫那斯認為，管理者必須面對三種類型的互動：互動型（與部屬一對一的互動）、交互型（部屬之間）以及群體型（部屬群體之間）。以這三種類型來看，管理者與部屬的互動次數可以下列的公式表示：

$$I = N \times (2^{N-1} + N - 1)$$

其中，I 代表互動總次數（主管與部屬、部屬與部屬），N 代表部屬數目。

如果管理者有二個部屬，則潛在的互動次數是六；如果有三個部屬，則潛在的互動次數增加到十八；如果有五個部屬，則潛在互動次數是一百。從這裡我們可以瞭解，當部屬數目增加時的互動複雜性。而且，在人數愈多時，每增加一個員工所造成的互動複雜性，比人數少時更複雜。換句話說，從九個部屬增加到十個部屬所造成的複雜性，比從三個部屬增加到四個更為複雜。

2. 戴維斯

另外一位早期的學者戴維斯 (Ralph C. Davis) 曾提出二種類型的幅度：基層管理者的作業幅度 (operative span) 以及中階、高階管理者的主管幅度 (executive span)。他認為，作業幅度可以有三十個部屬，但主管幅度必須限制在三到九人之間（人數依管理者的工作本質、公司成長率來決定）。英國著名的管理學家歐威克認為主管幅度不應超過六人。

以現代眼光來看，我們瞭解無所謂的最適的、放諸四海皆準的管理幅度（控制幅度）。控制幅度的寬窄，應隨著不同的情境而異。一般而言，組織應考慮以下因

---

❹ A. V. Graicunas, "Relationships in Organizations," *Bulletin of the International Management Institute*, March 7, 1933, pp. 39–42.

素，以作為設計控制幅度的參考：

(1)管理者與部屬是否為新手？如果管理者是新聘僱的，以及（或）部屬是新招募的，則控制幅度必須較窄。反之，一位資深的管理者，可以掌管為數比較多的老練工作者。

(2)管理者與部屬的能力如何？不論管理者、部屬是否為新手，如果他們的能力相當強，則控制幅度可較寬。

(3)管理者所監督的工作之間是否具有相似性？如果管理者所監督的工作之間具有相當高的相似性，則控制幅度可以較寬。例如在星巴克，控制幅度是相當寬的，因為管理者所關注的工作項目都是與「咖啡」有關的活動。相反的，如果工作之間的相異度高（例如某零售店的經理要管理許多產品），則控制幅度應窄。

(4)新問題是否層出不窮？如果所掌管的部門必須不斷的面對新的問題，則控制幅度必須窄。

(5)是否可依標準作業程序及規章行事？如果部門可以依照標準作業程序及規章做事情，則控制幅度可較寬。

(6)部屬的工作地點是否分散在各處？如果部屬的工作地點分散在各處，則控制幅度應較窄。

(7)管理者所從事「非監督性」的工作是否很多？管理者所從事「非監督性」的工作愈多，則控制幅度應較窄；管理者所從事「非監督性」的工作愈少（換言之，所從事的監督性工作愈多），則控制幅度應較寬（因為可以透過科技來作為監督的工具）。

(8)管理者與部屬之間是否需要互動？如果管理者與部屬之間不需要互動，則控制幅度可較寬。

·高亢式／平坦式結構

在上課時，教授向全班同學同時宣布一件重要的事情，這樣的溝通效果好呢？還是教授先向班代表說明，然後班代表再向組長說明（假設全班分為六組），組長再向該組成員說明，這樣的溝通效果好呢？這個問題除了溝通效果之外，還涉及到	層

級」的問題。在組織總人數一定的情況下，層級數愈多，則組織結構就愈高亢；層級數愈少，則組織結構就愈平坦。在高亢式組織中，管理者的管理幅度較窄；在平坦式的組織中，管理者的管理幅度較寬。

　　假設一個組織，有三十一位管理者、很窄的管理幅度，這情形如圖 8–3 的上端所示。這種組織就具有高亢式結構 (tall structure)。在同樣的組織中，如有很寬的管理幅度，這情形如圖 8–3 的下端所示。這種組織就具有平坦式結構 (flat structure)。

　　組織結構的高亢或平坦有什麼差別？一項針對西爾斯所進行的早期研究顯示，平坦式結構會造成較高程度的員工士氣及生產力❺。研究者也指出，高亢式結構比較昂貴（因為管理者數目較多之故），也會造成溝通上的困難（因為層級較多之故）。但是在平坦式結構中，管理者要兼顧更多的行政責任（因為管理者數目較少之故），以及更多的監督責任（因為層級較少、部屬數目較多之故）。如果這些過多的責任使得管理者應接不暇、疲於奔命的話，則管理效果會大打折扣。

　　近年來，由於企業內網路的逐漸普及，使得管理者與部屬可以直接進行有效的溝通，因此平坦式結構將是一個重要的趨勢。

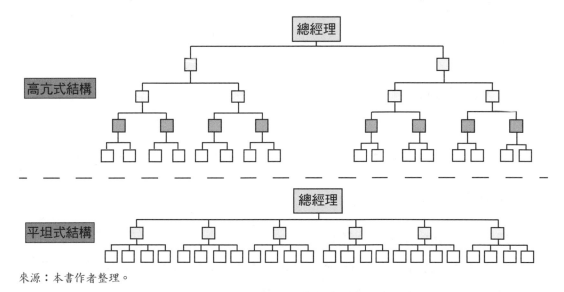

來源：本書作者整理。

▲ 圖 8–3　高亢式與平坦式組織結構

---

❺　James C. Worthy, "Factors Influencing Employee Morale," *Harvard Business Review*, January 1950, pp. 51–52.

8.4　權力的分配

　　組織結構的另外一個重要建構因素就是決定職權如何分配到不同的職位中。職權 (authority) 就是組織合法授與的權力。當組織的規模逐漸擴大時，分配權力是極其自然的發展。例如當一個自營事業的老闆聘僱一位銷售代表來行銷他的產品時，他必須授與這位新進員工適當的職權，以便讓他做有關交貨日期、折扣等的決定。如果每一個決策都要經過老闆的批准，那麼這個老闆跟在沒有僱用新人之前，有什麼兩樣？在權力的分配方面，與管理者息息相關的兩個議題是：授權 (delegation) 以及分權 (decentralization)。

一、授　權

　　授權可以說是主管與一、二位部屬之間所建立的職權形式。明確的說，授權是管理者將其全部工作量的其中某部分交派給他人的過程。

（一）授權的理由

　　授權的基本理由是讓管理者完成更多的工作，尤其是更具有思考性的工作。部屬在從事所交派的某些工作之後，就會減輕主管的負擔。有時候部屬對於某特定問題會比管理者更具有技術及知識，例如部屬可能接受過資訊系統發展的特別訓練，或者對於某產品線、某地理區域特別熟悉。授權也可以幫助部屬的發展，藉由參與決策制定及問題解決，部屬會全盤性的瞭解作業實務，進而提升了他的管理技術。

（二）授權的過程

　　在理論上，授權有三個步驟：

(1)主管賦予部屬某些責任 (responsibility)，或交派部屬從事某件工作。責任的交付可能包括準備一份報告，或擔任專案小組的負責人。

(2)主管賦予部屬職權。隨著責任的交付，主管可能讓部屬有檢索公司機密文件的權力，或者指揮專案小組的權力。

(3)主管賦予部屬完全責任 (accountability)，也就是說部屬擁有實現主管交派任

務的全部責任。

值得一提的是，以上步驟的發生並不是機械式的（有板有眼的）。事實上，當主管與部屬建立良好的工作關係時，以上步驟的進行可能是透過口頭溝通或默契，而不是靠白紙黑字的公文。主管可能提到某件事情必須要完成，「明眼」的部屬就會知道主管在指派她這項工作。從他過去與主管共事的經驗，他會知道（不需要被告知）他有執行這項工作的職權，而且他會對主管「同意」交派的工作負有完全的責任。

（三）授權的問題

不幸的，在授權的過程中，常會發生一些問題。首先，主管可能不能或不願意授權。有些組織本身就毫無組織力，對自己工作的規劃也是亂七八糟的，那麼他怎麼知道要將什麼工作交派給部屬？另外，有些主管會擔心部屬做得太好，對他的升遷會造成威脅。最後，管理者沒有信心部屬能把事情做好。

同樣的，有些部屬不願意接受權力（不是每個人都想爭取權力）。同時他們也害怕把事情搞砸了會受到處罰（多一事不如少一事）。他們也許會認為事情增加了，報酬也不會跟著增加（何必做白工）。有些部屬只是不喜歡冒險（一動不如一靜）。

解決上述的問題並不是一蹴可幾的。基本的問題是在溝通上面，透過有效的溝通，部屬才會確實的瞭解他們的責任、職權及全部責任。同時管理者也要確信有效授權的價值。假以一段時日，部屬就會發展出足以對組織有重大貢獻的技術和能力。管理者也會逐漸瞭解，部屬的卓越表現不僅不會對他的事業生涯構成威脅，反而會是部屬與主管的一項成就，因此也就會「放心的」將專案完全託付給部屬。值得注意的是，即使已經授權，主管還是必須對該任務的達成或決策負責。

二、集權與分權

在授權方面，最基本的整體性經營哲學涉及到集權與分權的問題，也就是在哪個組織層級做決策的問題。集權 (centralization) 就是決策權集中在組織的高階管理者或部門的現象；分權 (decentralization) 就是將大量的職權授與組織較低階層的人員或部門的現象。

幾乎沒有一個組織是完全集權或完全分權。即使在權力高度集中的組織中，所

有的決策也不可能完全由高階管理者來做，而極度分權的組織會讓中階管理者無用武之地。所以集權與分權是程度的問題，而不是兩個極端。在大多數的組織中，有些活動，如薪資制度、採購、人力資源政策，是相對集權的；而有些活動，如生產及行銷，是相對分權的。

什麼因素決定了組織實施集權或分權的程度？

1. 外部環境

組織的外部環境是最普遍的一個決定因素。組織的外部環境愈複雜、愈不確定，則組織愈傾向於集權；組織的外部環境愈單純、愈確定，則組織愈傾向於分權。

2. 組織歷史

過去傾向於集權管理的組織，在今日愈傾向於集權管理；過去傾向於分權管理的組織，在今日愈傾向於分權管理。

3. 決策的本質

做決策的成本愈高、風險愈大，則組織傾向於集權；做決策的成本愈低、風險愈小，則組織傾向於分權。

4. 政策一致性 (uniformity of policy)

愈重視政策一致性的組織，愈會傾向於集權。如果組織要確信所有的顧客在品質、價格、信用、交貨上都受到同樣的對待（也就是政策的一致性），就會採取集權的方式。如果採取分權的方式，每一個部門就可逕行決定產品品質、價格、信用、交貨，因此就不可能一致了。順便一提，一致性的政策對成本會計、製造及財務部門會有明顯的好處，也便於在部門之間做效率、效能及績效的比較。

5. 基層管理者的能力

如果基層主管沒有能力做高品質決策，則組織愈會採取集權的方式；如果基層主管有能力做高品質決策，則組織愈會採取分權的方式，讓部屬的才華得以充分發揮。事實上，如果在這種情況下採取集權的方式，有才華的基層主管會離開組織。

▼ 表 8-1　決定組織集權或分權的因素

	集　權	分　權
外部環境	複雜、不確定	單純、確定
組織歷史	過去為集權	過去為分權
決策的本質	決策的成本高、風險大	決策的成本低、風險小
政策一致性	一致性高	一致性低
基層管理者的能力	能力低	能力高

來源：Management Study Guide, "Centralization and Decentralization."

　　管理者對於集權與分權的決定並沒有一個可以截然劃分的準則。許多像奇異等如此成功的組織，都是採取分權的方式。然而，採取集權的組織，如麥當勞，也是經營得相當成功的。IBM 在作業管理上從極端集權的管理方式轉換成比較分權的方式，原先由高階主管所握有的決策權下授給六個產品及行銷群。IBM 進行這項轉變的原因，在於增加決策能力、加速新產品的推出以及快速的因應客戶的需求。長年以來，大多數的日本企業都是高度集權化的，但在近年來，我們看到許多日本企業也漸漸的採取分權式的管理。

8.5　協　調

　　組織化的第五個建構因素就是協調 (coordination)。工作專業化及部門化就是把工作拆散成更為細小的單位，然後將這些細小的工作集結在一個部門內。各部門的活動必須連結在一起，有系統的運作，以達成組織目標。這個連結各部門活動的過程就是協調。

一、為什麼需要協調？

　　組織內部各部門需要協調的原因，是因為它們是互相依賴的（interdependence，或簡稱互賴）。每個部門都會依賴其他部門提供資訊及資源，來完成分內的工作。如果各部門要有效的完成其工作，而部門之間的互賴性愈高，則愈需要協調。互賴性有三種形式：聚合式互賴、循序式互賴以及互惠式互賴❻。

---

❻　J. D. Thompson, *Organization in Action* (New York: McGraw-Hill, 1967), pp. 54–55.

1. 聚合式互賴 (pooled interdependence)

是最低層次的互賴。具有聚合式互賴的部門，幾乎不需要互動，其成果（成品或績效）是在公司層次加以「聚合」起來。假設有一個具有許多商店的成衣公司（每一個商店可視為一個部門），而每個商店都自行處理其作業預算，並有屬於自己的幕僚人員。在公司層級，將每個商店的盈虧加總起來，就成了公司的損益。這些商店之所以有互賴性，是因為一個商店經營的成敗會影響其他的商店，但是互賴性程度不高，因為這些商店並沒有每日互動。

2. 循序式互賴 (sequential interdependence)

在此情況下，某一部門的輸出將成為另外一部門的輸入。循序式互賴的互賴性程度屬於中等。例如在日產汽車公司，某一製造引擎的工廠將其成品運送到另外一個工廠進行最後裝配。在這種情況下，工廠之間是有互賴的，因為最後的汽車裝配要靠引擎的完成。但是這種互賴性通常是單向的，因為引擎廠並不依賴最後裝配廠。

3. 互惠式互賴 (reciprocal interdependence)

是活動在各部門之間做雙向流動的情形。例如在某大飯店的預定部門、櫃檯服務部門、清潔部門（負責房間整理）都是互惠式互賴的，預定部門必須向櫃檯服務部門提供「今天可望有多少客人」的資訊，而櫃檯服務部門必須讓清潔部門知道哪些房間要優先處理。如果這三個部門中有任何一個部門未能善盡其責，就會影響其他部門。

二、結構化協調技術

組織內的各部門需要協調是相當重要的。學者也已發展出許多協調技術，在這些技術中比較有用的工具是：管理層級 (hierarchy)、規則及程序 (rules and procedures)、聯絡角色 (liaison roles)、專案小組 (task forces) 及整合部門 (integrated department)❼。

1. 管理層級 (hierarchy)

利用管理層級作為協調工具的組織，會指派一位專人來協調各互賴的部門（通常此人的職位較部門經理高）。例如某貨運公司指派一位專人來協調出貨及進貨的事

❼ J. Galbraith, *Designing Complex Organization* (Reading, MA: Addison-Wesley, 1973).

宜，因為進貨及出貨都會用到同樣的車輛。以這種方式來協調，可以做到有效的工作排程。

2. 規則及程序 (rules and procedures)

對於例行性的工作，可透過規則及程序來協調，但是對於複雜的、不尋常的事件，利用規則及程序來協調，就不適當。如果某貨運公司訂有「出貨比進貨優先」的規則，則人員的調派、裝置（如鏟車、起貨機）的使用，都以出貨為優先。

3. 聯絡角色 (liaison roles)

本書在第 1 章曾說明過管理者的聯絡者角色。作為一個協調工具，扮演聯絡者角色的管理者，是各互賴部門的共同接觸點。此管理者對於各互賴部門並沒有正式的職權，其主要的任務是加速各互賴部門的資訊流通，以獲得有效的溝通效果。他必須熟悉各互賴部門的業務，並能整合各部門的活動。

4. 專案小組 (task forces)

當組織非常急迫的需要協調時，就必須成立專案小組。如果部門之間互賴的情況非常複雜，而且所涉及到的部門數目又多，若只指派聯絡者顯然他會力有不逮，此時就必須成立專案小組。專案小組的成員可自各互賴部門挑選，每位成員可提供原部門的意見。當專案完成時，這些成員就要回到原單位。例如某大學學院在決定如何提升教學品質時，可成立一個專案小組，由各系指派一位專任老師作為此專案小組的成員，就其科系具有的特色提供意見（在實務上，由於老師同時擔任小組成員及原教職，故沒有「當此專案完成時，回到原單位」的問題）。

5. 整合部門 (integrated department)

整合部門的這個技術偶爾使用在協調上，其功能類似專案小組。在整合部門內，通常有一些長期的成員，以及臨時由各個急需協調部門所指派的代表。由哈佛大學教授勞倫斯及勞許 (Lawrence and Lorsch, 1967) 所進行的研究發現，在環境既複雜又動態的塑膠業，業者會建立整合部門來進行內部的整合及協調❽（有關詳細的討論，見第 9 章）。整合部門通常比專案小組更具有正式的職權，有時候也會自行做預算控制。

---

❽　Paul R. Lawrence and J. W. Lorsch, *Organization and Environment* (Homewood, Ill.: Richard E. Irwin, 1967), p. 85.

一般而言，部門之間的互賴程度愈高，組織就應愈重視協調的問題。如圖 8–4 所示，在聚合式互賴或單純的循序式互賴的情況下，利用管理層級、規章及程序來協調就已經足夠。在複雜的循序式互賴、單純的互惠式互賴的情況下，利用聯絡角色或者專案小組來協調，是很適當的。在複雜的互惠式互賴情況下，就需要成立專案小組或整合部門。當然，管理者的經驗與直覺，在選擇適當的結構化協調技術時，扮演著一個相當重要的角色。

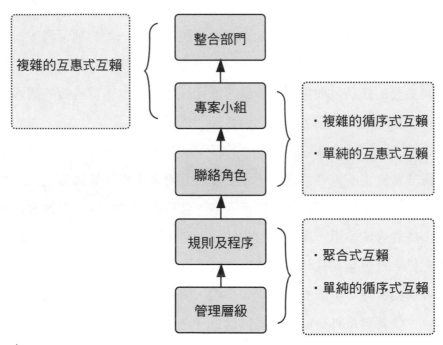

來源：Paul R. Lawrence and J. W. Lorsch, *Organization and Environment* (Homewood, Ill.: Richard E. Irwin, 1967), pp. 90–100.

▲ 圖 8–4　結構化協調技術

8.6　單　位

組織結構的最後一個建構因素就是分辨直線 (line) 與幕僚 (staff)。⑴直線單位 (line position) 就是在直接的指揮鏈中的單位，其主要的任務是組織目標的達成；⑵幕僚單位 (staff position) 就是向直線單位提供技術、意見、研究及支持。

一、直線與幕僚的差別

（一）任　務

直線與幕僚最明顯的差別在於「任務」。直線單位的任務是直接負責達成組織目標；而幕僚單位的任務是提供意見及支援。例如行銷及製造部門的任務是達成組織最重要的目標（亦即使該公司的產品被市場所接受），因此，這二個部門屬於直線單位。人力資源部門經理的職責在實質上是提供諮詢的，因此屬於幕僚單位。有時幕僚單位對直線單位具有命令權 (command authority) 及同意權 (approval authority)，例如行銷單位對於如何做業務人員的績效考評，必須遵守人力資源部門的規定。

（二）職　權

直線與幕僚的另外一個差別是職權。直線單位的職權通常來自於組織科層所賦予的正式的、合法的權力；幕僚單位的職權則比較不具體，而且有許多形式。

幕僚單位的職權中有三種形式：

⑴意見權 (authority to advise)。直線單位可以不聽幕僚人員的意見。

⑵強制性意見權 (authority to compulsory advice)。直線單位必須聽幕僚人員的意見，但可以不採納。例如在決定教義時，教宗要聽主教團的意見，但是最後可以依照他的信念做決定。

⑶功能權 (functional authority)。這是幕僚職權形式中最重要的一種。所謂功能權是指幕僚人員對其專業知識領域所擁有的正式的、合法的權力。例如幕僚人員對於人員僱用的歧視、資訊系統的建制方面有專業的知識，便擁有功能權。賦予幕僚人員功能權是發揮幕僚職位最有效的方法，因為組織既可善用幕僚人員的專長，又可維持既有的指揮鏈。

二、行政密度

組織常以行政密度 (administrative intensity) 的觀點來平衡直線與幕僚的單位。行政密度是指幕僚單位與管理單位的相對數目。具有高度行政密度的組織，其幕僚

單位數相對多於直線單位數；具有低度行政密度的組織，其幕僚單位數相對少於直線單位數。

　　雖然在許多企業領域中，幕僚單位是相當重要的，但是通常會無目的的擴充。其他條件不變之下，組織通常會對直線單位做人力資源上的投資，因為，依據定義，直線人員是對於組織基本目標的達成有貢獻的人。幕僚人員過多，冗員充斥於組織之中，會造成組織資源的浪費與無效使用。

　　過去數年來，許多組織均有效的來減低行政密度。索尼宣布裁員五千人；巴克萊集團 (Barclays) 裁撤一萬多人來協助重組事業和壓低成本❾。

---

❾　黃菁菁，〈SONY 出售 PC 事業　裁員 5000 人〉，《中國時報》，2014 年 2 月 7 日；譯者陳昱婷，〈降成本　巴克萊將裁逾 1 萬人〉，中央通訊社，2014 年 2 月 11 日。

本章習題

一、複習題

1. 何謂組織化？試用一個例子來說明。

2. 組織化的第一個元素就是工作設計。試說明工作設計。

3. 1776 年，史密斯在其《國富論》一書中，曾提及分工對組織及社會所帶來的經濟利益。分工可造成生產力增加的原因是什麼？

4. 專業化會給組織帶來哪些好處？

5. 試說明工作輪調。工作輪調會使員工有滿足感嗎？為什麼？

6. 試說明工作擴大化。工作擴大化有什麼優點和缺點？

7. 何謂工作特性模式？

8. 何謂工作豐富化？管理當局如何將工作豐富化呢？工作豐富化有什麼優點？

9. 試說明工作特性項目程度高低的工作。

10. 試繪圖說明工作特性模式。

11. 試說明成長需求強度高低不同的人對基本工作特性所做的反應。

12. 試說明工作團隊（以團隊為基礎的工作設計）的特色。

13. 試舉例說明組織採用部門化的理由。

14. 部門化的基礎有哪些？

15. 試分別說明功能部門化、產品部門化、顧客部門化與地理部門化。並比較它們的優缺點。

16. 試舉例說明如何以時間及程序分部門。

17. 組織化的第三個重要元素是建立報告關係。建立報告關係涉及到什麼？

18. 何謂指揮鏈？

19. 指揮鏈的建立具有哪二個原則？試分別舉例說明。

20. 何謂管理幅度？

21. 管理者必須面對哪三種類型的互動？以這三種類型來看，管理者與部屬的互動次數可以什麼公式來表示？

22. 控制幅度大小的決定必須謹慎，向管理者報告的人數對管理者和組織本身有著重要的

涵義。在訂定最適宜的控制幅度方面，管理者可利用什麼指引方針？

23. 試比較高亢式／平坦式結構。

24. 組織結構的高亢或平坦有什麼差別？

25. 試說明「高亢／平坦」與層級、管理幅度的關係。

26. 何謂授權？授權的過程有哪些？

27. 在實務上，授權會有哪些問題？

28. 何謂集權與分權？

29. 什麼因素決定了集權與分權的程度？

30. 組織之間的部門為什麼需要協調？

31. 試說明並比較互賴的類型。

32. 試簡要說明並比較結構化協調技術。

33. 試說明部門之間的互賴性與結構化協調技術的關係。

34. 試區別直線與幕僚。

35. 研發、財務、配銷等單位是直線單位還是幕僚單位？為什麼？

36. 何謂行政密度？

二、討論題

1. 試以海克曼所提出的工作特性論中的核心構面，比較下列人員的工作特性：
   (1) 大學教授。
   (2) 職業婦女。
   (3) 祕書。
   (4) 金融分析師。
   (5) 記者。
   (6) 工廠領班。

2. 試在下表中，寫出基本工作特性各項程度高低的工作。

工作特性	程　度	例　子
技術多樣性	高	
	低	
工作完整性	高	
	低	

工作重要性	高	
	低	
自主性	高	
	低	
回　饋	高	
	低	

3. 我們可以將基本工作特性的向度合併成稱為激勵潛力分數 (motivating potential score, MPS) 的預測指標。其公式如下：

$$激勵潛力分數 = (\frac{技術多樣性 + 工作完整性 + 工作重要性}{3}) \times 自主性 \times 回饋性$$

每個向度的尺度是這樣的：最高五分，最低一分。試算出以下工作的激勵潛力分數：

(1)大學教授。

(2)職業婦女。

(3)祕書。

(4)金融分析師。

(5)記者。

(6)工廠領班。

4. 有人認為，要使自己有滿足感或工作上的成就感，就要換一個層次較高的工作（例如從業務人員換到業務經理），你同意這種說法嗎？為什麼？

5. 下列對功能式結構的描述是否正確？為什麼？

(1)功能式結構是組織中最常見的一種結構。在功能式結構下，依照相近的工作和資源，而將員工聚集在同一組之內。工作性質相近的組劃入相同的部門。所有功能相近的部門對同一個上級經理作報告。

(2)在功能式結構之下，功能的相似性 (functional similarity) 是組 (group) 一直到最高階層 (the top of the hierarchy) 的劃分基礎。

(3)功能式結構有時也叫「集權式結構」(centralized structure)。

(4)此種結構適用於中、小規模的組織。因為較小的組織只生產一種或少數幾種產品，所以部門間不會複雜到難以協調的地步。

(5)當組織僅需在部門內作一些重要、基本的合作時，功能式結構是相當適合的。例如在工程部門內電子組、機械組和製造組必須密切合作，才能達成部門的任務。

6. 某教授承接了一個翻譯英文著作的工作。此英文書共有十二章。此教授請六位研究生幫忙翻譯，研究生分為三組，每組二人。試以這個例子說明聚合式互賴、循序式互賴及互惠式互賴。

7. 何以說功能性部門就是造成水平界限 (horizontal boundary) 的始作俑者。打破水平界限

的作法就是以跨功能團隊 (cross-functional teams or multidisciplinary teams) 來取代功能性部門，並以「過程」來組織各種活動？

8. 下列對授權的說明是否正確？為什麼？

(1)授權是公司整體中不可或缺的因素，也是經營過程重要的一環。高階主管必須要有授權的理念及方法，而授權必須要能夠反映出部屬的特殊技能及需要。授權的目的是為了激勵中階管理者及基層幹部。

(2)授權的運用，全視公司的經營理念及作法而定。為使授權的運作有效，管理者必須瞭解授權的基本前提。欲有效的實施授權，管理者首先必須瞭解本身工作及職權的有關因素。因此，管理者僅能交付其責任範圍內的工作，且交付對象僅限於其直接部屬；倘若逾越其範圍，可能將導致工作的重複，或與其他部門發生衝突。將個別任務授與一個能勝任的人，遠較授權於數人更能減低糾紛及無效率。不公平的工作責任分配及由於缺乏效率的授權所導致的工作重複，是生產力降低的主要原因。

(3)工作指派的範圍亦將影響到效率。可能的話，應將整個計畫或職掌予以交付，而不要交付部分的責任。將全責交付給部屬，更能增進其創造力，激發其對成果的關切，以便圓滿達成任務而不需與他人做無謂的合作。例如某一公司欲發展一套電腦化的製程控制系統，在此情況之下，最有效的方法就是指定某一執行單位負起此項責任。這可能包括決定所需的軟體及硬體、確立制度的可行性、評估其成本及決定報表輸出所需的次數及格式。然後執行單位亦可將被指派工作的某一部分，交由公司內另外的部門或個人，也可能與其他組織單位通力合作，但最後仍應由執行單位來負起全部責任。

(4)有效的授權可提升被授權者的決策能力，並可使被授權者獲得及行使更多的自主性或自治權。但是，授權通常需要密集且昂貴的管理訓練，這樣會增加訓練成本。可見授權的優劣互見。

9. 有人認為，資訊系統建制得愈完整的組織，愈傾向於分權。你同意這種看法嗎？為什麼？

10.「控制機制」（有關控制的說明可見第 14 章）愈健全，組織就可以採取分權的方式，你認為此種說法是否正確？為什麼？

11. 試說明以下說法是否正確：「幕僚人員僅提供諮詢、意見與資訊，對於直線主管的部屬並無職權。如果一個部屬必須同時受直線主管及幕僚人員的指揮，必然會造成多頭馬車，指揮鏈將會被破壞。」

12. 在何種狀況之下直線與幕僚人員的角色容易混淆？

第 9 章
組織設計

本章重點

1. 組織設計的本質
2. 組織設計——普遍觀點
3. 組織設計——情境觀點
4. 策略與組織設計
5. 組織設計的基本形式
6. 組織設計的當代議題

　　企業管理的最主要問題之一就是設計組織，以聯結組織內的各種不同的元素。在第 8 章，我們已經說明了建構組織的各種因素，本章將討論如何將這些因素整合起來，以建立出組織的整體設計。

9.1　組織設計的本質

　　組織設計 (organizational design) 是什麼？在第 8 章，我們已經瞭解，工作專業化與管理幅度是組織結構中的二個重要元素，以及影響工作專業化程度、管理幅度寬窄的因素，但是我們沒有討論到工作專業化與管理幅度的關係，例如高度的工作專業化應配合怎樣的管理幅度？這二個重要元素的各種配合是否適用於各種不同的部門化基礎？這些及其他的相關議題，就是組織設計所涉及的問題。

　　組織設計涉及到整體結構元素以及各元素之間的關係。組織設計是落實計畫、策略以達成組織目標的手段。我們在討論組織設計時，要注意二個重點：(1)組織設計一旦完成之後，不應束諸高閣。由於環境、情境、人員等因素不斷的在改變，因此組織設計也要跟著動態調整；(2)大型企業的組織設計非常複雜，要避免「瞎子摸象」或「見樹不見林」。

　　組織設計有兩個觀點：普遍觀點及情境觀點。我們將依序詳細說明這兩個觀點。

9.2　組織設計──普遍觀點

　　組織設計的普遍觀點 (universalistic perspective) 是指，不論組織是處於何種環境，所採用的技術是什麼，規模有多大，或處在組織生命週期的哪個階段，組織設計都有一些永恆不變的、放諸四海皆準的法則。

　　有關組織設計的當代思想基礎可以追溯到早期的兩個普遍觀點：科層模式 (bureaucratic model) 及行為模式 (behavioral model)。

一、科層模式

　　德國著名的社會學家韋伯是古典組織理論的鼻祖。韋伯論點的核心部分就是組織的科層模式。韋伯認為，科層 (bureaucracy) 是基於正統性及正式的職權體制所建立的組織設計模型。

　　一般人常將科層主義看成是官樣文章、僵固性、推卸責任、無效率及無力感的代名詞。但韋伯認為，科層主義是邏輯的、合理的、有效率的，因此優於任何其他的組織設計方式。

1.韋伯對科層制度的論點❶

　　⑴組織必須有清楚的分工，每一個職位必須由專業人員擔任。

　　⑵組織必須發展一致性的規則，以確信每項工作都有相同的績效。

　　⑶組織必須建立職位的層級，從上到下建立明確的指揮鏈 (chain of command)。

　　⑷管理者在做事時不應講人情，並應與部屬保持適當的社會距離。

　　⑸人員的僱用及升遷必須以技能來考量，員工的解僱不能憑主管的專斷決定。

　　也許今日最具科層特色的組織是政府和大學。試想你在大學申請入學、申請宿舍、申請雙學位、申請輔系、申請免修等所歷經的重重關卡、所要填寫的表格，便不難體會到科層體制下的實務。但是，這個程序是必要的，否則面對這麼多大學生，學校怎麼做到公平與公正？因此，大學需要明確的規則、規章與標準作業程序。

---

❶　Max Weber, *From Max Weber: Essays in Sociology*, trans., H. H. Gerth and C. W. Mills (New York: Oxford University Press, 1946), p. 214.

2.科層模式的優點

(1)其論點（例如遵守規則、用人唯才等）的確能夠改善效率。

(2)可以遏止裙帶關係、人情關說，因為每個人都要依照規章辦事。

3.科層模式的缺點

(1)無彈性及僵固。規則及規章一旦建立，要做例外處理或改變這些規則及規章是非常困難的事。

(2)忽略組織中的個人及社會過程（如人際互動）等因素。

二、行為模式

在組織設計方面，另外一個重要的普遍觀點就是行為模式 (behavioral model)。行為模式的發跡幾乎與管理思潮的人際關係學派同一時期。管理學者李克 (Rensis Likert) 曾針對幾家大型的組織進行研究，企圖發現影響組織效能的因素。他發現，採取科層模式的組織比採取行為模式的組織在效能方面的表現較差。採取行為模式的組織與人際關係學派所提倡的大致相同，也就是關心工作團體的發展，重視人際間的互動❷。

李克以八個主要的向度──領導、激勵、溝通、互動、決策、目標設定、控制及績效目標，將組織加以歸類。他認為，所有的組織均可以用這八個向度加以衡量並歸類。採取科層模式的組織（他稱為系統 1 設計）會在每個向度的某一個極端。採取行為模式的組織（他稱為系統 4 設計）會在每個向度的另外一個極端。系統 4 的組織會使用各種激勵方式來激勵部屬，它的互動方式是開放的、廣泛的。在系統 1 與系統 4 這兩個極端中間，有系統 2、系統 3 的組織。李克認為，所有的組織都要採取系統 4 設計，也就是管理者要強調支援性的關係，建立高績效標準，實施群體決策。

就像科層模式一樣，行為模式也有優缺點。行為模式最大的優點是它重視員工價值。然而行為模式也認為其系統 4 是「放諸四海皆準的」。我們瞭解，在組織設計方面，無所謂「放諸四海皆準的」普遍法。對一個組織行得通的，對另外一個組織

❷ Rensis Likert, *New Patterns in Management* (New York: McGraw-Hill, 1961); Rensis Likert, *The Human Organization* (New York: McGraw-Hill, 1967).

則未必；對一個組織現在行得通的，在事過境遷之後可能行不通。因此科層模式及系統 4 已經漸漸的被考慮到權變因素的新模式所取代。

9.3 組織設計──情境觀點

組織設計的情境觀點 (situational view of organization design)，或稱權變觀點 (contingency perspective) 認為：對任何特定的組織而言，最適的設計是基於相關的情境因素。換言之，在某一特定的情況之下，情境因素在決定組織設計方面，扮演著關鍵角色。

在過去，有關權變觀點的組織設計研究，其使用的變數包括：組織年齡、規模、所有權的形式、技術、環境的不確定性、策略選擇、或員工需求以及潮流❸。由於篇幅限制，本節只就對管理者具有重要涵義的變數，也就是環境、核心技術、組織規模、組織生命週期加以說明。另外一個情境因素，也就是策略，將在下節討論。

一、環　境

在環境對組織設計的影響方面，二個有名的研究是：伯恩斯與斯托克 (Burns and Stalker, 1961) 的研究，以及勞倫斯及勞許 (Lawrence and Lorsch, 1967) 的研究。

（一）伯恩斯與斯托克的研究

伯恩斯與斯托克曾對組織設計如何配合環境做過深入的研究。他們的研究對象是二十家英格蘭與蘇格蘭的企業，發現有二種組織類型：機械式的 (mechanic) 與有機式的 (organic)❹。機械式的組織結構與有機式的組織結構的特性與差別如表 9–1 所示。

---

❸ L. W. Fry and J. W. Slocum, "Technology, Structure, and Workgroup Effectiveness: A Test of a Contingency Model," *Academy of Management Journal*, June 1984, pp. 221–246.

❹ T. Burns and G. M. Stalker, *The Management of Innovation* (London: Tavistock Publications, 1961).

▼ 表 9–1 機械式的組織結構與有機式的組織結構的特性與差別

	機械式組織結構	有機式組織結構
部門與部門間	高度分工、僵固的部門化	跨功能團隊
組織階層	層級分明	跨階層團隊
指揮鏈	清晰的指揮鏈	資訊自由流通
控制幅度	狹　窄	寬　廣
集權或分權	集權化	分權化
正式化	高　度	低　度

來源：T. Burns and G. M. Stalker, *The Management of Innovation* (London: Tavistock Publications, 1961).

我們曾在第 4 章對於環境的特性（環境的不確定性）做過介紹。現在我們說明組織結構設計與環境的關係。在單純的、靜態的環境之下，組織應採取機械式的組織結構設計；反之，在複雜的、動態的環境下，組織應採取有機式的組織結構設計。對管理者而言，瞭解組織結構設計與環境配合的重要性，並加以落實，是相當重要的。

（二）勞倫斯及勞許的研究

組織內的各部門要整合起來才好嗎？如果要整合的話，整合的基礎是什麼？要以何種方式整合才好?美國學者勞倫斯及勞許的研究企圖對以上的問題提出解答❺。

整合 (integration) 指的是，為了因應環境的需要，部門之間必須協同一致，而存在於部門之間的合作狀態❻。組織內各部門的整合基礎是部門之間的差異化。差異化 (differentiation) 指的是，不同部門的管理者之間，在目標導向的差異（目標的不同）、時間導向的差異（對於時間緊迫性、重要性這方面的認知不同）、人際關係導向的差異（有些部門的功能是以建立人際關係為主，有些部門則不是）以及結構正式化的差異。

---

❺ Paul R. Lawrence and J. W. Lorsch, *Organization and Environment* (Homewood, Ill.: Richard E. Irwin, 1967), p. 85.

❻ 讀者勿將這裡所說的整合與第 7 章所說明的總公司策略中的整合策略混淆了！這裡的整合是勞倫斯與勞許的獨立研究中所下的定義。

1. 整合方式

(1)建立「整合部門」(integrative department)。當由於差異化的原因而產生部門之間的衝突時，公司正式建立產銷部門，來負責整合生產及行銷此二部門的差異。

(2)由「個別整合者」(individual integrator) 來做。當由於差異化的原因而產生部門之間的衝突時，由公司中「德高望重」者出面協調。

(3)「直接的管理接觸」(direct management contact)。當由於差異化的原因而產生部門之間的衝突時，此二部門的管理者直接面對面溝通協調。

2. 結　論

勞倫斯及勞許的研究對象是塑膠業者、食品業者及容器業者。他們所獲得的結論重點如下：

(1)塑膠業者與食品業者所面臨的是不確定性高的環境；容器業者所面臨的是不確定性相對低的環境。明確的說，在塑膠業與食品業，意外的技術及產品改變的情況比較多，而在容器業這種情況相對的少。在容器業也有一些經營上的特色或挑戰，也就是必須在接近客戶（如百事可樂）的地方建廠，而且也必須在正式營運的數年前就要建廠，所以他們必須要有良好的預測需求的能力。

(2)由於塑膠業者與食品業者所面臨的是不確定性高的環境，所以其部門之間的差異性也高。例如塑膠業的廠商其行銷及研發部門必須「向前看」，而其製造部門只要專注於目前生產的效率即可。反之，容器業的廠商其部門之間的類似性相對高，換句話說，其差異性相對低。

(3)部門之間的差異性會影響廠商如何整合（協調）。容器業者是以「直接的管理接觸」來協調，或者利用傳統的協調技術，如訴諸管理層級、利用規則及程序；在塑膠業，廠商是透過「整合部門」來協調；在食品業，廠商是透過「個別整合者」來協調。

二、核心技術

伍華德 (Joan Woodward, 1965) 可以說是對技術與結構的關係做深入研究的鼻

祖。在她的研究中，她將技術區分為三類❼：

1.單位或小量批次技術 (unit or small-batch technology)

產品是依照顧客所要求的規格來訂做的，或者以小量的方式來生產。在美國，採用這類技術的組織有布克兄弟（Brooks Brothers，訂做西裝）、金考 （Kinko，印刷公司）以及照相館。

2.大量批次及大量生產技術 (large-batch and mass production technology)

製造者以裝配線的方式來生產，將零件或組件裝配成最終產品（成品）。採用這類技術的組織有福特汽車、飛利浦 (Philips) 等。

3.連續性程序生產技術 (continuous process production technology)

原料經過一系列的機械運作或程序轉換之後，產生最終產品，如石油的提煉、化學產品的製成、核能的產生等。

以上三種技術的複雜度由低而高，也就是說單位或小量批次技術是最不複雜的，而連續性程序生產技術是最複雜的。伍華德發現，組織設計與技術息息相關。

在伍華德的研究樣本中，當技術變得愈複雜時，組織的層級數目增加了（也就是說，組織變得愈高亢了），主管的管理幅度也增加了（變寬了），然而作業幅度（基層管理者的管理幅度）則是先增後減，主要原因在於大部分的連續性程序生產技術已經自動化了。此時，工人數目減少了，但對工作技術的要求卻增加。這也是「工作愈複雜，則管理幅度愈窄」的道理。

伍華德的發現與李克的論點有何相通之處？伍華德發現，採取兩個極端的技術（單位或小量批次技術、連續性程序生產技術）的組織與李克系統 4 的組織類似；採取大量批次及大量生產技術的組織與科層模式或系統 1 的組織相類似。採取大量批次及大量生產技術也具有高度的專業化程度。最後，伍華德發現，採取連續性程序生產技術的組織，如能採取系統的組織設計，必然是相當成功的。

從以上的說明，我們可以知道，技術在組織設計上所扮演的重要角色。由於技術愈來愈多樣、愈來愈複雜，管理者必須不時的檢視技術對組織設計中的各建構元素所造成的影響。資訊科技（尤其是通訊與網路科技）的發達與普及，必然會促使

---

❼　Joan Woodward, *Industrial Organization: Theory and Practice* (London: Oxford University Press, 1965).

組織重新界定工作的本質，以及組織中各成員的報告關係。

伍華德的研究激發了許多後續研究者的興趣，但由於彼等所用的定義及衡量方式不同，故產生不同的結論❽。

三、組織規模

組織規模是影響設計的另外一個重要因素。組織規模 (organizational size) 的定義是：組織中專職及準專職員工的數目。在英國伯明罕艾司頓大學 (University of Aston) 的一群學者認為，伍華德的研究並沒有考慮到組織規模與結構的關係，因為她所研究的組織都是相對小規模的（四分之三的組織其員工人數不超過五百人）。所以這些學者決定從事一個更廣泛的研究，企圖發現組織規模及技術如何個別的、共同的影響組織設計。

他們的研究發現到：在小型組織，技術的確會影響結構變數，因為在小型組織中，所有的活動均圍繞在核心技術上。然而，在大型組織，緊密的「技術─設計」連結會被破壞，因為在大型組織中，技術對於現行活動並不是那麼重要。艾司頓大學的研究也有一些基本通則：當與小型組織比較時，大型組織比較具有高度的專業化、更多的標準作業程序、更多的規則、更多的規章、更大程度的分權。

四、組織生命週期

組織生命週期 (organizational life cycle) 描述了組織如何成長、發展，終至衰亡的情形。生命週期是說明組織改變的理論之一（另外二種是人口生態論及資源依賴論）❾。組織生命週期階段包括了：誕生（birth，第一階段）、青年（youth，第二階段）、中年（midlife，第三階段）、成熟（maturity，第四階段）。

當組織從一個階段到另一個階段時，在組織設計上有什麼含意？一般而言，當組織從一個階段到另一個階段時，它會變得愈大、愈機械化、愈分權化。它也會變

---

❽ L. W. Fry, "Technology-Structure Research: Three Critical Issues," *Academy of Management Journal*, September 1982, pp. 532–552.

❾ 對人口生態論及資源依賴論有興趣進一步瞭解的讀者，可參考：榮泰生，《策略管理學》，5 版（臺北：華泰文化事業公司，2002），第 3 章。

得愈專業化，愈會將注意力放在規劃上，其幕僚人數也會愈多。最後，協調的需要也增加了，正式化程度也增加了，組織單位愈來愈有地理上的分歧性，控制制度也愈來愈廣泛。

9.4 策略與組織設計

另外一個影響組織設計的因素就是高階主管所採取的策略。一般而言，總公司及事業單位策略會影響組織設計。在某些企業個案中，組織的基本功能如行銷、財務，也會影響組織設計。

一、總公司層次策略

在總公司層級，組織可採取各種不同的策略。組織的策略選擇部分的決定了何種組織設計最為有效。例如採取集中策略（單一產品策略）的組織會依賴功能部門化，也會採取機械化的設計。而組織在成長策略上所採取的不論是中心式多角化（相關多角化）或是複合式多角化（不相關多角化）策略，管理者都必須考慮在這個組織的大架構下，如何安排各事業單位。例如如果組織所採取的是中心式多角化（相關多角化），那麼在事業單位間就要有高度的協調，以掌握綜效；如果組織所採取的是複合式多角化 （不相關多角化），那麼它就要建立嚴密的層級式報告制度 (hierarchical report systems)， 以使得總公司階層的管理者能夠掌控各事業單位的績效。

採取組合策略的組織，必須確信其組織設計能配合策略。例如固然每個事業單位的負責人要有相當程度的自主權，但是總公司的管理者必須決定要給予他們多少自主權（這是授權的問題）；要有多少位高階主管來監督各事業單位的績效（這是管理幅度的問題）；以及在事業單位間要分享什麼資訊（這是協調的問題）。

二、事業單位層次策略

事業單位策略會影響該事業單位的設計，以及組織整體的設計。採取防衛者策略的組織，比較可能是高亢式及集權的組織，而且其管理幅度比較窄，也比較可能採取功能部門化（以功能別為建立各部門的基礎）。同時，它也通常會採取科層模式

的組織設計。

相形之下，採取探勘者策略的組織，比較可能是平坦式及分權的組織，而且其管理幅度比較寬，也保持彈性及適應性。採取分析者策略的組織，比較可能採取以上的兩個極端中間的組織設計（比較像系統 2 或系統 3 的組織）。由於反應者是策略上的失敗者，所以其策略和組織設計沒有邏輯上的關連性。

基本競爭策略也會影響組織設計。例如採取差異化策略的廠商，會以造成差異化的因素來建立部門（如果「形象」是造成差異化的原因，則要建立行銷部門；如果「品質」是造成差異化的原因，則要建立製造部門）。採取成本策略的廠商，必須對效率及控制有高度的承諾。因此，這些廠商會比較是集權化的（因為集權對控制成本比較有利）。採取集中策略的廠商會以集中的因素來設計組織，例如如果它集中的是地理區域，則會採取地理部門化；如果它集中的是顧客群，它就會以顧客作為部門化的基礎。

三、組織功能策略

組織的功能策略與設計的關係比較不明顯；也許這種關係已經反映在總公司、事業單位的層次上了。如果廠商所採取的行銷策略是積極的行銷及促銷，那麼可能要對廣告、直銷、促銷分別建立部門。如果它的財務策略是減少負債，那麼它所建立的財務部門其規模不會太大。如果製造策略是在各地區進行生產，則組織設計就會考慮到地理分散的問題。如果人力資源策略是發展基層經理的技術，則其集權的程度可能會高或低。研究發展策略會支配研發功能本身的管理的不同設計，例如對研發的高度承諾的組織，會在研發協理下設置若干個研發部，而對研究發展沒有承諾的組織，可能會安插一位主管再加上幾個幕僚人員充數。

9.5　組織設計的基本形式

由於技術、環境、組織規模、組織生命週期以及策略都會影響組織設計，那麼組織會採取各種不同的設計是極其自然的事。組織設計有四個基本的類型：功能性設計（U 形）、複合式企業設計（H 形）、事業單位設計（M 形）、矩陣式設計，以及混合設計（多重部門基礎）。

一、功能性設計（U 形）

功能性設計 (functional design) 是以功能別作為部門化的基礎。功能性設計被著名經濟學家威廉生 (Oliver E. Williamson) 稱為是 U 形設計（U 是 unitary 的起頭字，意思是單一的、整體的、不分的）❿。

在 U 形組織設計下，組織成員及單位都會集結成功能部門，例如行銷部門、財務部門等。在 U 形組織設計下，組織必須做好部門間的協調，才能夠有效運作。整合及協調通常是高階主管的責任所在。圖 9–1 顯示了小型製造公司在總公司及事業單位的 U 形設計。在 U 形組織設計下，任何一個功能領域均不可能獨立生存及運作，例如行銷需要從製造獲得可以銷售的產品，需要從財務獲得進行廣告戰的資金。

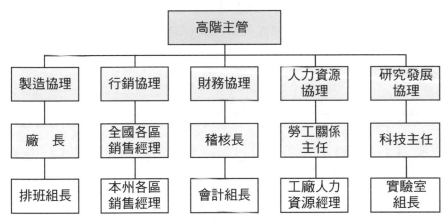

來源：Oliver E. Williamson, *Markets and Hierarchies* (New York: Free Press, 1975).

▲ 圖 9–1 U 形組織設計

一般而言，U 形組織設計的優缺點與功能部門化相同。U 形組織設計可使組織將相同的功能專家集結在同一部門，以使得協調及整合變得更為順遂。然而，U 形組織設計比較注重功能，而不是組織整體，而且也比較容易造成集中式的管理。U 形組織設計比較適合小型組織，因為高階主管可以相對容易的統籌及協調組織內的各種活動。但當組織規模逐漸變大，高階主管在統籌及協調組織內的各種活動方面，會有力不從心之感。

---

❿ Oliver E. Williamson, *Markets and Hierarchies* (New York: Free Press, 1975).

二、複合式企業設計（H 形）

另外一個相當普遍的組織設計方式就是複合式企業設計 (conglomerate design) 或 H 形設計。H 形設計是由各個不相關的事業單位所組成的組織設計方式。H 形設計常由往不相關的行業發展的控股公司 (holding company) 所採用。H 是 holding（控股）的意思。

H 形設計是產品部門化。每一個或一群事業單位都是獨立運作，其負責人要自負盈虧之責。英國著名廠商皮爾森 PLC (Pearson PLC) 公司就是採取 H 形設計的典型實例。如圖 9–2 所示，皮爾森 PLC 公司有六個事業單位。雖然期刊與出版事業會有所關連，但其他的事業單位是不相關的。其他使用 H 形設計的有名企業有奇異公司（飛機引擎、家電、廣播、金融服務、照明產品、塑膠，以及其他不相關的產品）以及 Tenneco 公司（導管、汽車零件、造船、金融服務，以及其他不相關產品）。

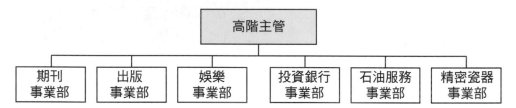

來源：Michael E. Porter, "From Competitive Advantage to Corporate Strategy," *Harvard Business Review* (May-June 1987), pp. 43–49.

▲ 圖 9–2　H 形設計——皮爾森 PLC (Pearson PLC) 公司

在 H 形組織內，總公司的幕僚人員通常會評估每個事業單位的績效，在各事業單位間做資源的調配，並做購買及出售事業單位的決策。H 形設計的主要缺點是掌管各歧異的、不相關的事業單位的複雜性。管理者常會發現到在這些不同的事業單位間，進行活動的比較或活動的整合是相當困難的事。波特的研究發現，許多 H 形設計的組織，其財務績效僅是平平或低等[11]。

---

[11]　Michael E. Porter, "From Competitive Advantage to Corporate Strategy," *Harvard Business Review* (May-June 1987), pp. 43–49.

三、事業單位設計（M 形）

事業單位設計愈來愈受到歡迎。與 H 形設計不同的是，在事業單位設計或 M 形設計，其事業單位間是相關的。M 代表 multidivisional （多事業單位）。M 形設計是組織往相關行業進行多角化的結果。所謂相關行業包括：類似的技術（飛利浦、波音、惠普、康柏）、同樣的配銷及行銷技術（Nabisco、Philip Morris、寶鹼）、類似的品牌名稱與聲望（迪士尼、環球影城）、類似顧客 (Merck、IBM、AMF-Head)。

在 M 形設計下，有些活動會分散到事業單位層次，也有些活動會集中在總公司層次。在 M 形設計下，每一個事業單位負責人都有合理程度的自主權，但是在有必要時，事業單位間的活動還是會協調。迪士尼是採用 M 形設計的典型企業。其事業單位有主題公園、電影、商品，這些都是相關的事業。惠普科技的事業單位有電腦、印表機、掃描器、電子醫療設備及其他電子裝置，這些都是相關的事業，如圖 9–3 所示。

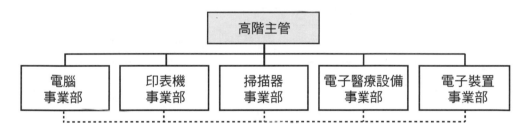

來源：Jay B. Barney and William G. Ouchi (Eds.), *Organizational Economics* (San Francisco: Jossey-Bass, 1986).

▲ 圖 9–3　M 形設計——惠普 (Hewlett-Packard) 公司

M 形設計的主要優點在於協調及資源的共享。例如公司的採購作業及行銷研究作業是集中式的，因此可以向每個事業單位提供服務，而每個事業單位不必重複設置這兩個部門。M 形設計的基本目的在於使內部競爭及合作達到最適化的程度（既合作又競爭，程度拿捏得剛剛好）。事業單位之間對爭取資源的良性競爭會增加效能，但也不能忽略合作。研究顯示，M 形組織如能在競爭與合作之間取得一個適當的平衡點，其績效必高於大型的 U 形組織以及所有的 H 形組織[12]。

---

[12]　Jay B. Barney and William G. Ouchi (Eds.), *Organizational Economics* (San Francisco: Jossey-

四、矩陣式設計

　　矩陣式設計 (matrix design) 是組織設計中相當普遍的方式。矩陣式設計是以「將部門化加以重疊」為設計的原則。矩陣式設計的原始基礎是一系列的功能部門,將產品部門「套疊」在既有的功能部門上,就會形成專案,如圖 9–4 所示。在矩陣內的成員同時是既屬於功能部門,又屬於此專案。

　　圖 9–4 顯示了基本的矩陣式組織結構。組織的高層是由行銷協理、財務協理、工程協理及製造協理所組成,而每位協理都掌管若干名部屬。組織中也設有專案經理 (project manager) 的職位。每位專案經理會領導由功能部門來的代表或員工。值得注意的是,矩陣會有「多重指揮結構」(multiple-command structure) 的現象,也就是專案成員同時隸屬於原來的功能部門以及此專案。

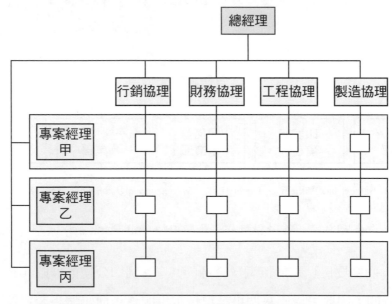

來源:L. R. Burns, "Matrix Management in Hospitals: Testing Theories of Matrix Structure and Development," *Administrative Science Quarterly* 34 (1989), 349–368.

▲ 圖 9–4　矩陣式組織結構

　　組織會指派專案小組完成特定的專案或方案。例如組織會指派某專案小組進行

Bass, 1986).

新產品發展的事宜。此時，專案經理會由各功能部門挑選合適的人員。這些成員仍然隸屬於原來的功能部門。在某一時點，某位員工可能參與若干個專案。福特汽車公司在發展其 Focus 汽車時，就曾使用矩陣式設計。該公司成立了一個稱為「Focus 小組」的專案小組，此專案小組的成員來自於原來的工程部門、製造部門以及行銷部門。由於此專案小組的努力，因此使得新產品推出的時間比原先的組織結構提早了一年❸。

1.應用場合

矩陣式設計最適合應用在以下的場合：

(1)當組織面臨強大的壓力時。例如應付組織外部的激烈競爭，可能是行銷部門的專長，但是由於公司有多種產品，因此由產品部門來因應可能也比較適合，此時專案小組的成立，就可以達到兩全其美的結果。

(2)當必須處理綜合性的資訊時。如果依照原來的功能部門化，則每個功能部門就只處理與該部門有關的資訊，因此就無法產生綜合性的資訊（綜合性資訊對於有效決策的擬定是相當重要的）。

(3)當必須共享資源時。例如在產品部門化的設計下，十個產品部門可能只有三位行銷專員（也就是說，其中只有三個產品部門有行銷專員）來提供行銷策略方面的意見。但在矩陣式設計下，每個專案小組都可以分享公司的稀有資源——行銷人員的專業能力。

2.優　點

(1)矩陣式設計增加了經營的彈性，因為組織可依照需要，成立、重新界定及解散專案小組。

(2)由於專案小組成員在專案中有主要的決定權，因此會有較高的激勵作用及組織承諾。

(3)專案成員有機會學習到新的技術，對於個人成長非常有幫助。

(4)可使組織充分善用其人力資源。

(5)由於專案小組成員仍然隸屬於原來的功能部門，因此，他們就可以扮演「橋樑」的角色，這樣可促進合作。

---

❸　C. W. L. Hill, *International Business* (Homewood, IL: Irwin, 2003).

⑹矩陣式設計有助於高階主管的充分授權。高階主管在授權之後，就可以將精力放在長期規劃、建立公司願景上。

3.缺　點

⑴專案成員對於「報告關係」有無所適從之感，換言之，他們不知道要向誰報告，尤其是如果這些人員參與若干個專案時。尤有甚者，專案小組成員常為所欲為，因此被功能經理視為「無政府狀態」。

⑵專案小組成員的行為屬於群體行為 (group behavior)，既然是群體行為，就不免會有群體互動及產生群體盲思。適度的群體互動是必要的，然而在許多場合，我們發現到群體互動的結果會造成決策遲緩的現象。群體盲思是決策折衷的現象（見第 6 章）。這些現象都會對專案小組的效能產生不良的影響。

⑶在矩陣式設計下，在協調與工作有關的活動上，可能會曠日費時。

值得一提的是，如果在大型企業又可能因為地理的分散而造成往返的費時，因此如無資訊科技的引進，將造成矩陣組織的無效率。同時報告系統、控制機能、獎酬方式皆必須因應新的組織結構而做適當的調整。資訊科技，如電子郵遞、電傳會議、群體決策支援系統 (group decision support systems) 等，在幫助矩陣式的組織增加效率方面，扮演著相當重要的角色。

雖然矩陣式組織運作得不錯，而且現今亦有許多組織採取這種組織結構，但是有些組織採取一個更為先進的專案結構 (project structure)。在專案結構下，員工（專案人員）是一個專案接著一個專案去做。和矩陣式組織不同的是，專案組織並沒有正式的部門，員工也不隸屬於某一部門，因此員工在結束一個專案之後並不回到原來部門，而是繼續發揮其能力、技術及經驗去參與另外一個專案。在專案組織內，專案小組的成立、解散、再度成立都要隨著工作的需要而定。

專案結構非常具有流動性及彈性。在專案結構的組織內，由於沒有部門化及僵固的組織科層，因此決策的制定及行動的落實都會非常有效率。在這類的組織結構下，管理者（專案負責人）扮演著促成者、引導者及教練的角色。他們怎麼服務專案人員呢？他們會剔除及減少組織障礙，並確信能夠提供成員所需要的資源，好讓他們有效能的、有效率的完成他們的工作。

五、混合設計

有些組織採取混合設計 (hybrid design)，也就是組織會有若干個相關的事業單位，以及若干個不相關的事業單位。這種設計是兼具 M 形及 H 形的特色。事實上，許多組織的設計形式都不是截然劃分的。許多組織會使用一個基本的組織設計作為基礎，但也同時保持了相當的彈性，以便為實現某種策略目的而做機動調整。

例如福特汽車公司在設計 Taurus 及 Mustang 時，是採取矩陣式的組織設計。福特基本上是 U 形組織，但近年來有轉為 M 形組織的跡象。

9.6 組織設計的當代議題

在今日複雜的、不斷改變的企業環境下，管理者不遺餘力的發掘及實驗新形式的組織設計，似乎是不足為奇的事。現今許多組織都在努力的量身設計其組織，想要擺脫傳統僵化的組織設計，企圖強化它們的環境適應力。它們想要以創新的方式來將工作加以組織化、結構化，使組織能夠更有效的因應顧客、員工及利益關係者的需求。現在我們來說明組織設計的當代觀念：團隊結構、自主性的內部單位、數位化企業的組織設計、無疆界組織、學習型組織、網路組織及虛擬組織。

一、團隊結構

團隊 (team) 是專案小組的一個特殊形式，在組織中有愈來愈普遍的趨勢。團隊是由若干個員工所組成的單位。他們不受管理者的監督（或受到極少的監督），並完成與工作有關的任務、功能及活動。表 9-2 列舉了今日組織中最為常見的團隊類型。今日組織內的團隊有時被稱為自我管理團隊（self-managed team，當被賦能時）、跨功能團隊 (cross-functional team) 或高績效團隊 (high-performance team)。今日有許多組織利用團隊來落實每日作業。

▼ 表 9–2　團隊的類型

團隊類型	說　明
問題解決團隊 (problem-solving team)	最為普遍的團隊類型。將知識工作者集結在一起，共同解決特定問題。當問題解決之後，就各自歸建
提供建議團隊 (suggestion team)	這類型的團隊是由既有團隊所組成的臨時團隊。成立的目的在於對降低成本、提升生產力提出建議
管理者團隊 (management team)	主要是由企業功能的經理（如行銷經理、製造經理）所組成，與其他團隊進行工作上的協調
工作團隊 (work team)	團隊成員可以他們認為最佳的方式來自由設計其工作。但是，他們在所負責的相關工作中，要替所有的工作活動及成效肩負完全的責任
虛擬團隊 (virtual team)	是新的團隊類型。團隊成員是透過網路來互動。成員的加入或離開團隊是依照任務的需要。團隊的領導者是由成員輪流擔任
品管圈 (quality circle)	由主管及部屬組成，不定期的開會討論工作場所的問題

來源：Gareth R. Jones and Jennifer M. George, *Effective Team Management, Essentials of Contemporary Management*, 5th ed. (New York, N.Y.: The McGraw-Hill Co., 2012), pp. 348–354.

在團隊結構下，整個組織是由工作團隊所組成。在這種組織內，員工賦能 (employee empowerment) 是相當重要的事，因為由上而下的管理職權已經不存在。

二、自主性的內部單位

有些具有許多事業單位或事業部的大型組織，會以集結的各種自主性的內部單位 (autonomous internal unit) 來建立組織結構。自主性的內部單位是獨立的、具有充分職權的事業單位，每一個事業單位都有其產品、客戶、競爭者及利潤目標。自主性的內部單位與前述的 M 形事業單位設計有些類似，但是其不同點是，自主性的內部單位是完全具有自主性的 (autonomous)。自主性的內部單位並不受到集權式的控制，也不會分配到資源。它們可以自行決定是否要購併其他企業、如何因應競爭者的動向，以及如何善用市場機會。

三、數位化企業的組織設計

我們在第 1 章曾介紹數位化企業的定義及功能。數位化企業與傳統企業最大的不同，在於數位化企業在組織及管理方面，是百分之百的依賴資訊科技。對一個數

位化企業的管理者而言，資訊科技不僅是幫手，而是經營的核心管理工具。數位化企業是以數位化再造其組織結構、組織角色（員工在組織中所扮演的角色）及商業程序的企業。唯有如此才能成為敏捷的、顧客導向的、價值驅動的企業。

　　數位化時代 (digital age) 的組織不再是單一的企業實體，而是包括現代化的全球核心 (streamlined global core)、市場導向事業單位 (market-focused business unit) 及共享支援服務 (shared support service) 的延伸性網路。

　　圖 9–5 顯示了數位化企業的電子化組織結構 (e-organization structure) 典型實例。電子化組織結構中有一個全球高階管理核心 (global executive core)、四個行銷導向的事業單位，以及二個提供共享服務支援的事業單位。提供共享服務支援的事業單位必須向全球高階管理核心、其他事業單位及外部顧客提供支援，對於沒有競爭力的服務則採取外包的方式。

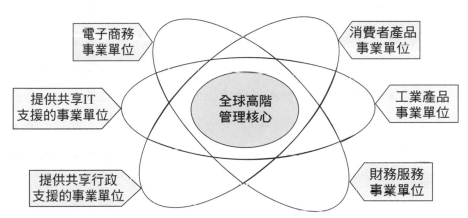

來源：Gary Nielson, et al., "Up the E-Organization! A Seven-Dimensional Model of the Centerless Enterprise," *Strategy & Business* (First Quarter 2000), p. 53.

▲ 圖 9–5　數位化企業的組織結構

四、無疆界組織

　　另一個當代的組織設計議題是無疆界組織 (boundaryless organization) 的觀念，在無疆界組織之內，組織不會受到水平的、垂直的、外部的疆界的限制。無疆界組織是由奇異公司的前董事長威爾許所創的名詞❶。他希望在奇異公司這個龐大的規

──────────

❶　"GE: Just Your Average Everyday $60 Billion Family Grocery Store," *Industry Week* (May 2,

模之下，能夠在公司內打破水平、垂直疆界，並剔除公司與顧客及供應商的疆界。這個觀念乍聽之下有點奇怪，但是今日許多卓越公司都發現：在今日的經營環境下，企業要保持彈性及非結構性，非得打破那些傳統的疆界不可；剔除傳統的指揮鏈、保持適當的控制幅度、以員工賦能代替傳統的部門，才是獲得經營效能的不二法門。

什麼是「疆界」(boundaries)？試看由專業化、部門化所造成的水平疆界，將員工歸類成組織階層及層級的垂直疆界，以及將組織與其顧客、供應商及其他利益關係者加以隔離的各種外部疆界。

如何打破這些疆界呢？(1)透過跨功能團隊，以工作程序（而不是功能部門）將工作活動加以組織起來，就可以打破水平疆界；(2)透過跨科層團隊 (cross-hierarchical teams)、參與式決策制定，就會使組織扁平化，進而打破垂直疆界；(3)與商業夥伴建立策略聯盟、價值鏈管理、顧客關係管理、供應鏈管理，就可以打破外部障礙；(4)電子資料交換 (electronic data interchange, EDI) 也是打破外部疆界的重要技術。電子資料交換是一種標準的資料交換，主要應用在提供企業與其交易夥伴（如供應商或顧客）間資料交換的自動化，以期在行政管理、採購、交貨、倉儲、報關及交易支付等資訊流通上，無需再使用紙張文件。其主要效益包括廠商可以依照需要生產、及時交貨、電子資金移轉、有效快速回應顧客等。充分的證據顯示：EDI 可以：增加行銷優勢、節省成本及費用、縮短進入市場的時間、獲得更佳的品管、促進聯盟關係。

五、學習型組織

學習型組織並不是一種組織設計，而是具有學習型組織的心態或哲學。在組織設計上有相當重要的涵義。什麼是學習型組織 (learning organization)？它是培養能力以持續不斷的適應及改變的組織。學習型組織內的員工，會積極的確認及解決與工作有關的問題；會不斷的獲得及分享新知識以實現知識管理 (knowledge management)；會將所獲得的知識運用到決策的制定及工作的履行上。當組織具有學習能力並實現知識管理時，它就會具有持久的競爭優勢。

學習型組織的重要特徵是環繞在組織設計、資訊分享、領導及組織文化這些重

1994), pp. 13–18.

要構面上，如圖 9–6 所示。

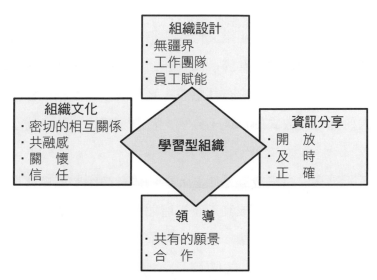

來源：M. E. Porter, *Competitive Strategy* (New York: Free Press, 1980).

▲ 圖 9–6 學習型組織的特徵

　　哪一種類型的組織設計對組織學習最有幫助？在學習型組織內，整個組織內成員必須分享工作活動的資訊，並共同合作完成工作——不僅是跨功能，而且也跨階層。如何做到這些？組織要剔除既有的結構或者使得既有結構的影響減到最低。在這種無疆界的環境之下，員工可以自由的一起工作，以自己認為最佳的方式合力完成工作並互相學習。由於必須相互合作，所以團隊便成了學習型組織結構設計的一大特色。既然團體成員要自主性的合力完成工作，所以他們必須被賦能來做決策、解決問題。在員工賦能及團隊合作下，管理者不再是指揮及控制的「老闆」，而是扮演工作團隊的促成者、支持者及擁護者的角色。

　　沒有資訊，不可能產生學習。學習型組織要學習的話，其工作團隊成員必須要能開放的、及時的、正確的分享資訊，以做好知識管理 (knowledge management)。由於學習型組織中很少有結構性的、實體性的障礙，因此對於開放性的溝通、廣泛的分享資訊是非常有助益的。

　　當組織在轉變成學習型組織時，領導者扮演著極為關鍵的角色。在學習型組織中，領導者應做些什麼事情？他們最主要的任務就是替組織的未來塑造共有的願景 (shared vision)，並鼓勵員工朝向這個願景邁進。此外，管理者也要支持及鼓勵建立

合作式環境 (collaborative environment)。如果領導者沒有積極的承諾，要成為合作式的領導者不啻緣木求魚。

最後，要成為學習型組織，組織文化的塑造也是相當重要的。學習型組織的文化是每個成員對共有的願景建立共識，而且在組織的程序、活動、功能及外界環境之間建立緊密的關係。成員之間會有共融感、互相關懷、互相信任。在學習型組織內，成員會自由的進行開放式的溝通、分享、實驗、學習，不必擔心會受到批評或處罰。

不論管理者所選擇的結構設計是什麼，這個設計必須要能協助員工能夠有效率的、有效能的以最佳的方式來完成其工作。這個結構必須要能協助，而不是阻礙組織成員完成其工作、達成組織目標。畢竟，結構是達成目標的手段。

（一）創造一個學習型組織

如何創造一個學習型的組織？在說明之前，我們先來比較一下傳統組織與學習型組織的不同。如表 9–3 所示。

▼ 表 9–3　傳統組織與學習型組織的比較

	傳統組織	學習型組織
對改變的態度	如果目前運作良好，就不要改變	如果不進行改變，目前的運作不會好多久
對新觀念的態度	不是在公司內發明的，就不要用	在公司內發明的，就不要用
誰要負責創新？	傳統的部門，如研發部門	組織內的每一分子
最怕什麼？	犯錯	沒有學習、不能適應
競爭優勢	產品和服務	學習的能力、知識、專業技術
管理者的工作	控制員工	員工賦能（使員工有能力）

來源：Stephen P. Robbins and Mary Coulter, *Management*, 7th ed. (Upper Saddle River, N.J.: PrenticeHall, 2003), p. 48.

管理者的責任之一就是要在整個組織中（包括從基層到高層的每個功能領域）創造一個有利於員工學習、培養能力的環境。管理者要如何履行這個責任呢？首先他要「能知」，也就是體認到知識的價值，瞭解知識是一個重要的資源，就像現金、原料、設備及辦公室設備一樣。

但是，我們應瞭解，只有體認累積知識及智慧的價值是不夠的，管理者還要對知識的基礎加以有效的管理。知識管理就是培育一個學習的文化，使得組織成員能夠有系統的獲得知識，並與其他成員分享這些知識，進而提升組織績效。例如安永公司（Ernst & Young，美國前五大專業顧問公司）的會計師與顧問會將他們所發展的最佳實務、他們所處理過的怪問題以及其他的工作資訊加以記錄下來，並透過電腦化系統或者定期聚會的 COIN（community of interest，利益社群）工作團隊，與其他成員分享這些「知識」。許多組織，如奇異公司、惠普公司、豐田公司等，都已深切的體會到要先做好知識管理才有可能成為學習型組織。

學習型組織會不斷的改善工作的方法。管理者在規劃、組織及領導有關改變的努力方面，扮演著極為關鍵性的角色。事實上，管理者本身的風格也要做適度調整。他們要從「老闆」轉換成工作團隊的教練。他們不應再命令部屬該做什麼、如何做，而是要聆聽工作夥伴的意見或抱怨、激勵工作夥伴、引導他們的行為，培養他們的能力。

（二）標竿學習

標竿學習 (benchmarking) 就是向其他組織學習其高品質的企業經營之道，換句話說，去發掘為什麼其他企業（包括競爭者）在品質、速度及成本績效方面做得比本公司好的原因，進而去模仿它們，甚至超越它們。

標竿學習的有些方法非常簡單而直接。例如全錄公司 (Xerox) 會定期的買進其他廠商的影印機，將它們拆散之後，仔細研究其內部結構及運作情形。這種做法可以使全錄公司瞭解競爭者的產品改良，進而和競爭者並駕齊驅，甚至超越它們。福特汽車公司在推出 Taurus 時，曾經確認消費者認為重要的四百個性能，然後就每一個性能找出最佳的競爭者車款，加以模仿及學習。例如如果紳寶 (Saab) 的座椅被認為是最好的，那麼福特就要模仿學習，企圖做出更好的座椅。福特的目標是「精益求精，止於至善」。當然這款新車 Taurus 獲得空前的成功。

有些標竿學習就比較屬於間接式的。許多廠商學習 L. L. Bean 的郵購業務、迪士尼的員工僱用及訓練制度、聯邦快遞的包裹追蹤系統，希望這些經營特色能納入本身的營運之中。其他的例子還包括：IBM 向拉斯維加斯的賭場學習如何防止員工

偷竊；佐丹奴 (Giordano) 以 The Limited 公司的銷售點電腦化資訊系統、麥當勞的效率化點餐作業作為學習的榜樣。在美國許多知名的績優公司，如 AT&T、IBM、杜邦等，所選擇作為標竿的對象並不只是它們本身所處產業的佼佼者，還包括了世界上各產業的卓越公司。

企業要建立標竿學習的過程有四個步驟：

⑴成立標竿學習小組，成員數在六到八人最為有效。此小組的主要任務是要確認學習什麼、向誰學習，然後要決定蒐集資料的方法。

⑵標竿學習小組可在企業內部運用自己的方法蒐集資訊 (如上網)，也可以向外部組織蒐集資訊（如參觀訪問、觀摩學習）。

⑶分析資訊找出績效差異所在，並分析造成此差異的原因。

⑷擬定並執行行動計畫，以期達到或超越學習對象的水平。

管理者或標竿學習小組如何獲得其他組織的資料?首先你要決定學習對象是誰。利用你和顧客、供應商、員工的接觸網，來瞭解他們認為在你所要改善的地方有哪些組織做得最好。工會及產業專家通常會知道哪些組織有創新性的做法。同時，你也可以留意哪些組織曾經得過地區性的、全國性的品質優越獎，它們都是可以學習的對象。

在獲得其他組織的資料方面，最方便的方式就是上網查看。通常競爭者網站會提供豐富的資訊。許多公司的網站會提供新產品／服務訊息，也提供了許多可供分析的財務資料。

企業可以和其他組織（甚至競爭對手）互相交換學習。當然前提是每一方必須要有值得對方學習的東西。例如你的顧客關係管理做得很好，對方的供應鏈管理做得很好，你們就可以互相觀摩學習。這是屬於比較互惠的方式。

管理者如何確信其標竿學習的努力是有效的?改善標竿學習的一些建議如下❶：

⑴將標竿學習努力與策略目標結合。

⑵日後會受到標竿學習成果影響的人，要讓他們加入標竿學習小組。

⑶著重於特定的、目標明確的問題，而不是一般性的、籠統的問題。

⑷建立切合實際的時間表。

---

❶ J. H. Sheridan, "Where Benchmarkers Go Wrong?" *Industry Week*, March 15, 1993, pp. 28–34.

⑸審慎的選擇標竿學習對象。

⑹在向個人蒐集有關資料時，要遵守協議。

⑺不要蒐集過多的、不需要的資訊。

⑻要看數據背後的東西（如做法、理由、思維等），不要只看數據表面。

⑼確認標竿學習對象，確實落實行動方案。落實部分尤其重要，因為「坐而言不如起而行」(actions speak louder than words)。

六、網路組織

網路組織 (network organization) 是將許多作業外包給其他廠商，並利用各種有效的方法來協調這些廠商的組織。對於大型的、複雜的組織而言，上述的「其他廠商」也包括組織內部的策略事業單位。傳統的銷售、會計及製造活動可能由位居各地的不同廠商來執行，並透過電腦網路和公司總部做連結。在網路內的聯繫、工作關係的建立以及會議都是透過電子化的媒介來完成。使用電子化的科技可使管理者及時的協調各商業夥伴（如供應商、會計事務所、設計公司及製造商等）。

在網路組織內的工作者必須要快速的、跨越時空的進行溝通，才能夠有效的完成工作。在這種情形下，管理者才可以：⑴全球性的尋找機會及資源；⑵使得資源利用達到最大化（不論這些資源是否為公司所擁有）；⑶讓組織發揮所長（只展現其具有相對優勢的功能）；⑷將其他組織能夠做得更好或更具成本效益的活動外包出去。

七、虛擬組織

虛擬組織 (virtual organization) 是利用尖端的資訊科技，在企業內部整合員工、工作團隊及各部門，在企業外部連結商業夥伴（如承包商等），以達成特定目標的組織。虛擬組織是以網路組織的特色來建構的。不論虛擬組織或網路組織，都是著重於與其他組織建立聯盟及夥伴關係，整合及分享技術及科技、分擔成本。然而在虛擬組織內的互惠性、互相依賴性的程度比較高。虛擬組織可在任何時候、任何地點結合員工、各企業功能以及各組織單位。不論企業內部或外部，虛擬組織的疆界都比網路組織更為開放（無障礙），因為虛擬組織可以利用尖端的資訊科技將各商業夥

伴緊密的連結在一起。由於資訊在商業夥伴之間的流通是開放式的,因此他們之間的高度信任是絕對必須的。

在虛擬組織中另一個重要因素就是使用有效的、可靠的、尖端的資訊科技 (information technology, IT)。在企業內部的商業程序所進行的水平式、垂直式整合,以及在企業外部所進行的各網路組織的結合,都需要一系列的資訊科技。除了企業目前所使用的一般性科技如電子郵件、傳真、電話、文件備份等之外,虛擬組織還會使用其他更為高級的綜合科技。由於篇幅所限,我們現在介紹相當普遍的五種技術。

1.組織間連線系統 (interorganizational systems, IOS)

組織間連線系統可使組織間的交易更為順遂。例如新加坡的「交易網」系統 (TradeNet System) 聯結了貿易商、政府機構、海關、報關行、運輸公司、銀行、保險公司、客戶及移民局,其所產生的效率及反應性實在令人嘆為觀止。通關程序在以前需要二到四個工作天,在使用「交易網」系統之後,只需要十分鐘。

2.電子商務 (electronic commerce, e-commerce)

電子商務就是透過電腦網路(包括網際網路)以購買、銷售或交換產品、服務及資訊的過程。

(1)從通訊觀點來看,電子商務涉及到如何透過電話線、電腦網路或其他電子方式,來傳遞產品／服務、資訊的作業。

(2)從商業程序觀點來看,電子商務涉及到如何利用科技使得商業交易、工作流程自動化。

(3)從服務觀點來看,電子商務是滿足企業、管理、顧客需求的有利工具;它可以減低成本、改善產品品質、加速服務的提供。

(4)從線上的觀點來看,電子商務是透過網際網路或其他線上服務,進行產品及資訊交易的舞臺。電子商務技術是為了支援企業目標而存在的,它不是為了科技而產生的科技。

網際網路又稱網路中的網路,是進行電子商務的平臺;透過網際網路進行電子商務的企業可以:(1)使企業程序更加單純化、更快速、更有效率;(2)減低總成本;(3)獲得競爭力;(4)服務全球的顧客及其他企業(就好像他們是本地顧客及廠商一

樣)；⑸創造新產品及服務，以滿足顧客的需求；⑹擴展對未來的視野。

3. 企業間網路 (extranet)

企業間網路可讓外部群體或組織檢索公司內部的資料。例如顧客可以利用企業間網路來檢索會計資訊；供應商可利用企業間網路來協調出貨事宜。包裹運送公司如聯邦快遞，可利用企業間網路讓顧客透過其追蹤系統瞭解產品的運送情況。

4. **群組軟體 (groupware)**

群組軟體對於地理分散、工作歧異的工作團隊最有幫助。它可以幫助工作團隊成員有效率的、正確的進行構想的分享，也可使工作程序合理化、作業平行化（也就是平行作業）。這些功能使得工作團隊更具有成本及時間效率。群組軟體也可使工作團隊的成員互相學習對方的技術。群組軟體的應用可以三種方式來協調各種工作：⑴群組軟體可建立共享資訊，使得工作成員能夠非常方便的檢索資訊，以利交易的進行。例如銷售代表可依顧客的需要，隨時檢索存貨狀況及報價資料；⑵群組軟體可讓成員追蹤工作流程，因此身處各地的成員可從遠端合力完成工作報告或專案；⑶群組軟體可使團隊成員透過電子郵件、電子布告欄或視訊會議進行互動式的討論。

5. 企業內網路 (intranet)

企業內網路是利用網際網路科技在企業內部所建立的網路。防火牆 (firewalls) 可保護企業內部資料的安全，避免受到駭客的攻擊。工作團隊成員（使用者）可透過超連結 (hyperlink) 介面來檢索有關文件、訊息及多媒體資料。企業內網路可打破企業內部的疆界，促進溝通及資訊分享。此外，企業內網路也可使成員檢索電子報、人力資源資訊、產品及員工僱用資料及公司內部最新動態等訊息。

本章習題

一、複習題

1. 試以國內外企業為例，說明其組織設計。

2. 何謂組織設計？

3. 現今的組織設計理論可分為哪兩類？

4. 有關組織設計的當代思想基礎可以追溯到早期的哪兩個普遍觀點？

5. 科層制度的特徵是什麼？

6. 李克以哪八個主要的向度將組織加以歸類？

7. 李克所謂的系統 1 設計、系統 4 設計分別代表什麼？

8. 何謂組織設計的情境觀點？

9. 最早對技術與結構的關係做深入研究的學者首推伍華德，在她的研究中，她將技術區分為哪三類？

10. 伍華德的發現與李克的論點有何相通之處？

11. 伯恩斯與斯托克曾針對二十家英格蘭與蘇格蘭的企業進行研究，發現哪二種組織類型？

12. 伯恩斯與斯托克研究的主要發現是什麼？

13. 試說明勞倫斯及勞許對「整合與差異化」的研究結論。

14. 何謂組織規模？試說明英國伯明罕艾司頓大學的研究發現。

15. 何謂組織生命週期？當組織從一個階段到另一個階段時，在組織設計上有什麼含意？

16. 試說明總公司層次策略。

17. 試說明事業單位層次策略。

18. 試說明組織功能策略。

19. 由於技術、環境、組織規模、組織生命週期以及策略都會影響組織設計，那麼組織會採取各種不同的設計是極其自然的事。組織設計有哪些基本類型？

20. 試比較矩陣式組織及專案結構組織的不同及適用情況。

21. 試說明混合設計。

22. 自 1980 年起，許多組織的高階主管都在不斷的思考及發展一些新的組織結構，期望使得其組織獲得競爭優勢。試說明新的結構設計。

23. 何謂團隊？團隊有哪些類型？何謂團隊結構？

24. 試說明自主性內部單位的特性。

25. 數位化企業的組織設計有何特色？

26. 何謂無疆界組織？奇異公司的董事長威爾許如何將奇異公司變成「營業額在 600 億美元的家庭式零售店」的「無疆界」組織？

27. 何謂學習型組織？如何成為學習型組織？

28. 企業要建立標竿學習的過程有哪四個步驟？

29. 管理者如何確信其標竿學習的努力是有效的？

30. 虛擬組織最大的優點是什麼？

31. 試比較網路組織與虛擬組織。這二個新的組織設計有什麼共同的優點？

二、討論題

1. 試將勞倫斯及勞許對「整合與差異化」的研究應用到夫妻之間，並提出適當的推論。例如夫妻之間有哪些因素會造成他們的差異，又當這些差異產生衝突時，要如何「整合」（擺平）？

2. 無疆界組織如何剔除組織與外在環境組成份子間的障礙？如何消除因地理區域所造成的障礙？

3. 無疆界組織的實現，網路電腦 (networked computer) 扮演著極為重要的角色。試詳述之。

4. 試討論「未來的經營環境不僅詭譎多變又是荊棘滿布，組織必須要發展一套學習的程序 (process of learning)，才能夠應付環境的變化」。

5. 試討論「組織學習的特色就是經驗學習，也就是從經驗學習。組織會以過去的經驗調整其行動，以增加其應變能力。久而久之，組織愈來愈能勝任解決曾經經歷過的問題（當然也相對的沒有能力去解決未曾經歷過的問題）。從本身的或他人的經驗中學習是很重要的，因為如此可避免重蹈覆轍，並可累積學習效果」。

6. 試評論「臺灣企業要在國際舞臺上與人一爭長短，必須成為學習型組織。也就是要對全面品管有所承諾，精益求精的不斷進步；培養重視冒險、開放及成長的組織文化；打破由於垂直層級及部門分工所造成的障礙；尊重不同的意見，採納有建設性的批評，鼓勵功能性的衝突；培養轉換型領導者 (transformational leadership)，也就是說，領導者會注意部屬個人所關心的事物及其需求的變化，他會幫助跟隨者以新的角度來看舊的問題，以改變他們對問題的意識，他會刺激、喚起，以及激勵部屬盡更大的努力，以達成團體的目標，以落實共有的遠景（視野）」。

7.「在好萊塢的黃金年代，影片都是由垂直整合的大型製片廠所製作。像米高梅、華納兄弟、廿世紀福斯公司這些大製片公司，都擁有自己的拍片廠、成千上萬的專職人員（如攝影師、場景布置人員、剪輯師、配樂人員、導演，甚至演員）。但是在今天，大多數的影片都是由小型公司或志同道合的一群人以專案的方式來製作。這種製作影片的方式，可以使得製片者就每一個專案（影片）挑選最適合的人，而不是從製片公司內既有的人員中來挑選。這種方式可以使製片者減低長期風險及長期成本。事實上，由於人員是以專案方式集結的，專案完成之後就解散，故無所謂『長期』風險及成本」。以上描述的屬於何種組織設計？

8.下圖顯示了哪一種組織設計的情形？管理當局外包了所有的企業活動。組織的核心是由一小群高階主管所組成，他們的工作就是直接監控在企業內的活動，並與接受外包、從事製造、配銷等的公司做好協調的工作。與外界（外包商）的關係都是以訂立契約的方式來相互約束，而對活動的協調及控制都是透過電腦網路連線來完成。

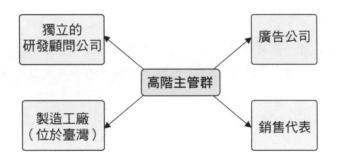

9.試說明以下的敘述是否正確？為什麼？

　⑴在連續性程序生產的技術之下，整個生產程序是機械化的，因此無所謂開始及結束。這個生產方式比大量生產更具機械化及標準化。組織對其製造過程具有高度的控制，而結果也非常容易預測。例如化工廠、煉油廠、製酒廠、核子能源廠所用的生產技術即是。

　⑵大量生產顧名思義是生產大量的標準化產品，例如裝配線生產。增你智公司 (Zenith Corporation) 利用大量生產的方式生產電視機的映像管。

　⑶單位生產是指訂單生產，因此在接受訂單之後，才開始製造產品，以滿足顧客的特定需要。這個技術非常仰賴人工操作者（如師傅、技師）的手工，因此不是機械化的 (mechanized)，其結果也不易預測。如果你訂做一件襯衫，這就是單位或小量批次技術應用之例。

10.一些學者已觀察到，科技是決定結構的關鍵性因素。他們試探性的結論道：擁有簡單及穩定的科技的企業，應該採用科層模式，然而具有複雜的、動態的科技的企業，必須採取更開放、更具彈性的結構。因此，用新科技的同時，應考慮組織結構與科技配合的情形。不可否認的，科技的創新會對組織造成深遠的影響。試加以闡述。

第 10 章
組織變革與創新

本章重點

1. 組織變革的本質
2. 組織變革的管理
3. 變革領域

4. 組織再造工程
5. 組織創新

近年來由於國外競爭日趨白熱化、消費者愈來愈挑剔、利潤愈來愈縮水，使得企業必須面對無窮的挑戰與危機。組織變革對現今的管理者而言是刻不容緩的問題。

10.1 組織變革的本質

組織變革 (organizational change) 是對組織內的某部分做大幅度的調整。在組織中涉及到變革的地方有很多，例如工作排程、部門化基礎、管理幅度、機械化、組織設計、員工本身等。值得注意的是，變革行動常常是相互關連的，在組織內某一領域的活動的改變，會牽連到其他領域。例如當企業在其某工廠內引進一個新式的自動化製造系統之後，所造成的影響或改變有：

(1)員工。員工必須接受新的訓練，才能夠具備使用新系統的技術。

(2)報酬制度。報酬制度也要跟著調整，以反映出擁有新技術的員工其報酬相對高。

(3)管理幅度。工廠領班的管理幅度變寬了。

(4)相關工作的重新設計。

(5)員工僱用標準。新進員工的甄選標準要跟著調整（例如具備或熟悉新技術的申請者優先錄用）。

(6)品管系統。要建立及實施新的品管系統。

一、變革的動力

組織為什麼認為有必要進行變革？最主要的原因是：與組織息息相關的因素已經改變了或即將改變，因此組織除了變革一途之外別無選擇。變革的動力（刺激）分為二類：外部力量和內部力量。孟子說：「入則無法家拂士，出則無敵國外患者，國恆亡」（《孟子‧告子下》），此句話用來詮釋組織變革的動力及所造成的影響，是相當貼切的。

（一）外部力量

促成組織改變的外部力量包括總體環境、任務環境中的各元素。

1.總體環境因素

石油危機、日本汽車業者的強勢行銷、匯率及利率波動等這些總體環境因素，重創了美國的汽車業。新的競爭規則及製造方法會迫使既有業者改弦易轍，或者進行釜底抽薪式的改變。在政治環境方面，政府管制、新的法律、法院判決等都會對企業造成莫大的影響。在技術環境方面，新的製造技術出現迫使企業必須改變或放棄既有的製造方式。

在經濟環境方面，通貨膨脹、生活成本、貨幣供給量等因素，均會對企業經營造成影響。在社會文化方面，社會價值觀決定了哪些產品或服務可被市場所接受。以上的各種總體環境因素均會對企業經營造成影響，進而迫使企業進行必要的改變。

2.任務環境因素

如第 3 章所說明的，任務環境中具有五種競爭力量：競爭者、顧客、供應商、管制單位及策略夥伴。這些力量都是促使組織改變及創新的動力。

由於企業直接面對的是任務環境，因此任務環境中的各元素是促使企業改變強而有力的動力。競爭者可在其價格結構、產品線策略的運用上對企業造成影響。當康柏電腦採取降價策略時，其競爭者戴爾電腦、Gateway 只有跟進一途。由於消費者在形成一個團體之後，可決定要以什麼價格購買什麼產品，因此組織必須重視消費者行為及偏好。管制單位對企業所造成的影響更是重大。工會在提高工資、改進福利上的要求，也會迫使企業做必要的改變。最後，策略夥伴的策略動向改變，也

是促使組織做改變的動力。

（二）內部力量

組織內部的各種力量也會促使組織變革。如果高階主管調整了組織策略，就會造成組織改變。例如某電子公司決定加入家用電腦市場，或是決定提高 3% 的年度銷售量，這些策略及目標都會造成組織變革。有些內部力量是由外部力量所造成的。例如社會文化價值的改變會影響員工工作態度的改變，進而影響到他們對工作時間、工作條件的要求。

二、計畫式與因應式變革

有些變革在事前曾做過周密的規劃，但有些變革則是被動的因應意外事件的發生。計畫式變革 (planned change) 是預期未來事件，有系統的、及時的設計及落實變革；因應式變革 (reactive change) 則是在事件發生時，做零星的反應。由於因應式變革通常是倉促的、急就章的，所以由於思考不周密所導致的變革失敗是不足為奇的。

10.2 組織變革的管理

組織變革是一個複雜的過程，其效果並不是一蹴可幾的。事實上，組織變革是一個有系統的、合乎邏輯的步驟，按部就班的去落實終有水到渠成的一天。要將組織變革計畫加以落實的話，管理者必須瞭解有效變革的步驟以及如何克服員工對變革的抗拒。

一、組織變革的步驟

近年來，研究者發展了一些能夠勾勒出變革步驟的模式或架構。雷溫模式 (Lewin model) 是首當其衝的模式，雖然此模式在周延性方面有再加強的必要。

（一）雷溫模式

著名的組織理論學家雷溫 (Kurt Lewin) 認為，任何變革都需經過三個步驟：⑴解凍 (unfreezing)，也就是告知那些會被變革影響的人要進行變革的理由；⑵實施變

革；⑶結凍 (refreezing)，也就是強化及支持這項變革，使得變革成為整體系統的一部分。

例如開拓農機對經濟不景氣所採取的因應之道，就是進行「縮減人員」的變革計畫。首先，該公司要求員工支持這項變革（解凍），它所把持的理由是：這項變革可提升組織的長期效能。在這個階段之後，公司就裁撤了三萬名員工（變革的實施）。然後開拓農機就盡量的修補與員工之間已經受到傷害的關係——向員工保證會調整薪資結構、保證以後不再裁員（結凍）。

雷溫模式雖然「有趣」，但是它欠缺周延性及作業上的明確性，所以我們要有一個比較周延的變革模式。

（二）周延的變革模式

周延的變革模式 (comprehensive model of change) 是基於系統觀點所勾勒出的一系列特定步驟，這些步驟的有效實施會導致變革的成功。

有智慧的管理者在進行多樣的選擇時，不會預先鍾情於某一方法，而排斥其他方法❶。同時，有效率的管理者應避免掉入停滯的陷阱。格雷納 (Greiner, 1972) 曾觀察道：「管理行為通常是這樣的：⑴較能適應過去，而較不能適應未來；⑵履行官樣文章的義務勝於解決面對現在問題的挑戰；⑶對部分的目標的投入勝於對公司的整體目標」，因此，管理的變革要有適應性，而管理者必須要有前瞻性❷。

1.對變革需求的認知

如圖 10–1 所示，組織變革過程的第一步，就是管理者認知到變革的需求，也就是深深的瞭解變革的必要性，以及體認到如果不進行變革所必須承擔的後果。

---

❶ W. I. French, C. H. Bell and R. A. Zawacki, *Organization Development* (Plano, Tex.: Business Publications, 1983).

❷ P. Hersey and K. H. Blanchard, "The Management of Change," *Training and Development Journal*, January 1972, pp. 6–11.

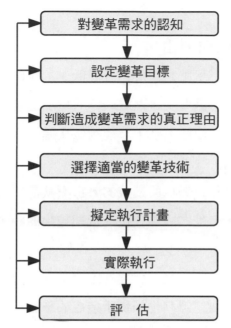

來源：L. Brown, "Research Action: Organizational Feedback, Understanding and Change," *Journal of Applied Behavioral Research*, 8 (1972), pp. 697–711; P. A. Clark, *Action Research and Organizational Change* (New York: Harper & Row, 1972).

▲ 圖 10–1　周延的變革模式

　　管理者如何瞭解到變革的需要？公司內的財務報表、品管數據、預算及成本資料，都可以揭露企業內部的情況。利潤及市場佔有率的下跌，都是對企業的競爭地位已在衰退發出了警訊。這些資訊都可讓管理者瞭解變革勢在必行。

　　一般而言，員工抱怨、生產力下降、離職率上升、法院禁令、銷售量下滑、工會罷工等都是驅動改變的原因，也會造成管理者對變革改變需求的認知。造成管理者對變革需求的認知的立即刺激因素有：(1)預測到新市場的潛力；(2)將累積的現金盈餘用於投資可獲得可觀的利潤；(3)利用技術突破的機會可獲利。

　　管理者對變革需求的認知，也許只是他們意識到變革的勢在必行。例如管理者看到大多數的同業都在進行改革，因此意識到如果自己不進行改革便會落伍。

2.設定變革目標

　　增加市場佔有率、進入新市場、提振員工士氣、解決罷工問題、確認投資機會

等都可能是變革的目標。

3. 判斷造成變革需求的真正理由

例如離職率的居高不下可能是由於薪資偏低、工作環境不佳、管理者無能或員工本身的不知足所造成的，因此，雖然離職率的增加是造成變革的立即驅動因素，但是管理者必須知道真正的原因所在，才能夠做正確的變革。

4. 選擇適當的變革技術

如果離職率的增加是薪資偏低所造成的，那麼就需要發展一套新的報酬制度；如果是因為管理者無能，則他們就需要接受管理技術的訓練。

5. 擬定執行計畫

在選擇了適當的變革技術之後，就要擬定變革的執行計畫。此時要考慮的因素包括：變革的成本、變革對組織其他領域所造成的影響以及員工的最適參與程度。

6. 實際執行

變革的實施必須掌握時效和範圍這二個重要因素。在時效方面，管理者要選擇合適的時機進行變革，並考慮到公司的作業週期及變革前的準備工作。如果問題嚴重到有影響組織生存之虞（在時效上相當緊迫），應立即實施變革計畫。如果變革需要漫長的時間，應在比較寬裕的時期進行比較好，不要和公司正常運作相衝突。在變革的範圍方面，變革的實施可能遍及整個組織，也可能只是涉及到若干個部門，不論影響的範圍有多大，總是分階段、分部門的以循序漸進的方式來實施比較好，因為這種階段方式可讓管理者及員工瞭解前一階段實施的成果，以作為此階段改進的參考。成功的變革策略大都採用階段方式。

7. 評　估

管理者必須檢視變革是否依照原計畫進行，並評估實施變革的成果。如果變革的目標在於減低離職率，而經過某一特定時間的變革實施之後，管理者就要檢視離職率。如果離職率沒有降低，就表示組織必須採取另外的變革計畫。

二、抗拒變革的原因

大部分的組織變革，最後總會引起某些員工的抗拒。變革之所以會引起理性和非理性的情緒反應，是因為這些原因：不確定性、本身利益受到威脅、認知差異、

失落感❸。

（一）不確定性 (uncertainty)

不確定性就是不可靠性 (unreliability)。員工對於不可知的未來，總是會惶恐不安、緊張兮兮的。他們可能會擔心無法勝任新工作；他們會害怕工作安全受到威脅；或者他們根本就討厭模糊性（事態不明、前途未卜）。

（二）本身利益受到威脅

許多變革會影響到某些管理者或員工的自我利益。變革可能會削弱他們既有的權力或影響力，因此他們會抗拒這些會影響本身利益的改變。

（三）認知差異 (different perception)

造成管理者（變革者）和員工（受到影響的人）之間的差異的主要原因是資訊的不對稱，以及由於資訊的不對稱所造成對於情境的判斷。一方面，管理者基於他們所獲得的資訊以及對情境的研判，認為變革對組織會產生正面的影響，例如生產力、競爭力的提高，當然他們也認為變革對員工也會有利。另一方面，員工會依據他們獲得的資訊（通常比管理者更不足，或經由道聽塗說而來）以及對情境的判斷，認為變革只是對管理當局有利（例如會讓管理者受到上司的青睞與獎賞），對自己不利（例如工作難保、要重新學習新技術有力不從心之感等）。

（四）失落感

許多變革會改變既有的工作安排，進而牽動了既有的社會網路（與同事建立的關係）。由於很多員工很重視社會關係，因此會抗拒任何會牽動既有社會關係的變革。受到變革影響的其他無形因素包括：權力、地位、安全、對既有作業方式的熟悉以及自信。

---

❸ J. P. Kotter and L. A. Schlesinger, "Choosing Strategies for Change," *Harvard Business Review*, March-April 1979, pp. 106–114.

三、減少變革的阻力

抗拒變革的原因已如上述。不可否認的，減少抗拒可以節省時間，使得此變革容易被接受或被容忍。如果將抗拒保持在最小程度，則員工的作業績效便能很快的恢復到以往的水準。管理者要採取哪些適當的步驟以使抗拒減到最低呢？有些方法將有助於使得對組織變革的抗拒降到最低：

（一）參與 (participation)

參與通常是減少變革阻力的最有效方法。參與變革計畫及執行方案的員工會比較瞭解要進行變革的理由。如此，員工會認為，不確定性沒有那麼大，而自我利益、社會關係也不會受到威脅。在參與變革計畫的過程中，因為員工有表達意見的機會，因此也會比較欣然的接受變革。研究者曾對某成衣工廠進行有關變革成果的研究，發現實驗組（參與變革計畫者）比控制組（未參與變革計畫者）在生產力及工作滿足感方面都比較高❹。

（二）教育及溝通 (education and communication)

教育員工有關變革的必要性及實施變革後的預期價值，會減少員工的抗拒。如果在實施變革計畫的過程中，能夠保持開放性的溝通，讓員工有表達意見的機會，就會減低不確定性，進而減低抗拒。

（三）促成 (facilitation)

在促成方面，管理者可：⑴只做必要的改變；⑵在改變前預先宣告，讓員工有心理準備，有足夠的時間做調整。

（四）力場分析 (force-filed analysis)

力場分析就是先想清楚變革的原因及抗拒變革的力量，然後再以各個擊破的方

---

❹ Lester Coch and John R. P. French, Jr., "Overcoming Resistance to Change," *Human Relations*, August 1948, pp. 512–532.

式，剔除抗拒變革的力量，或至少使其影響力減到最低。例如通用汽車公司考慮進行關廠的這項策略變革。支持關廠的原因有：降低成本、產能過剩、工廠的設備老舊。同時，抗拒變革的力量有：工會的反對、工人福利、日後可能用得上這些設備。在剔除這些抗拒力量方面，管理當局可以：⑴提供成本／利潤報表，向工會說服何以關廠是必要的；⑵擬定人員安置及訓練計畫，不至於影響工人的福利；⑶在關廠之前，會妥善處理堪用的設備，以做日後更新。這樣一來，三個主要的阻礙因素皆已陸續排除，或使其阻力減到最低。

10.3 變革領域

組織變革的領域有：組織結構與設計、技術與作業、人員，如表 10–1 所示❺。

▼ 表 10–1　組織變革的領域

組織結構與設計	技術與作業	組織文化	人　員
工作設計	科　技	價值觀	知　覺
部門化	設　備	行　為	態　度
報告關係	工作程序 (process)		能力與期望
職權的分布	工作次序 (sequence)		組織發展
協調機制			
直線／幕僚結構			
整體設計			
人力資源管理			

來源：N. Margulies and A. P. Raia, eds., *Conceptual Foundations of Organizational Development* (New York: McGraw-Hill, 1978).

一、組織結構與組織設計

組織變革也許著重於組織結構及設計的某些部分。例如組織會改變其工作設計或部門化基礎。同樣的，組織也會改變其報告關係或職權的分布。由於平坦式組織

---

❺ H. J. Leavitt, "Applied Organizational Change in Industry: Structural, Technological and Humanistic Approaches," in *Handbook of Organizations*, ed., James G. March (Skokie, Ill.: Rand McNally, 1965), pp. 1144–1168.

結構是一個重要趨勢，所以組織也可能在協調機制、直線／幕僚結構上做一些必要的調整。

有些組織甚至大幅度的進行整體設計的改變。例如組織可能以事業單位設計來代替功能部門化設計，或是轉換成矩陣式組織。最後，組織可能改變其人力資源系統的任何部分，例如甄選標準、績效考評方法或報酬制度。豐田汽車公司曾在其結構及設計上做了重大的改變，企圖變成一個扁平式的、分權式的組織，以便能快速因應外部環境的變化 ❻。

二、技術及作業

技術改變包括將資源轉變成產品或服務的任何新方法的應用。由於技術創新的一日千里，因此技術變革對於組織而言益形重要。

（一）科　技

在今日的企業經營中，最重要的技術改變是資訊科技。資訊科技的採用及制式化在現代的大小企業內已經是「家常便飯」的事。例如昇陽公司 (Sun Microsystems)已採用極短期的規劃週期來因應環境的變化。網路科技包括網際網路、企業間網路及企業內網路，這些科技的發展及普及，對企業經營造成了莫大的影響。

（二）設　備

另外一個極重要的技術改變形式就是設備。為了要維持競爭力，許多組織都不約而同的添購新設備及機具。在使用新設備及機具來產生新產品時，組織內的工作程序 (work processes) 或工作活動也必須跟著調整。

（三）工作流程

在製造上，改變工作流程的基本原因是原料的改變。有一個製造手電筒的工廠，多年以來一直使用金屬製造，現在因為成本、顧客偏好等原因，要改用塑膠製造。

---

❻　"Founding Clan Vies with Outside 'Radical' for Soul of Toyota," *The Wall Street Journal*, May 5, 2000, pp. 197–211.

以塑膠製造手電筒的技術絕對不同於以金屬製造，因此工作流程（製造程序）也必須跟著改變。工作流程的改變不僅發生在製造業，而且也發生在服務業。例如傳統上的理髮店及美容院已漸被男士、女士皆宜的美髮沙龍所取代。美髮沙龍業者會以混合式的組織結構來滿足男女消費者的不同需求。

（四）工作次序

工作次序 (work sequence) 的改變可能會，也可能不會涉及到設備的改變或工作流程的改變。工作次序的改變就是在某特定的製造程序中改變工作站的次序。例如某製造工廠有二條平行的裝配線製造相同的零件。這二條裝配線會在最後一站聚合以便進行品管。現在管理者決定要在各定點進行品管，而不用先前最後總檢查的方式，所以就在裝配線上的各定點設置了檢查點。在這種情形下，工作次序就會改變。

三、組織文化

組織文化是組織成員所共享的基本價值觀，以及基於這些價值觀所表現的行為。管理者對於舊有的組織文化要「取其精華、去其糟粕」。例如在摩托羅拉 (Motorola) 的糟粕文化是「令人窒息的官僚主義、緩如龜步的決策過程、盲從於工程的改良而忽略了顧客的需求、內部鬥爭有如蠻荒部落間的廝殺」❼。

（一）改變組織文化

如何改變組織文化？最重要的是，管理者必須「行動至上」 (actions speak louder than words)。例如當柯達公司的總經理決定要大刀闊斧的改革組織文化時，他不僅發出信號（例如我們要特別重視效率、效能及反應性）而已，而且採取實際行動。他將表現不佳的管理者走馬換將，並徹底實施成果取向的獎勵制度。

（二）創造及維持好的組織文化

一個做困獸之鬥的企業，官樣文章滿天飛，背後中傷詆毀層出不窮，罔顧顧客利益。你要如何改變它的組織文化？以下是一些原則性的方法：

---

❼　John Kador, "Shall We Dance?" *Electronic Bulletin*, Vol. 28, No. 2, February 2002, p. 56.

1. **向員工清楚的表達你所關心的事情，你要考評及控制的項目**

例如要員工重視成本控制或顧客服務（如果這是你所關心的事情）。透過政策及實務，發出「什麼是可接受的、什麼是不可接受的」信號。例如在豐田公司，「品質及團隊合作」是公司所強調的價值（當然是可接受的）。這也可以說明，何以豐田公司的員工甄選、教育訓練都非常重視申請者是否具有品質意識及團隊合作精神。

2. **處理要適當**

對關鍵事件或組織危機的處理要適當。例如假如你一直在強調「我們都是一家人」這個價值觀，就不要一面開除作業工人、中階主管，另一面卻讓高階主管加薪。

3. **利用「象徵、符號、軼事、慣例、儀式」來發出你重視「價值」的信號**

例如在潘尼公司 (JC Penny)，忠誠及重視傳統是相當受到重視的價值觀，為了闡揚這個價值觀，公司會在正式的會議中，引導新進主管加入「潘尼伙伴」的行列，並要他們承諾公司的核心價值——榮譽、信任、服務及合作。

4. **以身作則**

管理者要成為部屬的角色模範。例如沃爾瑪商場的創辦人沃頓 (Sam Walton) 以「勤奮工作、誠實、親和、節儉」這些價值作為生活準則，而且希望員工也能夠一樣。他雖然非常富有，但仍每天開著發財車上班。

5. **告知員工獲得報酬的基礎（原因）**

要明確的告訴部屬，哪些特定的行為會獲得加薪及升級。例如數年前奇異公司決定要改弦易轍，將以往所重視的成本控制轉移到多角化及銷售成長。相對的，它的報酬制度也要跟著調整。管理當局將以銷售量的增加、新產品的發展作為報酬的基礎，而不是原先的盈餘增加（因為只要降低成本就可增加盈餘，而降低成本並不再是它的策略重心）。

6. **人力資源制度及標準必須符合你所提倡的價值觀**

例如當葛斯納 (Louis Gerstner) 晉升 IBM 的總裁時，他建立了一個新的考評制度及報酬計畫，來發揚他所提倡的「重視績效」的價值觀。

四、人　員

組織變革的第四個領域是人力資源。人員改變所使用的方法涉及到改善員工的

能力、態度及績效水平。前述的組織結構與設計、技術與作業這些方面的改變是企圖藉著工作方式的改變，來改善組織績效。其所做的假設是這樣的：工作環境的改變之後，員工就會跟著改變。相形之下，人員的改變著重於員工的知覺、態度、能力與期望。當這些因素改變之後，員工就會尋求組織結構與設計、技術與作業方面的改變。根據這種看法，員工是變革的觸媒，而不是實現變革的工具。

在人員改變方面，使用得最為普遍的方法就是組織發展 (organizational development, OD)。OD 是有計畫的、長期的瞭解、改變及發展組織內人力資源的行為科學技術。雖然 OD 也涉及到組織結構與設計、技術與作業的改變，但其主要焦點是在人員的改變。

OD 可以改變組織的三種核心價值 (core values)：

1. 人員價值 (people values)

也就是提升員工的能力。員工有成長與發展的自然慾望。OD 的主要目的就是要剔除個人成長道路上的障礙，進而使員工對組織提供更多的貢獻。OD 特別強調尊重員工、誠意及開放式溝通。

2. 群體價值 (group values)

也就是提升群體成員解決問題的意願。在群體中，成員的被接受度、合作度及參與度會影響成員是否會表露其感覺與知覺。隱藏自己的感覺或被團體排擠都會減低成員在積極解決問題方面的意願。讓成員「大鳴大放」（吐出心中的怨氣）也許會有風險，但通常可以幫助成員對問題提出有效的解決之道，並將計畫加以落實。

3. 組織價值 (organization values)

也就是高階主管的改變。組織改變的發起者是誰大大的影響到組織效能。OD 瞭解到從上（組織高層）到下（組織基層）進行改變的重要性。高階主管除非認知到自己做改變的重要性，並確實的做到改變，否則從基層發起的改變通常效果不大。

在 OD 方法中使用得最為普遍的就是調查回饋 (survey feedback)。調查回饋可使管理者及部屬向組織提供回饋訊息，並且也可以獲得有關其本身行為的回饋訊息。這些訊息就是進行組織改變的刺激因素。從別人那裡獲得有關行為及工作績效的正確訊息，是實現 OD 的基礎。

組織可用問卷的方式來獲得有關回饋的訊息。問卷的內容當然要涉及到組織最

為關切的問題領域。員工調查所涉及的內容通常包括：員工的承諾及滿足感、員工對於組織創新氣候的評估、員工對於組織具有顧客導向的看法，以及員工對於被監督及管理實務的態度。

問卷的設計可以是制式的（標準的）或特別設計的。特別設計的問卷比較能夠深入問題的核心，並將焦點放在目前重要及迫切的問題上。制式的問卷可以便於對每次結果進行比較（如果問卷施行許多年的話）。同時，如果行業內的各組織都採用標準化問卷的話，會方便做同業的比較。組織可依據比較的結果作為改進的參考，以做到有效的標竿競爭 (benchmarking)。標竿競爭就是去發掘為什麼績效最佳的競爭者在品質、速度及成本績效方面做得比本公司好的原因，進而去模仿他們，甚至超越他們。孔子說：「見賢思齊，見不賢而內自省」（《論語‧里仁第四》）就是這個意思。這些作為標竿的競爭者，不限於本公司所處產業的競爭者，還包括其他產業的世界級廠商❽。

當組織在探索具有策略重要性的問題時，進行員工調查可以幫助組織瞭解實情，進而採取適當的因應之道。例如組織目前所採取的是創新及創造力提升策略，管理當局就可以使用員工調查，來瞭解員工對於組織創新及創造力的看法（如組織是否致力於創新及創造力的提升）。如果調查結果顯示員工認為組織在創新上「說一套做一套」，管理當局就可發現到落實不佳的現象（雖然組織高層可能有此美意），並立刻針對落實不徹底的問題加以檢討改進。

用於調查回饋最有名的就是稱為 KEYS 的標準化問卷。KEYS 問卷的目的，在於調查員工對於工作環境是否支持創新及創造力的看法。基於對回收問卷的資料分析，管理當局就可決定是否應改善組織氣候；如果需要改善的話，要在組織氣候的哪一部分進行改善，才能夠建立支援創新及創造力的環境。

KEYS 問卷總共設計了八十六個敘述，這些敘述可評估員工對於組織創造力、自主性及自由度、資源可利用性、壓力、創造力障礙的看法。員工（問卷填答者）以四點尺度來表示他們對這些敘述的同意程度。在 KEYS 問卷中一些範例如下：

---

❽ Robert C. Camp, *Benchmarking: The Search for Industry—Best Practices That Lead to Superior Performance* (White Plains, N.Y.: Quality Resource, 1989); Stanley Brown, "Don't Innovate Imitate," *Sales and Marketing Management*, January 1995, pp. 24–25.

⑴在組織中員工被鼓勵以創新的方式解決問題。

⑵我的主管是我的工作榜樣。

⑶在我的部門（或工作團體）內有自由而開放的溝通。

⑷一般而言，我在工作上可獲得資源。

⑸我有太多的事情須在極短時間內完成。

⑹在組織內有太多的政治問題。

在過去十年，在各組織內大約有十五萬位員工接受過 KEYS 問卷調查。調查結果顯示，從事創造性工作的員工，其在 KEYS 問卷所獲得的分數較高。如想進一步瞭解 KEYS 問卷，可上「創造領導力中心」(Center for Creative Leadership) 網站查看。

10.4 組織再造工程

一、意義與目的

組織再造工程 (reengineering in organizations) 的主要目的之一，在於利用相關技術重新將工作加以建構、重新改變商業程序。所謂商業程序 (business process) 是指：為了針對某一個客戶或市場而提供輸出（產品或服務）的一系列活動。新產品發展、行銷研究、產銷及儲運、訂單處理等都是商業程序的例子。研究再造工程的鼻祖海默 (Michael Hammer, 1993) 認為：「『再造工程』是對於商業程序重新思考、重新設計，以使成本、品質、服務及效率獲得重大的改善」 ❾。因此，要實施再造工程的企業，首先必須對於現行的做法提出質疑，並且思考「為什麼」要有這樣的商業程序，以及「如何」改善這種商業程序。從這裡我們可以瞭解，再造工程所代表的意義及做法遠勝於成本節省或者商業自動化。柯達公司能夠將新產品上市的時間減半、聯合碳業公司 (Union Carbide) 能夠將固定成本減少 4 億美元，都是拜再造工程之賜❿。

---

❾ Michael Hammer and James Champy, *Reengineering the Corporation: A Minisfesto for Business Revolution* (New York: Harper Collins, 1993), pp. 92–98.

❿ Robert Janson, "How Reengineering Transforms Organizations to Satisfy Customers," *National*

何以需要再造工程？何以愈來愈多的組織意識到實施再造工程的必要性，進而在再造工程上投注許多努力？所有的系統，包括組織在內，都會面臨能趨疲的正常現象。能趨疲會導致組織的衰亡。當組織自滿於現狀、對環境的變化文風不動，或是坐吃山空時，就已經呈現了能趨疲的現象。為了避免能趨疲的現象發生，許多組織在一發現有這個跡象時，就立即進行再造工程。

二、實施步驟

實施再造工程的步驟包括：

(1)發展再造工程努力的目標及策略。

(2)在再造工程的努力中，要有高階主管的承諾。

(3)在組織成員中建立危機意識。

(4)一切歸零，從頭做起。

(5)在「由上而下」（高階主管的涉入）及「由下而上」（部屬的參與）之間取得最適點。高階主管的過度參與或漠不關心皆不適當。

10.5　組織創新

組織變革的一個重要因素就是創新。創新 (innovation) 就是發展新產品或服務，或是在既有的產品或服務上發展新的用途。在動態的、複雜的環境下，創新不言而喻對於任何組織而言是非常重要的。組織如果不能推陳出新，便會被淹沒在競爭的洪流中。成功的組織如果緬懷於過去光輝的歷史而驕矜自滿、不思求新求變，對於競爭力的流失渾然不知，必然會面臨破產倒閉的噩運。

一、創新過程

就像產品有生命週期一樣，創新也有生命週期。組織創新的過程包括六個步驟：創新發展、創新應用、應用導入、應用成長、創新成熟及創新衰亡，如表 10–2 所示。

Productivity Review, Vol. 12, Issue 1, Winter 1992, pp. 45–53.

▼ 表 10-2　組織創新過程

創新階段	說　明
創新發展 (innovation development)	組織會對某創意構想加以評估、修正及改善
創新應用 (innovation application)	組織會將所發展出來的構想應用在設計、製造、產品、服務及程序（包括製造程序、商業程序）上
應用導入 (application launch)	組織將新產品或服務引介到市場上
應用成長 (application growth)	在市場會對新產品或服務的需求不斷增加
創新成熟 (innovation maturity)	許多競爭者也能掌握原先的構想
創新衰亡 (innovation decline)	對原創新（對原構想所產生新產品或服務）的需求減低，另一個創新產生了，並實際應用了

來源：Michael L. Tushman, "Special Boundary Roles in the Innovation Process," *The Administrative Science Quarterly*, Vol. 22, December 1977, p. 587.

（一）創新發展 (innovation development) 階段

在此階段，組織會對某創意構想加以評估、修正及改善。創新發展可以將原本是微不足道的產品或服務，轉換成潛力十足的產品或服務。

（二）創新應用 (innovation application) 階段

在此階段，組織會將所發展出來的構想應用在設計、製造、產品、服務及程序（包括製造程序、商業程序）上。例如將實驗室的創新構想會被轉換成有形的產品、服務（服務是無形的）。拍立得公司 (Polaroid) 利用雷達聚焦技術，就是一個很好的例子。早在第二次世界大戰期間，美國軍方就曾廣泛的使用音波技術來探測某移動物體的位置、速度及方向。戰後數年，由於雷達技術發展日新月異，許多先前的音波技術都可以沿用到雷達技術上，但所需的零組件變得更為細緻。拍立得公司就利用這些雷達技術來發展新的照相機。

（三）應用導入 (application launch) 階段

在此階段，組織會將新產品或服務引介到市場上。此時的關鍵問題是：「消費者會接受這個創新性的產品或服務嗎？」值得瞭解的是，被稱為「創新者」(innovators) 的消費者大多是喜愛冒險的年輕人，他們受過高等教育、活動力強，而

且比較世故。他們也傾向於與自己所屬團體以外的人保持廣泛的社交關係，在瞭解並運用科技資訊的方面也較一般人容易。他們經常使用非個人關係的資訊來源，特別是科技與科學期刊，以及專業雜誌與報紙。

綜觀商業歷史，由於創新失敗的例子可以說是不勝枚舉。例如德州儀器公司在退出家庭電腦之前，已虧損了 6.6 億美元；RCA 在錄放影機市場虧損了 5 億美元；福特時運不濟，在 Edsel 市場損失了 2.5 億美元；杜邦在 Corfam 人工皮革市場損失了 1 億美元；法國的協和飛機 (Concord) 永遠無法回收其投資額❶。研究顯示：創新性消費者產品的失敗率是 40%，創新性工業品的失敗率是 20%，服務的失敗率是 18%❷。因此，即使是通過了創新發展及創新應用階段，新產品及服務仍然可能在導入階段鎩羽而歸。

（四）應用成長 (application growth) 階段

在此階段，市場會對新產品或服務的需求不斷增加。創新性的產品及服務一旦成功的導入市場之後，就進入應用成長階段。在此階段，由於需求大於供給，因此企業會有很好的經濟績效。組織是否會投入大量的人力、資金，擴充產能來應付這些需求？這要看組織對於未來需求的預期或假設而定。吉列公司 (Gillette) 因為不看好其 Mach III 刮鬍刀，就沒有大張旗鼓的擴充產能。如果對未來需求做錯誤的、不切實際的預測，則對企業績效會有不良的影響。如果預期的需求過高（但實際上沒有這麼高），則企業會囤積許多滯銷品，造成資金周轉的壓力及額外的倉儲成本。如果預期的需求過低（但實際上沒有這麼低），則喪失了獲利的機會。由此可見預測的重要（本書在第 5 章「規劃」所說明的當代規劃技術都是預測的有效工具）。

---

❶ Philip Kotler, *Marketing Management: Analysis, Planning, Implementation, and Control*, 9th ed. (Englewood Cliffs, N.J.: Prentice Hall Inc., 1994), p. 308.

❷ D. S. Hopkins and E. L. Bailey, "New Product Procurement," *Conference Board Record*, June 1971, pp. 16–24.

（五）創新成熟 (innovation maturity) 階段

在此階段，許多競爭者也能掌握原先的構想。在需求成長之後，創新性產品或服務通常會進入成熟階段。在此階段，產業內的大多數組織都普遍的擁有此創新性技術，而所提供的產品或服務都是大同小異的。例如傳統的彩色電視（不是電漿電視）即是。在此階段，創新技術的策略運用，是相當複雜的。由於大多數廠商擁有創新性技術（不論是自行發展的，或是複製其他廠商的），因此對於任何廠商而言，都沒有競爭優勢可言。此時，可謂達到「割喉式競爭」(cut-throat competition) 階段，廠商無不卯足全力，爭奪有限市場的一杯羹。價格競爭非常激烈，但因為害怕同業報復，搞得兩敗俱傷，廠商會採取非價格競爭 (non-price competition) 的手段，例如提供贈品等。

從創新發展（第一階段）到創新成熟（此階段）的時間，隨著特定產品及服務的不同而異。如果創新性產品及服務涉及到複雜的技術，如高度複雜的製造程序、團隊合作或知識，則從創新發展到此階段的時間會比較長。除此之外，如果創新技術是獨特的、不容易被模仿的，而且也有周全的法令保護的話，策略模仿（strategic imitation，見第 7 章）就會被延遲，而創新性組織就會享有一段時間的持久性競爭優勢。

（六）創新衰亡 (innovation decline) 階段

在此階段，對原創新（對原構想所產生新產品或服務）的需求減低，另一個創新產生了，並實際應用了。每一個創新在一開始時就種下了衰亡的種子。任何創新都免不了有「自我毀滅」(self-destruction) 的現象。如果組織在創新成熟階段無法（或未能）獲得競爭優勢，就要及時的鼓勵其創意人員、工程人員及管理者為下一個創新而努力。所謂「不創新，便滅亡」(innovate or perish)，企業應持續不斷的創新，即使在先前的創新技術中領先的企業，也不應怠慢。創新競爭 (innovate competition) 的本質好比 NBA 球賽，前一場球賽的勝利，並不能保證下一場球賽的勝利；每一場球賽都是一個新的局面。企業唯有不斷創新，才不至於消逝在競爭的洪流之中。

二、創新形式

創新有兩種基本的形式：急進創新與漸進創新。

1.急進創新 (radical innovation)

是由組織所發展的產品、服務或技術完全的取代了產業中既有的產品、服務或技術。急進創新改變了企業間競爭的本質。對打擊競爭者而言，急進創新是最徹底的、最具殺傷力的方式，因為這使得競爭者的產品、服務或技術無用武之地，而既有的機具設備亦無法發揮功能，已經擴充的產能面臨騎虎難下、進退不得的窘境，而且人員必須重新訓練、知識必須重新培養。過去數年來，急進創新的例子屢見不鮮。例如視窗作業系統 (Windows) 取代了 DOS 作業系統等。我們預測，LED 燈泡在不久的未來將會完全取代現有的日光燈，而電腦的觸控螢幕將會取代現有的螢幕。

2.漸進創新 (incremental innovation)

是指新的產品、服務或技術只是對現有的產品、服務或技術做微調。例如 iPad7 之於 iPad6 是漸進創新，因為前者只是對後者做微調而已，使用 iPad6 的仍大有人在。

什麼因素造成了急進創新與漸進創新？急進創新是由技術所驅動的，換句話說，這是由於組織所發展的新技術所造成的創新。漸進創新是由市場所驅動的。例如某一群消費者對於既有的產品或服務有一些特殊的需要或不滿，廠商為了滿足這些需要或解決不滿，就對既有的產品或服務增加了某些功能。例如 Outlook 2010（微軟公司電子郵遞軟體）強化了垃圾郵件篩選的功能、通訊錄自動匯入功能、電子郵件帳號自動設立功能（已經使用早期版本所建立的通訊錄及電子郵件帳號可自動匯入及建立）。透過開發者所設計的 Web Apps 進一步擴充、以「訂閱」作為使用模式，以及整合雲端及社群應用發展。這些都是因應使用者需要所產生的。

三、創新類型

創新的四個基本類型是：技術創新、管理創新、產品創新與程序創新。

（一）技術創新

技術創新 (technical innovation) 是產品或服務在績效上的改變，或者在製造產品、提供服務上技術的改變。過去五十年來，重要的創新都是屬於技術創新的領域。例如電晶體取代了真空管、積體電路取代了電晶體、晶片取代了積體電路，這些現象大大的增加了電子產品的功能、易用性及作業速度。又如結合了個人數位助理 (PDA) 與計算器等的智慧型手機，大大的增加了產品的易用性。在物理及生物界，奈米科技、生化科技的突破，帶來了無限商機，而且對我們的生活也產生了重大的影響。然而，所有的創新未必只侷限在技術領域，創新還涉及到管理創新與程序創新。

（二）管理創新

管理創新 (managerial innovation) 是管理程序（規劃、組織化、領導、控制）上的改變，而這些改變有助於產品或服務的孕育（構想的醞釀）、育成（將構想轉換成實際的新產品或服務）以及實現（向市場提供新產品或服務）。

（三）產品創新

產品創新 (product innovation) 是指對既有產品或服務在實體特性上的改變，或產生嶄新的產品或服務。例如在產品的形狀、大小、顏色、材質、包裝上做改變。產品創新又可細分為：

1. 修改 (modification)

亦即對既有的產品形式、顏色、款式等所做的任何調整，產品的任何改良或是品牌的改變。例如方形變圓形、黃色變綠色。

2. 次要的創新 (minor innovation)

公司從未銷售過的產品，但其他公司已行銷過的產品，如優派公司 (ViewSonic) 繼蘋果公司推出 iPad（IOS 系統）之後所推出的 ViewPad 超級平板電腦（Android 系統）。

3. 主要的創新 (major innovation)

一項其他公司從未銷售過的產品，如英特爾公司率先推出的半導體。當時的研究報告顯示出：在美國各大公司所引進市場的新產品中，屬於修改的佔了 70%，次要創新的佔了 20%，而主要創新的佔了 10%。該研究中並指出，主要創新的新產品，乃是新產品成功的關鍵性因素，並曾得到高階主管的大力支持❸。

（四）程序創新

程序創新 (process innovation) 涉及到創造一個新的製造、銷售及配銷方式。自助式的線上股票交易就是程序創新的典型實例。漢威公司利用虛擬團隊來進行產品設計，也是一個程序創新的好例子。無可否認的，網際網路的興起，許多傳統的製造程序也受到影響，如廣告製作與呈現、買賣雙方的交易活動、新產品發展、行銷研究、產銷及儲運、訂單處理、顧客關係管理、供應鏈管理、電子資料交換 (electronic data interchange, EDI)。

沃爾瑪商場的成功，在於其利用連結了供應商、倉庫及結帳顧客的電子資料交換技術，並將電子付帳、採購單驗證、條碼技術、影像處理技術，整合在供應鏈管理中❹。電子資料交換是組織間電腦對電腦的結構化資料交換。這些資料必須具備標準化、電腦可處理的格式。電子資料交換系統是私人網路，透過專有的軟體來支持，對於使用的人也有所限制。電子資料交換是可以使合夥公司或組織以電子的方式互相交流的系統，以取代採購訂單、存貨表、提貨單、發票等傳統的手工文件作業。如果這些文件由手工來做的話，很容易造成差錯。電子資料交換可使企業正確無誤的傳送文件（也就是那些例行的、令人厭煩的、冗長乏味的文件）給它的商業夥伴，即使它的商業夥伴所使用的是截然不同的電腦系統也沒有關係。

網際網路 EDI (Internet EDI) 是以既有的 EDI 技術為基礎（早年只有政府及大型企業才使用 EDI），然後把它變成小型企業也可使用的技術。由於對小型企業而言，使用 EDI 的成本不貲，但許多大型企業也願意吸收一部分的費用（因為它們要和小

---

❸ *New Product Management for the 1980's* (New York: Booz, Allen & Hamilton, 1982), p. 9.

❹ Philip W. Seely, "Using Technology to Meet Customer Needs," *Inbound Logistics*, July 1995, p. 46.

型企業做生意)。在這種情況之下,小型企業可以直接進入大型企業的網站,填寫由大型企業所設計好的表格,訂購所需要的產品及服務,然後大型企業再處理有關 EDI 的事宜。

　　傳統式電子資料交換 (traditional EDI) 是將格式化的訊息 (formatted message) 透過加值網路 (value-added network, VAN) 來進行儲存及傳遞的活動(圖 10-2 上),但是 VAN 非常昂貴,只有大型的廠商才能夠負擔得起,如果必須透過 EDI 和許多小型的廠商做生意,必然會因為小廠商無法負擔昂貴的費用而錯失商機。幸好由於網際網路式電子資料交換 (Internet-based EDI)(圖 10-2 下)的出現才使得情況大為改觀,消除了這個困境。

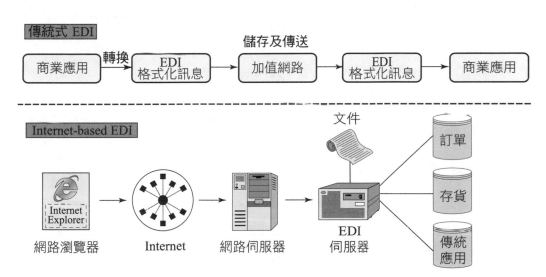

來源:Arie Segev, Jaana Porra, Malu Roldan, "Internet-based EDI Strategy," The Fisher Center for Information Technology and Management, Walter A. Haas School of Business, University of California, Berkeley, USA, Available online 9 June 1998.

▲ 圖 10-2　傳統式 EDI 與 Internet-based EDI 的比較

(五)產品創新、程序創新與經濟績效

　　產品創新、程序創新對經濟績效的影響,決定於在創新過程中,新產品或服務所處的階段,如圖 10-3 所示。首先,在創新發展、創新應用與應用導入階段,創新的實體屬性及功能對組織績效的影響最大,因此產品創新在這個階段中扮演著一個關鍵性的角色。然後,當創新進入成長、成熟及衰亡期時,組織在程序創新上的

能力（如透過製造程序的調整來提升產品品質及獨特性），對於獲得經濟報酬有著重大的影響。

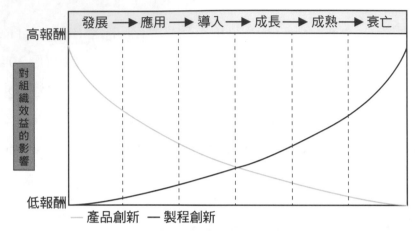

來源：John Persico, Process Innovation or Product Innovation? Posted on July 20, 2011.

▲ 圖 10–3　產品創新、程序創新對經濟績效的影響

（六）創新類型的互動

以上三種創新類型是互有關連的，某一類型的創新會牽動另一類型的創新。例如企業對企業電子商務（business-to-business e-commerce, B2B e-commerce，B2B 電子商務）代表著典型的程序創新。這個新的程序創新需要許多有關電腦硬體、軟體的產品創新及技術創新來支持。當企業採取 B2B 電子商務時，也必須進行管理創新。再者，程序創新的落實必須要進行組織變革。就需要性而言，我們可以說，從事一件新的事情就等於以不同的方式做事情。因此，創新與組織變革是「焦不離孟」的。從以上的說明，我們也可看出：各類型創新的交互作用會改變產業中競爭的本質或基礎。

四、創新失敗

我們曾在創新過程中的導入階段說明過屢見不鮮的創新失敗之例，現在我們來說明創新失敗的原因。我們已經瞭解，在今日競爭激烈的企業環境之中，企業要具有競爭性，唯有不斷創新一途。然而，綜觀今日組織，不是在創新過程中大栽跟斗，

就是對創新的進行緩如牛步（往往在競爭者的創新性產品及服務到達成熟階段時，公司才會有一點眉目）。造成組織創新失敗的原因有三：缺乏資源、未能認明機會以及抗拒變革。

（一）缺乏資源

資源 (resources) 是組織的資產，包括財務資源（如應收帳款、權益、保留盈餘等）、實體資源（包括設備、廠房、辦公室、原料及其他有形資產）、人力資源（包括人員的經驗、技術、知識及能力）、無形資產（包括品牌資產、專利權、商譽、商標、著作權、註冊的設計、資料庫等）、結構／文化資源（包括歷史、組織文化、管理制度、工作關係、信任、政策及組織結構等）、組織制度及技術能力。這些資源都是支援創新的重要因素。我們瞭解，創新相當耗費金錢、時間及精力這方面的資源。如果企業沒有足夠的資金來支援創新方案或培育員工的創造力，則在創新的道路上必然瞠乎其後。例如惠普科技因缺乏資金、時間、技術及專業管理這方面的資源，不得不延緩進入個人電腦市場。

（二）未能認明機會

企業不可能追求所有的創新，因此必須有能力仔細的評估各種創新機會，並從中選擇一個最具有潛力的創新機會。為了要獲得競爭優勢，企業必須在創新達到成熟階段之前，做有效的投資決策。投資得愈早，風險就愈大。缺乏有效的環境偵察制度、有效的資訊化預測工具、專業知識人員等因素，會使得企業誤判形勢，進而錯失實現創新的契機。

（三）抗拒變革

抗拒改變會拖延創新的進程。創新所代表的是揚棄舊思維、剔除舊方法、放棄舊產品，以迎接新的思維、方法及產品。但是一般人總是會因循舊習，不思突破。對於抱殘守缺、緬懷過去的管理者而言，很難有創新的突破。

五、鼓勵創新

　　由於大多數的人總不免有因循舊習的毛病，所以組織必須採取適當的方法及措施來鼓勵創新。在鼓勵創新方面，組織可採取三種特定的方法：建立報酬制度、培養組織文化以及鼓勵內部創業。

（一）建立報酬制度

　　組織的報酬制度是鼓勵（或不鼓勵）某種特定行為的手段。報酬的內涵，包括薪資、津貼及福利等。利用報酬制度來鼓勵創新、發揚創新精神是相當機械化的（但不失為一個有效的管理技術），其主要的目的，是透過貨幣、非貨幣的誘因來獎勵具有創新構想的個人或團體。組織成員一旦知道創新活動會受到獎勵時，就會努力產生新構想並付諸實現。

　　在組織獎勵創新行為的做法上，要避免對創新失敗做不當的處罰，否則會造成員工「不做不錯，少做少錯」的心理。再說，創新構想不被市場所接受，是司空見慣的事情。創新的過程充滿著太多的不確定性，要每個創新都有正面成果，不是一件容易的事情。即使有名的 3M 公司，其創新構想被市場所接受的比率只有四成。許多管理者甚至假設，如果創新成功的話，就表示在研發上沒有做太多的冒險。

　　管理者對於創新失敗的處理要特別謹慎。如果創新失敗是因為工作者的能力不足或怠慢、或慣性錯誤（一錯再錯），則管理者可採取不加薪（不是扣薪）、凍結升遷機會（不是降級）這樣的措施。創新失敗如不是個人因素使然，便不應對工作者做懲罰。懲罰性的報酬制度 (punitive reward system) 會使工作者喪失冒險勇氣。沒有冒險，何來創新？沒有創新，何來競爭優勢？

（二）培養組織文化

　　組織文化是引導員工行為的價值觀、信念及態度。組織應培養支持創新的強勢文化，而這個文化可向員工透露「組織重視並獎勵創新、偶爾的創新失敗不會受到懲罰（甚至被認為是意料中事）」的訊息。著名的公司，如 3M、康寧玻璃公司、蒙山多、寶鹼、德州儀器公司等，除了建立報酬制度、鼓勵內部創業之外，都以孕育

強勢的、創新導向的文化而著名。在它們的文化中，所強調的是創新力、冒險及發明力❶。

（三）鼓勵內部創業

近年來，許多大型組織發現到其組織規模愈來愈大時，當年的創業家精神已經消失無蹤，為了重拾這種精神，今日的組織會鼓勵創立內部事業，也就是它們所謂的內部創業。內部創業家 (intrapreneur) 類似創業家 (entrepreneur)，但是他們是在大型組織內發展一個新的事業（而創業家是發展屬於自己的事業）。

內部事業要有創造力及創新的話，必須有人扮演好這三種角色：發明家、產品領袖及贊助者。

1. 發明家 (inventor)

是透過創造力發展的程序，實際的醞釀及發展新構想、新產品或服務的人。由於將構想轉換成「可行銷的實體產品」這個過程需要有專人監督（這些人當然要有技術及工作動機），因此就必須有人扮演第二種角色：產品領袖。

2. 產品領袖 (product champion)

通常是由熟悉、承諾此專案的中階管理者擔任。他會克服人員的抗拒，並呼籲大家重視此項創新活動。產品領袖通常對於創新技術層面的瞭解不很深入，但是他對於組織的運作方式、要得到誰的支持才會使專案進行得順利、要向誰取得所需的資源這方面，卻是數一數二的高手。

3. 贊助者 (sponsor)

通常是批准及支持創新專案的高階主管。此高階主管會替發明家爭取更多的資源，為此專案的正當性做辯護，並利用一些政治手腕來替創新專案催生。德州儀器公司除非已經確認發明家、產品領袖及贊助者，否則不會批准創新專案。

---

❶ Steven P. Feldman, "How Organizational Culture Can Affect Innovation," *Organizational Dynamics*, Summer, 1988, pp. 57–68.

本章習題

一、複習題

1. 試替「組織變革」下一個定義，並說明其必要性。

2. 當企業在其某工廠內引進一個新式的自動化製造系統之後，所造成的影響或改變有哪些？

3. 變革的動力（刺激）分為二類：外部力量和內部力量。試說明外部力量及內部力量。

4. 試比較計畫式與因應式變革。

5. 試說明組織變革的管理。

6. 組織變革有哪些步驟？試以雷溫模式及周延的變革模式加以說明。

7. 抗拒變革的主要原因是什麼？

8. 如何減少變革的阻力？

9. 試舉例說明力場分析。

10. 組織變革有哪四個領域？試分別加以簡要說明。

11. 何謂組織文化？如何改變組織文化？

12. 如何創造及維持好的組織文化？

13. 管理者如何做到有效的人員發展？

14. 組織發展可以改變組織中的什麼核心價值？

15. 在組織發展上，使用得最為普遍的方法是什麼？

16. 試簡要說明 KEYS 問卷。

17. 組織再造工程的意義及目的是什麼？

18. 實施再造工程的方法有哪些？

19. 變革的實施必須掌握哪兩項要素？

20. 何謂組織創新？創新有哪些形式？

21. 試舉三例分別說明急進創新與漸進創新。

22. 組織創新的過程包括哪六個步驟？

23. 試比較技術創新、管理創新、產品創新與程序創新。何以說這些創新是互相牽連的？

24. 試比較說明電子資料交換與網際網路電子資料交換。

25.試說明產品創新、程序創新與經濟績效的關係。

26.試說明創新失敗的原因。

27.組織應如何鼓勵創新？

二、討論題

1.何以說將「入則無法家拂士，出則無敵國外患者，國恆亡」(《孟子・告子下》) 用來詮釋組織變革的動力及所造成的影響，是相當貼切的？

2.試說明辦公室自動化技術在組織變革中所發揮的功能以及其所產生的結果（提示：可將辦公室自動化看成是電腦與通訊科技的整合。在今日的企業經營中，工作站、區域網路、電子郵遞、具親和力的語言等工具，皆可幫助個人生產力無限地提升……通訊科技在現今資訊科技中，扮演著一個重要的角色，也是企業經營成敗的關鍵性因素……企業在實施辦公室自動化之後所獲得的好處，大體而言，它可以提高企業的形象……企業在實施辦公室自動化之後所可能產生的影響有：組織結構的改變、資料的安全性問題……)。

3.試討論各類型創新的交互作用會改變產業中競爭的本質或基礎（提示：資訊科技導向、網路化……)。

4.試以國內外企業實例說明其組織變革。

5.在科技改變對結構與行為的影響方面，曼尼 (Mann, 1962) 曾分析許多實際個案，並認為採用新機器，會造成以下的影響，試加以闡述：

(1)分工與工作內容上主要的改變。

(2)在員工間社會關係的改變。

(3)工作情況的改善。

(4)對不同管理技術的需要。

(5)職業型態、升遷程序與工作安全性的改變。

(6)薪資的提高。

(7)工作人員聲望的提高。

(8)二十四小時連續不斷的運作。

6.如果我們將某人行徑怪異、譁眾取寵視為一個創新的話，試解釋其創新過程。

7.在 EDI 如何提升企業的競爭優勢方面，我們可歸納出以下的方法，試加以闡述：

(1)增加行銷優勢。

(2)節省成本及費用。

(3)縮短進入市場的時間。

(4)更佳的品管。

⑸促進聯盟關係。

8. 試說明人們為什麼會因循舊習。組織可建立什麼制度或採取什麼措施來剔除這個習慣？

9. 西塞羅 (Cicero) 說：「專一不變是腦筋微小者的美德。」針對組織變革中的人員改變方面，你同意這個看法嗎？為什麼？

第 5 篇

領導程序

第 11 章
組織行為

本章重點

1. 瞭解組織中的個人
2. 知覺與個人行為
3. 態度與個人行為
4. 個性與個人行為
5. 壓力與個人行為
6. 組織中的創造力

所謂「組織行為」(organizational behavior, OB) 是指組織中的個人行為。個人在組織中的行為有許多向度。我們不妨把這些向度看成是一個冰山，在冰山露出水面的可見部分 (visible aspects)，包括：策略、目標、政策與程序、結構、技術、正式職權、指揮鏈等；在冰山下的隱藏部分 (hidden aspects)，包括：態度、知覺、個性、群體規範、非正式互動、個人間與群體間的衝突等。本章限於篇幅，將只對態度、知覺、個性做說明。另外，我們也將討論壓力及創造力的重要課題。

11.1 瞭解組織中的個人

在瞭解工作場所的個人行為時，我們必須考慮個人與組織之間的關係的本質以及個人差異的本質。

一、心理契約

心理契約 (psychological contract) 是指個人對組織的期望，也就是個人能夠向組織提供什麼貢獻，以及組織能夠向個人提供什麼誘因的期望。心理契約與一般商業、法律契約不同，心理契約不是白紙黑字做成的文件，其企業條款也不是經過協商談判而來。

心理契約的重要特性如圖 11-1 所示。個人會向組織提供貢獻 (contributions)，這些貢獻包括努力、技術、能力、時間、忠誠等。這些不同的貢獻可滿足組織的需要。由於組織錄用某人是因為他具有某種技能，因此組織期望他能展現那些技能，

這是相當合理的事。

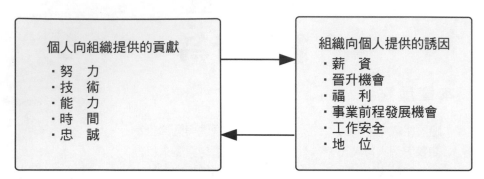

來源：Gareth R. Jones and Jennifer M. George, *Motivation, Essentials of Contemporary Management*, 5th ed. (New York, N.Y.: The McGraw-Hill Co., 2012), p. 289.

▲ 圖 11-1　心理契約

為了回應個人的貢獻，組織也會向個人提供誘因 (incentives)，這些誘因包括：薪資、晉升機會、福利、事業前程發展機會、工作安全、地位等。薪資及事業前程發展機會是比較有形的 (tangible)，而工作安全、地位則是比較無形的 (intangible)。就好像個人提供的貢獻要滿足組織的需求，組織所提供的誘因也必須滿足個人的需求。如果某人因為他認為他會得到誘人的薪資及前程發展機會而接受組織的僱用，他會期望他將會獲得這些誘因。

如果個人及組織都覺得心理契約是公平的、公正的，則他們就會滿意於相互的關係而保持這種關係，這稱為組織均衡 (organizational equilibrium)。相反的，如果任何一方覺得不公平，就會造成關係的變化。例如如果個人覺得不公平，他就會要求加薪升級、降低努力程度，或者另謀他職；如果組織覺得不公平，它就會要求個人透過訓練改善他的技能、將個人調職或解僱。

對組織而言，最基本的挑戰就是如何管理心理契約。組織必須確信它能從個人那裡得到貢獻，同時它也要確信它能提供誘因。如果組織所提供的誘因相對的低（相對於個人的貢獻），則個人就會另謀他就；如果組織所提供的誘因相對的高（相對於個人的貢獻），則組織就會承擔不必要的成本。

二、個人與工作的配合

有關心理契約的管理方面，有一個相當重要的部分就是「個人與工作的配合」

(person-job fit)。個人與工作配合的得當，就會達到組織均衡。

我們可以進一步延伸「個人與工作配合」的觀念，當個人的需求、態度、個性能夠與工作本身的要求符合一致時，個人便能夠充分發揮其所長來貢獻組織，而組織也因為獲得貢獻而樂於提供誘因。因此，「個人與工作配合」得當，會使個人及組織同蒙其利。

但是，個人與工作的完美配合畢竟是一個理想，在實務上，配合不當的情況比比皆是。究其原因有：

(1)組織的人力資源甄選制度缺乏客觀性及效度，因此錄用了一些在個性上與工作要求不符的人進入組織。

(2)人與組織都會改變。例如當初認為工作極具挑戰性、工作頗令人振奮的新進員工，在工作了幾年之後，覺得工作沉悶單調、索然無味。他在工作的態度上起了很大的變化。另一方面，組織在採用新科技之後，可能不再需要員工曾經所具有的技術。

(3)每位員工都有獨特性。在衡量技術及績效上本已不容易，更何況評估他們的需求、態度及個性。個人差異使得「個人與工作配合」變得更為困難。

三、個人差異

個人差異 (individual difference) 是指每個人在屬性 (attribute) 或向度 (dimension) 上的差異。這些向度包括生理方面、心理方面及情緒方面。就是因為有這些差異，某特定的個人才會有獨特性。

個人之間的差異是好是壞？個人差異對於組織績效是否有正面影響？對這些問題的正確答案是：要隨著情境而定。在環境愈複雜愈動態、任務愈新穎、愈需要創新、工作愈具有非結構性的情況下，個人之間的差異性要愈大愈好。

在某一情況下，某些人會有相當高的滿足感及生產力，但其他的人則沒有。組織在設計工作的環境系絡時，要考慮到個人差異。同時，為了要有效的建立心理契約，充分的做到個人與工作的配合，管理者必須重視員工之間的個人差異，並依照個人的不同，提供適當的誘因。

非我族類，其心必異？二十幾歲的中國大陸青年，和中國大陸中老年人的差異

大呢？還是和同齡的美國青年？由於通訊科技的發達，世界已經儼然成為一個全球村 (global village)，在此村內的居民在態度、知覺上也愈來愈接近，例如二十幾歲的中國大陸青年與美國青年，無論在觀念上（例如孝順父母的觀念、性觀念等）、嗜好上、態度上、行為上（尤其是消費行為），有愈來愈接近的趨勢。

臺灣在加入世界貿易組織 (WTO) 之後，勞動市場逐漸開放，這些文化背景不同的人之間必然有許多個人差異存在。如何做好差異管理 (difference management) 將是一個重要的課題。管理者對於差異現象要加以瞭解、體諒，甚至欣賞，進而設計一個考慮到個人差異的環境、工作、報酬制度等。同時領導風格也要做適當的調整。

11.2 知覺與個人行為

前面說過，在個人態度中有一個重要的認知要素，而認知是基於知覺。由於知覺在各種工作場合中都扮演著重要角色，因此對於基本的知覺過程的瞭解是相當重要的。管理者對於工作場合中的歸因的瞭解，也是相當重要的。

一、基本的知覺過程

知覺 (perception) 是個人透過其感官（味覺、聽覺、嗅覺、觸覺、視覺等）將環境中的刺激物或資訊加以吸收、辨識、瞭解及解析的過程。由於透過這些過程，所以實境與「所知覺的實境」未必相同。例如輔仁大學的教學實體環境就是那樣，但是我「知覺到」這個環境是蠻不錯的。又如孔子稱讚顏回：「一簞食、一瓢飲（這是實境），在陋巷，人不堪其憂（這是一般人對此實境的知覺），回也不改其樂（這是顏回對此實境的知覺）」《論語・雍也》。時空背景不同，一個人對一個實體的知覺便可能產生改變。

在有關基本的知覺過程方面，與組織特別有關的是選擇性知覺與刻板印象，如圖 11-2 所示。

二、選擇性知覺

選擇性知覺 (selective perception) 是一個過程，它可以過濾會使我們不舒服的或違背我們信念的訊息。由於對於資訊會有過濾的動作，所以選擇性知覺可讓我們專

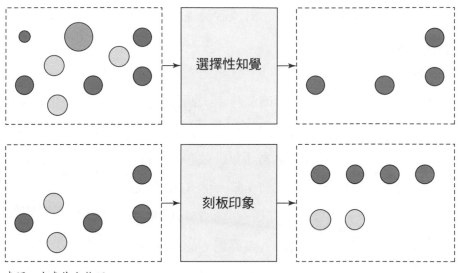

▲ 圖 11-2　知覺過程

注於重要的資訊，以免造成資訊超載（information overload，資訊過多無法應付）的現象。但是如果只為了心理上的舒適（psychological comfort，例如無憂無慮）而刻意過濾掉重要的資訊，則對個人決策是不利的。

　　但是我們可以盡量過濾掉不愉快的經驗或是別人辜負於我的經驗，以保持情緒上的平衡以及寬宏大量的精神，如此可促進工作場所人際關係的和諧，所謂「君子不念舊惡，怨是用希」。

三、刻板印象

　　有一位先生初到美國不久，某個早上到公園散步，看到一些白人坐在草坪上聊天、曬太陽，他心想：「美國人生活真是悠閒，有錢又懂得享受生活。」走了不久，又看到有幾個黑人也悠閒地坐在草坪的另一邊，這位先生不禁想到，「唉！黑人失業的問題還真是嚴重，這些人大概都在領社會救濟金過生活。」

　　我們常聽說（或認為）：「生意人都很狡猾」、「女人都是爛駕駛」、「男人都很不衛生」、「猶太人都很吝嗇」、「美國人都很浪漫」……。此後我們心中就會建立一套刻板的印象，並用這個「成見」去解釋或評斷周遭的人事物。

　　刻板印象 (stereotype) 是以單一屬性對人們加以歸類或貼上標籤的過程。人們的

刻板印象中以種族及性別最為普遍。對種族及性別有刻板印象當然是不對的，同時也會對組織造成傷害。

人們在判斷別人時常有一種傾向，就是把人概分為「好的」或「不好的」兩部分。當一個人留給人的印象是「好的」時，人們就會把他的言行舉止用「好的」角度去解釋，反之，如果一個人被歸於「不好的」的印象時，那麼，一切不好的看法都會加在他的身上。這種現象稱之為「月暈效應」(halo effect)。意即當人們看到月亮的同時，周邊的光環也會被注意到；當一個人的「印象確立」之後，人們就會自動「印象概推」，將第一印象的認知與對方的言行聯想在一起。

例如對於性別有刻板印象的某人事經理，認為女性員工會適合某些工作，而男性員工會適合另外一些工作。他在人員的僱用上造成了以下三個嚴重的問題：(1)人才不能適才適所，造成人力資源的錯置與浪費；(2)不合乎倫理的規範；(3)違法。

但是，某種形式的刻板印象也許是有利的、有效的。例如某經理認為溝通技術對於某工作而言非常重要，而且他認為主修傳播的畢業生會有很好的溝通技巧（這些「認為」都是刻板印象），因此當他在面談遴選工作申請者時，他會特別優先錄用傳播系的畢業生。假如溝通技術的確能預測工作績效，而傳播系畢業生的確有很好的溝通技術的話，則這位主管的刻板印象反而是對組織有利的。

四、歸因理論

知覺與歸因的過程息息相關。所謂歸因 (attribution) 是指在我們觀察某種行為之後，將這個行為結果歸納出某種原因的機制。所觀察的行為可能是我們自己的行為，也可能是他人的行為。例如假設小華有一天知覺到她投入在實際工作的時間比以前少、愈來愈不願意和別人談論她的工作、請假的次數比以前多，那麼她可能從這些知覺中得到這樣的結論：工作不再有吸引力。因此她最後可能決定辭職。從以上的說明我們可以瞭解到歸因的過程：觀察自己的行為、將這種行為歸納出原因，以及做出一致性的反應（「工作不再有吸引力」與「辭職」是相當一致的）。

比較普遍的現象是對別人的行為加以歸因。例如小華的經理大明觀察到小華上述的行為，他就會做出同樣的歸因。另一方面，他可能認為：小華得了重病、小華的工作繁重、小華最近承受的壓力太大、小華有嗑藥問題，或是小華最近家庭不睦等。

形成歸因的基本架構包括三個因素：

(1)共同性 (consensus)：是指他人在同樣的情況下表現出相同行為的程度。

(2)一致性 (consistency)：是指同樣的人在不同的時間表現出同樣行為的程度。

(3)獨特性 (distinctiveness)：是指同樣的人在不同情況表現出同樣行為的程度。

　　管理者會對員工行為的歸因結果，採取他認為適當的行動，例如不予追究、懲戒、不予表揚、獎勵等。

　　例如假設某經理看到小華開會遲到，此經理回想到：別人從不遲到，就是小華遲到（低共同性）；上星期開會時，小華也曾遲到（高一致性）；小華有時候上班也會遲到（低獨特性）。經理對小華的遲到行為做歸因的結果，可能讓他決定對小華做適當的懲戒，以匡正小華的遲到行為。

11.3　態度與個人行為

　　組織中個人行為的另一個要素就是態度。態度 (attitude) 是人們對於特定的構想、情境或對其他人，所持有的信念或感覺。換言之，態度是對人、對事、對物所做的有利或不利的評價，它反映出人對於某些事情的感覺。當某位經理說她喜歡公司最近發動的廣告戰時，她就是在表達對於公司所做的行銷努力的感覺。同樣的，當我說：「我熱愛我的工作」時，就表露了我對這個工作的態度。管理者對於員工態度的瞭解是重要的，因為它是員工表達感覺的機制。

　　態度具有三個要素。

(1)情感要素 (affective component)：是指個人對於某情境的感覺和情緒。

(2)認知要素 (cognitive component)：是源自於個人對於情境的瞭解或認識。值得注意的是，個人的認知是基於其知覺。例如某甲「認知到」某總統候選人比另外一個好，這全憑他的知覺（有關知覺部分，已在上節中討論）。

(3)意圖要素 (intentional component)：是指某一情況下的行動傾向 (action-bias)。

　　例如對於一個延期交貨、品管不佳、信用不良的供應商，公司採購經理的態度是：這是我交往過最差勁的供應商（認知要素）；我不喜歡那個供應商（情感要素）；我再也不和那個供應商有生意往來（意圖要素）。

　　個人會企圖在態度的三個要素間保持一致性。但是在某些情況下，由於某些因

素，使得個人無法在這三個要素間保持一致性，這個現象稱為認知失調 (cognitive dissonance)。例如小華發誓永遠不在無人性的大公司討生活，而且要自行創業當老闆（這是意圖要素）。但是，由於時運不濟、財力有限，只得「屈就」在大公司上班，當起別人的部屬。此時，認知失調的現象便產生了，因為小華態度中的情感與認知要素和意圖要素衝突了！為了要減低認知失調（減低認知失調對大多數的人而言，都是一個不愉快的經驗），小華會告訴自己（勉勵自己）：這個情況是暫時的，堅此百忍，有朝一日必能自立門戶打造江山（這是情感要素）。或者小華會改變他的認知要素，認為在大公司做事也不會像所想像的那麼糟糕。

一、與工作有關的態度

組織中的個人對於各種不同的事情都會產生態度。例如員工對於薪資、升遷機會、員工福利、辦公室政治、餐廳伙食、公司籃球隊的制服顏色等，都會產生態度。當然，態度有重要的，也有不重要的。對組織而言，重要的態度有：工作滿足與不滿足、組織承諾。

（一）工作滿足與不滿足

工作滿足與不滿足 (job satisfaction or dissatisfaction) 是指員工在工作場合上所獲得的喜悅感或成就感的程度。有關工作滿足的研究顯示，個人因素（如個人需求、抱負）、群體因素（如與同事及主管的關係、工作條件、公司政策、報酬）決定了員工對於工作滿足感的態度❶。

滿足的員工是不常曠職的、正面貢獻大的、在公司待得長的員工；不滿足的通常是經常曠職的、感受到很大壓力而去騷擾其他同事的、不斷的想另謀他就的員工。但是，值得注意的是，因為員工滿足所以造成生產力的提高呢？還是員工生產力的提高造成他的滿足感？學者之間並沒有一致性的結論。

---

❶ Patricia C. Smith, L. M. Kendall, and Charles Hulin, *The Measurement of Satisfaction in Work and Behavior* (Chicago: Rand McNally 1969).

（二）組織承諾

組織承諾是指一個人對組織的認同、忠誠和投入。具有高度組織承諾的人，會：(1)將自己視為是組織中真正的一員，以第一人稱來稱組織，例如「我們」製造高品質產品、「我們」是一家人；(2)不會在意組織對他造成的些微不快；(3)將自己視為長期的組織成員。相形之下，具有低度組織承諾的人，會：(1)將自己視為是組織的局外人，以第三人稱來稱組織，例如「他們」付的薪水很低；(2)經常表達對組織的不滿；(3)將自己視為是組織的過客。

研究顯示，個人的年紀、年資、工作安全感、參與決策都與組織承諾息息相關。覺得自己對組織有承諾的人會展現可靠的行為、計畫長期奉獻給組織，以及更努力爭取業績。組織可藉著提供公平而合理的報酬、工作保障、讓員工有決策發言權等來提高員工的組織承諾❷。

二、個人的感覺與情緒

我們先前在說明態度中的情感要素時，曾提到它是個人對某種情境的感覺及情緒。我們每個人在每一天的感覺及情緒都不會相同。雖然感覺及情緒的短期波動是常見的現象，但是以長期而言，感覺及情緒是相當穩定的、可預測的。

例如有些人傾向於具有正面情感作用或正面情緒 (positive affectivity)。他們相當樂觀、感覺自己蠻幸運的，而且凡事都以正面做思考。但是也有些人傾向於負面感情作用或負面情緒 (negative affectivity)。他們通常相當悲觀，凡事總是往壞處想，因此他們的情緒總是低落的。

當然，即使有正面情緒的人，在短期內也不免有情緒低落的時候，例如因為沒有被列在升遷名單中、因業績不理想而被上司斥責、降級或解僱等。同樣的，具有負面情緒的人，也有心情好的時候，例如升遷、因業績好被上司賞識，或者得到了「天上掉下來的禮物」等。當這些短暫的刺激因素所造成的衝擊漸漸的淡化了之後，具有正面情緒的人又會再回到原來的好心情；具有負面情緒的人又會再回到原來的壞心情。

---

❷ R. T. Mowday, L. W. Porter and R. M. Steers, *Employee-Organization Linkage* (New York: Academy Press, 1982).

11.4　個性與個人行為

　　個性是造成組織中個人差異的最基本因素。個性 (personality) 是相對穩定的個人心理及行為屬性 (psychological and behavioral attributes)。個性是決定人類的心理行為（psychological behavior，例如思想、感覺）及行動的異同的一些穩定特徵及傾向。在一段時間之內，一個人的個性是具有持續性的❸。

　　人之個性不同，猶如其面（每個人的個性不一樣，就好像他們長得不一樣）。管理者必須瞭解個性的基本屬性，以及瞭解個性如何影響組織中的個人行為。

一、「五大」個性特徵

　　心理學家曾經確認了數千個能夠分辨每個人的個性特性及向度。但近年來，研究者確認了與組織特別有關的「五大」個性特徵 ("Big Five" personality traits)：合群 (agreeableness)、誠意 (conscientiousness)、負面情緒 (negative emotionality)、外向 (extraversion)、開放 (openness)。

1.合　群

　　合群就是指與人相處的情形。合群的人比較溫和、具有合作性、寬容心、瞭解別人；反之，不合群的人性情古怪、易發脾氣、不合作、對他人懷有敵意。合群的人自然比較能夠與同儕、部屬、上司建立好的人際關係；不合群的人不可能有好的人際關係。這種好壞關係也會延伸到顧客、供應商及組織的利益關係者那裡。

2.誠　意

　　誠意是指追求目標的數目。如果一個人每一次只專注於相對少的目標，則他會比較有組織、系統化，他是小心翼翼的、周延的、負責任的、自律的。相形之下，每一次追求許多目標的人（好高騖遠的人）是比較沒有組織、漫不經心、不負責任、不夠周延、缺乏自律的。研究發現，在不同工作崗位上愈有誠意的人其績效愈高。當然這是很合乎邏輯的結論，因為愈有誠意的人愈會認真的看待他的工作，以負責任的態度去追求工作績效（當然他自己也獲得高度的工作滿足感）。

---

❸　S. R. Maddi, *Personality Traits: A Comparative Analysis*, 4th ed. (Homewood, Ill.: Dorsey, 1990), p. 10.

3. 負面情緒

具有低度負面情緒（穩重）的人會相對的沉著、安靜、有彈性、有安全感，且比較能夠應付壓力及緊張。他們的穩定性常被視為是可靠性；具有高度負面情緒（輕佻）的人容易衝動、沒有安全感、反應過度、情緒變化相當極端。

4. 外　向

外向是指與他人建立關係的舒適性。具有外向個性的人常是社交能力強的人。他們能言善道、舌燦蓮花、信心滿滿、樂於結交新朋友；內向個性的人比較沒有社交能力、沉默寡言、惜字如金、內斂、不會主動結交新朋友。研究顯示，外向個性者其整體工作績效較高，也比較適合從事與人際關係有關的工作，例如行銷、公關等。

5. 開　放

開放是指對信念的堅持以及興趣的廣度。高度開放的人會樂於接受新觀念，並且在接受到新資訊之後，會改變原有的構想、信念及態度。他們的興趣廣泛，而且有好奇心、想像力及創造力；低度開放的人比較不能接受新觀念，並且在接受到新資訊之後，比較不願意改變原有的構想、信念及態度。他們的興趣不多，而且也沒有好奇心、想像力及創造力。高度開放的人其績效較佳，因為他們比較有彈性，也比較容易被別人接受。開放也包括接受改變的意願。高度開放的人比較願意接受改變；低度開放的人會抗拒改變。

「五大」個性特徵的價值在於它整合了有關個性的特徵，而這些特徵是某特定情況下某些特定行為的有效指標。因此，瞭解「五大」個性特徵，並利用它來評估員工特徵的管理者，必能有效的預測員工的行為。但是，管理者不要高估了自己評斷員工個性特徵的能力，即使用最嚴謹的、最有效的評斷方式，也有掛一漏萬的地方。再說，「五大」個性特徵的有關研究是針對美國民眾所進行的，是否適用於其他不同的文化環境，仍值得商榷。

二、工作場所的其他個性特徵

影響一個人的個性的原因包括了：遺傳、文化、家庭、群體、生活經驗。除了上述的「五大」個性特徵之外，還有其他的個性特徵會影響組織內的個人行為。其

中最重要的有：內外控、自信、權威、馬基維利主義、自尊、冒險傾向、A/B 型個性。

（一）內外控

內外控 (locus of control) 是個人相信其行為對發生在他身上是否有實際效應的程度。例如某人相信工作賣力就會成功。他也相信，失敗的原因是因為缺乏能力及工作動機所造成的；認為能夠掌控自己的命運的人，就是具有內控型個性 (internal locus of control) 的人。但是有些人認為，命運、機運、運氣、環境（包括他人的行為）決定了發生在他們身上的結果。例如最近未獲得升遷的小華，認為這是因為上司太過政治化、同事打小報告的結果，害得他遭時不濟、有志未伸，他從不認為這是自己能力不足、缺乏上進心、過去績效不良等因素所造成的結果。認為自己不能掌控的因素決定了事情的結果的人，就是外控型個性 (external locus of control) 的人。

總的說，內控型個性的人會將成敗歸因於自己，而外控型個性的人會將成敗歸因於環境。但是我們在工作場合常看到許多人對於成敗做不同的歸因：成功了，是自己努力的結果（內控型）；失敗時，卻怪環境（外控型）。

（二）自　信

自信 (self-efficacy) 是個人對於自己有能力完成事情的信心。具有高度自信個性的人，會相信他們有能力達成特定任務；具有低度自信個性的人，會懷疑他們達成任務的能力。當然，我們對自我能力做檢討，有助於培養我們的自信，但自信個性似乎是與生俱來的。有些人總是天生比其他的人有自信。對自己完成任務的能力有信心，結果反而真的把事情做好。國父說：「吾心信其可行，雖移山填海之難，亦有成功之日；吾心信其不可行，雖反掌折枝之易，亦永無收效之期也」《建國方略·孫文學說》） 就是這個意思。 這種情形在心理學上稱為 「自我應驗預言」 (self-fulfillment prophecy)。法國前總理戴高樂 (Charles de Gaulle) 說：「唯有偉大的人才能成就偉大的事，他們之所以偉大，是因為決心做出偉大的事。」

搭配「自我應驗預言」的還有另一種效應為「比馬龍效應」(Pygmalion effect)，這種效應是說明，他人的看法足以影響自己的表現，神祕的 20 號即可說明這樣的力

量。有一位 A 老師，某一天回到辦公室就興奮的對 B 老師說，我們班有一位非常優秀的學生座號為 20 號，他聰明絕頂，將來必定是當總統的料，這位 B 老師非常欣賞這位神祕的 20 號，只可惜無緣教到他。很幸運的，下學期時 B 老師竟然分配到任教這班的課程，他滿懷期待的到班上上課，然而班上的 20 號竟然表現出學習成就低落，學習態度不佳的情形。B 老師心想這位 20 號一定是有特殊原因，所以就不斷的鼓勵、肯定，讓學生產生自信，果不其然這位學生表現日益精進。一天，B 老師帶著這位 20 號同學的作業，興高采烈的告訴 A 老師，你們班上的 20 號真的是很不簡單，未來必定是當總統的料。怎知，A 老師竟告訴他，我上次提的那位 20 號同學，他已經轉學了，我們班現在的 20 號可是個大麻煩，你怎麼有辦法讓他做出如此好的作業呢❹？

（三）權　威

另外一個重要的個性特徵是權威 (authoritarianism)。權威就是個人相信權力及地位的差異在科層式（層級式）的社會系統 (hierarchical social system) 中是否為適當的程度。例如具有高度權威個性的人，會接受具有更高權威的人士的指示或命令，僅因為後者（具有更高權威的人士）是「老闆」；具有低度權威個性的人，雖然也會接受具有更高權威的人士適當的、合理的指示或命令，但是會提出質疑、向「老闆」表達不同意見、甚至拒絕接受命令（如果命令是不合理的話）。一個具有高度權威個性的管理者會相當獨裁、苛刻，而具有高度權威個性的部屬會接受管理者的行為；具有低度權威個性的管理者，會讓部屬有更多的決策權，而具有低度權威個性的部屬會對這種行為有積極的反應。

（四）馬基維利主義

馬基維利主義 (Machiavellianism) 是另外一個重要的個性特徵。四百多年以來，在人們的心目中，「馬基維利主義」這個詞，一直與殘酷、邪惡、奸詐狡猾、陰險等字眼具有相同的意義。這些形容詞是對馬基維利 (Niccolò Machiavelli) 的形容。

馬基維利這個人，也一直被認為是喜歡玩弄權謀策略、偽善、不顧道德、不守原

---

❹　取材自 2001 年 4 月 14 日，《心靈投手》。

則的下流政客的象徵。世人解釋馬基維利的整個哲學，就是「為達目的，不擇手段」。

現在，馬基維利主義被用來形容掌控權力、操弄他人行為的個性特徵。研究顯示，每個人的「馬基維利主義」程度有所不同。具有高度馬基維利主義個性的個人，比較具有理性、比較不情緒化，努力達成個人目標，但不重視忠誠及友誼，樂於操弄別人；具有低度馬基維利主義個性的人，比較情緒化，不願意以欺詐的方式求得成功，非常重視忠誠及友誼，不喜歡操弄別人❺。

（五）自　尊

自尊 (self-esteem) 是指個人相信他是「有價值的」。具有高度自尊個性的人，會尋找「高地位」的工作，自信有能力獲得高績效，並從成就中獲得高度的內在滿足感；具有低度自尊個性的人，比較安於低層的工作，對自己的能力沒有信心，比較重視外在報酬。

（六）冒險傾向

冒險傾向 (risk propensity) 是個人願意投機、做風險決策的程度。具有高度冒險傾向的管理者，會將新構想付諸實現，或者敢對新產品的推出下賭注。他會將組織帶往新的、不同的方向。他也是創新的催化劑。另一方面，如果決策錯誤的話，會使組織的福祉受到很大的傷害；具有低度冒險傾向的管理者，會使組織趨於保守或停滯不前，但是靠著他的穩重及沉著，會使組織度過動盪不安、詭譎多變的時代。因此，具有不同程度冒險傾向的管理者，對組織是好是壞，是隨著組織所面臨的環境的不同而異。

（七）A/B 型個性

具有 A 型個性的人非常具有競爭性（喜歡爭勝）、全力投入工作、具有強烈的時間緊迫感（急性子）。

具有 B 型個性的人不具有競爭性（不喜歡爭勝）、不會全力投入工作、不具有強烈的時間緊迫感（慢性子）。這些人比較不會和別人起衝突，對生活也保持平衡

---

❺　Robert Bireley, *The Counter-Reformation Prince*, 1990, p. 14.

（同時重視工作、家庭、健康、娛樂等），悠哉游哉的過日子。

除了 A、B 型個性外，還有 C 型個性（害怕競爭、逆來順受、容易暗生悶氣）、T 型個性（喜歡冒險、享受刺激）、t 型個性（喜歡安定、熟悉的環境）等不同類型的個性。

11.5　壓力與個人行為

組織行為中另外一個重要的議題就是壓力 (stress)。壓力就是個體對強烈的刺激所做的反應，這些刺激稱為壓力源 (stressor)。大多數的人都有受到壓力的經驗。我們在工作場合有時候會受到上司、同事及客戶的壓力。

一、一般適應症候群

壓力通常會有稱為「一般適應症候群」(general adaptation syndrome) 的循環過程。這個過程有三個現象：驚恐 (alarm)、對抗 (resist) 以及疲憊 (exhaustion)。

1. 驚　恐

當個體首度面臨到一個壓力源時，他會驚慌、不知所措，心中充滿著無力感。例如假如有位經理被他的上級指定，在明天九時前要完成一份購併競爭者的評估報告。他的第一個反應也許是：「怎麼辦？我怎麼如期完成報告？」

2. 對　抗

如果壓力源過於強烈，當事人可能覺得無力應付，而乾脆放棄。但是在大多數的個案中，在短期的驚慌之後，他會鼓起勇氣，開始面對壓力源所產生的負面效應。例如上述的經理會靜下心來，打電話回家說今晚要加班，捲起衣袖、泡杯濃茶，開始幹活。因此，在第二階段，當事人會對抗壓力源所產生的效應。

在許多情況下，「一般適應症候群」在對抗階段就會停止。如果此經理能夠提早完成報告，他就會在儲存檔案之後，面帶微笑回家去也，雖然疲憊不堪，但是心中充滿著滿足感。

3. 疲　憊

但是，如果長期的暴露在壓力源之下，苦思對策但毫無頭緒，就會產生「一般適應症候群」的第三階段──疲憊。在此階段，當事人會屈服在壓力源之下，只有

放棄一途。例如此經理會放棄撰寫報告。

二、個性與壓力

我們在先前說明過 A 型個性與 B 型個性。具有 B 型個性的人未必比 A 型個性的人成功或不成功（事業成功與 A 型個性、B 型個性沒有必然關係），但是具有 B 型個性的人在生活上及工作上會比較少經驗到壓力。

三、壓力的來源

壓力顯然不是單純的現象。如圖 11–3 所示，許多不同的因素會造成壓力。值得注意的是：我們在這裡討論的是與工作有關的壓力源，事實上造成個人壓力的還有生活上的壓力，如婚喪喜慶等。

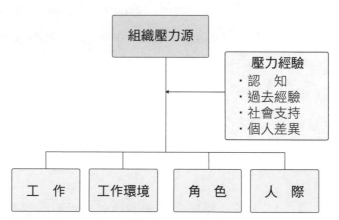

來源：Ms. Vijit A. Chaturvedi and Icfai National College, "Identifying Organizational Stressors: An Effective Work Approach."

▲ 圖 11–3　組織壓力源

與工作有關的壓力有四種：工作、工作環境、角色及人際。我們在面臨壓力源時，是否會感受到壓力是受到我們的壓力經驗 (stress experience) 的影響，這些壓力經驗包括：認知（對壓力的看法，有些人認為壓力是進步的動力；某些人所認為的壓力事件，對其他的人而言可能是雞毛蒜皮的事）、過去經驗（過去承受過類似此壓力的人比較能適應）、社會支持（受到壓力時有無受到家人親戚朋友的支持及鼓勵）以及個人差異（每個人對於壓力的處理方式不同，有些人正面迎接，有些人刻意閃

躲）。就因為有壓力經驗，每個人對於工作、工作情況、角色及人際關係上所感受到的壓力便不相同。

（一）工 作

有關研究指出，某些工作由於其特性使然，特別會造成壓力。美國壓力協會 (American Stress Institute) 及國家勞工報酬協會 (American National Institute on Workers Compensation) 指出，某些工作特別會使工作者產生壓力，這些工作稱為高壓力工作 (stressful jobs or high stress jobs)，例如醫師、航管人員、顧客服務或訴怨部門的員工、城市內的高中教師、新聞記者、實習醫師、礦工、警察等❻。

對大多數的人而言，工作量太大，決策時間過於緊迫、決策的重要性太大、決策時所需的資訊及資源不足等，必然會產生壓力。角色超載 (role overload) 就是工作要求超過了個人能力的情形。有趣的是，太過輕鬆的工作也會造成壓力，這種情形叫做工作負荷不足 (work underload)。

（二）工作環境

在一個極度燥熱或寒冷、濕度過高或過低的工作環境下工作，員工會感受到壓力。辦公室設計不良，使得工作者沒有隱私或不能做有效互動，會造成壓力。不良的燈光照明，例如過於刺眼或過於昏暗，也會造成壓力。工作環境不佳會對身體造成傷害，例如挖煤、家禽處理、廢棄物處理的工作環境等是。

（三）角 色

對角色的要求也會造成員工的壓力。角色 (role) 是在群體或組織環境中，對於某一職位所展現的行為的一種期待。例如我們期待一個行銷經理會積極主動、樂於助人（尤其是幫助顧客）等。在角色方面，工作者在工作環境中所經驗到的角色模糊及角色衝突都會造成他的壓力。

---

❻ A. Miller, "Stress on the Job," *Newsweek*, April 25, 1988, pp. 40–45; R. Sandroff, "Is Your Job Drive You Crazy?" *Psychology Today*, July/August, 1989, pp. 41–45.

1.角色模糊

角色模糊 (role ambiguity) 是個人不清楚自己應扮演什麼角色。角色模糊可能是因為在新進員工的講習時沒有交代清楚，或者在工作說明書上沒有說明清楚，或者根本沒有工作說明書。

2.角色衝突

在角色衝突方面，如果一位工作人員要兼顧工作及家庭（甚至學業），或必須兼顧工作上的不同任務，則必然會感受到很大的壓力。

（四）人　際

在工作環境內，人際關係不良也會對個人造成壓力。團體對於產出的要求、對從眾（norm conformity，遵守大眾的行為規範）的要求，都會對個人產生壓力。例如你所參加的工作團隊規定，每人每天要完成多少工作，而你又礙於情面，不得不配合大家的規定，你就會感受到壓力。具有不同個性的兩個人，如果必須共同合作完成一件任務，都會使得任一方感受到壓力。例如具有內控型個性的人，在與喜歡靜觀其變、認為「船到橋頭自然直」的人共事時，必然感受到壓力。

四、壓力造成的結果

壓力所造成的結果，可以是正面的，也可以是負面的。壓力所造成的結果，可以從行為面、心理面及醫學面來瞭解。

(1)在行為方面，壓力會造成對身體的傷害，例如抽菸、酗酒、濫用藥物等。由壓力所引發的行為還有：意外事件、暴力（對自己及對他人）等。

(2)在心理方面，壓力會影響個人的心理健康及福利。心理不健康所造成的結果是：失眠、憂鬱、家庭問題及性功能障礙等。在工作場所中的壓力對管理者所造成的最大影響就是失眠。

(3)在醫學方面，壓力會影響個人的生理健康。心臟血管的毛病、中風都與壓力有關，而頭痛、胃潰瘍、腸胃功能失調、皮膚病變（如蕁麻疹）也都與壓力有關。

個人的壓力對企業會造成影響。以一個生產線上的工作者而言，壓力會導致產

品品質不良、生產力低落。對管理者而言，壓力會造成決策不良、人際關係緊張等。退縮行為也因壓力而起。承受不住壓力的員工會經常請假或離職；承受不住壓力的管理者會忘了重要的交貨期，或者花比平常更多的時間在午餐上。承受不住壓力的人所表現出來的暴躁行為，也會讓人難以忍受。過度的壓力會對員工的工作滿足、工作士氣、組織承諾等造成不良的影響。

壓力所造成的另一個結果是身心俱疲。身心俱疲 (burnout) 就是因為長期承受壓力所造成的精疲力竭現象。身心俱疲會造成倦怠、憂慮、挫折與無助感，也會造成自信心的喪失及心理上的畏縮。這些人會害怕上班，工作時間長但成果少，在心理上、生理上都表現出倦怠感。由於這些現象對個人、對組織都會造成不良影響，所以許多組織都會採取一些措施來避免。例如英國航空公司 (British Airways) 向員工提供了一系列的訓練課程，幫助員工瞭解身心俱疲的現象，以及教導他們如何避免及應付這些現象。

五、壓力管理

為了避免壓力所造成的潛在不良影響，個人及組織都要做好壓力管理 (stress management)。專家學者已發展了許多有關壓力管理的觀念及實務，有些適用於個人，有些則適用於組織。

（一）在個人方面

由於現今的文化中有一種迷思：假如一個人不能承受壓力，即表示他的意志薄弱。對於壓力承受較低的人，社會普遍會有一個苛責的心態，使得大部分的人不敢示弱，許多人只好掩飾自己的壓力，直到釀成大禍。在這種大環境下，個人要做好壓力管理，其方法包括：

1.誠實面對

人際間常有一種傾向，「愈是埋怨得少的人，愈被認為是理所當然」，當然這是不對的。我們在這裡並不是要鼓勵無病呻吟，而是要誠實的面對自己的狀況。要「能知」，才能夠採取適當的壓力管理方法。

2.運 動

有定期運動習慣的人比較不會感受到壓力及緊張，這些人的自信心比較高，也比較樂觀。他們健康的身體也會使他們有更強的抵抗力。反之，不常運動的人或根本不運動的人，比較容易感受到壓力，也常容易情緒低落，罹患心臟血管毛病的機率也很高。由於身體狀況不佳，也很容易染上疾病。

3.放輕鬆

放鬆心情可使個人容易調適及應付壓力。我們可藉著定期休假、娛樂、閱讀、聽音樂、冥想、打坐的方式來放鬆心情。在度假之後，我們對於工作的態度會大大改觀。在上班時間，也可以用一些方法來放鬆心情。每工作一段時間，可以走動走動、伸個懶腰。這些方法都可以適度減壓。

4.時間管理

時間管理 (time management) 的基本觀念是：做好時間管理就可以減低或剔除每日壓力。時間管理的方法之一就是每天早上列出當天所要完成的事情，並將這些工作分為三類：⑴必須完成的急迫工作；⑵必須完成的重要工作；⑶瑣碎而可以交辦或耽誤的工作。然後依照工作的緊迫性、重要性依序處理。這樣一來，就不會被一堆工作壓得喘不過氣來。

5.支持性團體

支持性團體 (supporting group)，顧名思義，就是可以幫助我們的團體，包括家人、親友、同事等。下班之後，與三五好友看一場球賽或聽場音樂會或開懷暢飲，都可以抒解白天在工作上的壓力。在平時、在危急時，家人都是我們的精神支柱。我們也可以善用比較正式的支持性團體，如協談中心、教會等。在我們承受到很大的壓力時，這些團體可以提供專業協助。

（二）在組織方面

許多組織也瞭解到必須要幫助員工處理壓力的問題。為什麼？因為：⑴組織認為自己是壓力的始作俑者，因此要負責任；⑵如果員工因壓力過大而提出保險索賠，對組織是一大財務負擔；⑶員工所承受的壓力過大，會降低生產力。基於以上的三種原因，AT&T 曾舉辦一系列的研討會及設立工作坊，來幫助員工處理工作壓力的

問題。許多組織也常舉辦壓力管理演講會，及健身活動，如球賽、長跑、戒菸活動及減重活動等。

　　組織可逐一對壓力來源加以審視，然後提出適當的減壓措施及方法。

(1)在工作方面，組織可進行工作的重新設計 (redesign)、工作輪調、工作單純化等。

(2)在工作環境方面，組織可在溫度、濕度、保護隱私、照明等方面加以改善，以達到減壓的效果。

(3)在角色方面，組織可進行角色分析，透過工作說明書清楚的界定每位員工的角色，以避免因角色模糊所產生的壓力。在工作場所內，對扮演不同角色（身兼數職）而無法承受壓力的員工，應讓他們在一段時間只扮演一種角色，以避免因角色混淆所產生的壓力。

(4)在人際方面，組織可常辦有關人際關係的訓練，以促進人際之間的有效溝通及和諧。組織要讓員工有參與感，尤其是在進行重大的組織變革時。組織可進行結構化的重組，在人員的安置方面，可將個性相似者集結在一起（當然應先考慮技術背景）。

以上的種種做法，都可以減低員工的壓力。

11.6 組織中的創造力

　　我們在第 10 章，曾說明過各類型的組織創新。組織創新的原動力就是個人的創造力，創造力 (creativity) 是組織中個人行為的另外一個重要因素。創造力就是個人產生新構想，或以新的角度來看現有的構想、做事情的方法、做事情的過程的能力。什麼因素使得個人有創造力？產生創造力的過程是什麼？雖然心理學家在這方面並沒有達成共識，但是我們仍然可以抽絲剝繭，從他們的研究中找出一些蛛絲馬跡。經過歸納整合之後，以下是我們對創造力整理出來的一些看法。

一、具有創造力的人

　　許多研究者都不遺餘力的企圖發掘具有創造力的人的共同屬性。一般而言，這些屬性包括：背景經驗、個人特質及認知能力。

（一）背景經驗與創造力

許多具有創造力的人都是成長在具有創造力的環境。 例如莫札特 (Wolfgang Amadeus Mozart) 出生在音樂世家，六歲即能譜曲及演奏；從小受到本身即為偉大科學家雙親皮爾及瑪莉居禮 (Pierre and Marie Curie) 薰陶而成長的艾琳 (Irene Curie) ，成年後得到諾貝爾化學獎；發明之王愛迪生 (Thomas Edison) 的創意也是母親所培養的。

但是，在沒有創意的環境下孕育成長的人也不乏創意家。例如非裔美國人廢奴主義者及著名作家道格拉斯 (Frederick Douglas) 生長在貧寒之家 ， 沒有機會接受正規教育 ， 但是他的辯才及創意思考導致了 〈解放黑奴宣言〉 (Emancipation Proclamation) 的產生。

（二）個人特質與創造力

個人的某些特質與創造力息息相關。具有創造力的人的共同特徵是：開放、喜歡複雜的東西、精力充沛、獨立性及自主性 (autonomy)、自信心（充分相信自己有創意）。

（三）認知能力與創造力

認知能力 (cognitive ability) 是指個人如何以智慧的方式去思考 ， 如何以有效的方式來分析情境與數據的能力。智慧是創造力的必要條件，但不是充分條件——雖然大多數有創造力的人是有高度智慧的，但有智慧的人未必是有創造力的人。創造力包括了發散式思考與收斂式思考。

(1)發散式思考 (divergent thinking)：是指個人在情境、現象或事件中找尋其「相異部分」的能力，也就是「同中求異」的能力。

(2)收斂式思考 (convergent thinking)：是指個人在情境、現象或事件中找尋其「相同部分」的能力，也就是「異中求同」的能力。

具有創造力的人同時具有發散式思考與收斂式思考的能力。

日本企業的管理者近年來一直質疑其創造力何以落後於美國企業。有人認為，

日本企業所強調的群體和諧也許就是創造力的絆腳石。我們先前說明，個人的獨立性及自主性與創造力息息相關，也許可以說明何以講究「群體」的日本企業其創造力所以不高的原因。

二、產生創造力的過程

雖然很多具有創造力的人曾表示其創造力來自於乍見的靈感，但是一個人如何努力產生其創造力還是有一定的規則可循。

（一）準　備

創造力過程 （creative process， 產生創造力的過程） 基本上是從完善的準備 (preparation) 開始的。正規的教育及訓練是獲得廣泛知識及相關研究的捷徑。如果你想在企業管理方面提供有創造力的貢獻，那你先要接受企業管理方面的正規教育及訓練。

（二）育　成

創造力過程的第二個階段是育成 (incubation)。在育成階段，由先前的準備階段所獲得的知識及構想會逐漸成熟。在這個專注於理性思考、但有意識的專注並不算強烈的階段，有些人會藉著一些活動（如慢跑、游泳、聽音樂）來調劑。

（三）洞察力

在準備及育成之後，洞察力 (insight) 是自然而然的思考突破。洞察力可使有創造力的人重新詮釋某一問題或情況。洞察力是將在育成階段逐漸成熟的、但稍微凌亂的思考及構想整理出一個完整的頭緒。它可以是突然發生的（頓悟），也可以是逐漸發生。洞察力可以是由外部事件所引發的，例如遇到新經驗或獲得新知識，促使個人以新的角度來思考舊問題；也可以由內部事件所引發，例如在思考問題上的「腦筋急轉彎」（腦筋轉個彎，想一想問題）。

在花旗銀行 (Citibank) 有一個所謂的 「後端作業」 (back room operation)，專門處理支票及存款的清單、對帳單的更新以及財務報表的編製。傳統上，這些作業都

屬於銀行的正規作業範圍，但是有位高階主管「洞察」到這個後端作業比較像生產作業，而不像銀行作業，因此可以用「文件製造」過程來處理。基於這個洞察力，他就聘請了福特公司的前生產及製造經理來處理這個問題。藉由重新建構對「後端作業」的觀念，這位高階主管替花旗銀行節省了可觀的作業成本。

（四）驗　證

一旦產生洞察力時，就要透過驗證 (verification) 的過程來判定此洞察力的效度及真實性。對於許多構想而言，驗證包括以科學實驗法來判定洞察力是否可導致所預期的效果。驗證也包括發展出產品或服務的雛型，以檢視在這些雛型背後的構想是否行得通。在產品及服務實際發展出來之後，對於市場的驗證（看看消費者是否能夠接受）是對其背後的構想所做的最後測試。

三、提升組織創造力

欲提升及改善組織創造力的管理者，必須做到下列二件事情：⑴將創造力變成組織文化的一部分。有些特別強調創造力的公司，如 3M、Rubbermaid 特別設定像「未來利潤中有多少百分比要來自新產品的貢獻」這樣的目標。這個目標傳遞了「重視創新及創造力」的訊息；⑵對創意成功的人給予獎賞，但對創意失敗的人不要懲罰。許多構想在形諸文字時看似價值連城，但一旦付諸實現時卻是一文不值。某人在提出新構想但後來卻證實無效之後，受到組織的懲罰（減薪、降級、辭退），那麼其他的員工便會「一動不如一靜」，安心的做好自己份內的事情就好。在這種情況之下，組織何來創意？組織要有創造力，是要承擔一些風險的。

・激發創意

組織決策要能影響環境，進而獲得競爭優勢，就必須具有創意或創造力 (creativity)。因循舊習的組織在環境穩定時，或許尚有立足之地，但當環境不斷變化時，則必為競爭的潮流所淹沒。

組織創造力 (organizational creativity) 是透過組織中的個人或群體所提出的新奇而有用的構想所產生的。在實現組織創造力方面，電腦化的資訊科技 (computer based information technology) 扮演著一個相當關鍵性的角色。

　　創造力能夠幫助員工發覺問題、確認機會以及從事新奇的行動方案以解決問題。組織可透過名義團體技術以及電子化腦力激盪 (electronic brain storming) 來增加創造力。名義團體技術已在第 6 章（決策）說明過，而電子化腦力激盪是透過網路科技（尤其是網際網路科技），將身處於各地的成員所提出的構想（不論多麼「荒誕無稽」、「天馬行空」）加以篩選、分類及整合，進而提出一個整體性的、可行的構想。

　　組織在創造力實現的過程中，不免會遭遇到知覺障礙、文化障礙以及情緒障礙。所謂知覺障礙 (perceptual blocks) 是指未能利用感官來觀察、未能察覺出明顯的現象、未能界定事物之間的關係（如循序、因果關係等）。文化障礙 (cultural blocks) 是指未能符合約定俗成的規範（如禮儀、語言、風俗習慣等）。情緒障礙 (emotional blocks) 是指害怕犯錯、懼怕或不信任別人等心理因素。

本章習題

一、複習題

1. 何謂組織行為？何以說組織行為像一座冰山？

2. 何謂心理契約？

3. 心理契約有何重要特性？試繪圖加以說明。

4. 如何才能達到組織均衡的狀態？

5. 個人與工作的配合有何重要性？

6. 個人與工作的完美配合畢竟是一個理想，在實務上，配合不當的情況比比皆是。究其原因有哪些？

7. 差異性的基礎是什麼？

8. 在有效的管理差異性之前，首先要瞭解有哪些因素阻礙了企業充分活用差異性的優勢。比較重要的障礙有哪些？

9. 何謂個人差異？

10. 你同意「非我族類，其心必異」這句話嗎？試提出你的看法。

11. 試對「態度」下一個定義。

12. 一個人的態度包括了哪三部分？

13. 一個人可以有很多種態度，但在組織行為中只強調一些與工作有關的態度，包括員工對其工作環境所持正向或負向的評價。而其中我們所關心的態度有哪些？

14. 試說明「個人的感覺與情緒」。

15. 何謂知覺？何謂選擇性知覺？影響選擇性知覺的因素有哪些？

16. 何謂刻板印象？管理者的刻板印象有何優點與缺點？

17. 何謂歸因理論？

18. 形成歸因的基本架構包括哪三個要素？

19. 試說明「五大」個性特徵。

20. 試簡要說明工作場所的其他個性特徵。

21. 試舉例說明內外控個性。

22. 何謂自我應驗預言？

23.何謂比馬龍效應？試舉例說明。

24.具有高低度權威個性的人，會表現出怎樣的行為？

25.試描述具有「馬基維利」個性特徵的人所表現的行為。

26.試描述具有「自信」個性特徵的人所表現的行為。

27.試描述具有「冒險傾向」個性特徵的人所表現的行為。

28.試分辨 A/B 型個性。

29.試說明壓力與個人行為。

30.何謂一般適應症候群？試舉例說明。

31.試說明個性與壓力的關係。

32.壓力的來源有哪些？

33.個體在工作環境或其他情況下是否感受到壓力，決定於哪些因素？

34.工作壓力所造成的結果有哪三個主要的範圍？

35.要做好個人壓力管理應採取哪些方法？

36.何以有些組織認為必須要幫助員工處理壓力的問題？

37.組織中實施壓力管理的目的是什麼？

38.創造力是組織中個人行為的另外一個重要因素。創造力是什麼？

39.許多研究者都不遺餘力的企圖發掘具有創造力的人的共同屬性。一般而言，這些屬性包括：背景經驗、個人特質及認知能力。試加以解釋。

40.產生創造力的過程是什麼？

41.如何提升組織的創造力？

二、討論題

1.試以國內外某企業為例說明其組織行為。

2.世界各國的人力變得愈來愈有差異性。以美國為例，在 2011 年間，美國所增加的勞動人口中有半數以上是非白人，其中有三分之一是女性。同樣的，根據估計少數民族佔法國人口的 8 ~ 10%；佔荷蘭人口的 5%。在義大利、德國及其他歐洲地區各國，少數民族的比例也有漸增的趨勢。即使在傳統上標榜同質社會、不歡迎外來移民的日本，也必須想辦法來應付「愈來愈多婦女投入就業市場」的現象。根據以上說明，描述臺灣的人力市場的差異性。

3.在圖 11–4 中，你可能看到的是一群黑色的圖形物件。但如果你仔細地看白色的部分，

你會發現那是一個英文字 "THE"。你一旦看出這是 "THE" 之後，可能再也不會認為它是一群黑色的圖形物件了。從這裡我們可以瞭解：具有不同的價值觀及經驗的人，會把表面上是「客觀的」圖形看成是不同的東西，因此，看過這個圖形的人，一眼就看出它是 "THE"，而沒有看過這個圖形的人，只看到一群黑色的圖形物件。上述的圖例及說明給我們什麼啟示？

▲ 圖 11–4　價值及經驗對於知覺的影響

4. 管理者與部屬都必須瞭解工作壓力的效應、壓力與績效的關係以及組織中壓力的來源，他們更應重視壓力與健康的關係。此外，他們應做好壓力管理。試加以闡述。

5. 你在工作上忙碌了一整天，拖著疲憊的身心回家。在回家的途中，在駕駛座上你是恍恍惚惚的。在你開門的一剎那，你看到一片閃光，聽到一些急促的腳步聲，瞬間你不由自主的清醒起來。複雜的生化反應在你的身體上起了作用——你的瞳孔放大（使你能更快的適應黑暗的環境）；聽力變得敏銳起來；你的呼吸及心跳加快；精神亢奮（以便應付突發狀況）；你的血液快速湧向頭部、腦波變快（使頭腦有最大的「能源」來應付情況）；肌肉緊繃準備隨時採取行動。這些生化及身體的改變顯示了我們對環境的壓力源所呈現的自然反應。這種現象也稱為「面對或逃避」反應 (fight-or-flight response)。在野外受到侵略者侵襲的動物基本上有兩種選擇：拼鬥或逃避 (to fight or to flee)。這個動物對於壓力源（侵略者）的身體反應（不論是面對或逃避）都會增加牠的生存機會。試說明在工作場合，「面對或逃避」反應是適當的嗎？為什麼？

6. 自我認定會影響他人對自己的看法，而他人對自我的看法會造就自我的表現，有句廣告臺詞說：「自信的女人最美麗」，如何喚醒心中的潛能呢？就讓我們從相信的心、實踐的行動力著手。你同意以上的說法嗎？為什麼？

7. 試說明下列的敘述是屬於態度中的哪個要素：
   (1)種族歧視是不對的、男人沒有一個是好東西。
   (2)我不喜歡約翰，因為他歧視少數民族。
   (3)因為對約翰的感覺不好，所以不會選他。

8. 由於現今的文化中有一種迷思：假如一個人不能承受壓力，即表示他的意志薄弱。對於壓力承受較低的人，社會普遍會有一個苛責的心態，使得大部分的人不敢示弱，許多人只好掩飾自己的壓力，直到釀成大禍。你同意嗎？你可以舉出一些例子來說明嗎？

9. 臺灣在加入世界貿易組織之後，勞動市場逐漸開放，這些文化背景不同的人之間可能

有哪些個人差異存在？如何做好差異管理？

10.試說明以下故事對你的啟發：有兩個女人，坐在同一張桌子喝飲料。其中一個把雨傘靠在桌邊，另一個在喝完飲料時，迷迷糊糊的，順手拿起雨傘就走。雨傘的主人大聲叫說：「喂！妳拿了我的雨傘。」前面那個女人一臉尷尬，紅著臉向對方道歉，說是忘了自己沒帶傘，一時誤拿。這件事，讓她想起需要買把雨傘，順便也買一把給孩子，於是她便去買了兩把。回家的路上，她正巧又跟那位之前被她誤拿雨傘的女人坐在同一輛公車上。那女人注視著那兩把雨傘，說：「我看妳今天的成績還不錯嘛！」

第 12 章
領　導

本章重點

1. 領導的本質
2. 特質論
3. 行為論

4. 情境論
5. 領導近年來的趨勢

要成為一位有效的領導者與卓越的管理者，必須瞭解要扮演好這二種角色所需面臨的挑戰。他必須知道何時要做專斷的判斷、如何領導及激勵部屬，以及何時應退居幕後讓部屬自行做決定，扮演促成者 (facilitator) 的角色。

12.1　領導的本質

領導 (leadership) 是過程也是屬性。以過程而言，領導著重於領導者的實際作為，也就是利用非強制性的影響力來建立工作團體或組織的目標，鼓勵部屬達成這個目標，並協助界定工作團體或組織文化。以屬性而言，領導著重於領導者的特質，也就是說被視為領導者的人要有何種屬性。領導者是不必使用強制力就可影響別人行為的人；領導者是讓他人心悅誠服、願被領導的人。

一、管理與領導

從定義上來看，管理與領導是相關的，但是不盡相同。一個人可以成為管理者、領導者，或二者都是，或二者都不是。管理與領導的基本差別如表 12–1 所示。

有效的組織需要管理及領導二者。領導是創造變革所必須，而管理是達成目標及秩序所必須。如果管理配合領導，則組織就可進行有秩序的變革；如果領導配合管理，則組織就可適當的因應環境的變化。

▼ 表 12–1　管理與領導的基本差別

	管　理	領　導
建立議程	規劃與預算	建立方向與願景
建立人際網路以達成議程	組織及用人	建立工作團隊及聯盟
執行計畫	控制與問題解決	激勵成員、鼓勵士氣
結　果	達成預期的結果及秩序（如準時交貨、控制預算）	造成變革（如推出新產品、改善勞資關係、增加組織競爭力等）

來源：Adapted from "The Wall Street Journal Guide to Management" by Alan Murray, published by *Harper Business*. What is the Difference Between Management and Leadership?

二、權力與領導

要深入瞭解領導，我們必須要先瞭解權力。權力 (power) 就是影響他人行為的能力。一個有權力的人未必會去行使它。例如籃球教練有權力命令表現不佳的球員坐冷板凳，但是他不會動不動就叫球員坐冷板凳。

法蘭其與雷溫 (French and Raven, 1981) 將一個人為什麼會受到另外一個人的影響，區分成五種理由，並將每一個原因對應出一個權力的型態。這五個權力型態分別為：合法權 (legitimate power)、報酬權 (reward power)、強制權 (coercive power)、參考權 (referent power) 以及專家權 (expert power)。雖然這五種權力型態皆有其形成的原因，然而卻常常同時產生，並非相互獨立的❶。

（一）合法權

合法權是組織科層 (hierarchy) 所賦予的權力，因此具有某種職位的人就有某種權力。管理者可向部屬指派工作，如果部屬拒絕，則會遭到懲罰或甚至是解僱。這種結果來自於組織賦予此管理者的合法權。合法權就是職權 (authority)，所有的管理者對其部屬都有合法權。但是只擁有合法權並不能使一個人成為領導者。有些部屬只接受工作說明書內所明訂的工作，如果被要求做工作說明書上沒有明訂的工作，則不是拒絕就是混著做。在這種情形下，管理者只有合法權，沒有領導力。

---

❶　John R. P. French and Bertrand Raven, "The Bases of Social Power," in *Group Dynamics*, 2nd ed., Dorwin Cartwright (Evanston, Ill.: Peterson, 1960), pp. 607–623.

（二）報酬權

報酬權是給予或不給予員工報酬的權力。管理者可以控制的報酬有：薪資、津貼、升遷推薦、指派好差事、讚賞、肯定、感激。一般而言，管理者可控制的報酬數目愈多，而且部屬愈看重這些報酬的話，則此管理者的報酬權就愈大。如果部屬只覺得管理者所提供的正式組織報酬（formal organization rewards，如薪資、津貼、升遷推薦、指派好差事）有價值的話，則此管理者就不是領導者；如果部屬也希望及珍視管理者所提供的非正式報酬（informal rewards，如讚賞、肯定、感激），則此管理者就是領導者。

（三）強制權

強制權是在心理上、情緒上、生理上利用威脅手段迫使他人就範的權力。在過去組織內，管理者使用生理上的強制手段常常發生。但在現今組織內，強制的情形僅限於口頭或文書式的申誡、罰鍰、降級及解僱。有些比較過分的管理者會使用語言暴力、羞辱及心理強制（威脅）的方式來操縱部屬，當然這是不適當的。管理者所控制的強制方式愈多，而且部屬愈看重這些強制方式的話，則此管理者的強制權就愈大。如果管理者動不動就行使強制權，則必遭致部屬的怨恨和不滿，這種管理者絕對不會被視為是領導者。

（四）參考權

相對於合法權、報酬權、強制權而言，參考權比較不具體、不客觀。參考權是基於認同、模仿、忠誠及魅力而產生的。追隨者何以樂於被領導？他們可能是因為在個性、背景及態度方面與領導者類似，而在某些方面認同領導者。在某些情況下，追隨者會模仿具有參考權的領導者——模仿他的穿著、說話、工作時間（學他工作到幾點）、擁護他的經營哲學等。參考權也可能是因為魅力而產生的，魅力這個無形的屬性，可以激發忠誠及熱情。愈擁有參考權的管理者，愈可能是領導者。

（五）專家權

專家權是基於資訊及專業技術而產生的。一個知道如何應付個性乖僻的大客戶的管理者、一個有能力造成科技突破的科學家、一個知道如何擺平官樣文章的祕書，都是擁有專家權的人。資訊愈重要，而且擁有此資訊的人愈少，則任何擁有此資訊的人，其權力就愈大。一般而言，管理者和領導者都擁有很大的專家權。

三、權力的行使

管理者和領導者如何行使權力？以下是行使權力的方法：

1. 合法要求 (legitimate request)

合法要求是基於合法權的行使。部屬為什麼會聽命於管理者的命令？因為部屬瞭解組織賦予管理者這種權力。管理者與部屬的每日互動都屬於這種類型。

2. 手段式（工具式）順從 (instrumental compliance)

手段式（工具式）順從是基於激勵的增強論。在這種形式的交換中，部屬之所以會順從是因為要獲得管理者所控制的報酬。如果某經理要求部屬做一些工作職掌以外的事情，如週末加班、終止與某客戶的長期夥伴關係、發布壞消息（簡單的說，就是「做壞人」），如果部屬答應並照辦，經理就給他一些金錢或津貼作為酬勞。下次當部屬被要求再做類似的事情時，他很清楚的知道順從是獲得更多報酬的手段(工具)。因此，手段式（工具式）順從可以說明績效與報酬的情境關係。

3. 脅迫 (coercion)

當管理者暗示如果部屬不做他所交代的事情，便會遭到懲罰甚至解僱，則此管理者就是以脅迫的方式來行使權力。

4. 理性勸導 (rational persuasion)

當管理者說服部屬如果順從的話就會對部屬有利，那麼他就是在利用理性勸導的方式來行使權力。例如管理者勸說部屬如果接受調職的話，會對部屬非常有利。在某些方面，理性勸導與報酬權非常類似，只是在理性勸導的情況下，管理者對於報酬並沒有控制權。

5. 個人認同 (personal identification)

如果管理者知道自己對部屬有參考權,就可以充分利用部屬對他的個人認同來影響部屬的行為,進而塑造出他所希望的行為。

6. 抱負訴求 (inspirational appeal)

有時候管理者會透過抱負訴求,來誘使部屬做一些有更高理想、更高價值的事情。例如犧牲小我、完成大我。參考權在激發員工的抱負訴求上扮演著重要角色。因為部屬既然欣賞管理者,那麼管理者認為有崇高理想的目標,必然會激發部屬的雄心壯志去達成。

7. 資訊扭曲 (information distortion)

資訊扭曲是蠻詐的方法。管理者藉著把持及扭曲一些資訊來影響部屬的行為。例如某管理者宣布每位員工都有機會成為「創意開發小組」的成員,但是他特別中意某個部屬,所以就隱瞞其他資格更好的申請者的證明文件,以便達成其所願。這種行使權力的方式是危險的、違反道德良知的,如果一旦東窗事發,此管理者必然會灰頭土臉,再說,有誰會再服從他的領導?

12.2 特質論

第一個以系統化的方法來研究領導的,就是分析有效的領導者在個人上、心理上及形體上的特徵。特質論 (the trait approach) 的前提假說是:某些特質的確可以分辨出誰是領導者,誰不是領導者。研究者認為這些特質包括:智慧、獨斷、身材、字彙能力、吸引力、自信以及相符的屬性(與部屬相類似的特質)❷。

20 世紀初期,有關領導的研究重心大多集中在發掘領導者的特質上。但是,大多數的研究結論是眾說紛紜、莫衷一是。例如有些研究認為領導者應具備某些特質,但是又有其他的研究否定了這些特質。而且,由於這類對領導者特質的研究愈來愈多,到後來變得沒有什麼實用價值。再者,特質與領導力之間的關係,何者是因?何者是果?究竟是具有溝通能力(一種領導特質)的人是好的領導者,還是某人在成為領導者之後,才展現他的溝通能力?這些因果關係在特質論的領導研究中均付

❷ Bernard M. Bass, *Bass and Stogdill's Handbook of Leadership*, 3rd ed. (Riverside, N.J.: Free Press, 1990).

之闕如。

雖然多數的研究者已經不再企圖認明領導力的某些特質，但是許多人還是有意無意的採用特質導向。試想一下，我們是怎麼選一個政治人物的？我們是不是用像是相貌、口才、信心這樣的向度（指標）？誠懇與廉潔這些特質在許多選才的情況下，還是被用來作為重要的指標。

固特異輪胎公司 (Goodyear Tire and Rubber) 在甄選高階主管時，所使用的標準是反應機靈、適應性、掌握新機會以及世界觀這些特質❸。

同時，我們也應瞭解，領導者的效能和他在被領導者心中所建立的印象（形象）有關，但是形象這個東西是相當主觀的：一個行事果斷、作風明快的人在有些人心目中是一個良好的領導者，在另外一些人心目中可能是一個霸氣過重的獨裁者。

我們可以進一步的說明，以「屬性」來看領導，似乎認定了領導能力是天生的，先天上不具備某種特質的人，可能一輩子也做不成好的領導者。而以「情境」觀點或是以下將說明的「行為」觀點來看領導，則認為領導力是後天的，也就是可以經由培養、訓練而得。

12.3 行為論

由於特質論在確認有效領導的效度 (validity)❹上有些問題，因此研究者便開闢另一個研究領域，企圖認明能說明有效領導的其他變數。密西根大學以及俄亥俄州立大學的研究者均以「行為」這個變數來研究領導者。他們的研究前提假說是：有效的領導者在行為上必然不同於無效的領導者。

---

❸ Timothy Aeppel, "American Way: From Egypt to Europe to Ohio, a CEO Finds a Place to call Home," *The Wall Street Journal*, December 22, 1999, pp. A1, A6.

❹ 所謂效度包含二個條件：⑴該測量工具確實是在測量其所要探討的觀念，而非其他觀念（例如測量「有效領導」的工具，就是測量「有效領導」，而不是測量像智商、信念等其他觀念）；⑵能正確的測量出該觀念（例如領導能力是 100 的人，透過測量工具所測得的能力分數就是 100）。

一、密西根大學的研究

　　由李克所帶領的密西根大學 (Michigan University) 研究人員，在 1940 年代末期即已開始著手於領導的研究 ❺。他們對於領導者（管理者）與追隨者（部屬）進行廣泛的面談之後，確認了兩個領導行為的向度：工作導向（job centered，以工作為重心）與員工導向（employee centered，以員工為重心）。

　　採取工作導向領導者行為 (job-centered leader behavior) 的管理者，較強調工作的技術或作業層面——他們主要關心的是達成團體目標，而團體成員只是達成目標的手段而已；採取員工導向領導者行為 (employee-centered leader behavior) 的管理者，較注重人際間的關係，瞭解每個部屬的個別需求，並且接受成員間的個別差異。

　　這二個截然不同的領導者風格可以被看成是在一個連續帶 (continuum) 上的兩個極端。雖然在實務上，領導者行為可能是極端的工作導向、極端的員工導向，或者不那麼工作導向或員工導向（在此二極端中的某一處），但是李克所使用的是二個極端以作為對比之用。

　　李克認為，員工導向的領導者比較具有效能 (effectiveness)：較高的團體產出、較高的工作滿足。而生產導向的領導者則有較低的團體產出、較低的工作滿足。在這裡我們可以發現，李克對於領導的研究與其對系統 1 到系統 4 的組織設計研究（見第 9 章的說明）是相互呼應的。工作導向的領導者行為是與系統 1 一致（也就是僵固、官僚）；員工導向的領導者行為是與系統 4 一致（也就是有機、彈性）。李克在強調組織應從系統 1 轉為系統 4 時，也就等於在強調要將工作導向的領導行為轉換成員工導向的領導行為。

二、俄亥俄州立大學的研究

　　美國俄亥俄大學 (Ohio State University) 對於領導的研究約與李克同一年代。俄亥俄大學研究人員在使用「領導行為描述問卷」 (leadership behavior description questionnaire, LBDQ) 廣泛的進行研究之後，歸納出兩種截然不同的領導行為或風格：制度行為 (initiating-structure behavior) 以及體恤行為 (consideration behavior) ❻。

---

❺　Rensis Likert, *New Patterns of Management* (New York: McGraw-Hill, 1961).

採取制度行為的管理者會：⑴清楚領導者與部屬的角色，因此每一個人都清楚的知道他被期待的是什麼；⑵建立正式的溝通管道；⑶決定工作應如何完成；採取體恤行為的管理者會關心部屬，並企圖營造友善的、互相扶持的氣氛。

俄亥俄大學研究與密西根大學研究基本上很類似，但是有一個重要的差異。俄亥俄大學研究並不將領導視為單一向度，換句話說，領導者並不是極端的採取制度行為的人，也不是極端採取體恤行為的人；他們是具有不同程度的制度行為及體恤行為的人。

在最初，俄亥俄大學的研究人員認為，不論採取制度行為或是體恤行為的領導者，其效能必優於其他的領導者。但是，他們在研究過國際收割公司之後，發現影響領導力的因素並不如當初想像的那麼單純。

研究人員發現，在制度行為這個向度上獲得評點比較高的領導者（較採取制度行為的領導者），其部屬有較高的工作績效、較低的滿足感、較高的曠職率。相形之下，在體恤行為這個向度上獲得評點比較高的領導者（較採取體恤行為的領導者），其部屬有較低的工作績效、較高的滿足感、較低的曠職率。

後續的研究也曾企圖進一步瞭解領導與工作績效、滿足感及曠職率的關係，結果發現這些關係受到情境因素的影響很大。有關領導的情境論將在本章稍後說明。

三、管理格矩

另外一個領導的行為論是由布來克 (R. R. Blake) 及莫頓 (J. S. Mouton) 所提出的管理格矩（managerial grid，又稱管理格道）❼。管理格矩是評估領導風格的有利工具，其目的是訓練管理者成為具有理想領導風格的領導者。管理格矩如圖 12–1 所示。橫軸代表對生產的關心程度（concern for production，相當於密西根大學研究的工作導向或俄亥俄大學研究的制度行為），縱軸代表對人的關心程度 （concern for

---

❻ R. M. Stogdill and A. E. Coons, *Leader Behavior: Its Description and Measurement, Research Monograph 88* (Columbus: OSU, Bureau of Business Research, 1951).

❼ R. R. Blake and J. S. Mouton, *The Managerial Grid* (Houston: Gulf, 1964); R. R. Blake and J. S. Mouton, "A Comparative Analysis of Situationalism and 9,9 Management by Principle," *Organizational Dynamics*, Spring, 1982, pp. 20–43.

people，相當於密西根大學研究的員工導向或俄亥俄大學研究的體恤行為)。

基本上他們把領導風格分成五種：

⑴ (1,1) 型——無為管理者 (do-nothing manager)，亦稱枯竭管理者 (impoverished management)。他們會以最少的努力來完成工作，並認為這才是留住組織成員最適宜的方法。這些管理者會保持中立，只依賴標準作業程序做事。

⑵ (9,1) 型——任務管理者 (production pusher)，亦稱職權－順從 (authority-compliance) 者。他們會藉著工作環境的安排，來獲得作業的效率，使人為的干預減到最低程度。

⑶ (1,9) 型——鄉村俱樂部式管理者 (country club manager)。他們會關切員工的需求，建立良好的人際關係，以及令人舒適而友善的組織環境。

⑷ (5,5) 型——組織人 (organization man)，亦稱中庸管理者 (middle-of-the-road management)。他們會在「完成工作」與「保持員工士氣」之間取得平衡，他們認為這樣就可以獲得適當的組織績效。

⑸ (9,9) 型——團隊管理者 (team management)，亦稱團隊建造者 (team builder)。他們會將任務與人際關係加以整合。他們認為，生產力的提高、工作的順利完成，取決於人們的奉獻，以及對組織目標的「共融性」。

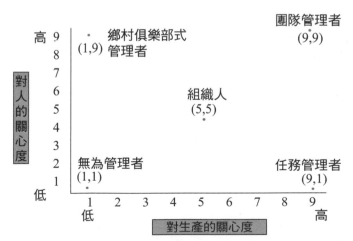

來源：R. R. Blake and J. S. Mouton, *The Managerial Grid* (Houston: Gulf, 1964); R. R. Blake and J. S. Mouton, "A Comparative Analysis of Situationalism and 9, 9 Management by Principle," *Organizational Dynamics*, Spring 1982, pp. 20–43.

▲ 圖 12–1　管理格矩

管理格矩是一套極有系統的組織發展方案。組織不僅要達成目前的任務，而且還要發掘及培養創造新機會的能力。布來克及莫頓認為：「組織的所有人員學到了管理格矩的精義之後，他們就可用來改善人員遴選、訓練及發展的績效；鼓勵參與及投入 (involvement)；訂立目標、解決衝突等。」

12.4 情境論

情境論 (situational theory) 或稱情境模式 (situational model) 認為，適當的領導行為是隨著情境的不同而異。情境論的目的就是要確認主要的情境因素，並說明這些因素如何影響適當的領導行為。

在討論主要的情境論之前，我們應先說明早期的一個重要模式，此模式奠定了後續研究的基礎。譚能邦與施密特 (Robert Tannenbaum and Warren H. Schmidt) 在 1958 年針對決策過程的研究中，提出了領導行為連續帶的觀念，稱為專制─民主連續帶模式 (autocratic-democratic continuum model)❽。此模式與密西根大學的原始研究極為類似。除了純粹的「工作導向行為」（以「主管為中心」）以及「員工導向行為」（以「部屬為中心」）之外，他們還確認了管理者可以考慮採取的一些居中的行為。這些行為顯示在領導的連續帶上，如圖 12–2 所示。

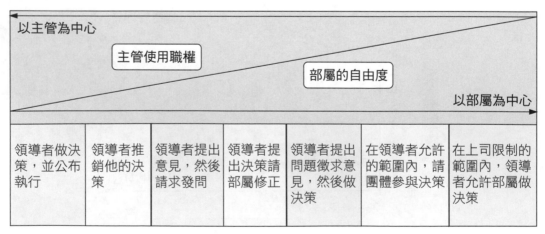

來源：Robert Tannenbaum and Warren H. Schmidt, "How to Choose a Leadership Pattern," *Harvard Business Review*, Vol. 36 (March-April 1958), pp. 95–101.

▲ 圖 12–2　領導行為的連續帶

---

❽　Robert Tannenbaum and Warren H. Schmidt, "How to Choose a Leadership Pattern," *Harvard Business Review*, Vol. 36 (March-April 1958), pp. 95–101.

　　這個領導行為的連續帶是從「領導者做決策，並公布執行」這個極端到「在上司限制的範圍內，領導者允許部屬做決策」另一個極端。在此連續帶上的每一點都會受到管理者、部屬及情境這些特性的影響。

　　管理者的特性包括：管理者的價值觀、對部屬的信心、個人傾向及安全感。部屬特性包括：部屬對獨立的需求、獨當一面的準備程度、對模糊的容忍度、對問題的關心、對目標的瞭解、知識、經驗以及期望。影響決策的情境特性包括：組織類型、團體效能、問題本身、時間壓力。

　　雖然此模式突顯了情境因素的重要，但是這個模式比較屬於臆測性的，在周延性、整合性上似嫌不足。本節將討論四個重要的、廣被採用的領導情境理論：「最不受歡迎的同事」理論、領導者─成員交換理論、路徑─目標理論以及決策樹理論。

　　研究領導的學者瞭解，欲建立有效的領導模式來預測什麼是成功的領導，是一件相當複雜的事情，並不是單靠幾個特質或行為就足夠的。特質論與行為論忽略了「情境」這個因素的影響。領導類型和效能間的關係所顯示的是：在某一個情境下，某一型的領導方式或許是最合適的，但在另外一個情境下，另外一型的領導方式可能較適合。

一、「最不受歡迎的同事」理論

　　「最不受歡迎的同事」理論是由費得勒 (Fred Fiedler) 所提出的，此理論可以說是第一個真正的領導情境理論。「最不受歡迎的同事」的英文是 least preferred coworker，簡稱 LPC。在研究領導者的特徵及行為之後，費得勒確認了二個領導風格：任務導向（task-oriented，相當於密西根大學研究的工作導向或俄亥俄大學研究的制度行為）以及關係導向（relationship-oriented，相當於密西根大學研究的員工導向或俄亥俄大學研究的體恤行為）。

（一）LPC 評點

　　費得勒認為，領導者風格會受到領導者個性的影響 （個性充分的反映到風格上），而大多數的個性是屬於任務導向或關係導向的其中一類。他利用頗受爭議的「最不受歡迎的同事」問卷，要求各受測試者（管理者或領導者）描述他們最不喜

歡共事的特定人選❾。這個問卷總共有十六個向度，每個向度均由極端的形容詞所組成，例如：

愉快的	8 7 6 5 4 3 2 1	不愉快的
友善的	8 7 6 5 4 3 2 1	敵意的
拒人於千里之外的	1 2 3 4 5 6 7 8	容納別人的
緊張的	1 2 3 4 5 6 7 8	輕鬆的

　　將每個向度的評點加總起來，就可以計算領導者的 LPC。注意，在以上的四個向度中，點數高的代表正面特質（如愉快的、友善的、容納別人的、輕鬆的）；點數低的代表負面特質（如不愉快的、敵意的、拒人於千里之外的、緊張的）。總點數高的可反映出領導者的關係導向（受測者在描述最不受歡迎的同事時，居然還認為這個同事有正面特質，可見受測者蠻重視人際關係的）；總點數低的可反映領導者的任務導向。

　　LPC 評點曾受到很大的爭議，因為有些學者認為此量表（問卷）的效度有問題。有些學者甚至直率的指出，LPC 評點不知在衡量什麼東西，以及 LPC 評點是代表行為呢，還是特質，還是其他因素❿？

（二）情境有利性

　　領導的情境論的基本假設，就是有效的領導行為應隨著情境而定。換句話說，情境不同，領導者行為就要不同。依據費得勒的看法，領導中主要的情境因素是領導者眼中的「情境有利性」(situational favorableness)。「情境有利性」決定於領導者與部屬的關係 (leader-member relations)、任務結構 (task structure) 及職權 (position power)。

---

❾　F. E. Fiedler, *A Theory of Leadership Effectiveness* (New York: McGraw-Hill, 1967).

❿　Chester A. Schriesen, Benette J. Tepper and Linda A. Tetrault, "Least Preferred Co-Worker Score, Situational Control, and Leadership Effectiveness: A Meta-Analysis of Contingency Model Performance Predictions," *Journal of Applied Psychology*, Vol. 79, No. 4, 1994, pp. 561–573.

1. 領導者與部屬的關係

　　領導者與部屬的關係涉及到領導者與工作團隊成員的關係本質。如果領導者與團體成員之間互相信任、互相尊重、互相對對方有信心，而且互相喜歡對方的話，則他們之間的關係是好的；反之，如果領導者與團體成員之間互相不信任、互相不尊重、互相對對方沒有信心，而且互相不喜歡對方的話，則他們之間的關係是壞的。對領導者而言，好的關係是比較有利的。

2. 任務結構

　　任務結構是團體的工作是否能清楚界定的程度。當任務（工作）是例行性的、單純的、清楚的，而團體成員有標準化作業程序及前例可資依循時，此任務結構（任務的結構性）是高的；反之，當任務（工作）不是例行性的、不是單純的、不是清楚的，而團體成員沒有標準化作業程序及前例可資依循時，此任務結構（任務的結構性）是低的。如果任務的結構性高，領導者就不必事必躬親，因此可把時間用在其他方面（如策略規劃、思考變革等）；如果任務的結構性低，則團體成員會不知所從，因此領導者必須費神去指揮及教導。對於領導者而言，高的任務結構是比較有利的。

3. 職　權

　　職權是職位上賦予的權力。如果領導者有權力去指派工作、獎懲部屬，則他的職權是強的（大的）；如果領導者在指派工作時還要得到他人的同意，而且又不能對部屬獎懲的話，則他的職權是弱的（小的）。當然，在這種情況下，要達成目標是比較困難的。以領導者的觀點來看，顯然比較喜歡有強的職權，因為這對他的領導情境是有利的。值得注意的是，職權的重要性不如前述二者（即領導者與部屬的關係、任務結構）。

（三）情境有利性與領導風格

　　情境有利性與領導風格、群體效能之間有什麼關係？費得勒的研究發現從圖 12–3 可以看得很清楚。在圖上方是情境因素：好或壞的領導者與部屬關係、高或低的任務結構、強或弱的領導者職權，這樣總共有八個獨特的情況。例如好的領導者與部屬關係、高的任務結構、強的領導者職權（最左邊的情況）是最有利的情境；

壞的領導者與部屬關係、低的任務結構、弱的領導者職權（最右邊的情況）是最不利的情境；其他的是中度的有利情況。

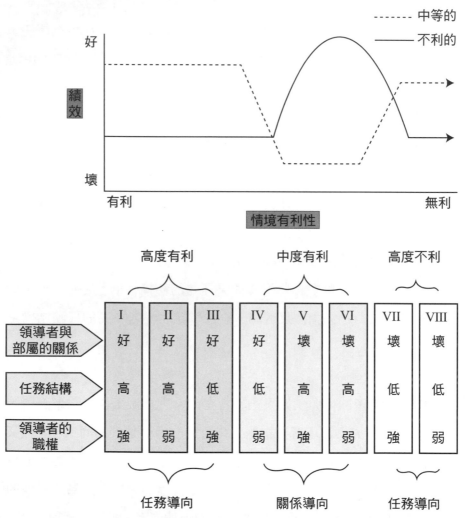

來源：F. E. Fiedler, *A Theory of Leadership Effectiveness* (New York: McGraw-Hill, 1967).

▲ 圖 12–3　費得勒情境模式

　　在每一個情境之下顯示了不同程度的情境有利性，而不同程度的情境有利性與有效的領導風格息息相關。費得勒發現，當情境最有利或最不利時，任務導向的領導者是最為有效的；而當情境是中度有利時，關係導向的領導者是最為有效的。

（四）領導風格的僵固性

費得勒認為，對於任何特定的個人而言，領導風格是固定的、不能被改變的。領導者不能夠改變其行為以配合某一特定的情境，因為領導風格是由特定的個性特徵所決定的。因此，當領導風格與情境不能配合時，就必須改變情境來配合領導風格。當領導者與部屬的關係是好的、任務結構是低的、領導者職權是弱的時候，關係導向的領導風格是最為有效的。但如果領導者是任務導向的，就會發生不配合的現象。根據費得勒的看法，領導者可以重新建構其任務結構（例如發展出方針及程序）、增加職權的方式，藉由改變情境來配合他的領導風格。

費得勒的情境論受到最多批評的地方是：(1)研究沒有得到實證研究的支持；(2)研究發現可做不同的解讀；(3) LPC 量表缺乏效度；(4)對於「領導者風格不能改變」的說法不切實際。然而，費得勒的理論是以情境來探討領導的鼻祖。他讓管理者瞭解到情境的重要性，並激發了後續研究對於情境因素的深入探討。

二、領導者－成員交換理論

由格林 (George Graen) 及丹瑟羅 (Fred Dansereau) 所觀察到的領導者－成員交換理論 (leader-member exchange theory, LMX) 認為，主管會與每位部屬分別建立不同的「垂直一對一」(vertical dyad) 關係，如圖 12–4 所示。

領導者－成員交換理論認為，領導者會和一小群信得過的團體建立特別的關係。這些人所組成的團體或「小圈圈」稱為內團體 (in-group)。內團體會受到領導者的信任、關注，並且有權責去從事一些特別的任務，當然也擁有特權。而那些被編為外團體 (out-group) 的部屬，則得不到領導者的互動與關注，而且領導者在他們身上花的時間較少。

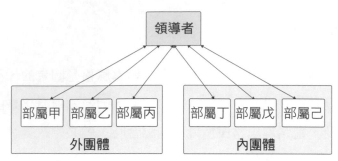

來源：Charlotte R. Gerstner and David V. Day, "Meta-Analytic Review of Leader-Member Exchange Theory: Correlates and Construct Issues," *Journal of Applied Psychology*, Vol. 82, No. 6, 1997, pp. 827–844.

▲ 圖 12–4　領導者－成員交換理論

　　領導者在與部屬接觸的早期階段，就已經決定了誰屬於內團體、誰屬於外團體。領導者是憑著什麼因素來選擇內團體成員？真正的原因仍不清楚，但這個原因可能是部屬的能力。直到目前為止，有關的研究發現到這二個現象：⑴的確有內團體、外團體的存在；⑵內團體的成員不論在工作績效或工作滿足感上，都比外團體來得高 ⓫ 。

三、路徑－目標理論

　　由伊凡斯 (Martin Evans) 與豪斯 (Robert House) 所提出的路徑－目標理論 (path-goal theory) 是激勵理論中期望理論（見第 13 章）的延伸 ⓬ 。期望理論所包括的主要元素：獲得不同結果的可能性、各結果的價值。領導的路徑－目標理論主張：領導者的基本功能，就是在工作場所中提供員工認為有價值的、所冀求的報酬，並向部屬清楚的說明哪些行為會導致目標的達成、獲得有價值的報酬。換句話說，領導

⓫　Charlotte R. Gerstner and David V. Day, "Meta-Analytic Review of Leader-Member Exchange Theory: Correlates and Construct Issues," *Journal of Applied Psychology*, Vol. 82, No. 6, 1997, pp. 827–844.

⓬　Martin G. Evans, "The Effect of Supervisory Behavior on the Path-Goal Relationship," *Organizational Behavior and Human Performance*, May 1970, pp. 277–278; Robert J. House, "A Path-Goal Theory of Leadership," *Administrative Science Quarterly*, September 1971, pp. 321–338.

者必須澄清達成目標的途徑。

（一）領導者行為

發展得最為完整的路徑－目標理論版本，將領導者行為（領導風格）分為四類：

⑴指導式領導者行為 (directive leader behavior)：領導者讓部屬知道領導者對他們的期望，並指揮及教導部屬，替部屬規劃好工作排程。

⑵支持性領導者行為 (supportive leader behavior)：領導者平易近人、關心部屬的福利。

⑶參與式領導者行為 (participative leader behavior)：領導者會諮詢部屬的意見、鼓勵部屬提出建議，並讓部屬參與決策的訂定。

⑷成就取向領導者行為 (achievement-oriented leader behavior)：領導者會設定挑戰性目標、期望部屬的工作表現能達到高標、鼓勵部屬，並對部屬的能力充滿信心。

與費得勒的情境論不同的是，路徑－目標理論假設領導者可依不同的情境改變其風格或行為。例如在碰到新團隊或新專案時，領導者在建立工作程序、勾勒待完成事項方面會採取指導式的領導風格。然後，領導者會採取支持性的領導風格來營造積極的氛圍，增加團隊的凝聚力。當團隊成員對於工作、解決新問題愈來愈能得心應手時，領導者會展現參與式的行為以提振成員的士氣。最後，為了要鼓勵繼續保持高績效，領導者要成為成就取向的領導者。

（二）情境變數

就像其他的領導情境理論一樣，路徑－目標理論主張：適當的領導風格是依情境因素而定。路徑－目標理論的情境因素有部屬的個人特性 (personal characteristics) 以及環境特性 (environmental characteristics)。

在個人特性方面，主要的因素有：部屬對其能力的知覺 (perception)、部屬的自我掌控 (locus of control)。如果部屬知覺到他們的能力不足，他們就比較喜歡接受指導式的領導風格，希望領導者能夠幫助他們進一步瞭解途徑與目標之間的關係；如果部屬知覺到他們的能力不錯，就不會喜歡指導式的領導風格。

自我掌控是一個人的特徵。內控型的部屬認為行為的結果是由於他們的努力和投入所造成的；外控型的部屬認為行為的結果是由運氣、命運或「大環境」所造成的。內控型的部屬比較喜歡參與式的領導風格；外控型的部屬比較喜歡指導式的領導風格。

管理者不可能影響或改變部屬的個人特性，但是他們可以塑造環境（例如報酬制度的設計、工作的重新建構等）來「善用」部屬的個人特性。環境特性是指部屬無法控制的因素，它包括：任務結構 (task structure)、正式職權制度 (formal authority systems) 及工作團隊本質 (the nature of work teams)。

⑴在任務結構方面，當任務（工作）的結構化程度高時，指導式的領導會比當結構化程度低時更無效。部屬通常不需要領導者耳提面命的指揮他們如何做一個例行性非常高的工作。

⑵在正式職權制度方面，正式化程度愈高，部屬愈不希望接受指導式的領導。

⑶工作團隊本質也會影響適當的領導風格。當工作團隊可以給予其成員社會支持及滿足感時，支持性的領導就顯得不那麼重要了！但如果團隊成員得不到團隊的社會支持及滿足感時，他們就會希望有支持性的領導者來支持他們。

基本的路徑－目標理論如圖 12–5 所示。圖中顯示，不同的領導行為會影響部屬的工作動機。個人及環境特性界定了最適當的領導行為。路徑－目標理論的遠景如何？該理論架構已經做過測試並獲得高度的研究支持。無論如何，我們希望看到更多的研究投入，加入其他有效的中介變項，以擴充此理論的解釋範圍。

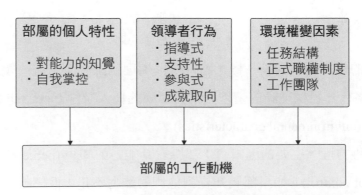

來源："A Path-Goal Theory of Leadership," *Administrative Science Quarterly* (September 1971), pp. 321–338.

▲ 圖 12–5　路徑－目標理論

四、決策樹理論

在「領導是受領導風格及情境因素所影響」這方面，做過廣泛研究的人首推心理學家及管理教育學家佛榮 (V. Vroom)。佛榮及其同事葉頓 (P. Yetten, 1973) 以決策過程作為有效領導的關鍵性因素，並企圖發掘在什麼情況之下，不同的領導風格最能發揮效果❸。決策過程是一個社會化的過程，因為領導者很少是關起門來自己做決策的──他需要別人提供資訊。1988 年，佛榮和耶果 (A. G. Jago) 將先前的研究略加修改，提出了更新的理論❹。2000 年，佛榮對先前的模式又做了修正，提出新的決策樹法 (decision-tree approach)❺。就和路徑─目標理論一樣，此方法也是企圖發現在不同情況下的最適領導方式。決策樹法也假設：同樣的領導者在某一特定的情境下會展現不同的領導風格。然而佛榮的決策樹法只考慮領導行為的單一向度，也就是決策時部屬的參與。

（一）基本前提

佛榮的決策樹法假設：部屬被鼓勵參與決策的程度取決於情境的特性。換言之，沒有一個領導風格（部屬參與的程度）是放諸四海皆準的。在評估不同的決策因素（也就是問題屬性、問題或決策的特性）之後，領導者就可以決定適當的領導風格（不同的領導風格表示不同程度的部屬參與）。

佛榮的決策樹法是這樣的：首先，管理者要對每一個決策因素做出高或低的判斷，例如第一個因素是「決策重要性」(decision significance)，如果所要做的決策是非常重要的，對於組織會造成很大的影響（例如選擇新廠的地點），則此決策的「決策重要性」是高的；如果所要做的決策是例行性的，而且結果是什麼並不重要（例

❸　V. H. Vroom and P. W. Yetten, *Leadership and Decision-Making* (Pittsburg: University of Pittsburg Press, 1973).

❹　V. H. Vroom and A. G. Jago, *The New Leadership* (Englewood Cliffs, N.J.: Prentice Hall, 1988), p. 184.

❺　Victor Vroom, "Leadership and the Decision-Making Process," *Organizational Dynamics*, Vol. 28, No. 4, 2000, pp. 82–94.

如選擇公司壘球隊的球衣顏色），則此決策的「決策重要性」是低的。依照這種方式，對每一個決策元素做高或低的判斷，然後採取一個適當的領導風格。

佛榮的決策樹法有兩種：時間導向的 (time-driven) 以及發展導向的 (development-driven)。時間導向的決策樹（表 12–2）適用於管理者必須及時的做決策的場合；發展導向的決策樹（表 12–3）的目的是，協助部屬改善其本身做決策的能力。

▼ 表 12–2　佛榮的時間導向的決策樹

問題陳述	決策重要性	承諾重要性	領導技術	承諾可能性	團體支持	團體技術	小組能力	
問題陳述	高	高	高	高	–	–	–	決　定
	高	高	高	低	高	高	高	授　權
	高	高	高	低	高	高	低	群體諮詢
	高	高	高	低	高	低	–	群體諮詢
	高	高	高	低	低	–	–	群體諮詢
	高	高	低	高	高	高	高	促　成
	高	高	低	高	高	高	低	個別諮詢
	高	高	低	高	高	低	–	個別諮詢
	高	高	低	高	低	–	–	個別諮詢
	高	高	低	低	高	高	高	促　成
	高	高	低	低	高	高	低	群體諮詢
	高	高	低	低	高	低	–	群體諮詢
	高	高	低	低	低	–	–	群體諮詢
	高	低	高	–	–	–	–	決　定
	高	低	低	–	高	高	高	促　成
	高	低	低	–	高	高	低	個別諮詢
	高	低	低	–	高	低	–	個別諮詢
	高	低	低	–	低	–	–	個別諮詢
	低	高	–	高	–	–	–	決　定
	低	高	–	低	–	–	高	授　權
	低	高	–	低	–	–	低	促　成
	低	低	–	–	–	–	–	決　定

來源：V. H. Vroom and P. W. Yetton, *Leadership and Decision-Making* (Pittsburg: University of Pittsburg Press, 1973).

在使用時間導向的決策樹或者發展導向的決策樹時，先從左邊開始，對一個決策元素或問題屬性（「決策重要性」）做高或低的判斷，這個判斷決定了第二個決策元素的路徑。 然後再對第二個元素做判斷， 第二個決策元素是 「承諾重要性」(importance of commitment)。如此一直做下去，到最後一個決策元素時停止，然後就採取所建議的領導風格。佛榮的決策樹法中的七個決策元素分別是：決策重要性、承諾重要性、領導技術、承諾可能性、團體支持、團體技術及小組能力。

▼ 表 12-3　佛榮的發展導向的決策樹

決策重要性	承諾重要性	領導技術	承諾可能性	團體支持	團體技術	小組能力	
高 （問題陳述）	高	—	高	高	高	高	決 定
						低	促 成
					低	—	群體諮詢
				低	—	—	群體諮詢
			低	高	高	高	授 權
						低	促 成
					低	—	促 成
				低	—	—	群體諮詢
	低	—	—	高	高	高	授 權
						低	促 成
					低	—	群體諮詢
				低	—	—	群體諮詢
低	高	—	高	—	—	—	決 定
			低	—	—	—	授 權
	低	—	—	—	—	—	決 定

來源：Victor Vroom, "Leadership and the Decision-Making Process," *Organizational Dynamics*, Vol. 28, No. 4, 2000, pp. 82–94.

（二）決策風格

佛榮的決策樹法把重點放在「領導者在做決策時，讓部屬參與的程度」，發展出了五種做決策的策略──從參與程度最低的「決定」到參與程度最高的「授權」。這五種策略是：

(1)決定 (decide)：管理者自己做決策，然後向工作團體宣布或「推銷」給他們。

(2)個別諮詢 (individual consultation)：管理者個別的向團體成員說明他的計畫，在聽取他們的意見及建議之後自己做決定。

(3)群體諮詢 (group consultation)：在會議的場合，管理者向團體成員說明他的計畫，在聽取他們的意見及建議之後自己做決定。

(4)促成 (facilitate)：在會議的場合，管理者向團體成員說明問題是什麼以及問題的範圍，然後促成團體的討論，最後共同做決定。

(5)授權 (delegate)：管理者讓團體成員自行界定問題然後做決定。

12.5　領導近年來的趨勢

本節將討論四個近年來有關領導的研究趨勢，分別是：

(1)魅力領導 (charismatic leadership)。

(2)變換型領導 (transformational leadership)。

(3)團隊領導 (team leadership)。

(4)代替領導 (substitute for leadership)。

這些研究的主題幾乎都不再強調複雜的理論，所以它們所討論的領導頗能符合實務界的觀點。

一、魅力領導

魅力領導的觀念與特質論一樣，認為領導者會具有某種個人特質。魅力是人際間的吸引力，藉由魅力可以得到支持與接受。豪斯 (Robert House) 根據從不同的社會科學領域的綜合性研究，於 1976 年首度提出了魅力領導理論[16]。魅力領導理論認為，魅力領導者很可能具有高度的自信心、堅定的信念，以及影響他人的強烈慾望。他們也會傾向於表達對追隨者表現出高績效的期望及信心。

許多專家認為，在組織環境系絡內，要成為魅力領導者必須要具備三個要件[17]：

---

[16] Robert J. House, "A 1976 Theory of Charismatic Leadership," in J. G. Hunt and L. L. Larson, eds., *Leadership: The Cutting Edge* (Carbondale: Southern Illinois University Press, 1977), pp. 189–207.

⑴魅力領導者要能夠預見未來，對組織要有高的期待，並在實現這個期待的過程中能成為行為的表率。

⑵魅力領導者必須要有熱心及自信，並透過潛移默化的過程讓部屬幹勁十足。

⑶魅力領導者必須要有同理心以及對部屬的信心，並不斷的支援部屬、使部屬賦能（使部屬有能力）。

雖然魅力領導者在實務界受到很大的重視及歡迎，而且在學術界有關的論述也不少，但是對於魅力領導的意義及影響研究還是相當缺乏。魅力領導的倫理議題也很少受到關注。君不見，歷史上惡名昭彰的暴君哪一個不是魅力領導者？再說，魅力領導者的追隨者，對其思想上的標新立異，對其行為上的荒誕不經，還蠻能自圓其說的呢！

二、變換型領導

變換型領導者會灌輸部屬的使命感、鼓勵部屬從經驗中學習、激發部屬的創意。由於企業環境詭譎多變，變換型領導者在企業經營的成功上扮演的角色益形重要。

變換型領導者所具備的七個關鍵因素是：信任部屬、發展願景、保持沉著、鼓勵冒險、具備專業知識、廣納建言（尤其是不同的意見）、簡化事情。

威爾許在接掌奇異公司之前，該公司是一個具有數百個事業單位的「沉睡巨獸」(lethargic behemoth)。該公司是典型的官僚體制，官樣文章滿天飛，創意有如鳳毛麟角，決策緩如牛步。威爾許在上任之後，首先拿事業單位開刀，僅保留十餘個事業單位，並且大刀闊斧的粉碎了官僚體制，讓整個組織達到效率化、合理化的境界。威爾許幾乎是重新建造了一個組織，結果使得奇異公司成為全世界數一數二的獲利公司，這種成就著實令人稱羨。威爾許就是典型的變換型領導者。

三、團隊領導

由於愈來愈多的組織會以工作團隊來完成工作，因此工作團隊的領導將是一個重要的議題。管理者面臨的最大挑戰之一，就是如何成為一個有效的團隊領導者。

---

[17] David A. Nadler and Michael J. Tushman, "Beyond the Charismatic Leader: Leadership and Organizational Change," *California Management Review*, Winter, 1990, pp. 77–97.

他們必須摒棄過去指導式的領導風格，有耐心的與成員分享資訊、信任成員，以及瞭解何時才是最佳的干預時機。有效的工作團隊的領導者知道何時要進場（干預、控制）、何時要出場（信任、放手）。如果進退失據，則工作團隊的績效會大打折扣。

當組織重組成工作團隊化時，工作團隊的領導者就要扮演教練、促成者 (facilitator) 的角色，並要處理紀律問題、考評成員績效、訓練與溝通。除了這些與一般管理相類似的責任之外，工作團隊的領導者還要特別著重：(1)如何管理工作團體的外部利益關係者；(2)如何加速團隊工作的進行。

1.聯絡者

工作團隊的領導者是外部利益關係者的聯絡者 (liaison)。外部利益關係者包括上級主管、組織中的其他團隊、顧客、供應商。工作團隊的領導者代表此工作團隊和這些外部利益關係者互動，爭取所需資源、澄清對團隊的期望、獲得資訊並與成員分享。

2.問題解決者

工作團隊的領導者是問題解決者 (troubleshooter)。工作團隊在碰到問題並尋求協助時，工作團隊的領導者就要幫助他們解決問題。這裡所謂的解決問題，並不是解決技術性的、作業性的問題，而是指點迷津、點出問題的癥結所在、說明解決問題的理性邏輯步驟，及提供必要的工具及資源。

3.衝突管理者

工作團隊的領導者是衝突管理者 (conflict manager)。當成員起爭執時，工作團隊的領導者必須要處理這些衝突。他們要確認衝突的原因、所涉及的人、問題所在、解決方法，並評估各種解決方案的優劣點。

4.教　練

工作團隊的領導者要扮演教練 (coach) 的角色。他們要澄清對成員的期待、界定成員的角色，並教導、鼓勵、支持成員，以使成員能保持高績效水平。

四、代替領導

代替領導的觀點會受到重視，是因為所有的領導模式及理論都沒有考慮到不需要領導者的場合。這些領導模式只是在確認何種領導行為才是適當的。事實上，有

許多情況不需要領導者的參與，例如在急診室的醫護人員不需要其主管的指示就知道該如何處理。

代替觀念就是在確認會使得領導者無用武之地的一些情況。這些情況可分部屬特性、任務（工作）特性以及組織特性來說明。

1.部屬特性

包括部屬的能力、經驗、獨立性、專業導向、不在意報酬的高低等。例如一個能力強、經驗豐富、獨立性強的部屬不需要其主管指揮他該怎麼做。

2.任務（工作）特性

包括例行性、回饋性及內在滿足。例如如果任務是例行性的、單純的，部屬就不需要指示；如果任務是具有挑戰性的，而此任務會讓部屬產生內在成就感的，則部屬不會需求或需要主管的社會支持（如肯定、鼓勵），因為部屬會自我肯定、自我激勵。

3.組織特性

包括正式化、群體凝聚力、彈性（包括報酬制度）。當政策及實務都是正式化、定型化時，就不需要管理者。同樣的，僵固的報酬制度會剝奪管理者的報酬權，進而會淡化管理者角色的重要性。

本章習題

一、複習題

1. 何以說領導是過程也是屬性？

2. 試說明管理與領導的基本差別。

3. 法蘭其與雷溫將一個人為什麼會受到另外一個人的影響，區分成五種理由，並將每一個原因對應出一個權力的型態。這五個權力型態分別是什麼？

4. 管理者和領導者如何行使權力？

5. 領導者應具有哪些特質呢？

6. 以特質來研究領導會有哪些缺點？

7. 試說明密西根大學有關領導的研究。

8. 試說明俄亥俄州立大學有關領導的研究。

9. 試比較密西根大學與俄亥俄州立大學有關領導的研究。

10. 管理格矩將領導風格分為哪五種？

11. 領導的情境模式有哪些？

12. 下列是有關譚能邦與施密特在 1958 年針對決策過程的研究中，所提出的領導行為連續帶的問題：
    (1)在此連續帶上的每一個領導模式會受到哪些特性所影響？
    (2)此模式有何缺點？

13. 費得勒的情境模式中，管理者可用哪些情境來決定使用哪種管理風格？

14. 對管理者而言，何謂「情境有利性」？

15. 試說明費得勒情境模式中，適當的領導行為應隨著情境而變。

16. 下列是有關領導者—成員交換理論的問題：
    (1)此理論的主張是什麼？
    (2)何以會有內團體與外團體？

17. 以下是有關路徑—目標理論的問題：
    (1)領導者行為（領導風格）可分哪四類？
    (2)這些領導風格應隨著什麼樣的情況而變化？又如何變化？

18. 試說明佛榮的時間導向的決策樹。

19.試說明佛榮的發展導向的決策樹。

20.試簡要說明近年來有關領導的研究趨勢。

21.許多專家認為，在組織環境系絡內，要成為魅力領導者必須要具備哪三個要件？

22.變換型領導者所具備的七個關鍵因素是什麼？

23.除了一般管理相類似的責任之外，工作團隊的領導者還要特別著重什麼？

24.何謂代替觀念領導？在什麼情況下，領導者會無用武之地？

二、討論題

1.有些人認為領導就是管理的代名詞，這種看法正確嗎？為什麼？

2.何以說領導者的效能和他在被領導者心目中所建立的形象有關？

3.特質論與行為論的前提有何不同？

4.何以說管理格矩是一套極有系統的組織發展方案？

5.領導者一成員交換理論可預測什麼？在外團體的人是否永無機會成為內團體的人？為什麼？

6.何以說路徑一目標理論是激勵理論中期望理論的延伸？

7.試說明在下列情況應如何應用佛榮的時間導向的決策樹、發展導向的決策樹：
  (1)購買房屋。
  (2)購買轎車。
  (3)交男（女）朋友。
  (4)小孩上哪間幼稚園。
  (5)出國進修計畫。
  (6)為公司建立網路與工作站。
  (7)各部門對硬軟體的採購由採購小組來統籌。
  (8)將所有在 DOS 環境下的應用軟體改成視窗應用軟體。

8.以下根據路徑一目標理論所導出的結論是否正確？為什麼？
  (1)當工作不明確，缺乏結構化或深具壓力時，指導式領導可以使得部屬有較大的工作滿足感。
  (2)當部屬所執行的是結構化的任務時，支持性領導可以導致部屬有較高的工作績效與工作滿足感。
  (3)正式職權關係愈清楚、愈僵化，則領導者應該表現出較多的支持性行為，並減少指導式行為。
  (4)當工作團體內部存在衝突時，指導式領導將可以導致較高的工作滿足感。

(5)部屬若是屬於內控型個性的人（也就是相信自己可以掌控命運，成敗皆因自己所造成），那麼用參與式領導會讓他有更高的滿足感；部屬若是屬於外控型個性的人（也就是相信自己是受命運所掌控，成敗皆因環境所造成），那麼較適合用指導式領導。

(6)當工作結構模糊不清，但透過努力還是可以獲得高績效時，成就取向的領導者將能提高部屬的期望。

9. 試分別說明並比較近代領導理論。又你如何運用各理論以成為 21 世紀的有效領導者？

10. 雖然領導者如何挑選內團體成員的過程仍不清楚，但有研究證據顯示，領導者會依部屬的某種特質（例如年齡、性別、態度、外向性格）來挑選，或是比外團體成員更具勝任能力而加以挑選。領導者—成員交換理論預測，屬於內團體的部屬會有較高的績效表現、較少的離職率，並且對其上司有較大的滿意度。你同意以上的說法嗎？為什麼？

11. 「魅力領導者的追隨者，對其思想上的標新立異，對其行為上的荒誕不經，還蠻能自圓其說的呢！」這句話是什麼意思？試舉例說明。

第 13 章
激勵與報酬

本章重點

1. 激勵的本質
2. 激勵的內容觀點
3. 激勵的過程觀點
4. 激勵的增強觀點
5. 激勵策略
6. 組織報酬與績效

為什麼有些人做起事來總是興致勃勃的，但是有些人卻是意態闌珊？為什麼張三努力想出國深造？為什麼李四身兼數職，想要在三十五歲前賺到第一個 100 萬？為什麼王五總是上課遲到？為什麼趙六總是在上課時漫不經心，不是打瞌睡，就是交頭接耳？對於以上的「為什麼」的解釋，都涉及到激勵的問題（當然還有其他的外部因素）。

如何激勵員工，提升員工的工作動機，是管理者責無旁貸的任務。同時，如何設計一個有效的報酬制度，既能滿足員工的個人需求，又能激勵員工達成組織目標，是管理者的重要課題。

13.1 激勵的本質

激勵 (motivation) 是促使人們展現某種行為的一股力量。在任何一個工作天，員工可以決定要賣力工作，還是混得過去只要不被責備就好，還是盡量用混的方式。管理者的主要工作之一，就是要使得員工「賣力工作」的機率達到最大化。

一、激勵架構

圖 13–1 所顯示的激勵架構 (motivation framework) 可幫助我們瞭解激勵行為是如何發生的。激勵過程 (motivation process) 起始於需求不足 (need deficiency)。例如某員工覺得他的薪水偏低，他就會體驗到「加薪」的需求。為了滿足這個需求，他就會尋找滿足需求的方法，例如工作更賣力或找一個新工作。然後，他就會選擇某

種行為以滿足需求，假設他選擇的是「在某一段合理的時間工作更賣力」這個行為方式，然後在工作一段時間之後，他就會進行評估。如果他的工作賣力讓他獲得了加薪，他就會很滿意這個情況，並繼續賣力工作。如果他沒有獲得加薪，他就會做其他的選擇。

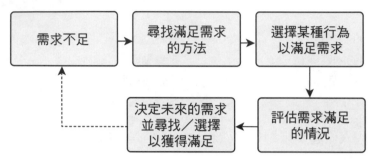

來源：Dan Strakal, Ed. D., *The Six Elements for Creating a Framework for Employee Motivation & Performance*, Capable-Performance-Solutions 4801 Lang Avenue NE-Suite 110 Albuquerque.

▲ 圖 13–1　激勵架構

二、激勵的歷史觀點

為了要充分的瞭解激勵，我們可以歷史觀點來看。這些歷史觀點包括：傳統觀點、人際關係觀點以及人力資源觀點。

（一）傳統觀點

如第 2 章所述，傳統觀點以泰勒為代表性人物。泰勒曾以他所提倡的誘因報酬制度 (incentive pay system) 來激發工人的工作意願。他假設：經濟報酬是激勵員工的主要因素。傳統觀點的其他假設也包括：對大多數的工作者而言，工作本來就是令人厭煩的，因此他們從工作中獲得的報酬，遠比他們所從事的工作本質來得重要。基於這個假設，管理者必須提供足夠的薪資才能指望員工從事任何類型的工作。雖然在作為一個激勵因素上，金錢所扮演的角色不容小覷，但是傳統觀點的擁護者對於金錢報酬的看法太過狹隘，以至於忽略了其他重要的激勵因素。

（二）人際關係觀點

人際關係觀點的擁護者所強調的是，工作場所中社會關係的角色。他們的假設是：⑴員工希望感到有用、重要；⑵員工有強烈的社會需求；⑶這些需求在員工激勵方面比金錢來得重要。人際關係觀點的擁護者建議管理者要讓員工感到重要，並在執行例行工作時讓他們有一點自主性。員工對參與和受重視的幻覺會滿足他們的基本社會需求，進而使他們幹勁十足。例如管理者可讓一群員工參與做決策，雖然管理者早有定見，但這個象徵性的表態會激勵員工。

（三）人力資源觀點

人力資源觀點是以進一步的角度來看激勵的問題。人際關係觀點認為讓員工產生貢獻與參與的假象會產生激勵作用。但是人力資源觀點假設：貢獻本身對個人及組織都非常重要；員工希望有所貢獻，並且也能夠有實質的貢獻。管理者的主要任務之一就是要鼓勵員工參與，並且要創造一個工作環境讓員工充分發揮所長。當代的員工激勵理論受到這個思維的影響很大。在福特、西屋、德州儀器、惠普等公司內，工作團體常被要求解決各式各樣的問題，並對組織做出極大的貢獻。

13.2 激勵的內容觀點

激勵的內容觀點就是解釋激勵架構中「需求不足」這一部分。明確的說，內容觀點 (content perspective) 就是回答像這樣的問題：「在工作場所中什麼因素會激勵員工？」二個最為普遍的激勵內容觀點是需求層次理論及激勵保健理論。

一、需求層次理論

需求層次理論 (need hierarchy approach) 認為人類的不同需求可以用重要性來排列。二個著名的需求層次理論是馬斯洛的需求層次論以及「存在－關係－成長」理論。

（一）馬斯洛的需求層次論

如第 2 章所述，行為觀點學派中人際關係學派的代表人物之一馬斯洛曾提出需求層次論。馬斯洛認為，人們會受到五種層次的需求所激勵，這五個層次由低至高分別是：生理需求、安全需求、社會需求、尊重需求及自我實現需求，如圖 13-2 所示❶。馬斯洛的需求層次論與管子所說的「倉廩實則知禮節，衣食足而知榮辱」（《管子‧牧民》）的道理非常相似，他們都認為前一個層級的需求如果未被滿足，則不可能追求次一個層級的需求。俗語說：「飽暖思淫慾」正是這個道理。

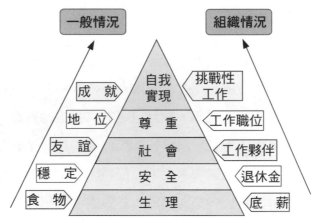

來源：A. Maslow, *Motivation and Personality* (New York: Harper and Row, 1954).

▲ 圖 13-2　馬斯洛需求層次論

1. 生理需求 (physiological needs)

如食物、性、空氣等這些都是生存及執行生命功能所必需。在組織內，生理需求常被適當的報酬、工作環境（如盥洗室、適當的照明、舒適的溫度及通風設備等）所滿足。孟子說：「一簞食，一豆羹，得之則生，弗得則死」（《孟子‧告子上》），可見滿足生理需求的重要。

2. 安全需求 (security needs)

安全需求是個人對於實體及情緒環境的需求，例如對衣服、住所、免於缺錢憂慮、工作安全的需求。在工作場所中，這些需求會被工作保障、訴怨制度（使員工

---

❶ A. Maslow, *Motivation and Personality* (New York: Harper and Row, 1954).

免於受到不公平待遇)、保險及退休制度所滿足。在經濟不景氣、百業蕭條的今日企業環境下,人們特別重視安全需求的滿足。

3. 社會需求 (social needs)

又稱歸屬需求 (belongingness needs),是與社會程序有關的需求。社會需求包括:對愛、關懷的需求、被同儕接納的需求。家庭、社區、工作上的友誼會滿足我們的社會需求。管理者可藉著員工互動、讓員工感覺到他們是工作團隊的成員,來滿足員工的社會需求。

4. 尊重需求 (esteem needs)

包括兩種不同的需求:(1)對正面自我形象及自尊的需求;(2)受別人肯定及尊重的需求。管理者可提供各種外在的成就象徵,如職位、舒適的辦公室等,來滿足員工的尊重需求。在比較內在的層次上,管理者可提供具有挑戰性的工作來滿足員工的成就感。

5. 自我實現需求 (self-actualization needs)

自我實現需求是發揮潛力使自己精益求精、止於至善的需求(個人需要不斷的成長及發展)。自我實現需求可能是管理者最難滿足部屬的一種需求。事實上,有人認為這種需求的滿足完全依靠自己。不論如何,管理者可塑造滿足自我實現需求的文化,例如讓部屬有機會參與決策(與他們工作有關的決策),或者讓他們有機會學習並活用新資訊、新技能。

馬斯洛的需求層次論廣泛的受到認同及接納並大受管理者的歡迎。這可歸功於該理論在直覺上合乎邏輯,而且容易理解。然而,也有許多研究並不支持此理論,因為馬斯洛的觀點並未得到實證的支持。

(二)「存在—關係—成長」理論

「存在—關係—成長」理論 (existence-relatedness-growth theory, ERG theory),是阿德佛 (C. Alderfer) 根據馬斯洛的需求層次論修正而來的。阿德佛將馬斯洛的需求層次分成三個核心需求:(1)存在需求 (existence needs),相當於生理、安全需求;(2)關係需求 (relatedness needs),涉及到個人與環境的社會互動,因此相當於馬斯洛的社會需求、尊重需求;(3)成長需求 (growth needs),就等於馬斯洛的尊重需求及自

我實現的需求。

雖然 ERG 理論也認為需求是有層次的,但是此理論與馬斯洛的需求層次論有二個重要的不同點:

(1) ERG 理論認為,至少有二個層次的需求可在同時被用來作為激勵因素。例如個人可同時被對於金錢的需求（存在需求）、對於友誼的需求（關係需求）以及對於學習新技術的機會的需求（成長需求）所激勵。

(2) ERG 理論有所謂的挫折─迴歸現象 (frustration-regression)。也就是說,當個人無法滿足某一需求時,他就會感到挫折,因而迴歸到下一層次的需求。一個被金錢（存在需求）所激勵的員工,在獲得加薪之後,充分的滿足了存在需求,此時他會進一步的企圖滿足其關係需求——他會想要結交許多新同事。但是基於某些原因,他無法結交到新同事,此時他就會迴歸到滿足更多的存在需求上（例如他會更賣力的工作,獲得更多的加薪）。

二、激勵保健理論

激勵保健理論 (motivation-hygiene theory) 是由心理學家赫茲柏格 (Frederick Herzberg, 1968) 所提出的,又稱雙因子理論或二因理論 (dual factor theory)❷。赫茲柏格在訪談了二百位會計師及工程師後,發展出這個理論。他要受訪者回憶:在什麼情況下他們感到滿足及高度激勵（對工作幹勁十足）,在什麼情況下他們感到不滿足及低度激勵（對工作感到索然無味）。令人驚奇的是,他發現不同組別的因素分別與滿足、不滿足有關。例如有人認為「低報酬」是造成不滿足的原因,但卻不認為「高報酬」是造成滿足的原因,反而認為其他的因素（如肯定、成就）是造成滿足及激勵的原因。

基於這些發現,赫茲柏格提出了這樣的結論:傳統上對工作滿足的觀點是不周全的。傳統觀點認為,滿足 (satisfaction) 與不滿足 (dissatisfaction) 是在一個連續帶上的兩個極端。人們不是滿足,就是不滿足,或者是介於此二者之間。但是赫茲柏格的研究可以同時確認兩個向度的連續帶:(1)滿足與無滿足 (no satisfaction);(2)不

❷ F. Herzberg, "One More Time: How Do You Motivate Employees?" *Harvard Business Review*, 46, 1968, pp. 53–62.

滿足與無不滿足 (no dissatisfaction)，如圖 13-3 所示。

影響各連續帶的因素如圖 13-4 所示。在影響滿足連續帶上的因素稱為激勵因素 (motivating factors)，激勵因素與工作內容 (work content) 有關。在影響不滿足連續帶上的因素稱為保健因素 (hygiene factors)，保健因素與工作環境 (work environment) 有關。

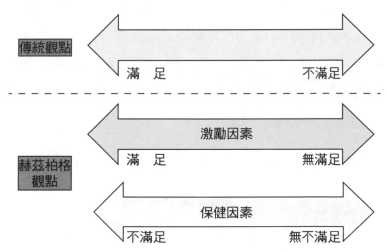

來源：F. Herzberg, "One More Time: How Do You Motivate Employees?" *Harvard Business Review*, 46, 1968, pp. 53-62.

▲ 圖 13-3　滿足與不滿足觀點的對照

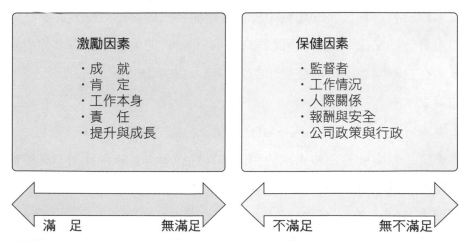

來源：F. Herzberg, "One More Time: How Do You Motivate Employees?" *Harvard Business Review*, 46, 1968, pp. 53-62.

▲ 圖 13-4　激勵保健理論

基於這些發現，赫茲柏格認為激勵員工的過程有兩個階段。

1.第一階段

在此階段，管理者必須確信保健因素無匱乏之虞。報酬及安全的提供必須適當，工作場所必須安全、技術監督必須是可接受的。在提供適當的保健因素下，管理者雖然不能激勵部屬，但至少可以確信員工「無不滿足」。以激勵的角度來看，只被管理者用保健因素就可以滿足的員工只是「做到只要不被『唸』(叮嚀、耳提面命) 就好了」(do just enough to get by)。因此，管理者必須進行第二階段。

2.第二階段

在此階段，管理者必須讓部屬有機會去體驗激勵因素，例如成就與肯定。這樣的話，會造成員工的高度滿足與激勵。

三、個人需求

除了上述的理論之外，研究者也將注意力放在組織中個人的需求上。個人最重要的需求就是麥克理蘭 (D. McClelland) 所提出的「成就、親和、權力需求」❸。

1.成就需求

成就需求 (need for achievement, nArch) 就是比過去更能有效的完成目標或任務的慾望 (精益求精、止於至善的慾望)。具有高度成就需求的個人，會有擔當重任的強烈慾望；會執著於新任務的達成；會對立即而特定的回饋有強烈的慾望 (非常想要立即知道事情的結果)。麥克理蘭認為，約有 10% 的美國人有高度的成就需求；相形之下，在日本具有高度成就需求的人佔總人口的 25%❹。

2.親和需求

親和需求 (need for affiliation, nAff)，和馬斯洛的社會需求一樣，是對結交朋友、被接受的慾望。具有強烈親和需求的個人會喜歡從事具有社會互動、有機會結交新朋友的工作，而且他們在這類工作上的表現也會很好。

3.權力需求

權力需求 (need for power, nPow) 是在群體中具有影響力以及操控環境的慾望。

---

❸　D. C. McClelland, *The Achieving Society* (New York: Van Nostrand Reinhold, 1961).

❹　D. C. McClelland, *Power: The Inner Experience* (New York: Irvinton, 1975).

具有強烈權力需求的個人會身居要職；會有很好的工作績效；會有很高的出勤率。研究發現，整體而言管理者的權力需求比一般人更為強烈，而成功的管理者比不成功的管理者具有較強的權力需求 ❺。

13.3 激勵的過程觀點

過程觀點所著重的是激勵是如何發生的。過程觀點 (process perspective) 不是在確認激勵的刺激因素，而是在發現為什麼員工會選擇某種行為來滿足他的需求，以及評估在採取這種行為之後所獲得的報酬。三個著名的激勵過程觀點是：期望理論、公平理論以及目標設定理論。

一、期望理論

期望理論 (expectancy theory) 是一個整合而全盤性的理論。它主張激勵的產生是由兩個因素造成的：⑴個人有多麼希望獲得某種東西（或某種結果）；⑵個人認為獲得此東西（或此結果）的可能性有多大。假設你是應屆畢業生，正在尋找工作。你在報紙的徵才廣告上看到通用汽車公司正在徵求一位副總經理，年薪 300 萬元。雖然你很想要這個工作，但是你不會去應徵，因為你認為錄取機會非常渺茫。在報紙上的另一個徵才廣告是要徵求一位工讀生，起薪是每小時 120 元，雖然你極有可能被錄取，但是你不會去應徵，因為你不喜歡這個工作。另外一則是徵求管理訓練員，起薪是年薪 50 萬元，你很可能去申請這個工作，因為你希望做這個工作，而且你認為被錄取的機會蠻高的。

期望理論的建立是基於四個假設：⑴行為是由個人及環境力量所決定；⑵在組織中，個人可決定其行為（對行為有自主權）；⑶每個人的需要、慾望及目標皆不相同；⑷在從各種可能的行為做選擇時，是基於個人對此行為是否能達到其所欲結果的知覺（個人自己認為做這件事是否能達到所希望的結果）。

圖 13–5 說明了基本的期望模式 (expectancy model)。在此模式中，激勵會造成某種努力，而此努力和員工能力及組織因素會導致某種績效。然後，績效會導致各

---

❺ David McClelland and David H. Burnham, "Power is the Great Motivator," *Harvard Business Review*, March-April 1976, pp. 100–110.

種結果，而每一種結果都會附帶某種價值 (valence)❻。

　　將採取某一個行動的傾向取決於該行動造成某種結果的可能性。因此，它包括以下三種重要變數：

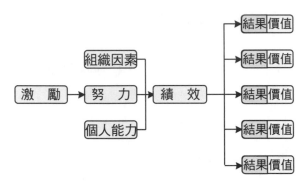

來源：V. H. Vroom, *Work and Motivation* (New York: Wiley, 1964).

▲ 圖 13–5　激勵的期望模式

（一）「努力到績效」期望

　　「努力到績效」 期望 (effort-to-performance expectancy) 是個人努力會達成高績效的可能性。當個人覺得他的努力會造成高績效時，則他的「努力到績效」期望是相當強的（機率接近 1）；如果個人覺得他的努力與高績效不相關時，則他的「努力到績效」期望是相當弱的（機率接近 0）；如果個人覺得他的努力與績效之間有一點關連性但並不強，則他的「努力到績效」期望是中度的（機率介於 1 與 0 之間）。

（二）「績效到結果」期望

　　「績效到結果」 期望 (performance-to-outcome expectancy) 是個人覺得他的績效會導致某特定結果的可能性。例如個人認為高績效一定會導致高報酬（獲得加薪），則其「績效到結果」期望是相當強的（機率接近 1）；如果個人認為高績效可能會導致高報酬（獲得加薪），則其「績效到結果」期望是中度的（機率介於 1 與 0 之間）；如果個人認為高績效與高報酬無關，則其「績效到結果」期望是弱度的（機率接近 0）。

---

❻　V. H. Vroom, *Work and Motivation* (New York: Wiley, 1964).

（三）結果與價值

期望理論認為在組織內個人行為會造成各種不同的結果 (outcomes or consequences)。例如一個高績效者也許會得到加薪、升遷、老闆賞識的結果，但同時，也會承受很多壓力、招致同儕的嫉妒。以上每種結果都附帶著某種價值，價值是個人對於某特定結果有多麼重視的指標。如果個人非常希望有某種結果，則價值是正數；如果個人非常不希望有某種結果，則價值是負數；如果個人對某種結果無所謂，則價值是零。

期望理論比激勵的內容觀點更為深入。不同的人有不同的需要，而且他們滿足這些需要的方式也不相同。對於成就有高度需要、但對親和只有低度需要的人而言，上述的加薪、升遷會有正價值，對賞識、招嫉會有零價值，對承受壓力會有負價值；對於成就有低度需要、但對親和有高度需要的人而言，上述的加薪、升遷、賞識會有正價值，對承受壓力、招嫉會有負價值。

激勵行為要產生的話，必須滿足三個條件：(1)「努力到績效」期望必須大於 0（個人必須相信只要努力就可獲得高績效）；(2)「績效到結果」期望也必須大於 0（個人必須相信假如獲得高績效必會產生某種結果）；(3)某些結果會有負價值，但被其他結果的正價值給抵銷了。例如加薪、升遷及賞識的價值超過了面對壓力及招嫉。期望理論認為，當滿足這三個條件時，個人就會被激勵去努力完成某件工作。

（四）波特與羅勒延伸

波特與羅勒 (Porter and Lawler) 對期望理論曾做過有貢獻的延伸❼。波特與羅勒認為，滿足與績效之間會有所關連，但是高績效會造成滿足（而不是人際關係學派認為的滿足會造成高績效）。圖 13–6 顯示了波特與羅勒的邏輯。績效會導致個人報酬，這些報酬中有些是外在報酬（extrinsic reward，如加薪與升遷），有些是內在報酬（intrinsic reward，如自尊與成就感）。個人會以其所投入的努力及所獲得的績效來評估所獲得的報酬的公平性，如果他覺得這個報酬是公平的，他就會感覺到滿足。

---

❼ Lyman W. Porter and Edward E. Lawler III, *Managerial Attitude and Performance* (Homewood, Ill.: Dorsey Press, 1968).

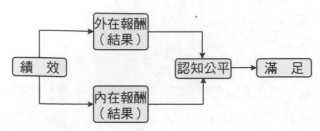

來源：Lyman W. Porter and Edward E. Lawler III, *Managerial Attitude and Performance* (Homewood, Ill.: Dorsey Press, 1968).

▲ 圖 13–6　期望理論──波特與羅勒延伸

二、公平理論

在需求引發了激勵過程以及個人選擇了可以滿足其需求的行動之後，個人會評估其所獲得的報償的公平性。公平理論 (equity theory) 認為，人們不僅關心自己的付出得到多少報償，也關心自己和參考對象（referent，如同事、鄰居、朋友、在其他組織工作的老同學，或自己曾經擔任的工作）的付出與報償間有何差異。

依據公平理論，從工作中所獲得的報償包括薪資、加薪幅度、升遷、社會關係及內在報酬（如受肯定、受賞識、組織認同等），為了要獲得這些報償，個人必須對工作有所投入，例如時間、經驗、努力、教育及忠誠等。當人們認為不公平時（即自己的報償與付出的比值和參考對象不相等時），內心所引發的壓力就會成為激勵作用的驅動力，促使他們把情況導回公平狀態❽。

比較的過程如下：

報償(自己) ／ 付出(自己) ＝ 報償(參考對象) ／ 付出(參考對象)

在做比較時，個人是相當主觀的，完全是依照自己的知覺做判斷。比較的結果如表 13–1 所示。

---

❽　P. S. Goodman, "Social Comparison Process in Organization," in B. M. Staw and G. R. Salancik (eds.), *New Directions in Organizational Behavior* (Chicago: St, Clair, 1077), pp. 91–132.

▼ 表 13–1　公平理論

比率的比較	知　覺
報償(自己)／付出(自己) ＜ 報償(參考對象)／付出(參考對象)	不公平（認為自己的報酬偏低）
報償(自己)／付出(自己) ＝ 報償(參考對象)／付出(參考對象)	公　平
報償(自己)／付出(自己) ＞ 報償(參考對象)／付出(參考對象)	不公平（認為自己的報酬偏高）

來源：P. S. Goodman, "Social Comparison Process in Organization," in B. M. Staw and G. R. Salancik (eds.), *New Directions in Organizational Behavior* (Chicago: St. Clair, 1977), pp. 97–132.

　　比較後的結果會有三種情況：個人覺得報酬是公平的 (fairly rewarded)、報酬偏低 (under-rewarded) 及報酬偏高 (over-rewarded)。當「報償(自己) / 付出(自己) ＝ 報償(參考對象) / 付出(參考對象)」時，個人會感到公平。如果參考對象的報償大於自己的報償，但參考對象的付出也相對的成比例大的話（他的報酬多，因為他所付出的也多），個人也會感到公平。例如只有高中學歷、月薪臺幣 30,000 元的小華，在他看到小明每月拿 50,000 元時，仍然會感到公平，因為小明有研究所的學歷。

　　感到報酬偏低的人（報償(自己) / 付出(自己) ＜ 報償(參考對象) / 付出(參考對象)），會努力減低這個不公平性，這些人會減少付出（工作開始用混的）、要求提高報償（如加薪）、做合理化的解釋（如上述小明、小華的例子）、企圖增加參考對象的付出、企圖減少參考對象的報償、改變參考對象。

　　個人也會感到報酬偏高（報償(自己) / 付出(自己) ＞ 報償(參考對象) / 付出(參考對象)），但這種現象並不會對個人造成困擾。但是，有些覺得自己報酬偏高的人，會增加付出（更加賣力工作）、減少報償（例如如果是按件計酬，則減少產出量）、做合理化解釋（如我肯用心，當然應有較高的報酬）、企圖減低參考對象的付出、企圖增加參考對象的報償、改變參考對象[9]。

三、目標設定理論

　　目標設定理論 (goal-setting theory) 假設行為是有意識的目標及意圖的結果 。 因此，在組織內，管理者替部屬設定目標，就可以影響他們的行為。在這種前提下，徹底瞭解人們如何設定目標進而達成目標的過程是相當重要的。目標設定理論的原

[9]　R. C. Dailey and D. J. Kirk, "Distributive and Procedural Justice as Antecedents of Job Dissatisfaction and Intent to Turnover," *Human Relations*, March 1992, pp. 305–316.

始版本指出，目標有兩個特性：目標困難度 (goal difficulty) 及目標明確度 (goal specificity)。明確而富有挑戰性的目標，具有相當的激勵力量。

（一）目標困難度

目標困難度是指目標是否有挑戰性、是否需要投入更多的努力。在達成目標的過程中，目標愈困難，個人就會投入更多的努力。但是目標不能太難以至於無法達成，但是這裡所謂的「太難」應隨著個人能力而定。

（二）目標明確度

目標明確度是指目標的清晰度及精確度。「增加生產力」 這個目標是不太明確的；「在六個月內生產力增加 3%」 則是非常明確的 （當然生產力已經事先界定清楚）。涉及到成本、產出、利潤及成長的目標是非常具有明確度的，但是像增加員工的工作滿足、士氣、企業形象及聲望、倫理、社會責任行為這樣的目標就比較不容易明確的描述。更何況不同的管理者與研究者對這些目標的定義可以說是「眾說紛紜、莫衷一是」。

（三）延伸模式

由於目標設定理論受到廣大的關注與研究興趣，學者雷生及洛克 (Latham and Locke) 整理出一個完整的延伸架構，如圖 13–7 所示[10]。

雷生及洛克認為，由目標所引導的努力是四個目標屬性（困難度、明確度、接受度與承諾）的函數。顧名思義，目標接受度 (goal acceptance) 是個人接受某目標的程度。目標承諾 (goal commitment) 是個人對目標的認同、投入與實現。一個不計任何代價都要達成目標的人，就是對此目標有所承諾。能夠增加目標接受度及目標承諾的方法有：⑴目標設定過程的參與；⑵具有挑戰性但實際的目標；⑶相信目標的達成會帶來有價值的報酬。

---

[10]　Gary P. Latham and Edwin A. Locke, "A Motivational Technique That Works," *Organization Dynamics*, Autumn, 1979, p. 79.

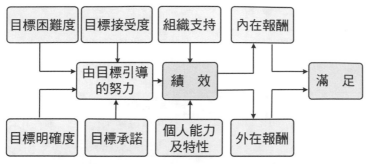

來源：Gary P. Latham and Edwin A. Locke, "A Motivational Technique That Works," *Organization Dynamics*, Autumn 1979, p. 79.

▲ 圖 13-7　目標設定理論的延伸模式

　　由目標引導的努力、組織支持及個人的能力與特性，這三個因素互動的結果會決定實際的績效。組織支持 (organizational support) 是組織在幫助或阻礙目標達成上所做的任何事情。組織支持可分為正面支持 (positive support) 與負面支持 (negative support)。正面支持的例子：提供適當的人力資源、充裕的原料，負面支持的例子：不去修復已經不堪使用的機器。個人能力及特性 (individual abilities and traits) 是指完成工作的技術及個人特質。獲得績效之後，個人會得到不同的內在、外在報酬，這些報酬會造成個人的滿足。值得注意的是，目標設定理論的延伸模式的後半段與波特與羅勒的期望模式非常類似。

13.4　激勵的增強觀點

　　激勵架構中的第三個重要元素是在說明為什麼有些行為能夠持久，有些行為會改變。我們已經瞭解，激勵的內容觀點就是解釋激勵架構中「需求不足」這一部分，而過程觀點是在發現為什麼員工會選擇某種行為來滿足他的需求，以及評估在採取這種行為之後所獲得的報酬。權變觀點則是解釋報酬所扮演的角色，為什麼報酬可以使人們的行為持續下去或做改變。

一、增強類型

　　為了要進一步的瞭解增強，我們有必要瞭解增強的四種類型：正面增強、負面增強、處罰及削弱，如表 13-2 所示。

▼ 表 13-2　激勵的四種增強

正面增強 (positive reinforcement)	處罰 (punishment)
藉著提供所欲的結果（如升遷）來強化行為（如工作賣力）	藉著提供所不欲的結果（如罰款）來弱化行為（如遲到）
負面增強 (negative reinforcement)	削弱 (extinction)
藉著避免不欲的結果（如責備）來強化行為（如準時）	藉著提供所不欲的結果（如不欣賞）來弱化行為（如講黃色笑話）

來源：B. F. Skinner, *Contingencies of Reinforcement* (New York: Appleton-Century-Crofts, 1969).

1.正面增強

正面增強 (positive reinforcement) 是藉著提供所欲的結果來強化某種行為。例如某經理在看到小明的優異工作表現後，給予獎賞，這個獎賞就正面強化了小明的優異工作表現，希望他能百尺竿頭、更進一步。在組織中，還有許多其他的正面增強物 (positive reinforcer)，例如加薪、升遷、獎金等。奇異公司客服部門的員工，所得到的正面增強物有衣服、運動產品及免費迪士尼樂園一遊。

2.負面增強

另外一個強化所欲行為的方法是負面增強 (negative reinforcement) 或避免 (avoidance)。負面增強是藉著避免不欲的結果來強化行為。例如員工準時上班，是避免遭到責備（負面增強物）。

值得一提的是，在汽車的設計上也可應用負面增強的觀念。如果駕駛者忘了插在駕駛盤上的鑰匙而逕自關閉車門，此時會噪音大作以提醒車主，他在拔出鑰匙之後，噪音才會停止。這樣為了避免聽到噪音（負面增強物），就不會忘了鑰匙。

依照同樣的思考，我們可以解釋何以三、四年級生（民國三十、四十年次的人）在求學階段其求學動機比較強烈的道理。他們大多數是在貧窮的環境中成長，為了擺脫貧窮（負面增強物），他們會奮發向上，而讀書是唯一的途徑。

3.處　罰

處罰 (punishment) 是藉著提供所不欲的結果來弱化行為。例如某員工上班遲到、工作漫不經心、常常打擾別人的工作，管理者就會採取申誡、罰款的方式，以匡正其行為。這種做法的背後邏輯是：這些不愉快的結果，會減低該員工再展現這些行為的機率。由於處罰會產生不良的後果，如懷恨在心，伺機報復等，所以如果可能

還是採取削弱的方式比較好。

4.削　弱

削弱 (omission or extinction) 是藉著提供所不欲的結果來弱化行為。例如如果員工講了一個黃色笑話，主管在聽到之後笑得樂不可支，這個「笑」會傳遞「欣賞」的訊息，進而強化了此員工的講黃色笑話行為，以後他會三不五時的講黃色笑話。如果此主管在聽了之後，面無表情或根本不予理會，則這個行為就會被削弱，久而久之，自然「銷聲匿跡」。

二、行為調整

組織採取以上四種增強類型的目的，不外乎調整員工的行為。調整組織內員工行為的術語是「組織行為調整」(organizational behavior modification, OB mod)。OB mod 有兩個重要的主張：(1)會導致正面結果（如報酬）的行為會重複出現，而會導致負面結果（如懲罰）的行為不會重複出現；(2)因此，藉著提供適當的報酬，就會讓員工學習到如何改變他們的行為。

無庸置疑的，適當的使用 OB mod，會大大的增進員工的績效。研究者對十九篇有關 OB mod 的研究加以彙總之後，所得到的結果如下[11]：

(1)不論組織的類型（營利或非營利事業）或報酬（財務報酬或非財務報酬）的類型是什麼，OB mod 都是有效的。一般而言，OB mod 可以提升 17% 的工作績效。

(2)在服務業，當同時提供財務報酬與非財務報酬（如讚賞、肯定）時，會提升 30% 的工作績效（幾乎是分開提供的二倍）。

(3)在製造業，績效回饋（告訴員工做得好不好，並以讚賞的方式鼓勵他做得更好）會使生產力平均提高 41%。

(4)在服務業，關心員工、讚賞員工，會使生產力提高 15%。

(5)OB mod 的效果及提供報酬的方式（同時或分開）決定於組織的行業別。OB mod 在製造業的效果比在服務業高。在製造業，同時提供財務報酬及非財務

---

[11] Cheryl Comeau-Kirschner, "Improving Productivity Doesn't Cost a Dime," *Management Review*, January 1999, p. 7.

報酬（如上述的報酬回饋）所造成的績效提升，只是略高於只提供非財務報酬；在服務業，同時提供財務報酬及非財務報酬，會遠高於只提供非財務報酬（可參考上述第(2)點）。

三、增強時程

增強種類固然重要，但增強時程 (schedule of reinforcement) 也一樣重要。增強時程可分四種：固定－期間制、變動－期間制、固定－比率制與變動－比率制，如表 13-3 所示。

▼ 表 13-3　增強的四種時程

固定－期間制 (fixed interval)	固定－比率制 (fixed ratio)
在固定期間提供增強物	行為在達到固定的次數後，提供增強物
變動－期間制 (variable interval)	變動－比率制 (variable ratio)
在不固定（變動）期間提供增強物	行為在達到不固定（變動）的次數後，提供增強物

來源：B. F. Skinner, *Contingencies of Reinforcement* (New York: Appleton-Century-Crofts, 1969).

1.固定－期間制 (fixed interval)

是在固定期間提供增強物，不論此行為如何。典型的例子是週薪制或月薪制。這種制度最不具有激勵作用，因為員工知道不論多麼賣力工作，所得到的報酬是一樣的（領一樣薪水，但天天在混的人，在心理上有一種「賺到」的想法）。

2.變動－期間制 (variable interval)

是在不固定（變動）期間提供增強物。變動－期間制也是利用時間為基礎來提供增強物，但是每次提供增強物的時間是不一定的。例如主管不定期抽查，如果覺得滿意，就給予讚賞（此種方式的增強物比較適合用「讚賞」的方式，而不是金錢報酬）。員工因為不知道主管何時來抽查，故會一直認真幹活。

3.固定－比率制 (fixed ratio)

是行為在達到固定的次數後，提供增強物，不論行為和行為之間耗費了多少時間。這種激勵的時程制度會讓員工工作得更為賣力。例如每賣出十支手機就給予獎金，使銷售人員每賣出一支手機，就愈接近得到獎金。

4. 變動一比率制 (variable ratio)

是行為在達到不固定（變動）的次數後，提供增強物。此制度是獲得所欲結果的最佳方式。例如主管在部屬爭取到第二個訂單、之後的第七個訂單、之後的第九個訂單時，每次都給予部屬讚賞。部屬會努力爭取訂單（這是所欲行為），因為每爭取到一個新訂單，就會增加獲得讚賞的機會。然而，在變動一比率制下，比較難用金錢作為獎賞，因為在實務上要追蹤誰在什麼時候得到獎賞是相當困難的。

13.5 激勵策略

以上所說明的激勵理論固可嚴謹的解釋有關激勵的課題，但是在實務上管理者必須利用各種技術及策略來發揮激勵的作用。普遍受到採用的激勵技術 (motivational techniques) 為賦能與參與。

· 賦能與參與

賦能與參與是管理者激勵員工的重要方法。賦能 (empowerment) 就是讓員工在自己的責任及職權範圍內，自己設定目標、做決策及解決問題；參與 (participation) 就是讓員工對自己工作上的決策有發言權。從這裡我們可以瞭解，不論在工作本身、工作系統及工作環境方面，賦能所涵蓋的觀念及範圍都比參與來得廣。

在激勵中，參與及賦能所扮演的角色就等於激勵的內容觀點及期望理論。參與決策的員工會對於決策的落實有所承諾。做決策、執行決策、看決策的正面結果這三個過程會使員工有成就感、責任感、受到肯定，因此會提高員工的自尊。此外，參與可澄清期望，也就是說，在參與決策時，員工可以更加瞭解其績效和獎賞的關係。

（一）能力與機會

員工績效是能力與激勵的函數，也就是說：績效 = f (能力 × 激勵)。如果能力或激勵中有一項不足的話，績效就會受到負面的影響，這可以說明「勤能補拙」的道理。

在上述的公式中，還要考慮到「發揮的機會」(opportunity to perform) 這個變

數。因此，公式應改為：績效 = f(能力 × 激勵 × 發揮機會)。換句話說，即使個人有能力，也樂意賣力工作，但如果有障礙存在，使他無法一展所長時，相對的績效必然會受到限制。

當你想瞭解，為什麼一個能幹的員工，竟然達不到預期中的績效水平時，你應該看看其周遭的環境是否具有支援性。也就是說，他是否有充分的工具設備及支援性的資源？是否有令他舒適的工作環境？同事之間會互相幫忙嗎？有足夠的時間完成工作嗎？如果答案是否定的，其績效必然會受到負面影響。

（二）賦能技術

近年來許多組織都非常積極的發掘各種能夠促使員工賦能的新方法，例如建議箱 (suggestion box)、問題解決會議 (question-and-answer meeting)。

1.員工賦能的方法

⑴建立工作團隊 (work team)。工作團隊成立的目的，在於分享資訊、做決策，以協助每個成員完成其職掌內的事情。在工作團隊內的成員會被賦能來對工作進行規劃、組織、指揮及控制。工作團隊負責人不再是傳統的「老闆」，而是扮演教練的角色。

⑵改變組織化的方式。減少層級數目，使權責與職權盡可能下授到組織的最基層，讓實際從事工作的人自己建立控制的機制。

2.員工賦能的條件

員工賦能會增加組織的績效，但是必須符合以下的條件：

⑴組織在賦與基層員工更多權力及自主性的做法上，必須要展現誠意。如果只是象徵性的授與員工部分決策權，或者授與部分員工決策權是不夠的。

⑵組織必須要有承諾。如果在開始時，員工被賦與某些權力，但日後卻削減或收回這些權力，必然會造成員工的積怨。

⑶在員工賦能的過程中，組織必須有系統、有耐心，如果急就章反而會得不償失。

⑷組織必須先訓練員工，使他們有足夠的能力獨當一面。

13.6 組織報酬與績效

　　除了激勵策略之外，組織的報酬制度也是激勵員工的最基本工具。組織的報酬制度 (reward system) 是界定、評估員工績效，並對良好績效給予獎賞的正式、非正式機制。

一、報酬制度的效應

　　報酬制度會影響態度、行為及激勵，因此管理者必須瞭解及重視其重要性。

（一）報酬對態度的影響

　　雖然員工態度（如滿足感）並不是工作績效的主要決定因素，但是其重要性不容忽視。員工態度會影響出勤率，並且也是形成組織文化的重要來源。在員工態度與績效方面，我們可以提出四個通論：

⑴員工滿足感是受他的報酬多寡的影響，同時也受到他認為他應得到多少報酬的影響。

⑵員工滿足感會受到與他人境遇的比較所影響（別人的境遇不如他，他的滿足感就會較高）。

⑶員工的滿足感會受到他自己如何解讀他人的報酬所影響。如果甲認為乙所獲得的報酬比乙應得的還高，則甲就會有不滿足感。

⑷員工的整體滿足感會受到工作中所獲得外在報酬、內在報酬所影響。

（二）報酬對行為的影響

　　組織給予報酬的基本目的，就是在影響員工行為。

1.外在報酬

　　外在報酬會影響員工的滿足感，進而會影響員工的去留。報酬制度也會影響到員工的出勤率、曠職率。如果報酬的多寡是基於實際的表現，則員工就會工作得更為賣力以獲得更高的報酬。

　　組織欲獲得高生產力與個人滿足，必須在工作、行為與報酬制度之間配合得當。

下述的五種行為，包括從最低階的加入／待在公司到最高階的合作，愈高階的行為愈難塑造，成本也愈高。

(1)高階行為 (high order)：合作 (cooperative)、創新 (innovative)、努力 (effort)、可靠 (dependable)。

(2)低階行為 (low order)：加入／待在公司 (join and remain)。

雖然組織規章及報酬制度（例如假期、退休金及疾病給付等）會影響「加入／待在公司」及「可靠的」行為，然而這些外在報酬 (extrinsic rewards) 並無法影響高階行為。

無庸置疑的，以績效來決定個人報酬時，則會提高員工的生產力。當組織界定何種結果將會受到報酬時，它也界定了何種結果不會受到報酬。但是，對於具有不確定性的工作而言，卻不容易做到上述的界定。誘因制度 (incentive systems) 如果不能配合真實的行為事實，則會造成生產力的降低❷。

當群體報酬刺激了群體內人員的合作時，它亦會減低群體間的合作。不論如何，如果以外在報酬為獎賞的基礎，則那些不易觀察及衡量，但對未來績效有貢獻的行為，則較不可能被激發出來。

2.內在報酬

內在報酬 (intrinsic rewards) 是行為本身的自然結果，有二種類型：任務參與 (task involvement) 及目標認同 (goal identification)，只有這些報酬才能激發高階的行為❸。

(1)任務參與，可使具有某些技術的人從工作本身中獲得滿足感。雖然這種內在報酬會使人員更加努力、更自治自律，以及產生更高的滿足感，但亦會導致對合作的抗拒。如果組織欲利用任務參與作為激勵因素，則必須將工作界定清楚，慎選人員去執行某些任務，以使得組織目標與專業規範 (professional norms) 之間的衝突達到最小化。

(2)目標認同，是指成員將組織目標及次目標納入其個人的價值系統之中。目標

---

❷ A. D. Luzi and K. D. MacKenzie, "An Experimental Study of Performance Information Systems," *Management Science* 28, No. 3, March 1982, pp. 243–259.

❸ J. R. Galbraith, *Organization Design* (Reading, MA: Addison-Wesley, 1977).

認同對於所有的行為均有正面的影響。

（三）報酬對激勵的影響

報酬制度與激勵的期望理論是相互呼應的。員工對「努力到績效」的期望大大的受到績效評估的影響（績效評估的公平與否會影響員工的努力程度）。如果某位員工知道他的績效將會被衡量、評估，並據以給予報酬，那麼他將會更為賣力的工作。員工對「績效到結果」的期望決定於他對於「好績效會獲得報酬」的相信程度。最後，期望理論認為每個報酬或潛在報酬對每位員工會有不同的價值，有人喜歡升遷多於福利，有人卻正好相反。

二、有效的報酬制度

有效報酬制度的特性是什麼？

⑴報酬制度必須滿足個人的最基本需要。

⑵報酬制度必須比同業更為優渥。

⑶不患寡，患不均。報酬制度必須是公平的。

⑷報酬制度的設計必須體認到組織內不同的人會有不同的需求，而且不同的人會選擇以不同的方式去滿足他們的需求（這也是激勵的內容論與期望論所持的觀點）。

⑸各種報酬及獲得報酬的方式都要使得員工可以獲得（不要使員工利用各種辦法都無法得到他所想要的東西）。

‧獎勵員工的方法

傳統的報酬制度有二種：定率制（fixed rate，定時或月薪制）和誘因制。

1.定率制

定率制是大家熟悉的制度。定時制是以每一小時來付工資。工資的高低是依工作需要、經驗、工作困難度、班制（如日班或夜班）等因素而定。白領階級員工是以週別或月別一次給付薪資。雖然有些公司會從薪水中扣掉缺勤的罰金，但在週薪或月薪制下，不論你的工作高於或低於所規定的時數，薪資通常都是一樣。

2.誘因制

從激勵的觀點來看，加薪制度 (merit system) 會提高員工的工作誘因（更努力的提高工作績效）。加薪制度是在年終時依照員工整年的工作表現來決定加薪幅度。除了加薪制度之外，組織也可以採取其他的誘因制度 (incentive systems)。誘因制度實施的原則是員工的績效要與其工作績效成正比。論件計酬就是一個很好的誘因制度。例如在製造手提包的工廠，工人可依每製造一個把手、鎖鏈來論件計酬。這樣的話，工人會非常賣力的工作，因為產出單位愈多，報酬愈高。

在企業實務上，運用得相當普遍的誘因制度有：利潤分享、報酬分享、定額（一次）給付、知識給付、變化式給付及當場獎勵。

(1)利潤分享 (profit sharing)：顧名思義，是將公司每年獲得的利潤分享給員工。當然公司必須擬定利潤分享計畫，明確的說明如何在公司與員工間、員工與員工間分享利潤。此制度可以將全體員工緊密的結合在一起，共同為目標（獲得利潤）的達成而努力。

(2)報酬分享 (gain sharing)：是以團體為基礎的誘因制度，如果團體達成了原先設定的績效標準，則團體內每位成員都可獲得獎金。

(3)定額（一次）給付 (lump-sum bonus)：是一次發放現金津貼，而不是增加底薪。

(4)知識給付 (pay for knowledge)：是用來獎勵員工的創意、新技術的引進及使用。

(5)變化式給付 (variable pay)：比較有「打賭」的特性。例如在杜邦公司，部門內的員工可自願以至多 6% 的底薪作為「賭注」，公司會將這些賭注預扣下來。如果達成目標，公司會退還賭注，外加獎金（獎金多寡是以達成或超過目標的程度而定）；如果未能達成績效目標，則不退還賭注。

(6)當場獎勵 (spot reward)：是當員工表現良好時，即時的給予獎勵。例如 IBM 前董事長華生 (Thomas J. Watson) 在部屬表現良好時，當場開支票作為獎勵。當場獎勵在許多組織中（尤其是高科技公司）實施得愈來愈普遍。你不妨回憶一下，當年在補習班時，如果答對了某個題目，老師可能當場給你 100 元作為鼓勵。當場獎勵最具有激勵作用，同時它也和公平理論、期望理論不謀

而合。

　　以上的各種誘因制度可以搭配使用，不是只能取其一，就不能取其二。以上的各種方法在實務上要能成功，應注意以下事項：

(1)確信努力與報酬呈正比。誘因制度的報酬要與員工的努力（如生產力增加）呈正比。

(2)績效標準必須是可達成的。績效標準的設定，不應好高騖遠，而使員工無法達成。績效標準必須合理，使員工的達成機率至少一半。同時，為了協助員工達成目標，組織必須提供必要的工具、設備及訓練。

(3)誘因制度要使員工容易瞭解及計算。要使員工自己能夠計算出他將可望獲得多少報酬。

(4)對績效標準提供保證。訂定績效標準就好像與員工訂立契約一樣。當誘因制度一旦開始實施之後，就要信守承諾，不得提高績效標準。

(5)保證基本報酬。只要員工比以前進步，雖未能達到既定的績效標準，也會得到基本報酬，但這種做法見仁見智。

本章習題

一、複習題

1. 何謂激勵？

2. 試繪圖並舉例說明激勵架構。

3. 為了要充分的瞭解激勵，我們可以歷史觀點來看。這些歷史觀點包括：傳統觀點、人際關係觀點以及人力資源觀點。試分別加以說明。

4. 激勵的內容觀點就是解釋激勵架構中的哪一部分？

5. 兩個最為普遍的激勵內容觀點是什麼？

6. 試繪圖說明馬斯洛的需求層次論。

7. 試說明「存在—關係—成長」理論。

8. 試說明激勵保健理論。

9. 試比較傳統的激勵觀點與赫茲柏格的激勵觀點的基本差異所在。

10. 何謂激勵因素？何謂保健因素？

11. 赫茲柏格認為激勵員工的過程有兩個階段。試分別加以說明。

12. 個人最重要的需求就是麥克理蘭所提出的「成就、親和、權力需求」。試定義這三種需求。

13. 試簡要說明激勵的過程觀點。

14. 期望理論是一個整合而全盤性的理論。它主張激勵的產生是由哪兩個因素造成的？

15. 期望理論的建立是基於哪四個假設？

16. 試簡要說明基本的期望模式。

17. 試說明波特與羅勒對期望理論所做的延伸。

18. 何謂公平理論？

19. 我們和他人比較時會產生哪些結果？

20. 我們會選定一些參考對象來作為比較的對象，歸納起來大致有哪四類？

21. 選定比較對象之後，經過比較如果覺得不公平，便可能採取哪些行動？

22. 目標設定理論的前提假設是什麼？

23. 目標設定理論的原始版本指出，目標有哪兩個特性？

24. 由於目標設定理論受到廣大的關注與研究興趣，學者雷生及洛克整理出一個完整的延伸架構，試繪圖加以說明。

25. 為了瞭解增強，我們有必要瞭解增強的類型。增強可分為哪四種類型？

26. 試分別舉例說明正面增強、負面增強、處罰及削弱。

27. 組織採取四種增強類型的目的是什麼？

28. OB mod 有哪兩個重要的主張？

29. 無庸置疑的，適當的使用 OB mod，會大大的增進員工的績效。研究者對十九篇有關 OB mod 的研究加以彙總之後，所得到的結果如何？

30. 增強種類固然重要，但增強時程也一樣重要。增強的時程所要討論的是什麼時候提供增強物最為恰當。一般而言，增強的時程可分為哪些？試分別舉例說明。

31. 激勵理論固可嚴謹的解釋有關激勵的課題，但是在實務上管理者必須利用各種技術及策略來發揮激勵的作用。普遍受到採用的激勵技術有哪些？

32. 何謂賦能？賦能與參與有何不同？

33. 試說明在激勵中，參與及賦能所扮演的角色就等於激勵的內容觀點及期望理論。

34. 試解釋：績效 ＝ f (能力 × 激勵 × 發揮機會)。並舉例說明。

35. 當你想瞭解，為什麼一個能幹的員工，竟然達不到預期中的績效水平時，你應該考慮何種因素？

36. 員工賦能的方法有哪二種？

37. 員工賦能會增加組織的績效，但是必須符合哪些條件？

38. 何謂組織的報酬制度？

39. 試舉例說明報酬制度會影響態度、行為及激勵。

40. 有效報酬制度的特性是什麼？

41. 能夠激勵員工、提高生產力的報酬制度共有哪些？這些制度各有何優點及限制？

二、討論題

1. 試以本章所說明的激勵理論，解釋下列的行為或現象：
   (1) 某甲拼命用功，爭取第一名。
   (2) 留學考廢除後，出國學生數反而減少。
   (3) 如果未拿出轎車鑰匙而逕開車門，則發出「嗶」的警告聲。
   (4) 不理某甲的挑釁（要使我生氣，老子偏偏不甩）。
   (5) 倉廩實而知禮節，衣食足而知榮辱。(《管子・牧民》)

(6)「省了棒子，寵壞了孩子」（不打不成器）。

(7)無論多麼新鮮的事情，日子一久都變得乏味。

2.試提出一些原則以作為管理者在實施增強時的指導方針。

3.美國的學校教育、家庭教育都非常強調正面強化，顯然他們認為正面強化是很好的激勵方法。但是正面增強物總有淡化或匱乏的一天。所以正面增強不如負面增強來得強而有力。你同意這種說法及推論嗎？為什麼？

4.試用增強理論來解釋「為什麼在經濟不景氣的年代，人們的滿足感會比經濟繁榮時來得高？」

5.如果你想盡辦法要擺脫同學們叫你的不雅綽號，你可以用哪一個激勵增強觀點來處理？為什麼？

6.何以說當場獎勵和公平理論、期望理論不謀而合？

第 14 章
溝　通

溝通，和愛人如己一樣，是一件好事情，這是大家都同意的。但是，好事情不見得做得好，在溝通中牛頭不對馬嘴、言不及義的現象比比皆是。在我們的溝通經驗中，由於誤會、語意，甚至害怕都會扭曲我們的本意。溝通不良所造成的結果可大可小，小到引人發噱，大則萬劫不復。

管理者所從事的任何工作，如設定目標、擬定計畫、管理團隊、工作設計、激勵部屬等，無一不涉及到溝通。針對管理者工作所做的大部分研究顯示，管理者花在溝通的時間最多❶。

一項針對杜邦實驗室的管理人員所進行的研究發現，在他們的工作時間中，有53% 花在開會上，有 15% 花在讀寫有關文件上，有 32% 花在電話溝通上。如果將開會、與客戶及同事互動等的時間加起來的話，管理者大約花上 60% 到 80% 的時間在溝通上❷。

14.1　溝通模式

管理者必須根據資訊（如競爭者的動向、勞工、福利、供應商及裝配線作業等資訊）才能夠擬定有效的決策，進而做到有效的管理。促使管理者採取行動的刺激

---

❶ George Miller, *Language and Communication* (New York: McGraw-Hill, 1951); Gary Hunt, *Communication Skills in the Organizatio*n, 2nd (Upper Saddle River, NJ: Prentice Hall, 1989), p. 29.

❷ Fred Luthans and Janet Larsen, "How Managers Really Communicate," *Human Relations*, 1986, p. 162.

因素，不是事件本身，而是他所得到的訊息。如果訊息來得太遲，或者訊息本身是錯誤的或被扭曲，則不論企業或管理者都會受到不良影響。

溝通 (communication) 源自於拉丁文 communicare，意指 「共通化」 (to make common)，也就是建立瞭解及感受的共同基礎。溝通就是資訊的交換及意念的傳遞。管理者的工作絕大部分都是在進行溝通。

如圖 14–1 所示，溝通有五個主要的部分。傳送者 (sender) 以接受者所能夠瞭解的方式送出訊息，然後透過溝通管道 (communication channel) 將此訊息傳送出去。「以接受者可以瞭解的方式」就說明了編碼 (encode) 的過程。易言之，編碼就是將訊息加以簡化、複雜化、重組、分類等，以便讓接受者容易瞭解的過程。面對面溝通是最常用、最熟悉的溝通管道。備忘錄、報表、政策及程序手冊、視訊會議、電子郵件等，都是常見的溝通管道。所送出去的訊息未必等於對方所接受到的訊息，這是因為溝通管道受到噪音 (noise) 干擾之故。在餐廳進行面對面溝通時，如果鄰桌的噪音太大，就可能使溝通受到干擾。其他的噪音還包括：訊息的模稜兩可以及接受者的先入為主。接受者 (receiver) 就是資訊傳送的對象。如果噪音或其他干擾因素（如壓力或認知差異等）造成了接受者在解碼（decode，即是將訊息解譯成自己懂得的東西）時的錯誤（例如言者無心，聽者有意），則必須要有回饋才不會引起誤會、把氣氛弄僵。回饋 (feedback) 就是接受者所做出的反應，例如接受者說：「請問您剛才說的是什麼意思？」或者「您的意思是組織變革的計畫可行，但是要延後進行嗎？」

溝通過程中的任何環節出了問題，就會造成有效溝通的障礙。例如你（訊息傳送者）看到一個事件（你的大客戶和競爭對手共餐），將它誤判為「客戶即將拆夥」（這是編碼錯誤），並將這個「警訊」轉告總經理機要祕書（機要祕書是溝通管道），由於機要祕書的分心（這是噪音），拖延了幾天才向總經理報告。總經理聽到之後，大發雷霆，認為這麼嚴重的事情（這是編碼錯誤，編碼錯誤包括將正確的訊息編成錯誤的，或者相信錯誤的訊息），為什麼拖這麼久才提出報告。事實上，你的客戶和競爭對手是多年不見的遠房表親，那天偶遇相約共進午餐敘舊而已。

圖 14–1 的溝通過程可以解釋人際溝通與組織溝通。 人際溝通 (interpersonal communication) 發生於二個人之間；而組織溝通 (organizational communication) 發生

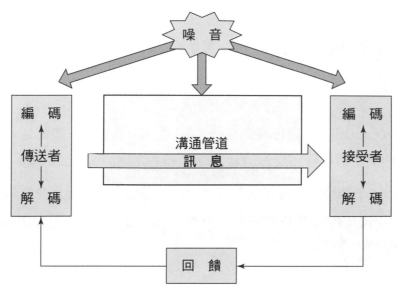

來源：E. M. Rogers and R. Agarwala-Rogers, *Communication in Organizations* (New York: Free Press, 1976).

▲ 圖 14–1 溝通過程

在數個人或數個團體之間。我們將分別說明。

14.2 人際溝通

由於管理者花大量的時間在面對面的溝通上，因此瞭解如何改善人際溝通是管理者的基本技術。首先，讓我們來看看人際溝通的障礙。

一、人際溝通的障礙

人際溝通的一些障礙會扭曲訊息，並妨害有效溝通的進行。這些障礙有：知覺、語意、非語言溝通、模糊性（模稜兩可）及防衛性。

（一）知 覺

個人的知覺 (perception) 會受到許多因素的影響，而不同的個人對於某特定的訊息會有不同的知覺。人們是根據他們所相信的來知覺某個實體。例如你相信人是善良的、誠實的、可信的，那麼你對於某人所發表的評論，比較傾向於對他做正面的評價（事實上，他的報告沒有那麼好）。人的知覺也是有選擇性的，此時，你也許正

在全神貫注的聽課（我希望這樣），完全沒有「知覺到」教室外面的吵雜聲音。人們通常也會篩選掉那些無足輕重的、令人厭煩的訊息。

（二）語　意

語意 (perception) 就是語言或文字所代表的意義。語意是人際溝通的另外一個障礙，因為不同的人對同樣的語言（或文字）會有不同的解讀，例如「你最近發福了！」這句話，小明聽了覺得是在恭維他，但小華聽了，覺得是在諷刺他。再說，同一個人在不同的時間對於同樣的語言有不同的解讀。

（三）非語言溝通

人們會從你說話的態度、面部表情、肢體語言等，而不是你所說的話，來揣摩你所表達的意思。說話的態度、面部表情、肢體語言、說話距離等都是非語言溝通 (nonverbal communication)。「揣摩」就是「探求索引」(pick up cues) 的意思。交通堵塞，處理和人擦撞的糾紛，使你上班遲到，你進辦公室時的那副苦瓜臉，讓部屬誤以為你對他們的工作表現不滿意。專家認為，人際間的溝通，訊息的語言部分只能解釋 5% 的真正意思，而訊息的非語言部分卻能解釋 95% 的真正意思[3]。

你也許常做非語言溝通，你也常看到別人做非語言溝通。以下是一些非語言溝通所代表的涵義：

▼ 表 14–1　非語言溝通的涵義

動　作	涵　義
搔　頭	困惑、不信任
咬嘴唇	憂　慮
搔後腦杓或後頸部	挫折、沒耐心
收緊下顎	防衛性、不安全性
避免目光接觸（目光閃爍）	沒誠意、害怕、躲避、對討論的議題沒興趣
凝　視	控制、威脅、支配
手臂交叉胸前	抗命、防衛性、抗拒、侵略性

---

[3]　R. Wayne and Don Faules, *Organizational Communication* (Upper Saddle River, NJ: Prentice Hall, 1989), p. 153.

扭　頭	極度恐懼後的憂慮
軟弱無力的握手	失望（至少在北美是如此）
嘆　氣	承受壓力的前兆、厭煩

來源：Jack Griffin, *How to Say It at Work* (Paramus, NJ: Prentice Hall Press, 1998), pp. 26–28.

（四）模糊性（模稜兩可）

模糊的訊息容易被扭曲。模糊有三種情況：

1. 意義模糊 (ambiguity of meaning)

是指接受者對於訊息的內涵不知所云（當然還不至於「臨表涕泣」）。例如「盡快到我的辦公室來」這個「盡快」是指馬上？還是下週？

2. 意圖模糊 (ambiguity of intent)

是指傳送者的訊息雖然夠清楚，但是意圖卻不明確。例如你也許會問：「老闆現在叫我去辦公室要做什麼？」

3. 效果模糊 (ambiguity in effect)

是指接受者不能確定訊息會造成什麼後果。例如你瞭解主管所下指令的意義，也知道他的意圖，但不知道如果不去見他的話，會有什麼後果。

（五）防衛性

當訊息與自我觀念（self-concept，自己認為自己是什麼）相抵觸時，許多人就會採取防衛性行動。防衛性 (defensive) 或防衛性機制 (defense mechanism) 就是個人為了避免顯露出會喪失自尊的個人特質所展現的行為（通常是潛意識的）。例如小華因為怕顯露出他的懦弱無能，而極度否認或勃然大怒。

我們每個人對於自己是誰、自己的價值（也就是說，自己有幾斤幾兩）都有個譜，但是大多數的人會隱瞞這個自我形象。防衛性機制可使個人擋掉許多會喪失他們自尊、令他們感到焦慮的事情。

有效的管理者應瞭解防衛性機制在人際關係中的普遍現象。當部屬因工作不力而受到指責時，他的第一個反應通常是否認，因為這樣可讓他避開對他能力的質疑

（至少此人的心裡這麼想）。有些人在受到批評時會有憤怒、攻擊性的反應，這種反應會使他們有發洩的機會，並可拖延面對問題的時間。有些人在受到批評之後，會變得畏縮或消極抵制。

二、人際溝通的改善

管理者必須是有效的溝通者。違規的員工必須要受到適當的懲罰；新進員工必須要在提升工作績效方面得到適當的輔導；銷售經理必須要說服製造經理依照客戶的要求提前供貨。在以上的各種活動中，人際溝通都扮演著關鍵性的角色。

（一）做個傾聽者

好的傾聽者並不是被動的聽取對方的言語，而是要「聽到」言語背後的意義，並做適當的反應，換句話說，就是要掌握住對方訊息的重點（或真正的意義），並表達你已經充分瞭解。為了做好一個好的傾聽者，你要做到以下幾點：

(1)掌握住整個意義，瞭解訊息背後的真正意義。例如銷售經理說：「我們今年的銷售量不可能達到預期水準。」直覺的反應就是「你當然可以！」或「為什麼不可以？」一個傾聽者會試圖瞭解此銷售經理說這句話的背後感受（也許他覺得壓力太大），而做出這樣的反應：「我瞭解你的感受，盡量努力看看，到時候再說。」

(2)反應感覺，讓對方知道你已完全瞭解他的訊息。例如做出像這樣的反應：「他們給你的壓力太大了，對不對？」

(3)注意所有的索引，記住，不是所有的溝通都是語言性的。非語言溝通，如面部表情、手勢等，都會顯露傳送者的感受。

(4)全神貫注，關掉手機、不要操作電腦、不要看手錶、不要只聽你想聽的、不要先想好下一步要怎麼說、不要插話、不要接話（不要幫對方完成他想要說的話）。

(5)開放式心態，以開放的心態來傾聽，避免使用「殺手話」（killer phrase，即澆冷水的意思），例如「開什麼玩笑！」或者「話是說得不錯，但是……」。避免顯露價值判斷性的肢體語言，如撇嘴、搖頭等。

（二）清楚表達

　　把你想說的真正意思表達出來，不要拐彎抹角、言不由衷，而且說話要算話。如果你的意思是「馬上」就要說「馬上」，不要說「愈快愈好」。在面對面進行員工績效考評時，要開門見山，不要扯些不相干的事情，當然更不要以不相干的事情當開場白。同時，要注意你的抑揚頓挫、面部表情及姿態，這些因素都可能造成誤會。

　　如何做到清楚的文字表達，以下是重要的原則：

⑴前後呼應，井然有序。

⑵所做的假設應合理。可利用範例、軼事、權威人士的看法、統計數據等來支持你的假設。

⑶要有目標市場導向。要以閱讀者的角度來撰寫，因此要注意遣詞用字、報告字數、論述方式以及證據提供。

⑷避免突兀。觀念的呈現要如行雲流水、輕鬆自然，在觀念之間做轉換時，要順利接合，不可突兀。

⑸編輯及修訂。注意錯字別字及文法結構。

⑹增加可讀性。利用文書處理軟體做出圖文並茂、可讀性高的報告。

⑺言簡意賅，掌握重點。撰寫的目的在於表達意見，不要譁眾取寵。「文章要像迷你裙，愈短愈好」。盡量利用圖表以掌握、突顯重要觀念。

⑻用字應淺顯易懂，避免艱澀詞藻。馬克吐溫 (Mark Twain) 曾說過：「如果稿費一樣，我會用 city（城市），而不會用 metropolis（大城市）這個字。」

⑼所引用的觀念、文句、段落及術語要註明出處（來源）。

⑽筆觸要鏗鏘有力。內容要令人折服、發人深省。見解要獨到、鞭辟入裡。

（三）不要攻擊對方的防衛機制

　　批評、爭辯，甚至提供建議都會觸動溝通對方的防衛機制，因為對方一定卯足全力保護他的自我形象（或自尊）。例如不要向對方說：「你就會找藉口，任何小事你都受不了批評」，你應該表達實情就好，例如「本週你遲到二次。」有時候，不做任何反應反而比較好，俗語說「沉默是金」就是這個意思。

（四）獲得回饋

和諧的人際關係並不是平白而得，回饋（確信訊息已經收到並瞭解）在其中扮演著重要角色。如有良好的回饋，溝通失敗是極不可能的事情。在手術室，在操刀的醫師說「手術刀」之後，助理複誦「手術刀」；當飛機正駕駛說「放下輪子」之後，副駕駛複誦「放下輪子」，這種回饋機制怎麼可能造成溝通問題？但是，回饋並不只是侷限在生死攸關的問題，在日常生活的溝通中，要對方複誦或提問，是獲得有效溝通的最直接方法。

三、如何說服別人？

管理者的許多工作都涉及到說服別人，例如教練在鼓勵隊員士氣時、董事長在向董事會推銷他的點子時、組長要申請一臺新電腦時、領班要工人更賣力工作時，都要說服對方。在今日的企業管理中，說服力尤其重要，因為傳統的高壓式領導已如明日黃花，早該拋棄。

1.說服時容易發生的錯誤

在說服別人時，我們會常犯下一些錯誤。

⑴我們會誤認為，說服就是利用一大堆的觀念、事實及數據壓倒對方。其實這是大錯特錯的，因為這樣必然會引起對方的強力反彈。

⑵我們從不妥協，一定要對方照單全收，否則拉倒。不妥協就不可能建立「瞭解及感受的共同基礎」，當然也喪失了溝通的意義。

⑶我們會誤認為，爭辯得愈激烈，愈有說服力。事實上，個人的信用、講道理才會有說服力。最後，我們會誤認為說服可「畢其功於一役」，事實上說服常是一個漫長的過程，在這個過程中，說服者會經歷構念的醞釀、立場的鬆動、技巧的琢磨等這些程序。

2.說服須遵循的原則

說服要觸及到對方的心靈深處（內在驅力及需求）、打動對方的心弦才會有效。要具有說服力，必須遵循以下的原則：

⑴建立信用。如果你連自己都不相信，如何贏得對方的信任？如果不能贏得對

方的信任，要說服對方不音緣木求魚。要贏得對方的信任，你可以舉出一些
經驗事實（過去誰怎麼做結果怎樣），以及和對方建立良好的關係。

⑵建立共識。所敘述的論點要引起對方的共鳴。

⑶打動心弦。事實及數據只能讓對方的想法稍加鬆動，但並不能夠完全接受你
的說詞。要觸及到對方的心靈深處，讓他們發自內心的覺得你有道理。

⑷提供數據。以例子、故事、隱喻及類比的方式，來支持你的看法、強化你的
立場。

⑸善用參考權。告訴對方某些他所崇拜、認同的人也都這麼做，會增加你的說
服力。

⑹讓對方能夠積極的、公開的及自願的做出承諾。人們對於所做過的承諾必然
比較會付諸行動。

四、如何增進協商技巧？

任何事情都涉及到協商 (negotiation)。你在購車時，要求加薪時，要求比較好的
機位時，要求部屬改善工作績效時，都涉及到協商。茲將在協商時常犯的錯誤說明
如下：

⑴忽略對方的問題。就像溝通的其他形式（如說服）一樣，在協商時，如能建
立「瞭解的共同基礎」（相互瞭解），則會比較有效。協商要有好結果，必須
瞭解對方的問題、感受及觀點。

⑵一切向「錢」看。許多協商者只知道和對方討價還價，忽略了交易中其他可
協調的部分。如果對方願意讓步讓你融資，即使產品的價格稍高未必絕對不
划算。

⑶花太多的時間在建立共識上。瞭解對方的立場，固然對協商會有幫助，但是
如果一定要達到百分之一百的共識，反而會浪費時間、一事無成。例如小明
想買下小華的公司，但小明對此公司的遠景不如小華樂觀。與其浪費時間在
「未來遠景是否樂觀」這個問題的爭辯上，不如達成這樣的協議：小明支付
頭期款，其餘款項隨著經營利潤而定。

⑷忽略了 BATNA 。 BATNA 是 "best alternative to a negotiated agreement" 的開

頭字，意思是「所協議契約的其他最佳方案」。例如其他最佳方案可能是：成交、放棄、找另一個買主、自製等。在協商時，不要只是僵固的想到當初的議案，要想想其他方案❹。

有經驗的協商者也會利用一些技巧來改善協商效果。槓桿作用 (leverage) 是在討價還價時，能夠幫助或阻礙協商者的因素。當然，在協商談判時，你希望具有更好的槓桿作用。「跳樓大拍賣」（賣方基於某些理由急著要出售）是沒有槓桿作用的（沒有優勢的）。如果賣方能夠做到「不買便拉倒」（或裝成這樣），就會處在優勢地位。這也就說明了為什麼你在被其他公司錄用後，才向公司要求加薪會有優勢的原因。同樣的，買輛新車對你而言如果沒有急迫性，但你顯露出一副猴急的樣子，你的議價能力就會變低。競爭 (competition) 也是一個重要因素。如果你告訴對方有其他人在等著和你簽約，那你就有優勢。時間（尤其是截止日期）的壓力，也會改變協商雙方的優勢與劣勢。

另外，在協商談判中，知識即力量 (knowledge is power)。如果你在協商前，把對方及協商情況弄得一清二楚，那麼你就會有相對優勢（當然對方也是一樣）。對方會盡量猜測你是否在唬人，因此讓對方知道你是說話算話、絕不「膨風」是一個相當重要的協商技術。好的協商者也是好的判斷者。他們有能力判斷在實質上應該要堅持還是讓步，要使用何種協商技術比較有利等。

14.3 組織溝通

組織溝通 (organizational communication) 是指組織內二人（或以上）或團隊內成員之間的資訊交換，以建立瞭解及感受的共同基礎（相互瞭解、建立共識）。

向上溝通 (upward communication) 是指部屬向管理者溝通的形式，此溝通形式可讓管理者更深入的掌握有關公司、部屬及競爭者的資訊。

向下溝通 (downward communication) 是指管理者向部屬溝通的形式，包括公告（發布有關公司營運方針、工作規章及規則等消息）。

水平溝通 (lateral or horizontal communication) 是部門間、同部門內同事間的溝通。

---

❹ James Sebenius, "Six Habits of Merely Effective Negotiations," *Harvard Business Review*, April 2001, pp. 87–95.

一、組織溝通的特殊障礙

由於人與人會有往來，因此人際溝通的障礙（如知覺、語意、非語言溝通、模糊性、防衛性）也會發生在組織溝通上。此外，由於組織的本質（例如組織科層、部門化）使然，組織會有一些特殊的溝通障礙。例如管理者對於職權、任務、政治及認同疆界（identity boundary，個人對於所認同的團體的多寡及範圍，認同的基礎是共有的經驗或信念）的爭取；部屬對於主管的毫不尊重；部屬報喜不報憂等。組織內部門間的政治鬥爭會使這些部門極力封鎖資訊（因為資訊即權力）。

「誰向誰說什麼」（反過來說，誰不向誰說什麼）也能充分的反映組織文化。有些組織文化比較鼓勵溝通。例如在學校某些教授鼓勵同學們發言，進行雙向溝通，有些教授則比較喜歡用傳統式的單向授課方式。我們發現到，有些組織的結構比較接近「有機式」，讓資訊在組織中自由流通。學習型組織比較強調網路式的資訊流通，並極力打破組織疆界，因此學習型組織內的員工可進行垂直式的、水平式的溝通。

管理者應採取適當的方法來剔除溝通障礙。易言之，管理者應改善向上、向下、水平溝通及組織溝通。

二、改善向上溝通

鼓勵向上溝通有許多好處。它可使管理者瞭解部屬是否真的瞭解命令及指示；它可使員工主動表達他們的看法；它可使管理者在做決策時，考慮到部屬的意見；它可使部屬發洩他們的情緒與不滿；它可提升部屬對於決策的接受度及承諾（因為已讓部屬表達意見、提供建議）；它可使部屬有能力應付工作問題，並提高他們的工作承諾；它可讓管理者瞭解部屬對其工作、對管理者及組織的看法。

但是，改善向上溝通並不如想像中的簡單。最困難的部分是有些部屬報喜不報憂，因此壞消息會被隱瞞。被祕而不宣的壞消息通常是重要而急待處理的問題。如何解決部屬知情不報的問題？首先，做管理者的不要一聽到壞消息便勃然大怒，責怪部屬，應心平氣和的解決問題。同時，向部屬保證不會因為聽到壞消息而處罰部屬；知情不報，罪加一等。換句話說，管理者不要具有防衛性、責怪他人、找下臺

階或反應過度。事實上，如果管理者能夠以體恤的態度聆聽部屬的意見，並經常與他們做非正式的接觸，必然能夠聽到部屬真正的聲音。

（一）媒　介

有關向上溝通的媒介有：

⑴聚會。聚會包括部門舉辦的派對、野餐及其他娛樂性活動。在這些場合可以進行非正式的互動、輕鬆的交談。

⑵工會刊物。工會刊物對於員工態度時常會有深入的報導。

⑶績效考評會議。績效考評會議是瞭解部屬意見及工作態度的大好機會。

⑷正式會議。正式的部門會議如能邀請部屬參與，是得到資訊的好來源。

⑸申訴制度。好的申訴制度是部屬發洩心中不滿、不平的好管道。

⑹態度調查。透過態度調查，管理當局就可以瞭解部屬認為工作時間、輪班制度等是否合理。其他如部屬是否覺得主管偏心、是否覺得員工福利餐廳的飲料太貴、伙食太差等，也可透過態度調查來瞭解。

⑺建議制度。例如設立意見箱、提供建議電話、制式表單等。讓員工瞭解：最歡迎他們提供哪方面的意見（如降低成本、改善客戶服務）、建議的實質性（如要提供解決方案）、建議書的處理流程及方式，以及對建議者的獎勵（如建議一旦採行將給予多少獎金）。

⑻間接衡量。曠職、離職率、安全紀錄等是作業階層問題惡化的徵兆。

⑼電子郵件。許多公司（如微軟公司）會鼓勵員工利用電子郵件直接向最高主管表達意見、關心及問題。

（二）正式計畫

許多公司會擬定正式的、完整的計畫來鼓勵向上溝通。例如位於肯得基州雷斯頓市的豐田公司告訴員工:「不要把寶貴的時間浪費在無謂的擔心上……要大膽的說出來。」該公司設立了所謂的「熱線」，每個工人都可利用廠內的熱線電話表達意見，電話號碼會貼在廠內的布告欄上，而電話內容也會被廿四小時錄音，以便做進一步處理。管理當局向員工保證，有關單位會評估所有的建議，及調查所有的申訴

事件,而且過程是不公開的。如果管理當局覺得某項建議對其他的員工也會有幫助,就會把這個建議及管理當局的處理結果貼在布告欄上以供大家閱覽。如果提案的員工希望個別答覆,他可以留下姓名❺。

(三)向上考評

有些公司會採取「由部屬考評主管」這個向上考評 (upward appraisal) 制度,大學的期末評鑑由學生考評教授的教學就是一例。在公司內,員工會被要求對主管的管理行為的各向度做評點,這些向度包括如,「主管會定期督促我改善工作」、「在解決成員間的衝突及爭端上,主管會採取步驟」、「我受到公平對待及尊重」等。

向上考評對於原本就是高績效的管理者不會產生影響,但對於原本就是低績效的管理者會產生警惕作用。至於向上考評是否要回饋(考評結果是否要讓主管知道)似乎並不重要,因為向上考評本身就具有警惕作用,況且管理者對於自己的工作表現以及認為他們在部屬心目中的表現,心中總有個譜。

(四)與上司溝通

管理者最不樂見的就是和上司產生誤會。上司總是希望你(管理者)有具體成果、做出更多的實質貢獻,而且有時候也沒耐心聽你解釋。因此,你要避免不經意的流露出不負責任的態度。例如說「我也是人」、「我已經賣力了」、「我忘了」、「又不是我的錯」、「這不是我的問題」、「做這些好像是應該的」等。同樣的,要避免會產生不良後果的肢體語言,例如畏縮、目光向下看、搶位子、低頭垂肩、無精打采、手放在臉上或嘴上或頸上(這些動作都會顯露焦慮或逃避),以及雙臂交叉於胸前。

三、改善向下溝通

向下溝通包含了各種重要的資訊,例如組織使命、工作指示、工作安排的理由、組織政策及實務、員工考評結果等。組織內發生的大小事情也需要向下溝通。事實上,使組織運作的整體機制,如發布命令、訓練員工、告知員工有關政策、做事方法、組織使命等,都離不開向下溝通。

---

❺ Toyota Motor Manufacturing, USA, *Team-Member Handbook*, February 1988, pp. 52–53.

在今日組織內，以賦能員工所組成的工作團隊更需要上述的資訊。豐田的 Camry 廠及通用汽車的 Saturn 廠，大多是由知識導向的賦能員工所經營。他們非常瞭解及承諾公司的願景及策略。由於這些員工就像工作伙伴一樣，所以比傳統組織需要更多的公司資訊。

像豐田、通用汽車這樣的公司會不遺餘力的讓員工瞭解各種資訊。在豐田公司的 Camry 廠，在各工作點的閉路電視及廣播臺會不斷的播放著有關整個工廠的大小資訊。該公司會在每季舉辦圓桌會議，邀請高階主管及非管理職務的人員參加。公司也發行內部刊物。廠長經常巡視各廠區，聽取問題，提供工廠的績效資訊，並確信所有的團隊成員都能瞭解豐田的目標及未來營運方向。

在通用汽車公司的 Saturn 廠，裝配工人可從廠內的電視網不斷的獲得新資訊。該公司也會在每月舉辦動員大會，鼓勵員工參與。結果是，每位員工對於 Saturn 廠的活動及績效都能瞭若指掌❻。

（一）公開帳簿式管理

有些公司會採取公開帳簿式的管理方式。公開帳簿式管理 (open-book management) 就是開誠布公的、毫不隱瞞的公開帳簿，讓員工將注意力放在如何協助企業的利潤成長、生產力增加、人力資本報酬率增加的關鍵問題上。在公開帳簿式管理下，員工有機會看到各種財務數據，管理當局也會向員工解釋各種數據的來龍去脈，並對改善績效的員工提供實質的獎勵。

公開帳簿式管理的基本觀念，就是將員工視為工作伙伴（而不是供差遣的部屬），以提高信任及承諾。位於克利夫蘭的工業品製造商曼科公司 (Manco) 會以三種方式向員工公開財務資料。每個月，每個部門會收到以公司別、部門別、產品線別、客戶別的四本帳簿（以顏色區分）。在所舉辦的月會中，員工可以進一步瞭解，要再投注多少努力才可以得到獎金。在月會之間，管理者會公布每日業績。員工如果看不懂這些報表，可以免費參加公司舉辦的會計講習❼。

---

❻ Gary Dessler, *Management—Principles and Practices for Tomorrow's Leaders*, 3rd ed. (Upper Saddle River, NJ: Prentice-Hall, 2004), p. 327.

❼ "Employers Profit from Open the Books," *Bureau of National Affairs Bulletin to Management*,

（二）與部屬溝通

在個體層次上，與一、二位部屬進行直接溝通時，要注意幾件事情。保持公平是很重要的。不要表現出非專業的行為讓部屬輕視你，當然這不是你所樂見的。不論如何，你的攻擊性必然會啟動部屬的防衛性機制，結果會造成劍拔弩張、不歡而散。和部屬溝通時，要避免使用「你怎麼不會？連……都會」、「不要再來煩我」、「我不想聽」、「自己不會想啊」、「你根本搞不清楚」、「你最好給我……」這樣的字眼。

在肢體語言方面，要表現出開放性與接納性。要保持目光接觸、微笑，手不要放在臉上或嘴上或頸上，舉止要大方。如果你要表現出支配性的話，要將目光放在部屬的前額上，而不要直接做目光接觸。

四、改善水平溝通

如果你不能和同事融洽相處，就等於步入自生自滅一途。你要依靠他們幫你完成工作，而且你的事業生涯是否順利、每日心情是否平靜，都會受到同儕的影響。因此，聽起來具有挑釁意味的字眼，如荒謬的、差勁的、彆扭的、天定的、死路一條、「你瘋了嗎」這些字眼都應避免使用。在肢體語言方面，要避免搖頭否定、目光閃爍、皺眉頭、叫人閃開的手勢。

有關組織設計的議題上，管理者可用一些方法來促進水平式（部門間）溝通的順暢（有關詳細討論可參考第 8 章中的「結構化協調技術」）。這些方法包括：

⑴指派聯絡者，扮演聯絡者角色。例如指派一個銷售人員在工廠內協調訂單處理事宜。

⑵組成委員會或專案小組。這些成員會定期集會討論及解決共同的問題，使部門間的溝通及協調更為順暢。

⑶利用整合部門來改善部門間的溝通問題。

Vol. 5, September 1999, p. 288.

五、改善組織溝通

在有些組織內，溝通非常順暢，但有些組織卻不然。你向某公司詢問的問題（如詢價）可能在數秒鐘之內就得到答案，這在其他公司可能等上數天之久。

管理者可用許多結構性的方法來改善組織溝通 (organizational communication) 或在整個組織內溝通 (organizationwide communication) 的問題。例如可將正式的、非正式的、電子化網路架在既有的組織結構上，以打破組織疆界的藩籬，促進部門間、層級間、地理區域間的直接溝通。同時，打散職權、任務、認同及政治疆界，也是改善組織溝通的好方法。

然而，單獨結構這個因素並不能解釋為什麼有些組織可做到自由溝通，有些組織卻不能。組織文化也是一個重要的影響因素。有些公司的組織文化非常鼓勵溝通，有些卻不是。有些公司的「不要打草驚蛇、自暴其短」的文化，會使壞消息（通常是重要的消息）被隱瞞。通常，決定資訊是否能自由流通的因素是「非正式組織」，而不是正式組織。有關非正式組織，將於下節討論。

14.4　非正式溝通

績效卓越的、具有高度創新力的組織，通常都會鼓勵非正式溝通。非正式溝通 (informal communication) 就是在正式的指揮鏈以外的溝通。在組織內，非正式溝通的普及可使組織反應靈敏、更具有創新力。

·卓越公司如何鼓勵非正式溝通

在卓越企業內，非正式的、開放式的溝通暢通無比，形成了一個廣大的溝通網路 (communication network)。在這個溝通網路內，溝通是非常密集的，每個人都可以依需要和其他人接觸。而且溝通的形式是非正式的，完全不受層級及部門的影響。這種溝通的特性會產生多重好處，因為密集且非正式的溝通會使員工隨時掌握現狀，產生實際行動，並有助於學習。這些卓越企業的特色有：

1.強調非正式性

非正式性可反映在衣著、開會、溝通方面。例如在迪士尼公司，從總經理到基層員工一律在衣服上別上名字，同仁與主管之間互稱小名。在 3M 公司，許多會議

都是即興的、非正式的，來自各領域的工作人員在像校園般的輕鬆氣氛下自由交談。

2. 溝通非常自由

　　卓越公司會鼓勵員工公開的、直率的挑戰現有的觀念及做法。例如在會議時，可以對問題做自由的、無情的批評，而每個人都可以打斷高階主管的談話。

3. 對非正式溝通提供實質的幫助

　　例如在某高科技公司，所有的工作人員都不在傳統的辦公室內工作，而是在高六呎的無門小隔間內工作，以方便自由溝通及互動。康寧玻璃公司的工程部門只設升降機（不設電梯），以方便員工進行面對面溝通。有些公司的餐廳還刻意把四人桌換掉，改成一個長方形的大飯桌，以方便生人（其他部門的同事）加入討論。黑板、開放式的辦公室都會方便經常性的非正式互動。

（一）遊走管理

　　有些公司會鼓勵管理者走出辦公室，到各部門晃一晃，和他們聊聊天，問問他們的近況，瞭解他們的煩惱，這種管理方式稱為遊走管理 (management by wandering around, MBWA)。值得注意的是，遊走本身並不能使你獲得資訊，在遊走時，溝通技術才是重點。你要仔細的聆聽部屬的意見或問題，把你的看法說清楚、講明白，最重要的是你要以同理心來和他們互動。

（二）謠　言

　　在非正式溝通方面，謠言及小道消息是有效溝通的頭號殺手。謠言是由祕密管道而來，傳播的速度非常快。通常在管理當局正式的宣布一個重大事件前，謠言已是滿天飛。

　　有些謠言是真的，有些是假的。產生謠言的原因是：缺乏資訊、無安全感及衝突。當員工不知道發生了什麼事情時，他們就會胡亂猜測……這樣謠言就產生了。沒有安全感的員工尤其會造謠，因為他們可藉著謠言所造成的人心惶惶來減低自己的焦慮。衝突（尤其是勞方與資方的衝突）更會造成謠言滿天飛，因為每一方都企圖以謠言中傷對方，讓對方處於不利的情況。使謠言不攻自破的方法是，盡快發布消息。要知道，謠言散播得愈廣，相信的人就愈多。

14.5　電子化溝通技術

在今日的企業經營環境下，如果不使用電子化通訊科技，如電子郵件、網際網路，實在很難想像會多麼沒有效率。在電傳通訊（telecommunication，電子化資訊傳遞）科技普及的今日，善用這些科技所帶來的功能，必能增加企業經營的效率及效能。例如李維牛仔褲利用電傳通訊科技將工廠與商店的銷售點處理系統 (point-of-sale processing systems) 連結在一起，並利用電腦分析銷售狀況。管理者可依據這些資料做最佳的製造及存貨規劃。福特汽車公司位於密西根總部的設計師，將電子設計圖直接傳送到義大利的製造廠，然後該廠就可利用數位控制技術，根據此設計圖自動產生泡沫塑膠製作的雛形。

一、視訊會議

視訊會議 (video conferencing) 就是利用電傳通訊科技傳送影像及語音，使得位在不同地點的人可以進行面對面溝通。視訊會議可以省去與會者的舟車之苦，對於會議效率的提升非常有幫助。雖然視訊會議可以節省許多車馬費，但是這不是企業採取視訊會議的主要理由。其主要的理由是「集思廣益、提高決策水平」（因地理距離遙遠的管理者可能藉此理由而不參與決策的制定）。

二、電子郵件

電子郵件 (electronic mail, e-mail) 系統是一個電腦化的資訊系統，它可讓人們以電子化的方式來建立、編輯電子文件，並透過電子化信箱（郵件伺服器）來傳送及接收電子文件。電子布告欄 (electronic bulletin board) 可讓使用者發表對各種主題的意見和看法。

今日有許多企業利用電子郵件來使溝通自動化。例如 Eudora Pro 這套系統可讓公司有效的管理銷售作業。該系統可設定每十分鐘檢查客戶訂單，因此不至於發生遺漏的情況。同時，使用者也可以利用關鍵字來檢索有關資料。

在電子郵件使用得愈來愈普及的今日，有幾件事要特別注意：

⑴電子郵件只適合傳遞一些事實訊息，例如通知開會時間，或是比較簡短的資

訊。如果要傳遞比較複雜的資訊，還是利用傳統的蝸牛文件 (snail mail)、電話或會議比較適當。如果涉及到說服，還是用個人化的人際溝通比較適當。李維牛仔褲在全球設有三十五個分公司，這些分公司是以個人接觸的方式來加速顧客服務。這種方式比用電子郵件來傳遞訊息更有明顯的優勢。

⑵在傳送電子郵件時，要三思而後行。電子郵件一經傳送，便無法收回。這和傳統的蝸牛文件並無顯著不同，但是電子郵件一經傳送，就變成了「公共財」，接受者可以很方便的任意轉寄給其他人。

⑶電子郵件的內容要言簡意賅，切忌長篇大論。

三、工作群體支援系統

電傳通訊也使得工作群體支援系統有如虎添翼之效。工作群體支援系統 (work group support systems)，顧名思義，就是支援工作團體成員，以提升其工作的效率及效能的系統。工作團體成員可能在同一地點工作，也可能在不同地點工作。不論工作地點如何，以下的系統均可幫助成員有效率的完成其工作：

⑴電子訊息傳遞系統 (electronic messaging systems)：例如電子郵件、語音郵件。

⑵電子會議系統 (electronic meeting systems)：例如視訊會議。

⑶非同步會議系統 (asynchronized conferencing systems)：例如電子布告欄。

⑷文件處理系統 (document handling systems)：群體文件管理、儲存及編輯工具。

⑸線上社群 (online communities)：例如網路論壇。團體成員可針對討論網頁上所設計的各種主題，進行互動式討論。

⑹工作流程管理系統 (workflow management systems)：例如專案管理（如微軟公司的 Project 2003）、過程控制、要徑分析（如找出絕對不能延遲的工作等）。

⑺群體決策支援系統 (group decision-support systems)：跨平臺整合群體決策的工具。所謂「跨平臺」是指在任何作業系統（如微軟的視窗作業系統、IBM 的 OS WARP 作業系統）或者任何網路建構下均可使用。

值得特別說明的是群體決策支援系統。群體決策支援系統是一個電腦化的互動

式通訊系統，它可協助決策小組解決非結構化的問題。它可使集結在一起（通常集合於一室）的成員做更有效的、更快速的決策。工作小組成員可利用個人電腦、區域網路及有關軟體工具來做決策、完成專案。這些軟體工具包括：電子化問卷、電子化腦力激盪、構念整合工具（協助成員整合在電子化腦力激盪時所提出的點子）、投票及排定優先次序（對各提案加權、排序）。

群體決策支援系統可以協助工作團體成員剔除決策障礙。這些決策障礙在傳統的面對面溝通會議中尤其常見。例如在傳統會議中，一個跋扈的人會主宰眾人的意見，形成一言堂。但是在群體決策支援系統的環境下，這種現象極不可能發生，因為所有的腦力激盪、構想的排列、投票等作業，都是由電子化的程式所控制。同時，群體盲思（見第 6 章）的現象也不可能發生。

工作團隊成員也可利用其他的系統來加速工作的完成。

⑴合作式撰寫系統 (collaborative writing system)：可讓團隊成員在網路環境下撰寫長報告（如計畫書）。每位成員可分工完成報告，在撰寫時可以查閱其他成員所撰寫的部分，並做必要的修改（當然是改正自己所寫的部分），以求報告的一致性。

⑵群體排程系統 (group scheduling system)：可提供共享式的排程資料庫，每位成員可將自己的每日排程輸入電腦，此系統就會根據每人的排程做最佳規劃，排出適合開會的時間。

⑶工作流程自動化系統 (workflow automation system)：是在既有的電子郵件系統上加上自動化的文書流程功能。例如某個計畫書要五位主管的簽名，此系統就可以電子化的方式將此文件傳送到這些主管的信箱中。

四、電子通勤

在今日的工作環境下，許多工作者已經不再過朝九晚五的上班族生活，而是在家裡完成工作。工作完成之後，將結果（如電子化文書、美工設計圖）透過網路傳送到公司。電子通勤 (telecommuting) 就是以電腦及網路來取代上班通勤。

電子通勤者有三種類型：

⑴第一類的電子通勤者工作室只有創業家一人，此創業家的工作地點並不是在

工作室，而是在其他地方工作（例如在咖啡室撰寫劇本）或在客戶公司工作（例如在客戶公司發展電腦應用程式）。

⑵第二類的電子通勤者為數最多，包括專業人員、高科技人員等。他們的工作需要獨立思考及行動。這些人員（例如電腦程式設計師、地區銷售人員、教科書編輯人員、研究專員等）通常大多數的時間在家工作，偶爾才去公司晃晃，開個會什麼的。

⑶第三類的電子通勤者在家從事例行性工作或容易掌控的工作，如電腦資料輸入、電腦打字等。

五、網內網路

網內網路又稱企業內網路，就是利用網際網路的技術在企業內部建立專屬網路，以協助內部人員（或商業伙伴）檢索有關資料，進行有效溝通。組織建立網內網路可以使員工很方便的檢索公司的資料庫；可讓員工有效使用網路資源；可以發布電子文件、提供論壇並提供線上訓練等。目前適合運用在網內網路的項目有：企業通訊、產品研發、行銷與銷售、人力資源管理、教育訓練、客戶服務、資訊管理、財務會計等。

· 內部資料庫與 Web 的連結❽

使用者透過全球資訊網 (world wide web, www) 來存取資料的情形是一個重要的應用趨勢 。 例如使用者可利用其瀏覽器軟體 (browser) 透過 Web 來檢索某零售商有關價格、產品的訊息，又如訪客留言、新聞討論群組、電子郵件、電子賀卡、線上投票、線上問卷調查、會員管理、聊天室、線上購物、線上考試、搜尋引擎、FTP檔案上傳等應用。使用者可以在其客戶端上的 PC，利用瀏覽器軟體來檢索此零售商在 Web 網站上的資料。網頁設計人員在使用 HTML（Hyper Text Markup Language，超文字標示語言）與 Web 伺服器溝通之後，使用者就可利用其瀏覽器存取組織內部的資料庫資料。 由於後端資料庫並不能解譯 HTML 指令，所以 Web 伺服器會將這些 HTML 指令（用 HTML 所寫的查詢資料的要求） 傳給能夠解譯 HTML 指令成為

---

❽　如對此段的技術說明不甚瞭解，可以僅作參考。只要注意其應用面即可。

SQL 的特殊軟體，以便資料庫管理系統 (DBMS) 來處理。在伺服器／客戶端的環境下，DBMS 會安置在一個稱為資料庫伺服器 (database server) 的特定電腦上。DBMS 在接受到 SQL 之後，就會加以處理，並將處理後的資料顯示在使用者的瀏覽器上。

在 Web 伺服器與 DBMS 之間工作的軟體可能是應用程式伺服器、制式程式 (custom programs) 等，如圖 14–2 所示。應用程式伺服器 (application server) 是處理在使用者瀏覽器與公司後端資料庫之間的所有應用作業的軟體，這些應用作業包括：交易處理、資料檢索等。

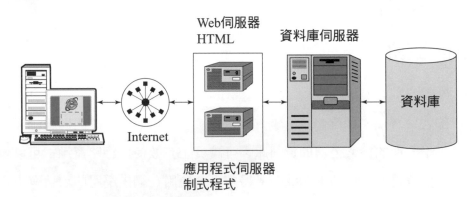

來源：修正自 Kenneth C. Laudon and Jane P. Laudon, *Essentials of Management Information Systems*, 5th ed. (Upper Saddle River, NJ: Prentice Hall, 2003), p. 239.

▲ 圖 14–2　連結內部資料庫與 Web

應用程式伺服器從 Web 伺服器接受到要求之後，就會依據這些要求來處理，並連結組織的後端系統或者資料庫。公共網關接口 (common gateway interface, CGI) 是在 Web 伺服器與程式之間接收及傳送資料的規格。CGI 程式可以用若干個程式語言來撰寫，如 C、Perl、Java、ASP (active server pages)❾。

利用 Web 來檢索組織內部的資料庫有很多優點。Web 瀏覽器非常容易使用，幾乎不需要任何訓練，因此所需要的訓練比以前具有親和力的查詢工具少許多。使用 Web 介面不需要對內部資料庫做任何改變。企業在重新設計、重新建構一套能夠讓遠端的使用者很方便的檢索資料庫的新系統，必然會花費大量的時間和金錢；而如果在傳統系統的前端加上 Web 介面的話，必然會節省大量的時間和金錢。

---

❾　讀者如有興趣瞭解 ASP 的撰寫，可參考：王國榮，《ASP.NET 網頁製作範本》（臺北：旗標出版公司，2003）。

透過 Web 來檢索公司的資料庫不僅提升了效率、創造了無窮的機會，甚至在某些方面改變了企業經營的方式。有些企業利用 Web 技術讓公司員工及商業夥伴很有效率的檢索公司的資料（如員工要瞭解庫存資料、報價資料；客戶要瞭解工作進度等）；也有些企業專門替客戶設計及建制整套系統；有些工作室提供教學課程、教學書籍等。

六、虛擬社群

許多企業藉著建立網際網路式的虛擬社群 (internet-based virtual communities) 來刻意模糊成員之間、企業與顧客及供應商之間的界限。洛克希德公司之所以贏得 3 億美元的海軍艦艇合約要拜其所建立的虛擬社群所賜。該公司利用私有網路透過網際網路與二家主要的艦艇製造商以及二百家供應商連結。這個以網際網路為基礎的專屬網路（私有網路）可以使得設計、專案管理、甚至財務資料在成員之間進行安全而有效的流通，所需要的資料只要在專屬網頁上點選就可以了。結果，洛克希得得標，最重要的，該公司所花費的時間是以前的三分之一，而其所花費的成本僅是以前的一半。

由於網際網路式的虛擬社群的應用潛力無可限量，許多軟體設計公司也紛紛投入發展應用系統的行列。Tribal Voice 就是一個典型的例子。Tribal Voice 的功能有：立即訊息傳送（此訊息可顯示在接受者的電腦桌面上）、客戶追蹤（可追蹤經常在線上互動的客戶）、白板系統（可交換繪圖）、漫遊（在與對方交談或舉行電子會議時，可控制其瀏覽器到你所指定的網址上）。Tribal Voice 在提升企業經營的效率及效能上，著實是一個有力的工具。

七、企業入口

許多網友會利用雅虎 (Yahoo!) 這個入口網站來遨遊網海。企業是否可以如法炮製建立一套企業入口 (business portal)？

企業入口是企業進入網際網路的一扇窗，但是與一般入口不同的是，企業入口是基於企業本身的目的，來檢索網際網路上的資訊。透過企業入口，各類人員（如秘書，工程師、股東等）就可以使用公司內部發展的程式，獲得分析公司內外資料

的工具，查閱客製化的資訊內容（如產業刊物、競爭者資料等）。例如行銷人員可利用企業入口來檢索有關銷售趨勢、市場分析及競爭者資料。

　　由於企業入口在應用上的前途無量，許多企業也紛紛投入應用系統的發展。例如網景（Netspace，現為美國線上／時代華納的一個事業部）已發展出一套企業入口系統，銷售給聯邦快遞。特殊應用的企業入口系統，也如兩後春筍般的湧現。例如「福利入口」可讓員工更新其福利累積點數；「訓練入口」可使員工做線上學習（技術訓練或修習課程）。企業入口可讓員工專注於與其工作有關的資訊，並幫助員工整理、瞭解有關資訊。如果溝通是「建立瞭解及感受的共同基礎，以便於資訊的交換」，則企業入口將是明日商業世界的主流。

本章習題

一、複習題

1. 試替溝通下一個簡單的定義。又溝通有何重要？

2. 簡述溝通不良會產生什麼結果。

3. 溝通具有哪五個主要的部分？

4. 溝通過程中的任何環節出了問題，就會造成有效溝通的障礙。試舉例說明。

5. 試簡要說明人際溝通與組織溝通的不同。

6. 人際溝通有什麼障礙？試扼要說明。

7. 人為什麼會有選擇性知覺？選擇性知覺對個人有什麼好處、壞處？

8. 試舉例說明：(1)不同的人對同樣的語言（或文字）會有不同的解讀；(2)同一個人在不同的時間對於同樣的語言有不同的解讀。

9. 你也許常做非語言溝通，你也常看到別人做非語言溝通。試說明以下一些非語言溝通所代表的意思：
   (1) 搔頭→＿＿＿＿＿＿
   (2) 咬嘴唇→＿＿＿＿＿＿
   (3) 搔後腦勺或後頸部→＿＿＿＿＿＿
   (4) 收緊下顎→＿＿＿＿＿＿
   (5) 避免目光接觸（目光閃爍）→＿＿＿＿＿＿
   (6) 凝視→＿＿＿＿＿＿
   (7) 手臂交叉胸前→＿＿＿＿＿＿
   (8) 扭頭→＿＿＿＿＿＿
   (9) 軟弱無力的握手→＿＿＿＿＿＿
   (10) 嘆氣→＿＿＿＿＿＿

10. 模糊的訊息容易被扭曲。模糊有哪三種情況？

11. 個人為什麼會採取防衛性行動？

12. 有效的管理者若瞭解防衛性機制在人際關係中是一個普遍現象，對其管理有何幫助？

13. 如何才能夠做一個好的傾聽者？

14. 如何做到清楚的文字表達？

15. 如何避免觸動到溝通對方的防衛機制？

16. 何以說在日常生活的溝通中，要對方複誦或提問，是獲得有效溝通的最直接方法？

17. 在說服別人時，我們常會犯下哪些錯誤？

18. 要具有說服力，必須遵循哪些原則？

19. 在協商時，常犯的錯誤有哪些？

20. 有經驗的協商者也會利用一些技巧來改善協商效果。槓桿作用是其一。試解釋槓桿作用。

21. 試說明在協商談判中，知識即力量。

22. 組織溝通有哪些類型？

23. 試說明組織溝通的特殊障礙。

24. 鼓勵向上溝通有什麼好處？

25. 改善向上溝通並不如想像中的簡單。最困難的部分是什麼？

26. 有關向上溝通的媒介有哪些？

27. 許多公司會擬定正式的、完整的計畫來鼓勵向上溝通。試舉例說明。

28. 何謂向上考評？

29. 向上考評對於管理者的績效有何影響？

30. 如何與上司進行良好的溝通？

31. 向下溝通包括哪些？

32. 試說明豐田的 Camry 廠及通用汽車的 Saturn 廠在向下溝通上所做到的情形。

33. 何謂公開帳簿式管理？其基本觀念是什麼？實施公開帳簿式管理有什麼好處？

34. 如何與部屬溝通？

35. 何謂水平溝通？

36. 有關組織設計的議題上，管理者可用一些方法來促進水平式（部門間）溝通的順暢。這些方法包括哪些？

37. 何以在有些組織內，溝通非常順暢，但有些組織卻不然？

38. 何謂非正式溝通？

39. 卓越公司如何鼓勵非正式溝通？

40. 何謂遊走管理？

41. 遊走本身並不能使你獲得資訊，在遊走時，溝通技術才是重點，因此你（管理者）應該如何？

42.產生謠言的原因是什麼？

43.試扼要說明在今日的企業經營環境下，電子化溝通技術的重要性。

44.何謂視訊會議？企業使用視訊會議的主要理由是什麼？

45.何謂電子郵件系統？何謂電子布告欄？

46.在電子郵件使用得愈來愈普及的今日，有哪些事要特別注意？

47.何謂工作群體支援系統？有哪些系統可幫助工作團體成員有效率的完成其工作？

48.何謂群體決策支援系統？

49.何以說群體決策支援系統可以協助工作團體成員剔除決策障礙？

50.工作團隊成員也可利用哪些系統來加速工作的完成？

51.何謂電子通勤？

52.電子通勤者有哪三種類型？

53.試說明網內網路的功用。

54.使用者透過全球資訊網來存取資料的情形是一個重要的應用趨勢。試舉例說明。

55.企業建立網際網路式的虛擬社群有什麼好處？

56.何謂企業入口？建立企業入口有什麼好處？

二、討論題

1.試舉例說明溝通不良所造成的結果可大可小，小到引人發噱，大則萬劫不復。

2.喜歡插話的人其心態是什麼？

3.如果把你的意見或看法清楚的表達，有時候容易得罪人，因此有許多人講話總是模稜兩可，讓你猜不出他的本意。試提出你的看法。

4.由於文化不同，人們的非語言溝通也不會相同。試說明在不同文化下的肢體語言所代表的意義。

5.你認為「謠言止於智者」這種說法合理嗎？為什麼？

6.試參考有關書籍（如計算機概論、管理資訊系統），盡量解釋「內部資料庫與 Web 的連結」這節的技術部分。

7.你覺得電子通勤在臺灣會愈來愈普及嗎？為什麼？

第 6 篇

控制程序

第 15 章　控制與品管

第 15 章
控制與品管

本章重點

1. 控制的本質
2. 控制的過程
3. 作業控制
4. 財務控制
5. 結構控制
6. 策略控制

7. 控制的管理
8. 控制的權變因素
9. 文化差異與控制
10. 控制的當代議題
11. 組織全面的品管

15.1　控制的本質

　　管理功能中最後的一個部分就是對工作活動的績效作評估及控制。控制 (control) 是跟隨著規劃而來的❶，它可使管理者確信是否達成了目標。規劃涉及到目標、策略及方案的擬定，而控制涉及到實際績效與預期績效（目標）的比較，並提供回饋以使管理者採取矯正的活動。

一、控制的目的

　　控制具有以下的目的：

1.提供組織因應改變的方法

　　在動盪不安、詭譎多變的環境下，所有的組織都必須有改變的準備及措施。如果管理者能夠立即實現所設定的目標，那麼控制就無用武之地。但是從目標設定到目標實現這中間，不僅有一段時間而且也會受到許多事件的干擾，因此在這個荊棘滿布、困難重重的通往目標之路上，一個設計良好的控制系統，可以幫助管理者預測、監控及因應環境的變化。

---

❶　有些學者將規劃與控制稱為是連體嬰 (siamese twins)。

2.減少重複錯誤

小錯誤、小失誤不會對組織的財務健全造成嚴重的傷害，但是小錯誤如果不加以立即矯正，會聚沙成塔，等到逐漸累積後會使組織積重難返，造成很大的殺傷力。控制機制可以揭露早期的小錯誤或是累積的錯誤，以讓管理者能夠立即採取矯正之道。

3.累積經驗，應付複雜情況

如果組織只採購一種原料，生產一種產品，具有簡單的組織設計，產品的市場需求相當穩定，則組織利用很單純的系統來進行控制就可以了。但如果此組織逐漸擴大，必須採購多種原料，生產多種產品，建立複雜的組織設計，而其產品的市場需求又相當不穩定，則此組織必須利用很複雜的系統來進行控制。重要的是，組織的早期控制經驗可以協助日後建立複雜的控制系統以應付複雜的環境。

4.減低成本

如果運作有效的話，控制可以協助降低成本、增加產量。

二、控制的重要

為什麼控制這麼重要？管理者在擬定計畫、設計組織結構、透過有效的領導來激勵員工，企圖有效的達成組織目標之後，還不能保證這些活動的執行會與當初所預期的一樣，也不能保證必定達成目標。控制是管理功能中最後一個環節，透過控制，管理者才可知道目標是否達成，以及如果未能達成，其原因是什麼。

控制有二個最特定的價值：

1.與規劃的密切關係

設立目標是規劃的基礎。目標可向管理者提供特定的方向。然而，只是設定目標並讓員工接受此目標，並不能保證採取了達成目標的必要活動。俗語說：「天不從人願」(The lest-laid plan often go away.)。有效的管理必須要有追蹤的動作，以確信該進行的工作皆已如期進行，所設定的目標也如預期般達成。在實務上，管理是一個持續的過程，控制的功能就是向規劃提供了一個關鍵性的連結。如果管理者不能做好控制，他就無從知道目標是否達成，以及應採取什麼行動。

2.對於活動的授權

控制之所以如此重要的另一個原因，是因為有了控制，管理者就可以充分授權，並使員工賦能得以實現。許多管理者不願意授權或讓員工賦能，是因為管理者害怕部屬會做錯事情（部屬在做錯事情時，主管仍應負責）。就因為如此，管理者會統攬大小事情，避免授權或員工賦能。如果管理者可發展出一套有效的控制系統的話，他就會更願意授權，因為控制系統可以回饋員工績效的資訊，以便讓管理者有效的掌控部屬的活動，若有偏差亦能即時採取矯正行動。

三、控制的種類

我們可分別以控制範圍及控制層次來說明。

（一）控制範圍

在組織內的各領域都可以進行控制。這些領域範圍包括：實體、人員、資訊及財務資源。

(1)實體資源的控制包括：存貨管理（存貨是否有不足或過多的現象）、品質管制（維持適當的輸出品質水準）、設備控制（提供必要的設施及機具）。

(2)人力資源控制包括：人員的遴選及安置、訓練及發展、薪資制度及績效考評。

(3)資訊資源控制包括：銷售與行銷預測、環境分析、公共關係、生產排程，及經濟預測等。

(4)財務資源控制包括：資產負債管理、現金管理、應收帳款管理等。

在許多方面，財務資源控制是最重要的，因為財務資源控制與其他種類的控制息息相關。存貨過多會造成倉儲成本的增加；人員遴選不當（選用了不該用的人）會衍生遣散費及重新招募的費用；錯誤的銷售預測會影響現金流量。以上和控制有關的各種活動都和財務扯上關係。

（二）控制層次

控制可依照組織層次加以區分，如圖 15–1 所示。

1. 作業控制 (operational control)

著重於組織將資源轉換為產品或服務的過程。品質管制就是典型的作業控制。

2. 財務控制 (financial control)

涉及到組織的財務資源，例如應收帳款的控制就屬於財務控制。

3. 結構控制 (structural control)

涉及到組織結構有無發揮其功能。掌控行政比率 (administrative ratio) 以確信幕僚人員不會過多就是一種結構控制。

4. 策略控制 (strategic control)

著重於總公司、事業單位、功能策略的有效運用以確保目標的達成。例如如果組織在中心式多角化（往相關行業的多角化）方面不成功，管理者就必須認明原因所在，並改變策略或調整實施方式。

來源：本書作者整理。

▲ 圖 15–1　控制層次

15.2　控制的過程

不論是何種控制的類型，都必須歷經控制過程的四個基本步驟。這四個步驟是：(1)建立標準；(2)衡量績效；(3)比較實際績效與標準；(4)決定是否需要採取矯正行動，如圖 15–2 所示❷。

---

❷　E. E. Lawler III and J. G. Rhode, *Information and Control in Organizations* (Pacific Palisades,

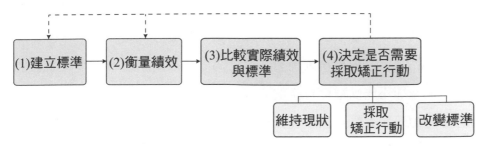

來源：E. E. Lawler III and J. G. Rhode, *Information and Control in Organizations* (Pacific Palisades, CA: Goodyear, 1976).

▲ 圖 15–2　控制過程的步驟

一、建立標準

控制過程的第一步驟就是建立標準 (establish standards)。控制標準 (control standards) 就是日後要將實際績效加以比較的標的。例如塔可鐘速食店對員工所建立的服務標準是：⑴在顧客光臨時，至少有 95% 的顧客要在三分鐘之內受到招呼；⑵放在油鍋內的馬鈴薯片不得超過三十分鐘；⑶顧客在離開之後，其餐桌必須在五分鐘之內清理完畢。

為了達成控制目的所建立的標準必須是可衡量的。如上述的「標準三分鐘的時間限制」及「95% 以上的顧客」的客觀標準。

控制標準必須要符合組織目標。塔可鐘的組織目標是顧客服務、食物品質及餐廳整潔。因此其服務標準就必須根據組織的這些目標來訂定。

建立標準的一個重點就是確認績效指標 (performance indicator)。績效指標能夠對控制的標的提供直接的資訊，以便進行績效的衡量。例如某公司要在緊迫的時間內建立新廠，其相關的績效指標是購買土地、選擇承包商、採購設備等。每月銷售量的增加就不是相關的績效指標。但如果控制的標的是利潤的話，每月銷售量的增加就是相關的績效指標，而購買土地建立新廠就不是相關的績效指標。

二、衡量績效

控制過程的第二個步驟就是衡量績效 (measure performance)。績效的衡量是一

CA: Goodyear, 1976).

個例行性的、持續性的活動。控制要有效能的話，績效衡量必須要有效度。日別、週別、月別的銷售量數據在衡量銷售績效上是有效度的；而生產與製造績效可以用單位成本、產品品質、生產量來衡量。員工績效通常以產出的品質及數量來衡量，但是有許多工作卻不能以這麼直接的方式來衡量。

軟體公司的研發人員，在研究成果有所突破之前，在某個專案的鑽研上已經耗上數年的光景。接管一個瀕臨破產企業的管理者必須經年累月才能讓它起死回生。要衡量上述的研發人員、管理者的績效並不容易。雖然不容易，但是還是可以找到一些合理的代替性指標。例如研發人員的績效可由同儕考評中獲得，而上述管理者的績效可以從他對債權人的說服力（如說服債權人不要緊抽銀根、公司在明年必能轉虧為盈等）這方面來評估。

三、比較實際績效與標準

控制過程的第三個步驟就是比較實際績效與標準。實際績效可能會高於、低於或平於標準。在某些情況下，進行這種比較是相當容易的事。奇異公司對每個產品經理所設定的目標是：在市場中的績效（以總銷售量來衡量）不是第一就是第二。由於這個標準非常清楚，而總銷售量又很容易計算，因此要決定是否達成標準是相對單純的事。然而，在某些情況下，進行比較並不見得那麼「清爽」。

此外，進行比較時也要考慮時間幅度。時間幅度的長短決定於所要控制標的的重要性及複雜性。對長期的、複雜性的標準而言，做比較的時間以每年為基礎比較適當。在某些情況下，進行比較幾乎是每日必做的事情。例如現金短缺的企業必須每日操控其可支配的現金數目。

四、決定是否需要採取矯正行動

控制過程的最後一個步驟就是決定是否需要採取矯正行動。決定是否需要採取矯正行動端賴於管理的分析及診斷的技術。在比較實際績效與標準之後，管理者可採取的三個適當行動是：維持現狀 (status quo)、採取矯正行動、改變標準。當實際績效與標準接近時，維持現狀是適當的方式。但是這裡所謂的「接近」，應事先界定清楚。例如若先前界定的標準是「提高銷售量 10%」，但實際績效是「銷售量增加

了 9.8%」，這樣的話夠「接近」嗎？是否還是要維持現狀？

　　有時候實際績效會超過預期的標準，這種情況也會對企業造成問題。例如當克萊斯勒推出其暢銷車款 PT Cruiser 時，曾經造成空前的轟動，消費者大排長龍，有些人甚至願意出高價搶先獲得。克萊斯勒的管理者為了是否要擴充產能以應這個意外的龐大需求而大傷腦筋。最後，管理當局研判這可能是一窩蜂的短暫現象，決定不擴充產能。

　　如果標準太高或太低，改變標準是有必要的。如果每位員工的績效都超出標準很多，或者沒有任何一位員工可達到標準，則必須提高或降低標準。值得注意的是，有時標準在當初設定時似乎是適當的，但事過境遷之後，可能已經不合時宜，此時就有調整標準的必要。

15.3 作業控制

　　在多數組織所採取的四種控制層次中，作業控制是其中的一項。作業控制涉及到組織將資源轉換成產品或服務的過程。如圖 15–3 所示，作業控制包括了三種形式：(1)事前控制 (preliminary control)；(2)事中控制 (concurrent control)；(3)事後控制 (postaction control)。

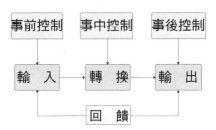

來源：Gareth R. Jones and Jennifer M. George, *Control, Change and Entrepreneurship, Essentials of Contemporary Management*, 5th ed. (New York, N.Y.: The McGraw-Hill Co., 2012), p. 253.

▲ 圖 15–3　作業控制的形式

一、事前控制

事前控制又稱為前饋控制 (feedforward control)，著重於組織從環境中所導入的資源上，這些資源包括：人力、物料、財務及資訊資源。事前控制的目的，就是對資源的品質與數量在事先做好「把關」的工作，所謂「防患於未然」就是這個意思。

企業組織是一個開放系統，必然會與外界的環境互動。在互動的過程中，企業組織藉著人力、物料、財務及資訊資源的輸入，經過處理運作之後，以產品或服務的型態，輸出於環境之中。資源輸入的品質亦不免有良莠不齊情形，組織的界限防守單位（如人事部門、採購部門、驗收部門）的功能即在於將不良的輸入（如不良的人員、有瑕疵的材料）摒棄於組織之外，否則這些不良的輸入一旦混入組織之內，必然會產生不良的運作及輸出。

例如百事可樂公司使用嚴格的甄選標準來僱用高品質的大學畢業生。這樣的話，它就可以控制進入組織的人力資源的品質。當希爾斯百貨公司訂購原料以製造其品牌產品時，會對各種物料進行嚴格的品管。優比速快遞公司限制外部人士購買其股票──這就是對財務資源的控制。有些電視公司在播報新聞前，會驗證資訊來源的可靠性及資訊的真實性──這就是對資訊資源的控制。

二、事中控制

事中控制又稱為同時控制 (concurrent control) 或篩選控制 (screening control)。事中控制著重於在實際的轉換過程中，是否能符合產品或服務的品質及數量標準。例如在康柏電腦工廠中，在每一個電腦組件的裝配過程中，都必須做定期的檢驗，以確信各組件在裝配線上的任何一點都是無瑕疵的。定期品質檢驗的結果會回饋給工作者，以便讓他們及時的採取矯正的行動（如果有必要的話）。

事中控制可鼓勵員工參與，而且也是在整個轉換過程中及早發現問題的有利工具。例如康寧製玻公司在製造電視螢幕時，便徹底的採用事中控制。在過去，電視螢幕的品質在製成之後才進行品檢，這種做法使它的不良率達到 4% 之高，但是在採取了事中控制（也就是在製造過程的每一個階段進行檢驗，而不是在完成時）之後，不良率降低到 0.03%。

如前所述，事中控制又稱為同時控制，也就是管理者在工作場合中指揮 (direct) 其部屬如何採取適當的方法及程序，以及監督部屬以確信工作能夠適當的完成。在球賽進行中，教練在場邊不斷的指揮球員如何防守、如何進攻等，就是同時控制的例子。指揮的程度要看組織階層而異，例如基層管理者（如裝配線的組長）所發揮指揮的功能較少，因為其所屬作業人員只需依照工作規範做事即可。指揮的程度也要看工作的特性，例如研發部門經理必須花很多時間在指揮上，因為研發工作本身是既複雜又具多樣性的。除此之外，尚有若干因素影響指揮的形成。譬如說，由於指揮基本上是個人溝通過程，因此資訊的數量及清晰度便是重要因素，部屬必須接受到明確的資訊才能去完成工作。值得注意的是，太多瑣碎的資訊反而無濟於事。如何知道指揮是否有效？我們只要看溝通（下命令）是否有效就可以了。命令必須合理、清晰表達，並符合組織的整體目標。在傳達命令時，主管的態度（如民主或獨裁式的）也與指揮的有效性息息相關。

三、事後控制

事後控制又稱為回饋控制 (feedback control)。事後控制著重於轉換過程之後的產品或結果。前述的康寧公司的舊制度就是事後控制，也就是在產品製成之後才做最後的檢驗。值得一提的是，並不是說事後控制不重要，而是如果忽略了事中控制而只做事後控制是不適當的。事後控制可向管理者提供有關未來規劃的資訊，也可以用來作為獎勵員工的基礎。

許多組織會使用一種以上的控制方式。例如本田汽車公司的事前控制包括：僱用高品質的員工，利用嚴格的品管制度。本田汽車也利用事中控制來檢驗汽車裝配線上每一點的品質。最終的檢驗及試車就是它的事後控制。事實上，許多卓越的公司都會使用各種適當的控制工具，以使得作業控制進行得更為順遂。

15.4 財務控制

財務控制 (financial control) 就是控制財務資源的流入（如利潤、股東投資）、財務資源的保有（如營運資金、保留盈餘）以及財務的流出（如費用的支付）。企業必須做好財務管理才能夠使得收入大於費用，以獲得最大化的利潤。

管理者可利用許多特定的工具來建立傳統控制系統 (traditional control systems)。例如預算控制以及財務分析。

一、預算控制

預算 (budget) 是計畫的正式財務表示 (formal financial expression)。預算可表示出目標的數據，例如材料成本、支出及利潤等，通常以金額來表示。建立預算只是控制過程中標準程序的一部分，管理者還要衡量績效，並將實際績效與預算標準做比較，然後採取必要的矯正行動。

由於預算具有數量化的特性，所以就可以用來做部門間、各層級間、各不同時點間的績效比較。預算有四個基本的目的：(1)預算可協助管理者協調各種資源及專案活動（因為預算具有公分母，那就是「元」）；(2)預算可以界定控制的標準；(3)預算可提供資源使用的方針；(4)預算可使組織評估管理者及組織單位的績效。

（一）預算的類別

大多數的組織會擬定三種不同的預算：財務預算 (financial budget)、作業預算 (operating budget) 以及非貨幣預算 (non-monetary budget)，如表 15–1 所示。

▼ 表 15–1　預算的類別

預算種類	預算所顯示的資料
1.財務預算	現金的來源及使用
現金流量或現金預算	月別、週別、日別的現金收入的所有來源及現金支出
資本支出預算	主要資產（如新廠、機具、土地）的成本
資產負債預算	在所有預算都達成的情況下，對組織的資產及負債的預測
2.作業預算	以財務的方式來表示所計畫的作業
銷售或收益預算	在正常營運下，組織期望獲得的收入
費用預算	在未來某段期間內，組織預計的支出
利潤預算	收益（或銷售）與費用的預期差異
3.非貨幣預算	以非貨幣方式來表示所計畫的作業
勞工預算	可使用的直接人工工時數
空間預算	可用於各種用途的空間（以平方公里、平方公尺表示）
生產預算	在未來某段時間內，所產生的單位數量

來源：Economy Watch, "Types of Budget," June 30, 2010.

1.財務預算

顯示在未來某段時間內組織預期的現金收入及計畫如何使用的方式。由於財務資源對組織而言非常重要，所以組織必須瞭解這些資源來自何處以及如何使用。財務預算替這個問題提出了解答。現金的來源通常有：銷售收益、短期及長期融資、出售資產及發放股票。

2.作業預算

涉及到組織內部所計畫的作業。它描繪出組織意圖創造的產品／服務的數量以及要使用哪些資源來創造。例如 IBM 的作業預算是每季要推出哪幾款個人電腦，以及需要哪些資源。

3.非貨幣預算

是以非財務方式來表示預算，例如產出數量、直接人工工時數、機器小時，有多少平方公尺的空間分配。試考慮下列何種情況對於工廠廠長比較容易做有效的工作安排：知道有多少個人工工時可資運用？知道有多少工資可資運用？當然是前者。非貨幣預算常用於組織基層。

（二）預算的優缺點

1.優　點

⑴預算可促使有效控制的進行。將作業賦予金錢價值可使管理者更有效的監督作業，並點出問題的所在。

⑵預算可促進部門間的溝通與協調，因為預算可以金錢來表示各種不同的活動。

⑶預算可以保留組織的績效記錄。

⑷預算是規劃的輔助工具，因為當管理者在擬定計畫時，他就要同時考慮到費用支出的問題。

⑸組織可利用預算來連結規劃與控制；在擬定計畫時包含預算的編列，然後再以所編列的預算作為控制的機制。

2.缺　點

⑴管理者在運用預算時太過於僵化。預算是一個「參考架構」，但許多管理者未能察覺到在環境變化時，預算也應跟著調整的必要性。

(2)在編製預算時費時費力。

(3)預算會阻礙組織變革與創新。如果在期初已編好預算，但在期中時發現到好的商機，此時不太可能會追加預算。就因為這些缺點，許多組織，如全錄、3M、德州儀器公司均紛紛的淡化預算在財務控制中所扮演的角色。

二、財務分析

　　在進行財務分析前，我們應對財務報表有基本的認識。財務報表 (financial statements) 是組織財務狀況的輪廓。財務報表的編製及呈現都有一定的準則和方法。在組織所編製的各種財務報表中，以資產負債表 (balance sheet)、綜合損益表 (income statement) 以及現金流量表 (cash flow statement) 最為普遍。資產負債表及綜合損益表的數據可用來做比率分析。資產負債表是說明一企業某一特定日期的財務狀況的報表。由資產負債表的情形可以判斷企業的償債能力。綜合損益表是說明一企業在某一期間（如一年或一個月）經營成果的財務報表。現金流量表說明某一期間企業營業、投資及融資活動造成現金變動情形的報表。

　　財務報表編製的目的，在提供財務狀況及經營成果，以供外界使用人士（如股東、員工、潛在投資者、債權人等）的參考❸。一般而言，股東所關心的是企業的獲利能力；員工所關心的是企業能否繼續經營；債權人所關心的是企業的償債能力。綜合這些人所關心的不外乎企業的獲利能力與償債能力。這些資料可以由損益表、保留盈餘表及資產負債表中獲得。但是如果我們僅由上述的報表中所列的金額，無法迅速的瞭解獲利能力及償債能力的高低。因此，如果能夠將上述報表中各有關的項目加以比較，就會更容易瞭解。財務分析就是將企業的財務報表加以分析，以迅速瞭解企業的財務狀況與經營成果的方法。

（一）方　法

　　財務分析所使用的方法主要有二種：

---

❸　有關財務分析的詳細討論，可參考：吳嘉勳，《會計學》，九版（臺北：華泰文化事業公司，2012）。

1. 橫向分析 (horizontal analysis)

是指分析連續多期財務報表間各項目的變化，或比較前後期間各種項目的增減。

2. 縱向分析 (vertical analysis)

是指分析組成財務報表的各項目間對於全體的關係，或者彼此之間的關係。

（二）種　類

我們可利用適當的財務報表中所呈現的數據，對企業的償債能力、經營能力、財務結構、獲利能力以及現金流量進行分析。

15.5 結構控制

組織有兩個主要的結構控制形式：機械式控制 (mechanistic control) 及有機式控制 (organic control)。機械式控制又稱為科層控制 (bureaucratic control)；有機式控制又稱為自我控制 (clan control)。機械式控制與有機式控制的差別如表 15–2 所示❹。

▼ 表 15–2　機械式控制與有機式控制的差別

機械式控制	向　度	有機式控制
員工順從	← 控制的目的 →	員工承諾
嚴密的規則		群體規範
正式控制	← 正式化程度 →	文化
僵固的層級制度		自我控制
達到最低的可接受水準	← 對績效的期望 →	超過最低的績效水準
高亢式組織	← 組織設計 →	扁平式組織
由上而下的影響		共同影響
以個人績效為基礎	← 報酬制度 →	以群體績效為基礎
有限的、正式的	← 參　與 →	廣泛的、非正式的

來源：T. Burns & G. M. Stalker, "Mechanistic vs. Organic Organizational Structure (Contingency Theory)."

---

❹　T. Burns & G. M. Stalker, "Mechanistic vs. Organic Organizational Structure (Contingency Theory)."

一、機械式控制

機械式控制是正式的、機械式組織所採取的典型控制方式。在機械式控制下，控制的目的是讓員工順從。

⑴在正式化程度方面，機械式控制具有嚴密的規則、僵固的層級制度。

⑵在對績效的期望方面，只希望達到最低的可接受水準。

⑶在組織設計方面，採取高亢式組織、強調由上而下的影響。

⑷在報酬制度方面，以個人績效為基礎。

⑸在參與方面，員工的參與是有限的、正式的。

二、有機式控制

相形之下，有機式控制是非正式的、有機式組織所採取的典型控制方式。在有機式控制下，控制的目的是獲得員工承諾。

⑴在正式化程度方面，有機式控制強調群體規範、文化及自我控制。

⑵在對績效的期望方面，希望超過最低的績效水準。

⑶在組織設計方面，採取扁平式組織、強調共同影響。

⑷在報酬制度方面，以群體績效為基礎。

⑸在參與方面，員工的參與是廣泛的、非正式的。

15.6 策略控制

策略在組織中所扮演的重要角色自不待言，然而評估策略實施的有效性也是相當重要的。要評估策略的有效性，就必須將策略整合到控制制度內。

・策略與控制的整合

策略控制 (strategic control) 的目的是要確信組織能與其環境配合，並能達到策略目標。策略控制通常著重於組織的五個構面：結構、領導、技術、人力資源、資訊與作業控制系統。例如組織必須定期的檢視其結構，看它是否有助於策略目標的達成。假設一個採取 U 形設計（功能式）的組織，其所設定的目標是每年增加 20%

的銷售成長率，但資料顯示目前只有 10% 的年增率。經過仔細的分析之後發現，目前的組織結構是一個重要的負面影響因素（例如此結構造成了決策的遲緩、創新的阻礙），而 M 形組織設計（事業單位式）比較能夠幫助組織達到銷售成長的目標，因為它能夠加速決策過程、鼓勵創新。

　　從這裡我們可以瞭解，策略控制所著重的是檢視策略的執行是否能達成策略目標。如果發現某一策略會妨礙目標的達成，就要改弦易轍，甚至另起爐灶（重新擬定新策略），方式包括：改變結構、更換主要領導者、採用新技術、調整人力資源、更新資訊與作業控制系統。例如著名的瑞典家具製造商 IKEA，早年發現其績效不彰，遂毅然決然的終止與海外經營不佳代理商的商業關係，並採取中央集權式的經營方式，由總公司統籌全球營運。

15.7　控制的管理

　　不論控制是屬於作業控制、財務控制、結構控制還是策略控制，有效控制 (effective control) 都能成功的調整及掌控組織的活動。為了充分發揮控制的功能，管理者必須瞭解：有效控制的特性、部屬的抗拒控制及如何克服部屬對控制的抗拒。

一、有效控制的特性

　　控制系統如能與規劃配合，同時又具有彈性、正確性、及時性及客觀性的話，必定是一個有效的控制系統。

（一）與規劃配合

　　控制必須與規劃相互呼應。控制與規劃其中的聯結程度愈明顯、愈密切的話，控制系統就愈有效。將規劃與控制整合在一起的最佳方法，就是在擬定計畫時，考慮到控制這個因素。換言之，在擬定計畫的目標設定階段，就要建立標準以便在日後反映計畫實施的情形。例如某汽車公司計畫採取產品線延伸策略，也就是除了既有的汽車製造之外，還要做汽車零件的產銷。計畫中就要包括每個產品在今後五年內的預期銷售量，所建立的銷售目標就是要和日後實際銷售量進行比較的標準。以上就是將控制整合到計畫的情形。

（二）彈　性

控制系統本身必須要有足夠的彈性以配合情境的改變。例如某產品的製造需要八十種物料，其控制系統就必須對這些物料做安全存量控制。當產品的需求改變時，材料需求量也會跟著改變；當材料的需求量改變時，控制系統就要有足夠的彈性來調整其安全存貨量。

在對於客戶的產品供應方面，製造商的控制系統也要有足夠的彈性，隨著客戶的需求改變，機動的調整其供應量，使客戶的存貨總是保持在適當的水準。

（三）正確性

管理者提供不正確的資訊來刻意隱瞞事實真相的情形，已是屢見不鮮的事情。業務代表可能會刻意將銷售目標訂得比較低，以使其銷售業績顯得更為亮麗。製造經理可能會對於某些成本加以隱瞞，以顯示其目標達成的情形。人力資源經理可能會竄改其對女性員工的僱用數目，以顯示其在公平就業政策上的落實。提供不實資訊會誤導其他管理者的決策。例如廣告經理會認為既然銷售業績如此亮麗，就會減低廣告量；由於製造經理刻意隱瞞實際成本，行銷經理可能會訂定較低的價格；由於人力資源經理對女性就業員工所提供的不實數據，公關經理可能會在對外宣告該公司如何落實男女公平就業時，受到大眾或媒體的奚落或指責。

從以上的說明，我們可以知道，由於控制制度不良，使得管理者容易提供不實資訊，其所導致的不適當管理行動，對組織而言是一大傷害。

（四）及時性

及時性並不是表示快速性。俗語說：「快不如巧」就是這個意思。對於控制系統而言，要在必要時適時的提供資訊。薪資部門的經理不需要每天知道員工薪資調整的情形，但是零售業者就需要每天知道銷售的情形，以便做好現金流量管理，以及／或者調整其廣告及銷售促進策略。一般而言，環境愈具有不確定性及不穩定性，企業就要經常的衡量其績效。

（五）客觀性

控制系統要盡可能的提供客觀的資訊。例如「離職率 4%」就比「離職率的情況已在掌控之中」來得客觀；「銷售量增加 5%」就比「銷售業績表現亮麗」來得客觀。所以定量的 (quantitative) 評估比定性的 (qualitative) 評估來得客觀。

但是，管理者也不應該將量化的東西視為無限上綱。如果一個廠長為了生產力及利潤（這些都是可衡量的）的提升，而壓榨員工或使用劣質的材料，在短期或可得到相當的報酬，但在長期會造成員工離職、顧客抱怨，結果是得不償失。

二、抗拒控制

許多管理者常認為部屬會充分瞭解控制的好處，並欣然接受控制。這種想法並不完全正確，因為許多部屬會抗拒控制 (resistance to control)，尤其是他們覺得被過度控制、控制重心失當、報酬失當，而自己又不願負擔責任的時候。

（一）過度控制

有時候，組織會企圖控制雞毛蒜皮的事。如果控制的對象是員工的行為，所造成的問題更是嚴重。如果一個組織連員工的穿著、如何留頭髮、如何整理辦公室這些事情都要管，是否控制過度？是否會造成員工的厭煩？有些組織甚至還控制員工的工作行為，例如上班時間不能打私人電話、不能看或回私人電子郵件、不能為私人目的上網。

如果員工認為組織對這些事情的控制是不合理的，麻煩就來了。戴姆勒克萊斯勒的員工曾抱怨公司規定，如果所開的不是公司出產的車子就要停遠一點。許多員工認為這種控制個人行為的方式太過分了。所幸戴姆勒克萊斯勒的管理者從善如流，宣布解除這項規定。

（二）控制重心失當

控制重心失當的情形是控制制度太過狹隘，或者太重視數量化的變數，以至於造成毫無分析或解釋的餘地。例如大學的升等制度過分強調教授所發表的論文，而

忽略了教學品質、學生輔導便是控制重心失當的例子。

（三）報酬失當

報酬失當是對無效率的行為給予獎勵，反而去處罰有效率的行為。假設在會計年度即將結束時，甲部門的預算剩下 50,000 元，而乙部門的預算卻透支 30,000 元。結果，甲部門的明年預算被刪減（既然剩下這麼多錢，顯然不需要這麼多），而乙部門的明年預算反而增加（既然透支，顯然不夠用），甲部門因為經營有效率反而受到處罰，而乙部門因為經營無效率反而受到獎賞（無怪乎許多部門在接近會計年度終了前，會「不遺餘力」的消化預算）❺。就像對控制重心失當一樣，報酬失當也會造成員工的抗拒，甚至和公司唱反調。

（四）不願負擔責任

願意負擔責任，並努力達成工作目標的員工比較不會抗拒控制。反之，逃避責任、對工作的態度是能混就混或「多一事不如少一事」的員工必然會抗拒控制。

三、克服抗拒控制

如何克服員工對於控制的抗拒？也許一開始就要設計出一個有效的控制方式才是上策。如果控制能夠與規劃整合在一起，同時如果控制是有彈性的、正確的、及時的、客觀的，則組織就比較不可能犯下過度控制、控制重心失當、報酬失當的錯誤，也不太可能會造成員工的不願負擔責任。另外兩個克服員工對於控制的抗拒的方法是：鼓勵員工參與 (encourage employee participation) 及發展驗證系統 (develop verification systems)。

（一）鼓勵員工參與

我們在第 10 章「組織變革與創新」中曾提到，減少變革的阻力的方法之一就是要讓員工參與，也就是說使員工參與變革計畫，能增加他們對變革的接受度。如果

---

❺ 這個例子有點弔詭。有人認為甲部門所剩下的 50,000 元，是因為它沒有執行該執行的活動，這種失職的行為何以要獎賞？

變革計畫採納了他們個人的想法及意見，則員工將會減少抗拒，並更加接受它。同樣的道理，如果讓員工參與控制制度的規劃及執行，那麼他們就比較不可能去抗拒它。

（二）發展驗證系統

有效的驗證系統可以提供有關績效指標的正確資訊。例如如果某位製造經理辯稱他所以沒有達到成本標準的原因，是因為原料成本上漲，此時存貨控制系統就可提供正確的資訊，看他的說法是否屬實。又如某員工因為曠職過多而遭解僱，他辯稱：「我並沒有曠職很久啊！」此時，有效的人力資源控制系統就可以明確的顯示他的曠職天數及日期，使他百口莫辯。有效的驗證系統可以保護員工及組織，所以遭到的抗拒必低。如果製造經理所辯稱的屬實，他就不會為了沒有達成成本目標而負責，而組織也許會採取其他的行動來降低原料成本。

15.8　控制的權變因素

前述的控制是獲得有效控制的一般性原則，事實上，控制的效度會受到情境因素的影響。組織控制系統的設計會受到下列權變因素 (contingency factors) 的影響：組織規模（大或小）、組織階層（高層或基層）、分權程度（高或低）、組織文化（開放支援性或威脅性）以及活動重要性（高或低）。

一、組織規模

控制應隨組織規模的大小而異。小型組織比較適合用非正式的、個人化的控制方式。透過直接監督的事中控制（同時控制）最具有成本效益。然而，當組織規模逐漸變大時，直接監督的方式會使管理者力有未逮，故必須依靠報告、規章、制度來進行控制。大型組織（如奇異公司、IBM 等）必然有一套高度正式化、非個人化的事前、事後控制。

二、組織階層

組織愈高層，愈需要各種不同的控制標準，以掌控每個工作單位。同時，組織

愈高層，控制績效的標準愈不能量化。相形之下，基層工作的績效衡量則非常明確。

三、分權程度

組織的分權程度愈高，愈需要更多的管理者執行控制的功能。他們會需要部屬績效成果及決策的回饋，以確信部屬的行動及決策是有效能的、有效率的，因為在授權之後，管理者仍要肩負部屬的工作成敗之責任。

四、組織文化

組織文化可能是互信的、自主性高的、開放的，也可能是猜疑的、霸道的、封閉的。在前者的組織文化中，是用非正式的自我控制；在後者的組織文化中，必須使用正式的控制系統，由外在的力量來約束員工的行為，以確信部屬的績效能符合標準。事實上，組織的領導風格、激勵方法、部屬參與決策的程度都必須與組織文化符合一致，而控制的類型與程度也必須符合組織文化。

五、活動重要性

活動的重要性會決定此活動是否需要控制，以及如何控制此活動。如果控制的施行所費不貲，而且活動所造成的影響很小的話，則不必大費周章的設計控制系統、執行控制功能；如果活動的錯誤會重創組織，則必須嚴格的控制此活動——即使所花費的成本很高，也在所不惜。

15.9　文化差異與控制

以上我們討論的控制觀念適合用在地理區域並不分歧、文化上無差異的組織。但全球性組織要如何做好控制？控制制度要因地制宜嗎？

控制人員及工作的方法應隨著國家的不同而加以適當調整。全球性企業與國內企業在控制方面，最大的不同點在於衡量及矯正行動這二個步驟。在全球性企業中，國外分公司的經理受到總公司的直接控制的程度比較低，因為地理遙隔之故。在總公司人員不可能做直接監督的情況下，必須依賴正式的控制制度，例如正式的報告。全球性企業可借助於資訊科技（尤其是通訊科技）來進行控制。

在技術先進的國家及技術落後的國家中，技術對控制的影響非常大。在技術落後的國家，管理者比較傾向使用直接的監督，以及使用高度集權的方式來控制。在技術先進的國家中，全球性企業的管理者除了使用標準化的規章制度外，還常使用間接的控制方式（尤其是電腦化的報告及分析），以確信工作活動能夠依照計畫進行。

同時，對管理者所採取的矯正行動的限制，也會影響國外經營的控制。例如有些國家的法律禁止關廠、解僱員工、將資金匯回母國、由母國派駐管理人員等。

對全球性企業的另一個挑戰是，所蒐集的資料是「不可比較的」。例如在墨西哥工廠的產出與在蘇格蘭的產出相同，而墨西哥工廠比較具有勞力密集（因為要善用成本較低的勞工以獲得策略優勢之故）。如果高階主管以每單位產出的勞工成本、或每個工人的產出作為控制成本時的比較基礎，則對於蘇格蘭工廠是不公平的，因為這些數據沒有共同的基礎，因此是不能比較的。在全球性企業的管理者必須面對這類的全球控制所帶來的挑戰。

15.10 控制的當代議題

管理者在設計有效能的、有效率的控制系統時，必須考慮到與時代有關的議題。由於電腦硬體、軟體技術的進步，組織內的控制變得簡單了，但是同時也帶來了一些棘手的問題。例如管理者有什麼權力來監控部屬，以及管理者可控制員工行為到什麼程度？在本節，我們將討論與控制有關的三個當代議題：工作場所的隱私、員工偷竊及詐欺，以及工作場所暴力。

一、工作場所的隱私

你覺得你在工作場所應有隱私權嗎？主管怎麼瞭解你及你的工作狀況？以下的答案也許會令你大吃一驚。主管會閱讀部屬的電子郵件（即使郵件上註有「機密」的字樣）、儲存及檢視部屬的電子檔案等。今日，財富前一千家企業中有 17% 的企業具有某種類型的軟體監督程式，約有 67% 的企業會使用某種形式的監督（如利用數位攝影機）❻。

---

❻ E. Bott, "Are You Safe? Privacy Special Report," *PC Computing*, March 2000, pp. 67–88.

為什麼管理者要監督部屬的行為？最基本的原因是部屬是受僱來工作的，不是來上網買賣股票、線上賭博或逛街替家人或朋友買禮物的。有關研究指出，在工作場所為了個人的娛樂目的而上網所造成的電腦資源浪費、工作生產力低落的損失，每年分別達數 10 億美元❼。對企業而言，這是相當驚人的費用。

管理者會監視部屬的電子郵件及電腦使用的另外一個原因，是因為害怕對於不當言論及圖片的散播不加禁止的話，會受到上級的指責或無端捲入法律糾紛。害怕被控種族歧視或性騷擾也是公司會進行監視或者保留電子郵件備份檔案的理由。保留電子檔案記錄可以還原事實真相、避免麻煩。

最後，管理者必須確保公司的機密文件不會被外洩。保護智慧財產對任何企業都是重要的，尤其是高科技公司。管理者必須確信員工不會將機密文件洩漏給競爭同業，以避免他們利用這些機密資料作為打擊本公司的武器。

由於不加以嚴密監督所造成的高昂潛在成本，以及許多工作必須使用電腦的事實，許多公司皆已發展及落實工作場所的監督政策。此政策的執行當然落在管理者的肩上。

管理者要如何做好監督之餘，又不會引起員工的反感？管理當局應該明定公司的電腦使用政策，並使部屬充分瞭解此政策。管理當局應事先向員工說明清楚其電腦使用會受到監視，並且清楚的告訴他們有關適當使用電子郵件及網路的規定。

二、員工偷竊及詐欺

當你聽到員工偷竊及詐欺事件有 85% 來自於公司內部員工，而不是外界人士時，會不會感到驚訝❽？偷竊及詐欺是一個非常嚴重的問題，會使公司造成莫大的損失。員工偷竊 (employee theft) 是指員工為了個人的目的，在未經同意之下，取走公司的所有物。它包括挪用公款、填報不實的請款單、從公司拿走設備、零件、軟體及供應品等。雖然傳統的大型零售業者長年以來因員工偷竊蒙受到巨額損失，但

---

❼　L. Guernsey, "The Web: New Ticket to a Pink Slip," *New York Times*, December 16, 1979, p. D1.

❽　A. M. Bell and D. M. Smith, "Theft and Fraud May Be an Inside Job," *Workforce Online* (www.workforce.com), December 3, 2000.

在新興企業、小型企業由於其財管鬆散及資訊科技的便利，每年的損失也是相當可觀的。事實上，不論組織的種類及規模的大小，員工偷竊及詐欺已經是司空見慣的事情。員工偷竊及詐欺是管理者必須面對及解決的問題。

員工為什麼會偷竊？大哉問。這要看你問的對象是誰。如果你問的對象是工業安全專家、犯罪學家或臨床心理醫師，你會得到三種不同的答案。工業安全專家認為，員工偷竊是因為公司的控制鬆散，使得員工有機可乘；犯罪學家認為，員工偷竊是因為員工面臨著財務導致的壓力（如個人財務問題）以及貪婪導致的壓力（如賭輸了必須償還巨額賭債）；臨床心理醫師認為，員工偷竊是因為員工將偷竊行為合理化的結果（他們認為其行為是正確的、適當的）。例如「每個人都在做（偷竊的行為），不做白不做」、「我又沒有刻意要偷竊」、「公司賺這麼多錢，哪會在乎這點小錢」、「我替公司做牛做馬、犧牲奉獻，拿點小錢算什麼」。

雖然以上的觀點都有獨到的見解，而且也被用來作為設計防止偷竊措施的依據，為什麼員工偷竊總是不斷發生？管理者該怎麼辦？管理者可用事前、事中及事後控制來防止員工偷竊或至少將員工偷竊的行為減到最低❾。

1.在事前控制方面

管理者應做到以下各點：(1)嚴格的員工甄選；(2)明定員工偷竊行為處理的政策；(3)讓員工參與「防止員工偷竊」政策的制定；(4)教育及訓練員工「防止員工偷竊」政策；(5)聘請專家來評估公司內部的安全控制制度。

2.在事中控制方面

管理者應做到以下各點：(1)尊重員工，顧及員工的尊嚴；(2)公開發布有關員工偷竊所造成的損失消息；(3)定期的讓員工知道他們在防止員工偷竊方面的成果；(4)利用錄影監視器設備（如果情況許可的話）；(5)在電腦、電話及電子郵件上裝設或設計「鎖住」的系統；(6)讓員工利用公司熱線檢舉員工偷竊事件；(7)在廉潔方面成為員工的好榜樣。

❾ J. D. Hansen, "To Catch a Thief," *Journal of Accountancy*, March 2000, pp. 43–46; J. Greenberg, "The Cognitive Geometry of Employee Theft," in *Dysfunctional Behavior in Organizations: Nonviolent and Deviant Behavior* (Stamford, CT: JAI Press, 1998), pp. 147–193.

3.在事後控制方面

管理者應做到以下各點：⑴讓員工知道偷竊發生的時間，雖不必指名道姓，但是要讓員工知道這種行為是不能被接受的；⑵利用專業人員調查；⑶重新設計控制措施；⑷評估組織文化、管理者與部屬之間的關係。

三、工作場所暴力

近年來，工作場所暴力有增加的趨勢。在美國有句新詞 going postal，就是用來形容員工被逼急了而以暴力相向的情形（來自郵局員工槍殺其同事的事件）。管理者應如何面對及解決工作場所暴力？

造成工作場所暴力的因素有哪些？工作時間長所造成的壓力、資訊超載（資訊多得令人難以負荷）、每日的干擾、不切實際的規定（如產出、截止時間）、主管的漠不關心等都是可能的原因。辦公室擁擠的空間、吵雜的環境也是造成工作場所暴力的幫兇。必須 24-7 （每天工作二十四小時、每週七天）的賣力工作，才能夠在激烈的全球競爭下生存的今日，藉以紓解壓力所造成的工作場所暴力也時有所聞。

管理者可用事前、事中及事後控制來防止工作場所暴力或至少將工作場所暴力行為減到最低❿。

1.在事前控制方面

管理者應做到以下各點：⑴嚴格的員工甄選；⑵管理者必須承諾建立功能性的，而不是失能性的工作環境；⑶透過員工協助計畫 (employee assistance program, EAP) 來幫助員工解決嚴重的行為問題；⑷明定工作場所暴力防止政策，不能容忍工作場所中的任何怨恨、侵略性行為及暴力；⑸不要忽略任何可能的暴力（不論事態是否嚴重）；⑹訓練員工面對暴力時的因應之道（如何避免危險）；⑺清楚的將「工作場所暴力防止」訊息傳遞給員工。

2.在事中控制方面

管理者應做到以下各點：⑴實施遊走管理，接近員工以確認潛在問題所在，並觀察員工相處及互動的情形；⑵在組織進行重大的改變時，要讓員工或工作群體適

---

❿　M. Gorkin, "Five Strategies and Structures for Reducing Workplace Violence," Workforce Online (www.workforce.com), December 3, 2000.

當的表達其感受，紓解其不安、怨忿的感覺；⑶在待人接物上，成為員工的好榜樣；⑷利用公司的熱線或其他機制來報告或調查暴力事件；⑸在處理暴力事件時，要果決明快；⑹在暴力突發時，要尋求專業人員的協助；⑺在暴力發生時，提供必要的設備或方法（如手機傳訊、警報器、呼叫代號等）。

3.在事後控制方面

管理者應做到以下各點：⑴公開說明暴力事件的發生及處理方式；⑵調查暴力事件，採取適當行動；⑶檢討公司政策，必要時做調整。

15.11　組織全面的品管

品質是現代企業經營成敗的關鍵性因素。但是要達到高品質目標，並不是一蹴可幾的。

一、品質的意義

品質 (quality) 是可滿足需求的產品及服務的整體功能及特性。品質有八個屬性：

⑴績效 (performance)：產品的基本作業特性。如電視的解析度、電腦的處理速度。

⑵特性 (features)：產品基本功能的輔助因素。如房車的電動搖窗。

⑶可靠性 (reliability)：在某特定期間內，正常運作的機率。

⑷一致性 (conformance)：產品設計及作業特性能夠符合既定標準的程度。

⑸耐久性 (durability)：產品壽命長。

⑹服務性 (serviceability)：維修的速度及容易程度。

⑺美感 (aesthetics)：提供在視覺、觸覺、聽覺、味覺、嗅覺上的舒適性。

⑻認知品質 (perceived quality)：顧客心目中對品質的感覺。

二、品質管理

品質對個別管理者及組織的重要性是相當重要的，因為它可以增加競爭及生產力，降低成本 （減低退貨、 高的保證成本， 甚至訴訟成本）。 品質管理 (quality management) 是利用產出標準或特性的資訊，來審視製造程序是否在掌握之中 （亦

即是否產出可接受的產出)。管理當局必須決定產出的標準,這些標準可能是重量、長度、一致性或瑕疵。過去十年來,日本商社所強調的品質亦成為重要的產出標準。

三、全面品管

全面品管 (total quality management, TQM) 就是組織改變其整體經營方法,並以品質作為組織所有活動的標竿的管理實務。全面品管的觀念及實務已在各個績優公司普遍的落實。在全面品管的方法下,整個組織機構從總經理以下,應承擔、參與或追求永無止境的財貨及服務品質改進。

細言之,全面品管的實施包括了以下的步驟:專案小組的成立、尋求並解決問題、強調對顧客的服務,以及永無止境的致力於生產系統的改善。全面品管涉及到以下各項:策略承諾、員工參與、技術、原料、方法。

(一)策略承諾

全面品管的起始點就是高階主管的策略承諾 (strategic commitment)。這個承諾是非常重要的,為什麼?因為:(1)組織文化必須要改變,以便體認到品質並不只是一個理想,而是要實際努力達成的目標;(2)要實現品質的目標會花費很大的成本(例如購買新設備、設施);(3)如果沒有高階主管的承諾,品質改善充其量不過是口號或噱頭。

(二)員工參與

員工參與 (employee involvement) 也是全面品管的重要因素。幾乎所有成功的品質提升計畫都會讓實際負責某工作的員工參與此計畫。員工的參與可加深其責任感、榮譽心、成就感、共容感。

(三)技 術

技術在全面品管中也扮演著重要角色。例如自動化技術、機器人等可增加產品的績效、特性、可靠性、一致性、耐久性、服務性、美感,並可提升顧客心目中對品質的感覺。

（四）原　料

另外一個實現全面品管的重要因素就是改善原料。由品質不佳的原料所製成的產品，在行銷之後，不僅會喪失市場、浪費金錢（向顧客賠償），也會損害商譽。

（五）方　法

改善方法也會改善產品及服務的品質。方法是在實際轉換時（由原料轉換為成品）所使用的作業方式。美國運通公司利用新方法將信用卡審查時間從原來的二十二天減少到五天。這就是提升服務品質的例子。

四、全面品管的工具與技術

管理者除了要注意品質在策略上的意涵之外，還要利用一些特定的工具及技術來改善品質。在今日組織中最普遍的工具及技術是：外包、速度、ISO 9000 及統計品管。

（一）外　包

以公司發展軟體為例，如果公司沒有發展軟體的經驗，而且業務的性質又無法從購買套裝軟體來滿足，此時，企業可採取外包 (outsourcing) 的方式來獲得軟體。在契約的保護下，外包廠商負責所有的軟體設計。例如科達公司就將它所有的電腦運算處理作業外包給 IBM 來做。

1.優　點

企業本身可專注於自己內行的事務，提供高品質的產品及服務，無須為資訊處理、資訊科技運用的問題操心。

2.缺　點

企業本身永遠無法將資訊科技技術紮根於企業之中、無法對資訊處理加以控制、無法做到資料的保密，以及容易產生所有權的爭議（如果在契約上沒有明定的話）。

（二）速　度

以物理學的觀點而言，速度是位移除以時間，也就是說單位時間內物體的位置移動。在企業管理上，從構想的產生到產品的推出如果費了十個月的時間，其速度必快於做同樣的事情但卻花上一年的企業。組織可以增加作業速度的方法有：

⑴從頭開始。有時整理爛攤子不如燒掉這個爛攤子，從頭做起。

⑵減少批准的關卡數。如果做某件事情要經過層層批准，其完成的速度必慢。

⑶利用工作團隊，集思廣益，相輔相成。

⑷建立時間表並按表操課。

⑸不要忽略工作的分攤。不要一人獨攬全部工作。

⑹將「速度」整合在組織文化中，如果每個人都瞭解速度的重要，則沒有人願意拖延。

（三）ISO 9000

另外一個改善品質的技術是 ISO 9000，是由國際標準組織 (International Organization for Standardization) 所創造及認定的品質標準。要得到 ISO 9000 認證 (ISO 9000 certification) 廠商必須通過它所認定的五個標準：產品測試、員工訓練、資料記錄、供應商關係以及維修政策及程序。許多企業（如奇異、杜邦、科達、惠普等）認為為了獲得 ISO 9000 認證，它們本身在品質的改善上做了很大的努力，因此它們認為爭取 ISO 9000 認證會提升其品質。這些企業也會要求其供應商獲得 ISO 9000 認證資格。

（四）統計品管

大多數的企業也利用分析技術（如隨機抽樣）來進行品質管理分析。這個品管技術稱為統計品管 (statistical quality control, SQC)。

在生產及作業管理中，物料必須符合品質標準，才能產生優良的產品。近年來，在物料控制方面發展出許多方法。例如利用統計抽樣的方法來代替全檢。抽樣方法固然可減低檢驗時間，但是必須承受某種程度的風險。假如管理當局設定了「不良

率超過 3% 即拒收」的標準，然後驗收人員便會抽樣若干個標本，並計算其不良率。如果不良率超過 3%，則退回這批貨或再進行隨機抽樣 （這是一個重要的管理決策）。驗收單位可能會犯兩種錯誤：接受不良品（整批訂貨的不良率超過 3%，但從抽樣中無法得知，故予以接受），或棄卻良品。管理當局必須權衡這兩種錯誤所產生的相對成本之後，再建立一個適當的品管制度。

不論如何，物料的事前控制是一個相當例行性、規則性的作業。由於物料驗收作業的標準很容易衡量，資訊（有關樣本）的獲得亦易，接受或棄卻（或再行抽樣）的決定亦是非常明確，因此在獲得標準結果的情形之下，決策是相當「自動的」。例如驗收標準可以這種設定：「如果不良率低於 3%，則接受整批訂單；如果不良率超過 5%，則拒收整批訂單；如果在 3～5% 之間，則再進行抽樣。」管理當局必須針對第二次抽樣決定驗收的程序。

（五）六標準差

六標準差是 1985 年由摩托羅拉公司所創，後來被奇異電子、聯合訊號 (Allied Signal)、美國運通及其他公司所採用。六標準差或六希格瑪 (six-sigma) 是嚴格的統計分析程序，可以減少與製造、服務相關程序的瑕疵。使用此技術的公司可提升品質、減少浪費，使得錯誤幾乎消失於無形。六標準差的意思是在 100 萬個產品或程序中，從產品設計到製造到開立帳單，有瑕疵的狀況不超過 3.4 個。防止瑕疵品的方法就是堅守六標準差原則。明確地說，標準差是以百萬為單位來衡量瑕疵品的統計方法。多數廠商所採用的標準是四標準差，也就是 100 萬個單位中允許有 6,210 個瑕疵品。五標準差比四標準差嚴格許多，也就是 100 萬個單位中允許有 233 個瑕疵品。六標準差是終極目標，也就是 100 萬個單位中只允許有 3.4 個瑕疵品（無瑕疵品的機率是 99.999666%）。

（六）持續改善 (Kaizen)

另外一個品質管理技術是持續改善。持續改善 (continuous improvement) 的日文名稱是 Kaizen，也就是針對組織的生產系統做不斷的、一點一滴的改善。Kaizen 的觀念是在 1986 年由今井正明 (Masaaki Imai) 所提出的❶。根據 Kaizen 的原則，生產

程序要以三個步驟來處理：維護、持續改善、創新。

維護步驟是保持生產程序的原狀。持續改善步驟是確認如何從小處著手來改善維護。創新步驟是對生產程序進行改變。生產程序經過調整以後，創新的程序就又變成原狀，而下一波的持續改善過程又要再開始。表 15–3 列出了 Kaizen 機構 (Kaizen Institute) 所提出在組織內實施持續改善的建議。Kaizen 原則現在已納入 ISO 9000 標準，並已成為品質改善努力的一部分。因此，就像 TQM 一樣，Kaizen 在組織內的成效並不是一蹴可幾或顯而易見的。不是顯而易見的原因是它已經融合在組織的作業管理之中，而不是成為獨立的方案。

▼ 表 15–3　落實 Kaizen 原則

維　護	1.質疑目前的做法，不要找藉口、不要搪塞 2.五度質疑問題，找出造成浪費的根本原因，並提出解決之道
持續改善	1.在找出原因與解決之道時，要拋棄既有的想法與方法 2.要記住 Kaizen 的觀念與應用是具有無限潛能的 3.在完成事情時，要保持積極的思考，而不是消極的去想為什麼事情不能完成 4.將智慧用在 Kaizen 過程與解決方案上，而不是賺錢 5.從困境中學習、增長智慧 6.十個人的智慧會比一個人的知識更有價值（「三個臭皮匠，勝過一個諸葛亮」）
創　新	1.一有解決方案就要立刻執行──不要等到完美的解決方案出現 2.立即改善錯誤以免問題變得更嚴重

來源：The Kaizen Institute 網站。網址：www.Kaizen.com。

Kaizen 的主要原則之一就是減少物料、存貨、生產程序的浪費，以及剔除無謂的活動（例如將零件從一個機器搬運到另外一個機器）。根據 Kaizen 機構的看法，為了產品加值所費的 1 秒鐘會被非加值活動抵銷掉 1,000 秒[12]。浪費還包括無效的設備布置。實施彈性製造系統與有效的設備布置是與 Kaizen 不謀而合的。減少浪費的另外一個方法就是盡量和少數的供應商進行交易，以便更能控制輸入因素。及時系統也是另外一個改善品質的作業管理技術。

---

[11]　M. Imai, *Kaizen: The Key to Japan's Competitive Success* (New York: Random House, 1986).

[12]　Wal-Mart, *Annual Report* (1999).

本章習題

一、複習題

1. 試說明控制的本質。

2. 控制具有哪些目的？

3. 試說明控制範圍。

4. 試說明控制層次。

5. 試說明控制的過程。

6. 作業控制的類型可依事件發生的先後次序分為哪三類？

7. 試說明事前控制。

8. 試評論：「在家族企業內，這些界限防守單位，很可能因為某種『關係』或某種壓力，使得他們難以秉持公平公正的原則，或被迫放棄組織既定的規則。」

9. 試說明事中控制。

10. 何以說事中控制可鼓勵員工參與？

11. 試說明事後控制。為什麼事後控制可向管理者提供有關未來規劃的資訊？

12. 試說明控制類型與技術。

13. 何謂財務控制？

14. 何謂預算控制？試舉例說明。

15. 在進行財務分析前，我們應對財務報表有基本的認識。何謂財務報表？

16. 試說明資產負債表、綜合損益表以及現金流量表。

17. 財務報表編製的目的是什麼？

18. 財務分析所使用的方法主要有哪二種？

19. 試簡要說明財務分析的種類。

20. 試比較機械式控制與有機式控制的差別。

21. 試說明策略與控制的整合。

22. 在設計控制系統時，主管應記住：控制是追隨策略的 (control follow strategy)。控制活動的目的在於確保策略實施得適當，適當控制的準則是什麼？

23. 有效控制的特性有哪些？

24. 何以員工會抗拒控制？

25. 如何克服員工對控制的抗拒？

26. 控制有哪些權變因素？試分別加以說明。

27. 在不同的文化下，控制應如何調整？

28. 與控制有關的三個當代議題是工作場所的隱私、員工偷竊及詐欺，以及工作場所暴力。
    試分別加以說明。

29. 何謂品質？何謂品管？

30. 企業應如何實現全面品管？

31. 在今日組織中最普遍的全面品管工具及技術是：外包、速度、ISO 9000 及統計品管。
    試分別加以說明。

32. 何謂六標準差？使用此技術的公司會有什麼好處？

33. 根據 Kaizen 原則，生產程序要以哪三個步驟來處理？

二、討論題

1. 試舉二個臺灣企業實例說明企業控制的過程。

2. 對於績效不容易衡量的活動，要如何衡量其績效？試舉例說明。

3. 有些管理專家認為控制會使個人喪失自由。你同意嗎？為什麼？

4. 有人說：「最好的控制就是不要控制。」你同意嗎？為什麼？

5. 解決員工偷竊與詐欺最根本的方法是什麼？

6. 我們可利用適當的財務報表中所呈現的數據，對企業的償債能力、經營能力、財務結
   構、獲利能力以及現金流量進行分析。試查閱有關書籍，說明企業的償債能力、經營
   能力、財務結構、獲利能力以及現金流量。

7. Kaizen 的主要原則之一就是減少浪費以及剔除無謂活動。試申其意。

簡明經濟學（修訂二版）

王銘正／著

・舉例生活化

　　本書利用眾多實際或與讀者貼近的例子來說明本書所介紹的理論。例如，以林書豪的投籃命中率以及陳偉殷的防禦率說明邊際概念與平均概念之間的關係。另外，本書也與時事結合，說明「一例一休」新制的影響、我國實質薪資在過去十餘年間停滯的原因，以及如何從經濟的角度來看「太陽花學運」等重要的經濟現象與政府政策。

・視野國際化

　　本書除了介紹「國際貿易」與「國際金融」的基本知識外，也說明歐洲與日本中央銀行的負利率政策，以及美國次級房貸風暴的成因與影響及政府政策等重要的國際經濟現象與政策措施。

・重點條理化

　　本書在每一章的開頭列舉該章的學習重點，一方面有助於讀者一開始便能對各章的內容有基本的概念，另一方面也讓讀者在複習時能自我檢視學習成果。另外，每章章前以時事案例或有趣的內容作為引言，激發讀者繼續閱讀該章內容的興趣。

國際貿易與通關實務

賴谷榮；劉翁昆／著

　　市面上的通關實務操作書籍相當稀少，雖然國際貿易得力於通關才能順利運行，但此部分一直是國際貿易中相當重要卻令人陌生的黑盒子，故本書之目的便是希望讓光照進黑盒子中，使讀者全面掌握國貿概念與通關實務。

・本書第一篇為「貿易實務」，著重在國際貿易概念、信用狀以及進出口流程等國際貿易中的實務部分。

・第二篇「通關實務」大篇幅說明進出口通關之流程、報單、貨物查驗、網路系統等實務操作，亦說明關稅、傾銷、大陸物品進口以及行政救濟之相關法規。

・第三篇「保稅與退稅」，說明保稅工廠、倉庫以及外銷沖退稅之概念及相關法規。

　　全書皆附有大量圖表以及實際單據，幫助讀者降低產學落差，與實務接軌。而各章章末也收錄練習題，方便讀者自我檢測學習成果。

國際金融理論與實際（修訂七版）

康信鴻／著

・本書內容主要是介紹國際金融的理論、制度與實際情形。在寫作上強調理論與實際並重，文字敘述力求深入淺出、明瞭易懂，並在資料取材及舉例方面，力求本土化。

・全書共分為十六章，循序描述國際金融的基本概念及演進，此外，每章最後均附有內容摘要及習題，以利讀者複習與自我測試。本次改版將資料大幅修訂成最新版本，並且新增英國脫歐之發展，讓讀者與時代穩穩接軌。

・本書敘述詳實，適合修習過經濟學原理而初學國際金融之課程者，也適合欲了解國際金融之企業界人士，深入研讀或隨時查閱之用。

保險學概要（修訂七版）

袁宗蔚／著　鍾玉輝／修訂

本書為保險學入門書籍，教師授課、讀者自修皆宜。本書三大特色為：

・一應俱全

本書追本溯源，從保險之概念以及歷史說起，逐步推展至陸海空各類保險組織以及其下之各式契約，最後討論社會之保險政策，閱畢此書即可了解完整保險概念。

・以簡馭繁

本書行文簡明，除去艱澀難懂的數學符號，以文字敘述取代複雜公式，便於理解。

・與時俱進

配合近年熱門的軍公教年改議題，本書在〈社會保險〉部分做了大篇幅的更新。另外也因應保單變動修訂〈火災保險〉和〈汽車保險〉等章節，力求貼合時代脈動。

貨幣銀行學：理論與實務

楊雅惠／著

・學習系統完善

章前導覽、架構圖引導讀者迅速掌握學習重點；重要概念上色強調，全書精華一目了然。另整理重要詞彙置於章節末，課後複習加倍便利。

・實證佐證理論

本書配合各章節之介紹，引用臺灣最新的金融資訊佐證，例如以各國資料相互比較，分析臺灣的利率水準是否符合當前經濟基本面，使理論與實務相互結合，帶領讀者走出象牙塔，讓學習更有憑據。

・最新時事觀點

各章皆設有「繽紛貨銀」專欄，作者以自身多年研究與實務經驗，為讀者指引方向、激發讀者思辨的能力，例如精闢分析比特幣的崛起如何影響金融市場、印度廢止鈔票是好還是壞、兩岸簽訂金融合作備忘錄會帶來什麼效果等當前重要金融現象及議題。

財務報表分析（附光碟）

盧文隆／著

・深入淺出，循序漸進

行文簡單明瞭，逐步引導讀者檢視分析財務報表；重點公式統整於章節後方，並附專有名詞中英索引，複習對照加倍便利。

・理論活化，學用合一

有別於同類書籍偏重原理講解，本書新闢「資訊補給」、「心靈饗宴」及「個案研習」等應用單元，並特增〈技術分析〉專章，融會作者多年實務經驗，讓理論能活用於日常生活之中。

・習題豐富，解析詳盡

彙整各類證照試題，有助讀者熟悉題型；隨書附贈光碟，內容除習題詳解、個案研習參考答案，另收錄進階試題，提供全方位實戰演練。

成本與管理會計（增訂五版）　　　　王怡心／著

　　有別於目前市面上成本與管理會計相關書籍，本書將 IFRS 和 COSO 部分內容納入一些章節，有助於提升管理者與會計人員的專業能力，以因應經營環境的挑戰。全書分為「基礎篇」、「規劃篇」、「控制篇」及「決策篇」等四大篇：

・提供要點提示，學習重點一手掌握

　　各章前皆有「引言」和「章節架構圖」，幫助讀者對各章節的段落及內容有全盤性的了解；另外，各章皆設計「學習目標」、「關鍵詞」等單元，藉此加強讀者學習印象。

・更新實務案例，拉近理論與實務的距離

　　本書內容敘述詳盡，涵蓋成本會計與管理會計的重要理論與方法，並搭配淺顯易懂的實務案例輔助說明，加強學習效果。

・介紹新版 IFRS 與 COSO，增加專業判斷能力

　　新版 IFRS 與 COSO 相關的說明納入適當章節，並搭配案例解說，讓讀者對財務報表與內部控制有更進一步的認識。

・強調習題演練，檢視學習成果

　　各章皆新增近年會計師考題、國考考題，提升讀者實戰能力；另於書末提供作業簡答，方便讀者自行檢視學習成果。

國家圖書館出版品預行編目資料

管理學／榮泰生著.――修訂三版.――臺北市: 三民,
2020
　　面;　　公分

　ISBN 978-957-14-6805-1 （平裝）
　1.管理科學

494　　　　　　　　　　　　　　　　109004556

管理學

作　　　者	榮泰生
發　行　人	劉振強
出　版　者	三民書局股份有限公司
地　　　址	臺北市復興北路 386 號 (復北門市)
	臺北市重慶南路一段 61 號 (重南門市)
電　　　話	(02)25006600
網　　　址	三民網路書店 https://www.sanmin.com.tw
出版日期	初版一刷 2004 年 10 月
	修訂二版三刷 2014 年 5 月修正
	修訂三版一刷 2020 年 6 月
書籍編號	S493430
I S B N	978-957-14-6805-1